理論統計学教程

吉田朋広 / 栗木 哲 / 編

従属性の統計理論

保険数理と統計的方法

清水泰隆　著

共立出版

「理論統計学教程」編者

吉田朋広（東京大学大学院数理科学研究科）
栗木　哲（統計数理研究所数理・推論研究系）

「理論統計学教程」刊行に寄せて

　理論統計学は，統計推測の方法の根源にある原理を体系化するものである．その論理は普遍的であり，統計科学諸分野の発展を支える一方，近年統計学の領域の飛躍的な拡大とともに，その体系自身が大きく変貌しつつある．新たに発見された統計的現象は新しい数学による表現を必要とし，理論統計学は数理統計学にとどまらず，確率論をはじめとする数学諸分野と双方向的に影響し合い発展を続けており，分野の統合も起きている．このようなダイナミクスを呈する現代理論統計学の理解は以前と比べ一層困難になってきているといわざるをえない．統計科学の応用範囲はますます広がり，分野内外での連携も強まっているため，そのエッセンスといえる理論統計学の全体像を把握することが，統計的方法論の習得への近道であり，正しい運用と発展の前提ともなる．

　統計科学の研究を目指している方や応用を試みている方に，現代理論統計学の基礎を明瞭な言語で正確に提示し，最前線に至る道筋を明らかにすることが本教程の目的である．数学的な記述は厳密かつ最短を心がけ，数学科および数理系大学院の教科書，さらには学生の方の独習に役立つよう編集する．加えて，各トピックの位置づけを常に意識し，統計学に携わる方のハンドブックとしても利用しやすいものを目指す．

　なお，各巻を (I)「数理統計の枠組み」ならびに (II)「従属性の統計理論」の二つのカテゴリーに分けた．前者では全冊を通して数理統計学と理論多変量解析を俯瞰すること，また後者では急速に発展を遂げている確率過程にまつわる統計学の系統的な教程を提示することを目的とする．

　読者諸氏の学習，研究，そして現場における実践に役立てば，編者として望外の喜びである．

編者記す

まえがき

　保険数理と一口にいっても，生命保険や損害保険数理，年金数理などの区別があり，その各分野でも実務的な観点から個々に特有のトピックがあって，その数学・統計的な扱いも多様である．しかし，応用数学の一分野として保険数理 (insurance mathematics) といった場合，その範囲はかなり限定され，いわゆる損害保険数理におけるリスク理論 (risk theory) を指す場合が多い[1]．このリスク理論という名もかなり一般的な名称で，具体的に何を指すのかが明確でないように聞こえるが，元々は保険会社の破産問題を扱う破産理論 (ruin theory) に始まり，そこでのモデルを基礎とした保険料計算や再保険への応用など，損害保険特有の数理的問題を研究する一分野として認知されている．もちろん，ファイナンスなど金融数理の分野でもリスクの計量的な評価は重要な問題であるが，基礎となる資産モデルの違いから，両者は全く別々の発展を辿り，近年になってやっと二つの領域の境界が交わったといえるかも知れない．この意味では，保険数理におけるリスク理論は独自の発展を遂げたといってよい．

　このリスク理論は，スウェーデンのアクチュアリーであった F. Lundberg が 1903 年に書いた自身の博士論文の中で保険会社の破産確率 (ruin probability) を議論したことに始まる (Lundberg [39])．その後，同じくアクチュアリーで統計学者としても高名な H. Cramér がより厳密な数学的基礎付けを行ったことにより，今日では Cramér-Lundberg 理論，あるいは古典的破産理論と呼ばれている．そこで用いられるシンプルな資産モデルは保険会社の破産

---

[1]　日本アクチュアリー会指定の教科書「損保数理」[43] では「危険理論」と呼ばれている．

確率やその近似に関して簡便な計算結果を与え，統計的にも扱いやすいものであったため，実に90年近くも常にリスク理論の中心的なモデルとして多くの研究者達の興味を集め続け，現在でも様々なモデルとの比較対象として重要なモデルである．しかし，そのシンプルさゆえに，実務とのギャップを問題視され，理論的発展とは裏腹に実務の世界であまり利用されてこなかった歴史がある．

　ところが，このリスク理論に近年新しい潮流が生まれ，再び実務におけるリスク理論の利用価値が見直されてきている．長らくリスク理論における研究の中心であった破産確率を一般化した破産関連リスクの概念が導入され，新たなリスク測定法が研究されたり，保険会社の資産過程をより複雑にモデリングすることによって現実とのギャップを埋めようとする試みが活発になったり，また，副産的に多くのファイナンス理論との共通項が明らかとなり，リスク理論を用いたオプション理論や信用リスク問題への応用可能性が広がっている．また，近年，ヨーロッパ諸国での新しいソルベンシー規制（Solvency II, Swiss solvency test など）の実施に伴い，保険リスクの市場整合的評価，大規模災害に係る評価やダイナミック（経時的）評価などが重要になってきており，確率過程に基づく破産理論，リスク理論の考え方，そしてそれらに対する統計的推測論の重要性はますます高まると思われる．

　このような流れの中で，我々大学の研究者は当該分野の学術研究に加え，そのような素養を持った人材育成の責任を負っている．例えば海外の大学，とりわけ中国やヨーロッパ・北米の大学に目を向けてみると，そこには保険数理学科 (Department of Actuarial Science) が存在し，古くからリスク理論を中心とした学術的研究が重視され，それらの実践的な応用方法を教育し，多くの博士号取得者を輩出している．また，保険会社が学術研究用にデータを提供するなど，産学が連携して保険数理という学問領域を拡大させているように思われる．前述のような昨今の潮流も産学の巧みな連係の下に様々な角度から議論され，ソルベンシー規制に関わる有識者会議でも数学者や統計学者が活躍している．

　一方，日本に目を戻すと，保険数理を専門とする研究者は極めて少なく，保険数理について十分な教育がなされているとはいえない．一部の大学では，アクチュアリープログラムとして現職のアクチュアリーを講師に招いた講義を

実施しているところもあるが，その学習範囲は国内のアクチュアリー試験の枠にとどまっており，残念ながら学術的な発展を望めるような下地は未だ固まっているとはいえないであろう．しかしながら，リスク管理などの業務においてアクチュアリーに要求される数理的能力は年々増大しており，日本アクチュアリー会の損保数理の教科書も年々内容に厚みを増し，リスク尺度や極値理論，コピュラ (copula) といったこれまで日本の教科書にはなかった項目が近年数多く採用されてきている．これらは欧米のアクチュアリー団体の方針に追従するところでもあり，ある意味歓迎すべきことではあるが，これらの数学的・統計的な背景は必ずしも簡単ではなく，教科書的な基本的な定理でさえも，それを正しく理解し実際の応用へと結び付けるのは，たとえ現職のアクチュアリーといえども至難であろうと思われる．ましてや，ともすると一過性の試験勉強に終始してしまう多くの日本の学生にあって，この試験範囲増強ににどれほどの効果があるか疑問も残る．彼らは保険会社に入社した後も，アクチュアリーとして働きながら試験以上に高度な数理的手法を独習によって学んでいかねばならず，その過酷さに対する不満や，大学教育に対する不満の声を筆者はしばしば耳にしている．このような日本の現状に鑑みると，大学における保険数理教育の重要性は明らかであり，現代的な保険数理の数学的背景を正しく理解し実践できる人材の育成が急務である．そのためには，日本における保険数理の学術的地位の向上はもとより，保険数理の研究人口を増やす必要があろう．

　本書はこのような動機の下で保険数理研究の入り口となるような書を目指して執筆されたものである．古典論から現代的リスク理論までの学術的な変遷をその理論と共に概観し，保険数理の研究を目指す読者がスムーズにこの分野に参入できるよう意識した．また，保険数理の実学としての側面もおろそかにせず，いままで書籍などではあまり触れられてこなかったそれらの統計的問題と対処法に対しても保険数理という文脈で一定の方法論を与えることにより，より実践に近いところまで到達することを目標にした．確率論，極値論，統計推測，破産理論，リスク尺度などの各単元をそれぞれ独立に学んで終わるのではなく，モデルの導入からリスク評価の数理的背景，そして統計的手法によって理論を実用化するところまで，なるべく最短な経路で一気通貫に記述することを目指した．筆者の力不足もあってその目的が十分に果たされたとはいえない

かもしれないが，本書の知識を元にしてリスク理論研究へのきっかけとしていただければ幸いである．

　本書の内容は，早稲田大学基幹理工学研究科・数学応用数理専攻の大学院生向けになされた筆者による講義「現代保険リスク理論」の講義録を元にしており，測度論や初等的な確率・統計を一度は学習したことを前提として書かれている．しかし，確率・統計の初学者にとって測度論的な確率論は幾分敷居の高いものかもしれないし，数学科出身以外の読者にとってはそもそも測度論自体馴染みの薄いものと思われる．そこで，第 1 章では本書や保険数理の学術的文献にあたる際に特に必要となる予備知識を要約的に，時に直感的な説明を付けながら紹介した．これまで，初等的な知識のみを前提として書かれた保険数理に関する良書が日本でもいくつか出版されているが，本書はより詳細な統計理論や現代的リスク理論における最新の学術成果を紹介する目的もあり，それらの理解のためには，測度論的な確率論や統計的漸近理論などは必須であり避けては通れないものである．本書にはこのような現代的保険数理に対する啓蒙的な意味合いも込めたつもりである．

　本書によってリスク理論の面白さと可能性を感じていただき，そのような読者諸氏が日本の保険数理におけるアカデミア，および金融・保険業界でご活躍されることを切に願うものである．

　本書執筆に当たり，著者の研究室学生（修士課程・当時）であった大西健，小林周史，佐々木徹，鈴木佑輔，本田亜望，齋藤良太の諸氏には初稿の誤りについて多数の指摘を頂いた．また，東京大学大学院数理科学研究科（当時）の木下慶紀，鈴木拓海，千葉航平の各位には，極めて丁寧に査読していただき多くの示唆を頂いた．ここに御礼申し上げたい．その他本書に含まれる誤りは全て著者に帰するものであることをここに記しておく．

　最後に，本書執筆の機会をくださった編者の吉田朋広先生（東京大学），栗木哲先生（統計数理研究所），また最後まで執筆にご支援いただいた共立出版編集部の方々には深く深く感謝申し上げます．

2018 年 7 月

清水泰隆

目　　　次

まえがき ……………………………………………………………………………… v

第 1 章　確率論の基本事項 ……………………………………………………… 1

　1.1　確率変数と分布 …………………………………………………………… 1

　　1.1.1　事象と確率 ………………………………………………………… 1

　　1.1.2　分布と分布関数 …………………………………………………… 7

　　1.1.3　分布のモデル ……………………………………………………… 11

　1.2　期待値について ……………………………………………………… 15

　　1.2.1　期待値と Stieltjes 積分 ………………………………………… 15

　　1.2.2　"ほとんど確実に" ………………………………………………… 20

　　1.2.3　積分計算における重要な結果 …………………………………… 22

　　1.2.4　期待値の存在について …………………………………………… 25

　1.3　分布を特徴付ける関数 ……………………………………………… 28

　1.4　畳み込み …………………………………………………………………… 33

　1.5　情報としての σ-加法族 ……………………………………………… 36

　　1.5.1　確率変数の情報 …………………………………………………… 36

　　1.5.2　情報は σ-加法族？ ……………………………………………… 38

　　1.5.3　情報の独立性 ……………………………………………………… 39

　1.6　条件付き期待値 ……………………………………………………… 41

　　1.6.1　初等的な条件付き期待値 ………………………………………… 41

　　1.6.2　情報による条件付き期待値 ……………………………………… 46

x　目　　次

	1.7　確率変数列の収束と極限定理	47
	1.7.1　概収束と期待値の収束	47
	1.7.2　その他の収束と極限定理	50

第2章　リスクモデルと保険料　　56

2.1	リスクとは何か？	56
2.2	保険リスクモデル	57
2.3	保険料計算原理	60
	2.3.1　収支相等の原則	60
	2.3.2　保険料の決定	62
2.4	各リスクモデルにおける保険料計算	70
	2.4.1　累積クレーム分布	70
	2.4.2　複合 Poisson 分布の分布関数	75
	2.4.3　複合幾何分布と不完全再生方程式	78

第3章　ソルベンシー・リスク評価　　80

3.1	基本的なリスク尺度とソルベンシー評価	80
	3.1.1　基本的なリスク尺度	80
	3.1.2　VaR と TVaR	87
3.2	大規模災害に対するクレーム分布	87
	3.2.1　裾の重い分布	88
	3.2.2　さまざまな裾の重い分布族	92
	3.2.3　正則変動な裾を持つ分布族について	100
	3.2.4　裾の重さの視覚的判別法 (QQ-plot)	106
3.3	複合分布に対するリスク評価	111
	3.3.1　小規模災害の下でのリスク評価	112
	3.3.2　大規模災害の下でのリスク評価	117
	3.3.3　裾の重いクレーム分布の VaR	121
	3.3.4　中程度の裾を持つクレーム分布について	123
3.4	リスク尺度の数学的枠組み	126

3.4.1	公理論的アプローチ	126
3.4.2	リスク尺度の諸性質	128
3.4.3	整合的リスク尺度と凸リスク尺度	133
3.5	整合的リスク尺度の特徴付け	136
3.5.1	シナリオに基づくリスク尺度	136
3.5.2	Fatou 性と歪みリスク尺度	139
3.5.3	歪みリスク尺度の具体例	145

第4章 保険リスクの統計的推測 149

4.1 統計的推測の基礎概念 149

4.1.1 不偏推定 150

4.1.2 一致性と漸近正規性 153

4.2 推定量の構成とその性質 155

4.2.1 パラメトリック法 vs. ノンパラメトリック法 155

4.2.2 最尤法 157

4.2.3 Z-推定法 168

4.3 複合的保険リスクの推定 170

4.3.1 裾の軽いクレーム分布の場合 171

4.3.2 裾の重いクレーム分布の場合 176

第5章 確率過程 188

5.1 確率過程とフィルトレーション 188

5.2 マルチンゲール 191

5.3 さまざまな確率過程 194

5.3.1 Poisson 過程 194

5.3.2 複合 Poisson 過程 202

5.3.3 Brown 運動 204

5.3.4 Lévy 過程 206

5.3.5 Lévy 過程の具体例 216

5.4 初期到達時刻と可測性 220

xii 目 次

5.4.1 フィルトレーションの右連続性 ……………………………… 220

5.4.2 確率空間の完備性と "usual conditions"? …………………… 223

第6章 古典的破産理論：Cramér-Lundberg 理論 ……………… 228

6.1 Cramér-Lundberg モデルと破産確率 ……………………………… 228

6.2 破産確率と梯子分布 …………………………………………………… 243

6.2.1 なぜ破産確率は複合幾何分布なのか？ ……………………… 243

6.2.2 Wiener-Hopf 因子分解 …………………………………………… 245

6.3 拡散摂動モデル ………………………………………………………… 248

6.3.1 摂動項の解釈1：クレーム以外の不確実性の近似 ………… 248

6.3.2 摂動項の解釈2：CL モデルの拡散近似 …………………… 249

6.3.3 破産確率評価 …………………………………………………… 251

6.4 有限時間破産確率 ……………………………………………………… 257

6.4.1 拡散近似の場合 ………………………………………………… 257

6.4.2 CL モデルの場合 ……………………………………………… 259

6.5 破産確率の応用 ………………………………………………………… 261

6.5.1 初期備金や安全付加率の決定 ………………………………… 261

6.5.2 再保険について ………………………………………………… 263

6.5.3 再保険戦略と破産確率 ………………………………………… 266

6.6 破産確率の推定 ………………………………………………………… 269

6.6.1 CL モデルにおけるパラメータ推定 ………………………… 270

6.6.2 漸近公式の推定 ………………………………………………… 273

6.6.3 破産確率のノンパラメトリック推定 ………………………… 276

6.6.4 Fourier 推定法（FFT 法） …………………………………… 278

第7章 現代的破産理論：Gerber-Shiu 解析 ……………………… 282

7.1 Gerber-Shiu 関数 ……………………………………………………… 282

7.2 古典モデルによる考察 ………………………………………………… 285

7.3 一般化リスクモデル …………………………………………………… 296

7.3.1 Lévy 保険リスクモデル ……………………………………… 296

	7.3.2	Lévy モデルの意義	299
	7.3.3	調整係数と Esscher 変換	300
	7.3.4	破産確率評価	303
7.4	一般化リスクと Gerber-Shiu 関数		312
	7.4.1	再生型方程式	312
	7.4.2	一般化 Gerber-Shiu 関数	317
	7.4.3	有限時間 Gerber-Shiu 関数	318
7.5	Gerber-Shiu 関数の応用		322
	7.5.1	配 当 戦 略	322
	7.5.2	資 本 注 入	323
	7.5.3	信用リスクへの応用	324

付録 補足事項 327

A.1	測度と期待値に関する補足事項		327
	A.1.1	測度の絶対連続性	327
	A.1.2	さまざまな集合族の性質	328
	A.1.3	期待値に関する種々の不等式	330
	A.1.4	マルチンゲールによる測度変換	333
A.2	再生理論 (Renewal Theory)		336
	A.2.1	再生型方程式	336
	A.2.2	直接 Riemann 可積分性	338
	A.2.3	Key Renewal Theorem	341
A.3	確率過程の分布収束		342
	A.3.1	確率変数としての確率過程	342
	A.3.2	C 空間と D 空間	345
	A.3.3	距離空間における分布収束	350
	A.3.4	連続写像定理	357

参 考 文 献 360
索　　引 364

第 1 章

確率論の基本事項

確率的モデリングにおける考え方や，後に確率過
程などを用いた現代的リスク理論を理解するため
に必須の測度論に基づく確率論の基礎概念，特に
保険数理における重要事項を中心に復習する．

1.1 確率変数と分布

1.1.1 事象と確率

世の中で起こりうる一つ一つの現象に $\omega_1, \omega_2, \ldots$ と番号を付けたとしよう．
このような ω_i を**根源事象** (elementary event) とか**標本** (sample) と呼ぶ．
その全体の集合を Ω と表し，これを**標本空間** (sample space) という．もち
ろん，起こりうる現象すべてに番号付けできる（可算）とは限らないし，起こ
りうる現象すべてを把握することも通常は無理であろうから，まずは，Ω は
「なんらかの集合」という程度に考えておく．

[定義 1.1] 標本空間 Ω の部分集合からなる族 $\mathcal{F}$ で，$\Omega \in \mathcal{F}$ を満たすもの
が，以下の (1), (2) を満たすとき，$\mathcal{F}$ を**有限加法族**という：

(1) 任意の $A \in \mathcal{F}$ に対し，$A^c := \Omega \setminus A \in \mathcal{F}$．

(2) $A_1, A_2 \in \mathcal{F} \quad \Rightarrow \quad A_1 \cup A_2 \in \mathcal{F}$．

また，有限加法族 $\mathcal{F}$ がさらに次の (3) の条件を満たすとき，$\mathcal{F}$ を **σ-加法族**と
いう：

2　第 1 章　確率論の基本事項

(3)　$A_i \in \mathcal{F}\ (i = 1, 2, \ldots)$　$\Rightarrow$　$\bigcup_{i=1}^{\infty} A_i \in \mathcal{F}$.

　σ-加法族 $\mathcal{F}$ は，我々が後で"確率"（定義 1.9）なるものを考える集合であり，このような $\mathcal{F}$ の元を**事象** (event) と呼ぶ．$\mathcal{F}$ は，後で数学的に矛盾なく"確率"を定義できる事象の集合であり，$\mathcal{F}$ の元は測度論では**可測集合** (measurable set)[1] と呼ぶ.

[例 1.2]　サイコロを 1 回投げる試行を考えるとき，ω_i で i の目が出る事象を表現することで $\Omega = \{\omega_1, \ldots, \omega_6\}$ と作ったとしよう．このとき，もっとも簡単な σ-加法族は $\mathcal{F}_0 = \{\emptyset, \Omega\}$ であろう[2]．$\Omega \in \mathcal{F}_0$ は，「1 から 6 の目のどれかが出る」という事象であり，$\emptyset \in \mathcal{F}_0$ は「どの目も出ない（何も起こらない）」という事象に対応する．ただし，このような $\mathcal{F}_0$ を設定しても細かい事象の分析はできない.

[例 1.3]　$\mathcal{F}$ は"確率"を知りたい事象に限定して作ってよい．例えば，出る目の偶奇のみに興味があるなら $A = \{\omega_2, \omega_4, \omega_6\}$ として，$\mathcal{F}_1 = \{\emptyset, A, A^c, \Omega\}$ を考えれば，A は偶数が出るという事象，A^c は奇数が出るという事象に相当する．このとき，$\mathcal{F}_1$ は，前の例の $\mathcal{F}_0$ よりは細かい"情報"を含んでおり（$\mathcal{F}_0 \subset \mathcal{F}_1$），$\mathcal{F}_1$ に"確率"を定義できれば，「偶数（奇数）が出る確率」を考えることができるようになる.

[例 1.4]　上記サイコロ投げの例では，$\Omega = \{\omega_1, \ldots, \omega_6\}$ としたが，このときの各 ω_k は単なる記号で，サイコロの目と対応が付きさえすれば何でもよい．例えば，$\Omega = \{a, b, c, d, e, f\}$ でもよいし，$\Omega = \{1, \ldots, 6\}$ などとしてもよい．サイコロの目に興味があるなら，後者のとり方がわかりやすいだろう.

　このサイコロ投げのように，根源事象のパターンが有限個しかないときには有限加法的な $\mathcal{F}$ を考えれば十分である．しかし，もっと複雑で，可算無限，あるいは非可算個のパターンをとりうる現象を考えるときには，σ-加法性が

---

[1]　"可測"という形容詞は「"確率"を測ることが可能な」という意味にとればよい.
[2]　**自明な** (trivial) **σ-加法族**といわれる.

ないと無限個の事象に注目できなくなってしまう．そこで，もっといろいろな事象の"確率"に興味があるなら $\mathcal{F} = (\Omega$ の部分集合全体$)$ のように定義すれば，これは σ-加法族であり，しかもすべての事象が入っていてよさそうに見える．ところが，このような作り方には一般には問題がある．例えば，後で $\Omega = \mathbb{R}$ によって各現象を実数に対応付けることを考えるが，このとき $\mathcal{F} = (\mathbb{R}$ の部分集合全体$)$ としてしまうと，これは集合として大きすぎて，$\mathcal{F}$ 上に"自然な確率"が定義できないことが知られている．したがって，一般には，事象の集合 $\mathcal{F}$ はある程度制限的に作っておく必要がある．

[例 1.5] $\Omega = \mathbb{R}$ のとき，区間の集合 $\mathcal{I} = \{(a,b] : a,b \in \mathbb{R} \cup \{\pm\infty\}\}$[3]に対し，

$$\mathcal{A} := \left\{ \bigcup_{k=1}^{m} I_k : m \in \mathbb{N},\ I_i \cap I_j = \emptyset\ (1 \leq i < j \leq m),\ I_i, I_j \in \mathcal{I} \right\} \quad (1.1)$$

とすると，これは明らかに有限加法族である[4]．この元に対して，その補集合や積集合を加えながら $\mathcal{A}$ を拡張してできる**$\mathcal{A}$ を含む最小の σ-加法族**を $\sigma(\mathcal{A})$ なる記号で表すと，各区間に対する"確率 $\mathbb{P}((a,b])$"さえ定めておけば，σ-加法性によって任意の $A \in \sigma(\mathcal{A})$ に確率が定義される[5]．この $\sigma(\mathcal{A})$ がいわゆる **Borel 集合体 (Borel field)** といわれるもので，以下，

$$\mathcal{B} := \sigma(\mathcal{A})$$

と書く．容易にわかるように，$\mathcal{B} = \sigma(\mathcal{I})$ でもある（なぜか？）．このとき，$\mathbb{R}$ の部分集合であって $\mathcal{B}$ に属さないものも存在するが[6]，このような集合はどうせ確率をうまく定義できないので，事象としては興味の対象からはずしてしまうのである．

[例 1.6] $\Omega = \mathbb{R}^n$ とするときも 1 次元のときと同様で，

---

[3] $b = \infty$ のときは，$(a,b] = (a,\infty)$ と解釈する．また，$a > b$ のときは $(a,b] = \emptyset$ とする．

[4] このような $\mathcal{A}$ を**区間塊**という．

[5] これはもちろん証明がいることで，後述の「E. Hopf の拡張定理」（補題 1.16）と関連している．

[6] 非可測集合の存在．詳しくは伊藤 [28, p.49] を見よ．

4　第1章　確率論の基本事項

$$\mathcal{I}_n = \{(a_1, b_1] \times \cdots \times (a_n, b_n] : (a_i, b_i] \in \mathcal{I}, \ 1 \le i \le n\}$$

に対して $\mathcal{B}_n = \sigma(\mathcal{I}_n)$ と作ればよい．これを **n 次元 Borel 集合体**という．

　確率モデルを作る際，$(\Omega, \mathcal{F})$ なる組がまず最初に設定すべきもので，これを**可測空間 (measurable space)** という．我々は，$\omega \in \Omega$ の実態はわからなくとも，それを何らかの具体的事象として観測して何が起こったのかを把握する．例えば，サイコロの目として3が出ても，背後で（根源的に）何が起こって3になったかはよくわからない．そこで，サイコロの目を X として，$X(\omega_3) = 3$ という対応を与えておく．我々は $X = 3$ という値（実現値）を見て，ω_3 という "何か" が起こっていたのだと理解することにする．このようにして，$X : \Omega \to \mathbb{R}$ なる対応ができて，これが "確率変数" である．後で $X = 3$ という "確率" を考えるとき，事象 $\{\omega_3\}$ の "確率" を考えることになり，したがって，$\{\omega_3\} \in \mathcal{F}$ であることが要求されるであろう．すると，以下のような定義が自然に考えられる．

[定義 1.7]　可測空間 $(\Omega, \mathcal{F})$ に対し，写像 $X : \Omega \to \mathbb{R}$ が以下を満たすとき，X を**（実数値）確率変数 (random variable)** という：任意の $B \in \mathcal{B}$ に対し，

$$X^{-1}(B) := \{\omega \in \Omega : X(\omega) \in B\} \in \mathcal{F}. \tag{1.2}$$

ただし，$\mathcal{B}$ は $\mathbb{R}$ における Borel 集合体である．

[注意 1.8]
- X の値域を $\mathbb{R}^n$ としたときには，$\mathbb{R}^n$ 上の Borel 集合体 $\mathcal{B}_n$ に対して(1.2)と同様に $\mathbb{R}^n$-値確率変数が定義される．このような確率変数を，特に **n 次元確率ベクトル**ともいう．確率変数の一般化については A.3 節，定義 A.30 を参照せよ．
- 確率変数はその呼び名とは裏腹に，定義に "確率" の概念は不要である．

・X の性質 (1.2) は，測度論で **$\mathcal{F}$-可測性**[7]といわれるものである．すなわち，確率変数とは「$\mathcal{F}$-可測関数」に他ならない．したがって，確率変数 X と $\mathbb{R}$ 上の $\mathcal{B}$-可測関数 f が与えられたとき，$Y := f(X)$ も確率変数である．

以後，以下のように事象を略記する：

$$\{X \in B\} := \{\omega \in \Omega : X(\omega) \in B\}.$$

また，例えば，$a > 0$ に対して $B = (-\infty, a)$ のときには，$\{X < a\} = \{X \in (-\infty, a)\}$ のような記号も用いる．

確率変数を単なる写像ではなく $\mathcal{F}$-可測関数として定めるのは，$\mathcal{F}$ の事象に対してのみ "確率" が付与されるからである．以下に確率を定義する．

[定義 1.9] 可測空間 $(\Omega, \mathcal{F})$ が与えられたとき，次の (1), (2) を満たす写像 $\mathbb{P} : \mathcal{F} \to [0, 1]$ のことを $\mathcal{F}$ 上の**確率測度 (probability measure)**，あるいは単に**確率 (probability)** という．

(1) $\mathbb{P}(\Omega) = 1$.

(2) 任意の $\{A_i\}_{i=1}^{\infty} \subset \mathcal{F}$, $A_i \cap A_j = \emptyset$ $(i \neq j)$ に対して，

$$\mathbb{P}\left(\bigcup_{i=1}^{\infty} A_i\right) = \sum_{i=1}^{\infty} \mathbb{P}(A_i).$$

[注意 1.10] 確率測度の "確率" という形容詞は (1) の性質を指し，一般に $\mu : \mathcal{F} \to [0, \infty]$ として (2) のみを要求する写像は単に**測度 (measure)** という．

$A \cap B = \emptyset$ なる二つの事象 $A, B \in \mathcal{F}$ は同時には起こらない事象であり，互いに**排反 (exclusive)**，あるいは互いに**素 (disjoint)** といわれる．初等的な "確率" を考えても，このような A, B に対しては

$$\mathbb{P}(A \cup B) = \mathbb{P}(A) + \mathbb{P}(B)$$

が成り立つべきである．すると，互いに素な任意の事象列 $\{A_i\}_{i=1}^{n}$ に対して

---

[7] X の行先における可測集合 $\mathcal{B}$ も明記し，$\mathcal{F}/\mathcal{B}$-可測ともいう．

6   第 1 章　確率論の基本事項

も帰納的に

$$\mathbb{P}\left(\bigcup_{i=1}^{n} A_i\right) = \sum_{i=1}^{n} \mathbb{P}(A_i), \quad n \in \mathbb{N} \tag{1.3}$$

が要求されるであろう．これを確率の**有限加法性** (finite additivity) とい
う．(2) はこの性質を一般化したもので，確率の**可算加法性**（**σ-加法性**，**σ-
additivity**）といわれる．

　確率測度のよく知られた重要な性質を以下に挙げておこう．

[**定理 1.11**]　$(\Omega, \mathcal{F})$ 上の確率測度 $\mathbb{P}$ に対して以下が成り立つ．特に，(3)-(5)
は同値である．

(1)　$\mathbb{P}(\emptyset) = 0.$

(2)　$A, B \in \mathcal{F}$ が $A \subset B$ を満たせば，$\mathbb{P}(A) \leq \mathbb{P}(B).$

(3)　$A_n \in \mathcal{F}, n = 1, 2, \ldots$ が集合として単調増加：$A_1 \subset A_2 \subset \cdots$，ならば，

$$\mathbb{P}\left(\bigcup_{n=1}^{\infty} A_n\right) = \lim_{n \to \infty} \mathbb{P}(A_n).$$

(4)　$A_n \in \mathcal{F}, n = 1, 2, \ldots$ が集合として単調減少：$A_1 \supset A_2 \supset \cdots$，ならば，

$$\mathbb{P}\left(\bigcap_{n=1}^{\infty} A_n\right) = \lim_{n \to \infty} \mathbb{P}(A_n).$$

(5)　$A_n \in \mathcal{F}, n = 1, 2, \ldots$ が集合として単調減少で $\bigcap_{n=1}^{\infty} A_n = \emptyset$ ならば，

$$\lim_{n \to \infty} \mathbb{P}(A_n) = 0.$$

　可測空間 $(\Omega, \mathcal{F})$ 上にこのような確率 $\mathbb{P}$ が与えられたとき，三つ組

$$(\Omega, \mathcal{F}, \mathbb{P})$$

を**確率空間** (probability space) という．全ての確率モデルは，この確率空
間を定めることから始まる．

1.1.2 分布と分布関数

X が確率変数ならば事象 $\{X \in B\}$ は $\mathcal{F}$ の元であるから，これに確率 $\mathbb{P}$ を作用させることができて，

$$\mathbb{P}(X \in B) := \mathbb{P}(\{\omega \in \Omega : X(\omega) \in B\}) \in [0,1]$$

が定義される．このとき，$\mathcal{B}$ 上の集合関数 μ を

$$\mu(B) := \mathbb{P}(X \in B) = \mathbb{P}\left(X^{-1}(B)\right) = \mathbb{P} \circ X^{-1}(B) \tag{1.4}$$

のように定めると，$\mu : \mathcal{B} \to [0,1]$，かつ，$\mu(\mathbb{R}) = 1$ であり，さらに μ は $\mathcal{B}$ 上で定義 1.9, (2) の性質を満たすことが容易に確認できる．したがって，μ は写像 X によって可測空間 $(\mathbb{R}, \mathcal{B})$ 上に誘導された確率測度[8]といえる．こうして定義される集合関数 μ を **X の確率分布** (probability distribution)，または単に **X の分布** (distribution) という．

μ が定まれば，新たな確率空間

$$(\mathbb{R}, \mathcal{B}, \mu)$$

ができていることに気づくだろう．そこで，もし我々が確率変数 X を通して現象を把握するのであれば，この確率空間を元々の $(\Omega, \mathcal{F}, \mathbb{P})$ と同一視してしまえばよく，したがって，標本空間 Ω は明示的にしておく必要がなかったのである．μ は X の値の定まり方（法則）を確率で表現するものであり，この意味で確率分布 μ のことを X の**確率法則** (probability law)，あるいは単に**法則** (law) という．

[定義 1.12]　確率変数 X が与えられたとき，その分布 μ に対して，

$$F(x) := \mu((-\infty, x]) = \mathbb{P}(X \le x), \quad x \in \mathbb{R} \tag{1.5}$$

で定まる関数 F を，**X の分布関数** (distribution function) という．

分布 μ と分布関数 F の関係について，以下の事実がよく知られている．

---

[8] $\mathbb{P}$ の X による**像測度** (image measure) といういい方もある．

8　第1章　確率論の基本事項

[定理 1.13]　確率変数 X の分布 μ と分布関数 F に対して以下が成り立つ.

(1)　F は単調非減少関数：任意の $x \leq y$ に対して，$F(x) \leq F(y)$.

(2)　$F(\infty) := \lim_{x \to \infty} F(x) = 1$, かつ，$F(-\infty) := \lim_{x \to -\infty} F(x) = 0$.

(3)　$F(x)$ は右連続関数：任意の $x \in \mathbb{R}$ に対して，$\lim_{y \downarrow x} F(y) = F(x)$.

(4)　任意の $x \in \mathbb{R}$ に対して，$\mu(\{x\}) = F(x) - F(x-)$.

　　ただし，$F(x-) = \lim_{y \uparrow x} F(y)$.

証明　(1) は確率測度の単調性（定理 1.11, (2)）より明らか.

(2)：$\mathbb{R} = \bigcup_{n=1}^{\infty} (-\infty, n]$ に注意して確率測度の連続性（定理 1.11, (3), (4)）を使うと，

$$1 = \mu(\mathbb{R}) = \lim_{n \to \infty} \mu((-\infty, n]) = F(\infty).$$

同様に，$\emptyset = \bigcap_{n=1}^{\infty} (-\infty, -n]$ を使って $F(-\infty) = 0$ がいえる.

(3)：μ の連続性を使う. すなわち，

$$\lim_{y \downarrow x} F(y) = \lim_{n \to \infty} \mu((-\infty, x + n^{-1}))$$
$$= \mu \left(\bigcap_{n=1}^{\infty} (-\infty, x + n^{-1}) \right) = \mu((-\infty, x]) = F(x).$$

(4) も同様に示せるので省略する.　■

[問 1.14]　定理 1.13 の (1)-(3) を満たすような関数 F の例を挙げよ.

　定義 1.9 の (1), (2) を満足する確率測度 $\mathbb{P}$ を与えるのはそれほど簡単には見えないが，定理 1.13 の (1)-(3) を満たすような関数 F を与えるのは比較的容易であろう. 実は，この (1)-(3) が確率測度を与えるのに必要十分な条件であることが次の定理からわかる.

[定理 1.15]　定理 1.13 の (1)-(3) を満たすような $\mathbb{R}$ 上の関数 F が与えられたとき，以下の (a), (b) が成り立つ.

(a)　式(1.5)を満たす $(\mathbb{R}, \mathcal{B})$ 上の確率測度 μ が一意に定まる.

(b) 適当な確率空間とその上の確率変数 X をとって，その分布関数が F となるようにできる．

証明 (a)：本質的なことは **E. Hopf の拡張定理**[9]と呼ばれる次の補題である．

[補題 1.16] $\mathcal{A}$ を Ω の部分集合からなる有限加法族とし，$\mathbb{P}$ を $\mathcal{A}$ 上の有限加法的な（(1.3)を満たす）確率測度とする．このとき，$\mathbb{P}$ が $\sigma(\mathcal{A})$ 上の確率測度に拡張できるための必要十分条件は，$\mathbb{P}$ が $\mathcal{A}$ 上で σ-加法的となること，すなわち，互いに素な事象列 $A_n \in \mathcal{A}$ $(n = 1, 2, \ldots)$ で $\bigcup_{n=1}^{\infty} A_n \in \mathcal{A}$ となるようなものに対して，

$$\mathbb{P}\left(\bigcup_{n=1}^{\infty} A_n\right) = \sum_{n=1}^{\infty} \mathbb{P}(A_n)$$

となることである．また，このとき，この拡張は一意的である．

さて，定理 1.13 の (1)-(3) を満たすような関数 F が与えられたとき，Borel 集合を定義した際に(1.1)で用いた有限加法族 $\mathcal{A}$ の各元 $\bigcup_{k=1}^{m}(a_k, b_k] \in \mathcal{A}$ に対して，

$$\mu\left(\bigcup_{k=1}^{m}(a_k, b_k]\right) = \sum_{k=1}^{m}[F(b_k) - F(a_k)] \tag{1.6}$$

として μ を定めると，μ は明らかに $\mathcal{A}$ 上有限加法的な確率測度であり，$\mathcal{A}$ 上 σ-加法的となることも容易に証明できる（これは読者への演習とする）．したがって，補題 1.16 により，上で定まる μ は $\mathcal{B} = \sigma(\mathcal{A})$ 上の確率測度にもなっている．

(b)：(a) において F を分布関数とする確率 μ が定まったので，$(\mathbb{R}, \mathcal{B}, \mu)$ なる確率空間を考え，

$$X(\omega) = \omega, \quad \omega \in \mathbb{R}$$

---

[9] 例えば伊藤 [28, 定理 9.1] など．

10   第 1 章　確率論の基本事項

によって $X : \mathbb{R} \to \mathbb{R}$ を定めると，これは明らかに可測空間 $(\mathbb{R}, \mathcal{B})$ 上の確率変数であり，その分布関数は

$$\mu\left(\{\omega \in \mathbb{R} : X(\omega) \le x\}\right) = \mu\left((-\infty, x]\right) = F(x) - F(-\infty) = F(x).$$

したがって，この X が求めたかった確率変数である. ∎

[**問 1.17**]　$\Omega = \mathbb{R}$（実数全体）とし，$\mathcal{A}$ を (1.1) のものとする. ただし，さらに，$\mathbb{R}$ 上の正値連続関数 $f(x)$ で $\int_{\mathbb{R}} f(x)\,\mathrm{d}x = 1$ を満たす f によって，

$$\mathbb{P}^*(I) = \int_I f(x)\,\mathrm{d}x, \quad I \in \mathcal{A}$$

と定める.
(1)　$\mathbb{P}^*$ は $\mathcal{A}$ 上で有限加法的であることを示せ.
(2)　E. Hopf の拡張定理を用いて，$\mathbb{P}^*$ が $\mathcal{B} := \sigma(\mathcal{A})$ 上に一意に拡張されることを示せ.

[**注意 1.18**]　定理 1.15 の事実により，定理 1.13 の (1)-(3) を分布関数の定義として採用してもよい. 後でわかるように，様々な確率計算は分布関数 F がわかりさえすれば実行できるから，初等的な確率統計を学ぶ際に「確率測度」という概念を知らなくてもあまり問題はないのである.

　このように，分布（確率測度）μ と分布関数 F は 1 対 1 に対応するので，しばしば，記号を濫用して分布と分布関数を同一の記号 F で表してしまうこともある. 例えば，確率変数 X の分布を F_X と書くとき，その分布関数も $F_X(x)$ と書いたりする. 本書でも，特に誤解のない限りこのような記法を用いる.

[**注意 1.19**]　定理 1.15 では F を $\mathbb{R}$ 上の分布関数に限定しているが，もっと一般に，F が非有界な右連続単調増加関数，あるいは（局所）有界変動関数[10]などの場合，また多次元の場合にも定理 1.15 と同様の主張が成り立ち，

---

[10]　区間 $[a, b]$ の分割 $\Delta : a = x_0 < x_1 < \cdots < x_n = b$ に対して，$V(f) := \sup_\Delta \sum_{i=1}^n |f(x_i) - f(x_{i-1})|$ を関数 f の総変動という. ただし，sup はあらゆる分割 Δ に渡

F に対応する測度 μ が存在する. このような測度 μ を, F に対応する **Lebesgue-Stieltjes 測度** という. 例えば, $F(x) = x$ に対応する測度は **Lebesgue 測度** である. これらに関する詳細は, 伊藤 [28, 定理 4.2 や 17 節] などを参照されたい.

1.1.3 分布のモデル

確率変数, あるいはその分布 (関数) の代表的な型を紹介しておこう.

以下では, 次のような記号を用いる:

$$\mathbf{1}_A(x) = \begin{cases} 1 & (x \in A) \\ 0 & (x \notin A) \end{cases}.$$

これを A に対する **定義関数** (**indicator**) という. 変数 (x) として何を考えているかが文脈から明らかなときは, しばしば, それを省略して書く. 例えば, 確率変数 X と $B \in \mathcal{B}$ に対して,

$$\mathbf{1}_{\{X \in B\}} := \mathbf{1}_{\{X \in B\}}(\omega), \quad \omega \in \Omega$$

などと用いる.

[**定義 1.20**] X を確率変数とし, F を X の分布とする.

・ある可算集合 $A \subset \mathbb{R}$ があって, $\mathbb{P}(X \in A) = 1$ となるとき, X は **離散型** (**discrete type**) であるという. 特に, 分布関数は以下のように書ける:

$$F(x) = \sum_{a \in A} p(a) \mathbf{1}_{[a, \infty)}(x) = \sum_{a \leq x} p(a).$$

ただし, $p(a) := \mathbb{P}(X = a)$ であり, これを **確率関数** (**probability function**) という. $\sum_{a \in A} p(a) = 1$ に注意しておく.

・分布関数 $F(x)$ が $\mathbb{R}$ 上連続なとき, X は **連続型** (**continuous type**) という. 特に, ある非負関数 f で $\int_{\mathbb{R}} f(x)\, \mathrm{d}x = 1$ なるものを用いて

ってとる. $V(f) < \infty$ となる f は $[a, b]$ 上 **有界変動** であるという. 任意の閉区間上で有界変動なら局所有界変動という.

$$F(x) = \int_{-\infty}^{x} f(z)\,\mathrm{d}z$$

と書けるとき, F は**絶対連続型** (absolutely continuous type) という. 特に, 関数 f を分布 F に対する**確率密度関数** (probability density function) という.

[**注意 1.21**]「絶対連続」という呼称は, 確率測度 F が Lebesgue 測度 $m(\mathrm{d}x) := \mathrm{d}x$ に関して**絶対連続**: $m(A) = 0, A \in \mathcal{B} \Rightarrow F(A) = 0$, となることに由来する (詳細は A.1.1 項を参照のこと). このとき, 確率密度関数 f は Radon-Nikodym 微分に相当する (定理 A.3):

$$F(A) = \int_A f(x)\,\mathrm{d}m(x) \quad \Leftrightarrow \quad f = \frac{\mathrm{d}F}{\mathrm{d}m}\left(=\frac{\mathrm{d}F}{\mathrm{d}x}\right).$$

したがって, "確率密度" の呼称は「分布 F の確率密度」というのが正しいが, 「確率変数 X の分布の確率密度関数」などというのはいささか冗長であるので, 以下では「X の密度関数」と省略して呼ぶことにする.

[**注意 1.22**]

・X が n 次元確率ベクトルのときの離散型, 連続型も同様に定義される. 例えば, $\mathbb{R}^2$-値確率ベクトル (X, Y) に対して, その分布関数を $F_{X,Y}$ などとするとき, 離散型分布は $p_{X,Y}(a, b) = \mathbb{P}(X = a, Y = b)$ を確率関数として,

$$F_{X,Y}(x, y) = \sum_{a \le x, b \le y} p_{X,Y}(a, b)$$

と書ける. 連続型とは $F_{X,Y}$ が $\mathbb{R}^2$ 上で連続となることであり, 絶対連続型とは, ある $f_{X,Y} : \mathbb{R}^2 \to \mathbb{R}_+$ で $\iint_{\mathbb{R}^2} f_{X,Y}(x, y)\,\mathrm{d}x\mathrm{d}y = 1$ なるものが存在して

$$F_{X,Y}(x, y) = \int_{-\infty}^{x} \int_{-\infty}^{y} f_{X,Y}(u, v)\,\mathrm{d}u\mathrm{d}v$$

と書けることである. 特に, 分布 $F_{X,Y}$ を (X, Y) の**同時分布** (joint distribution, **結合分布**) という. 同様に, $p_{X,Y}$ を同時確率関数, $f_{X,Y}$ を同時 (確率) 密度関数などという.

- n 次元の確率ベクトルに対しても，その分布関数が与えられれば，そこから定理 1.15 と同様に n 次元 Borel 集合体 $\mathcal{B}_n$ 上の確率測度が定まる．
- 以後，特に断らない限り X の分布関数，確率関数，確率密度関数はそれぞれ F_X, p_X, f_X などと表し，確率ベクトル (X, Y) などについても同様に，$F_{X,Y}$, $p_{X,Y}$, $f_{X,Y}$ などと表すことにする．

本書で用いる分布は，基本的に離散型か連続型のいずれかで，時に以下のような混合型である：$\alpha_i > 0$ $(i = 1, \ldots, M)$ で $\sum_{i=1}^{M} \alpha_i = 1$ なる M 個の実数と，M 個の分布 F_i $(i = 1, \ldots, M)$ に対して，

$$G(x) = \sum_{i=1}^{M} \alpha_i F_i(x), \quad x \in \mathbb{R}$$

とするとこれは分布関数であり，これに対応する Lebesgue-Stieltjes 測度 G は同様に

$$G(A) = \sum_{i=1}^{M} \alpha_i F_i(A), \quad A \in \mathcal{B}$$

となり，これを $\{F_i\}$ による**混合分布** (mixture distribution) という．

以下，よく用いる分布のモデルとその記号を挙げておく．

[**例 1.23（離散型分布のモデル）**]

- 母数 $n \in \mathbb{N}$, $p \in (0, 1)$ の **2 項分布** (binomial distribution)：

$$X \sim Bin(n, p) \quad \Leftrightarrow \quad p_X(k) = \binom{n}{k} p^k (1-p)^{n-k}, \quad k = 0, 1, 2, \ldots.$$

- 母数 $p \in (0, 1)$ の**幾何分布** (geometric distribution)：

$$X \sim Geo(p) \quad \Leftrightarrow \quad p_X(k) = (1-p)p^k, \quad k = 0, 1, 2, \ldots.$$

- 強度 $\lambda > 0$ の **Poisson 分布** (Poisson distribution)：

$$X \sim Po(\lambda) \quad \Leftrightarrow \quad p_X(k) = e^{-\lambda} \frac{\lambda^k}{k!}, \quad k = 0, 1, 2, \ldots.$$

14　第 1 章　確率論の基本事項

[例 1.24（連続型分布のモデル）]

・(a, b) 上の**一様分布 (uniform distribution)**：
$$X \sim U(a, b) \quad \Leftrightarrow \quad f_X(x) = \frac{1}{b-a} \mathbf{1}_{(a,b)}(x).$$

・平均 $\mu \in \mathbb{R}$，分散 $\sigma^2 > 0$ の**正規分布 (normal distribution)**：
$$X \sim N(\mu, \sigma^2) \quad \Leftrightarrow \quad f_X(x) = \frac{1}{\sqrt{2\pi\sigma^2}} e^{-\frac{(x-\mu)^2}{2\sigma^2}}.$$

・平均 $1/\lambda$ の**指数分布 (exponential distribution)**：
$$X \sim Exp(\lambda) \quad \Leftrightarrow \quad f_X(x) = \lambda e^{-\lambda x} \mathbf{1}_{(0,\infty)}(x).$$

・母数 $\alpha, \beta > 0$ の**ガンマ分布 (gamma distribution)**：
$$X \sim \Gamma(\alpha, \beta) \quad \Leftrightarrow \quad f_X(x) = \frac{\beta^\alpha}{\Gamma(\alpha)} x^{\alpha-1} e^{-\beta x} \mathbf{1}_{(0,\infty)}(x).$$

ただし，$\Gamma(x) = \int_0^\infty z^{x-1} e^{-z} \, dz$（ガンマ関数）であり，$\alpha$ は**形状母数 (shape parameter)**，β は**尺度母数 (scale parameter)** といわれる．特に，$\Gamma(1, \beta) = Exp(\beta)$ である．また，$\alpha = n \in \mathbb{N}$ となるとき，$\Gamma(n, \beta) =: Erl(n, \beta)$ などと書いて **Erlang 分布**[11]といわれることもあり，保険数理では保険金請求事故の発生時刻の分布としてしばしば用いられる（注意 5.16 を参照せよ）．

1 点分布について

定数 $a \in \mathbb{R}$ に対して，$\mathbb{P}(X = a) = 1$ となるような X を考えるとき，その分布関数 F は $F(x) = \mathbf{1}_{[a,\infty)}(x)$ となるが，これに対応する Lebesgue-Stieltjes 測度を特に Δ_a と書き，**点 a に集中した Dirac 測度 (Dirac measure on a)** という．対応する分布関数は $\Delta_a(x) := \mathbf{1}_{[a,\infty)}(x)$ と書いてもよい．

これは離散型分布の例であるが，便宜上，以下のように絶対連続型のような密度関数による表示を用いることがある：

---

[11]　待ち行列理論での呼び名．Erlang（エルラング，アーランなど）は人名．

$$\Delta_a(x) = \int_{-\infty}^{x} \delta_a(x) \, \mathrm{d}x. \tag{1.7}$$

$\Delta_a(x)$ は $x = a$ で不連続であるため通常の微分はできないが，形式的に

$$\Delta'_a(x) = \delta_a(x) = \begin{cases} \infty & x = a \\ 0 & x \neq a \end{cases}, \quad \int_{\mathbb{R}} \delta_a(x) \, \mathrm{d}x = 1 \tag{1.8}$$

を満たすような確率密度 δ_a を持つと見なすことで，後で種々の計算が形式的，かつ容易に行えて便利である．このような δ_a を **点 a に集中した Dirac 関数 (Dirac function at a)** という．

性質 (1.8) を満たすようないわゆる可測関数は存在せず，数学的には「超関数」という概念を導入することにより δ_a を特徴付けることができるのだが，本書ではそこまで立ち入らない．当面は (1.8) の規則のみに注意して計算を行えばよい．

この記法を用いれば，離散型分布もすべて絶対連続型のように表示できる．すなわち，

$$p(a_i) = \mathbb{P}(X = a_i) = p_i, \quad \sum_{i=1}^{\infty} p_i = 1 \tag{1.9}$$

なる確率関数 p を持つ離散型確率変数の分布 F，密度関数 f を

$$F = \sum_{i=1}^{\infty} p_i \Delta_{a_i}, \quad f(x) = \sum_{i=1}^{\infty} p_i \delta_{a_i}(x), \tag{1.10}$$

と見なして形式的に計算してよい．

1.2　期待値について

1.2.1　期待値と Stieltjes 積分

ここで，確率変数の期待値について復習しておこう．測度論における Lebesgue 積分の定義を知っているならば，X の期待値とは測度空間 $(\Omega, \mathcal{F}, \mathbb{P})$ における可測関数 $X : \Omega \to \mathbb{R}$ の測度 $\mathbb{P}$ による積分であり，

16   第 1 章　確率論の基本事項

$$\mathbb{E}[X] := \int_{\Omega} X(\omega)\,\mathbb{P}(\mathrm{d}\omega) \tag{1.11}$$

と定義してなんの問題もないが，本項では，離散型確率変数 X の期待値に対する自然な一般化として，分布による "Stieltjes 積分" が導かれることを紹介しておく．保険数理関連の文献では，この Stieltjes 型の積分が多用されるので知っておくと便利だからである．

　確率変数 X の分布を F とする．X が(1.9)の離散型の場合の期待値は

$$\mathbb{E}[X] := \sum_{i=1}^{\infty} a_i \mathbb{P}(X = a_i) = \sum_{i=1}^{\infty} a_i p_i$$

で定義されるが，これは次のように書き直すことができる．

$$\mathbb{E}[X] = \sum_{i=1}^{\infty} a_i \left[F(a_{i+1}-) - F(a_i-) \right].$$

ただし，$F(a-) = \lim_{x \to a-0} F(x)$ である．この自然な一般化として，連続型確率変数の期待値を定めることができる．

　まず，**非負値**連続型確率変数 $X : \mathbb{P}(X \geq 0) = 1$，を次のような離散型確率変数の列 $\{X_n\}_{n=1,2,\ldots}$ で近似することを考える：任意の $\omega \in \Omega$ に対して，

$$X_n(\omega) = \sum_{k=0}^{m_n} a_{k,n} \mathbf{1}_{[a_{k,n}, a_{k+1,n})}(X(\omega)). \tag{1.12}$$

ここに，$m_n = n2^n$，$a_{k,n} = k2^{-n}$，かつ $a_{m_n+1,n} = \infty$ とする．こうすると，$n \to \infty$ のとき，X_n は Ω 上で X に各点収束することがわかるので，この意味で $\{X_n\}_{n=1,2,\ldots}$ は X の近似列といえる．この近似では，$X \leq n$ なる X の値域を 2^n で分割しているが，これは

$$X_n(\omega) \leq X_{n+1}(\omega), \quad \omega \in \Omega$$

と単調増加列にするためである．このとき，X_n, X の分布をそれぞれ F_n, F と書くと，

$$F_n = \sum_{k=0}^{m_n} \mathbb{P}\left(a_{k,n} \leq X < a_{k+1,n}\right) \Delta_{a_{k,n}} = \sum_{k=0}^{m_n} F\left([a_{k,n}, a_{k+1,n})\right) \Delta_{a_{k,n}}$$

なる離散型であるから，離散型変数の期待値の定義によって $\mathbb{E}[X_n]$ が定義される．そこで，$n \to \infty$ とした極限によって $\mathbb{E}[X]$ を定義する：

$$\mathbb{E}[X] := \lim_{n\to\infty} \mathbb{E}[X_n] \tag{1.13}$$

$$= \lim_{n\to\infty} \sum_{k=0}^{m_n} a_{k,n} F\left([a_{k,n}, a_{k+1,n})\right) \tag{1.14}$$

$$= \lim_{n\to\infty} \sum_{k=0}^{m_n} a_{k,n} \left[F(a_{k+1,n}-) - F(a_{k,n}-)\right]. \tag{1.15}$$

ただし，$F(a_{0,n}-) = 0$ と定めておく．上記 (1.15) の右辺は単調増加列の極限になっていることに注意すると，

$$\mathbb{E}[X] = \sup_{n\in\mathbb{N}} \mathbb{E}[X_n]$$

である[12]．これを X の**期待値 (expectation)** と定める．X が負値もとる場合には，

$$X = X_+ - X_-, \quad X_+ := \max\{X, 0\},\ X_- = \max\{-X, 0\}$$

と分解し，

$$\mathbb{E}[X] := \mathbb{E}[X_+] - \mathbb{E}[X_-]$$

で定める．したがって，$E[X_\pm] < \infty$ のとき期待値が存在する．このとき，確率変数 X は**可積分 (integrable)** であるという．

[注意 1.25] 上記期待値の定義により，確率変数 X が可積分：$\mathbb{E}[X] < \infty$，であることと，$|X|$ が可積分：$\mathbb{E}|X| < \infty$，であることは同値である．

式 (1.15) の右辺は，X の値が微小に変化したときに，その X の値と F の微

---

[12] 実数の連続性である．

18　第 1 章　確率論の基本事項

小差分との積和である．そこで，F の微小差分を dF と表したり，あるいは X の微小変化を dx と書いて

$$\mathbb{E}[X] = \int_{\mathbb{R}} x \, dF(x), \quad \text{または} \quad \int_{\mathbb{R}} x \, F(dx) \tag{1.16}$$

のような記号で書く[13]．

[**注意 1.26**]　上記 (1.16) の記法は，もともとの期待値の定義 (1.11) から次のように考えることもできる．(1.11) の右辺の積分において，$X(\omega) = x$ と変数変換して，形式的に $X(d\omega) = dx$ などと書くと，

$$\mathbb{E}[X] = \int_{\Omega} X(\omega) \, \mathbb{P}(d\omega) = \int_{\mathbb{R}} x \, \mathbb{P}(X^{-1}(dx)) = \int_{\mathbb{R}} x F(dx).$$

最後の等号は X の分布の定義 1.4 による．

　一般に，$\mathbb{R}$ 上の可測関数 g が与えられたとき，$g(X)$ は確率変数であり，期待値 $\mathbb{E}[g(X)]$ と全く同様にして積分

$$\int_{\mathbb{R}} g(x) \, F(dx) \tag{1.17}$$

が定義される．

[**定義 1.27**]　式 (1.17) の積分を，関数 g の測度 F に関する **Stieltjes 積分** (**Stieltjes integral**) という．この積分が存在するとき，g は **F-可積分**であるという．特に，以下のような記号を用いる．

$$\int_{A} g(x) \, F(dx) := \int_{\mathbb{R}} g(x) \mathbf{1}_A(x) \, F(dx), \quad A \in \mathcal{B}.$$

特に，$A = (a, b]$ のとき，

$$\int_{a}^{b} g(x) \, F(dx) := \int_{\mathbb{R}} g(x) \mathbf{1}_{(a,b]}(x) \, F(dx). \tag{1.18}$$

[**注意 1.28**]　注意 1.19 と同様，Stieltjes 積分は任意の有界変動関数 F に対

---

[13]　$F(dx)$ は F を分布（測度）と見なした「(1.14) の形の極限」という気持ちで書かれており，$dF(x)$ の表現は，F を分布関数の微小差と見なした「(1.15) の形の極限」という気持ちで書かれている．

1.2 期待値について **19**

して定義される[14]. 特に, $F(x) = x$ とした場合の Stieltjes 積分が **Lebesgue 積分** (**Lebesgue integral**) であり, このとき $F(\mathrm{d}x)$ を単に $\mathrm{d}x$ と表す.

[**注意 1.29**]　確率変数 $X \sim F$ と $A \in \mathcal{B}$ に対して,

$$\mathbb{E}\left[\mathbf{1}_{\{X \in A\}}\right] = \int_{\mathbb{R}} \mathbf{1}_A(x) \, F(\mathrm{d}x) = \int_A F(\mathrm{d}x) = F(A) = \mathbb{P}(X \in A).$$

つまり, 確率とは定義関数の期待値である.

[**注意 1.30**]　微分 $F'(x) = f(x)$ がある場合には, 式(1.15)の右辺で, $\Delta_n = 2^{-n}$ と置き, $F(a_{k+1,n}-) - F(a_{k,n}-) \sim f(a_{k,n})\Delta_n \ (n \to \infty)$ となることに注意すると, いわゆる Riemann 積分の場合と同様に

$$\int_a^b g(x) \, F(\mathrm{d}x) = \lim_{n \to \infty} \sum_{k=0}^{m_n} g(a_{k,n}) f(a_{k,n}) \Delta_n \mathbf{1}_{(a,b]}(a_{k,n}) = \int_a^b g(x) f(x) \, \mathrm{d}x$$

となることがわかる. また, (1.10)のような離散型分布の場合にも, "形式的に" 以下のように書ける.

$$\mathbb{E}[g(X)] = \sum_{i=1}^{\infty} g(a_i) p_i = \sum_{i=1}^{\infty} \int_{\mathbb{R}} g(x) p_i \delta_{a_i}(x) \, \mathrm{d}x = \int_{\mathbb{R}} g(x) f(x) \, \mathrm{d}x. \tag{1.19}$$

したがって, 離散型分布の期待値をあたかも絶対連続型分布の期待値のように表現することができる.

[**定理 1.31**]　$\mathbb{R}$ 上の有界変動関数 F が微分可能で $F'(x) = f(x)$ とする. このとき, 関数 $g : \mathbb{R} \to \mathbb{R}$ に対して,

$$\int_{\mathbb{R}} g(x) \, F(\mathrm{d}x) = \int_{\mathbb{R}} g(x) f(x) \, \mathrm{d}x.$$

[**注意 1.32**]　一般に,

_____
[14]　詳細は, 伊藤 [28, IV.20 節] を参照されたい.

$$\int_{[a,b]} g(x)\, F(\mathrm{d}x) = g(a)\Delta F(a) + \int_a^b g(x)\, F(\mathrm{d}x). \tag{1.20}$$

ただし，$\Delta F(a) = F(a) - F(a-)\ (\,= F(\{a\}))$ である．特に，非負の確率変数 X の期待値を扱う際，$\mathbb{P}(X = 0) = p_0 > 0$ となる場合に注意が必要である．この場合，X の分布関数 F は，$F(x) = 0\ (x < 0)$ であり，$\Delta F(0) = p_0$ となるから，

$$F(x) = p_0 \Delta_0(x) + (1 - p_0)H(x), \quad x \geq 0.$$

ただし，H は $H(0) = 0$ なる分布関数，のような混合分布の形で書けるが，(1.18)の形から $x = 0$ における 1 点分布の積分が含まれて，

$$\mathbb{E}[g(X)] = \int_{[0,\infty)} g(x)\, F(\mathrm{d}x) = p_0 g(0) + (1 - p_0)\int_0^\infty g(x)\, H(\mathrm{d}x)$$

となる．**$p_0 g(0)$ の項を忘れてはいけない！**　保険数理では，保険金支払いの分布として非負確率変数を扱うことが多く，このような計算には特に注意を要する．

1.2.2　"ほとんど確実に"

確率空間 $(\Omega, \mathcal{F}, \mathbb{P})$ において，ある $A \in \mathcal{F}$ が

$$\mathbb{P}(A) = 1$$

を満たすとき，「**ほとんど確実に** (**almost surely**) 事象 A が起こる」などと表現する．例えば，確率変数 X とある $B \in \mathcal{B}$ に対して，

$$\mathbb{P}(X \in B) = 1 \quad \Leftrightarrow \quad \text{ほとんど確実に } X \in B \text{ である}$$

などといい，記号で以下のように表す．

$$X \in B \quad a.s.$$

$a.s.$ とは "almost surely" の頭文字である．この意味は，ある $\mathbb{P}$-零集合 $\mathcal{N} \in$

$\mathcal{F}$ が存在して,

$$X(\omega) \in B, \quad \omega \in \Omega \setminus \mathcal{N}$$

ということであり「ほとんど起こらない事象 $\mathcal{N}$ を除けば $X \in B$ となることは確実である」という意味である. 例えば, (1.12)で作った確率変数列 $\{X_n\}$ は,

$$\mathbb{P}\left(\left\{\omega \in \Omega : \lim_{n \to \infty} X_n(\omega) = X(\omega)\right\}\right) = 1$$

であるので, これを

$$\lim_{n \to \infty} X_n = X \quad a.s.$$

などと書いて「X_n はほとんど確実に X に収束する」と表現する. また, ある $\mathbb{P}$-零集合 $\mathcal{N} \in \mathcal{F}$ を除いて (ほとんど確実に) 等しいような可積分な確率変数 X と $Y : X = Y\ a.s.$, について, これらの $\mathcal{N}$ の上での期待値は

$$\mathbb{E}[X \mathbf{1}_{\mathcal{N}}] = \mathbb{E}[Y \mathbf{1}_{\mathcal{N}}] = 0$$

となって, $\mathbb{P}$-零集合上での X と Y の差異は期待値計算には影響しない. したがって, 特に, これらの分布や分布関数も等しくなる.

　一般に, 確率変数の性質は分布によって記述されるので, ほとんど確実に等しいような確率変数は本質的に同じものと見なすことができる.

[注意 1.33] 確率変数 X に対して, $X \in B\ a.s.$ ならば,

$$\mathbb{P}(X \in B^c) = 0$$

ではあるが, この「確率 0」ということは, 必ずしも「$X \in B^c$ なる事象が起こりえない」ということを意味しない. 例えば, $X \sim N(0,1)$ のとき, $X(\omega)$ の実現値はなんらかの実数であるが, どんな実数 $a \in \mathbb{R}$ に対しても

$$\mathbb{P}(X = a) = \int_{\{a\}} \frac{1}{\sqrt{2\pi}} e^{-x^2/2}\, \mathrm{d}x = 0$$

である. したがって, 「確率 0 の事象」とは「期待値計算では無視してよい事

22　第 1 章　確率論の基本事項

象」という程度に理解しておくのがよいであろう．同様に，「確率 1」は必ず
しも日常的な意味での "絶対" ではない．

1.2.3　積分計算における重要な結果

　次に積分の順序交換に関する基本的な結果を述べておく．これは多次元の確
率ベクトルの期待値計算などにおいて多用される．無条件では交換できないと
ころに注意が必要であり，その条件は正確に記憶しておくべきである．

　以下，$\mathcal{B}_1$ 上に二つの Lebesgue-Stieltjes 測度 F_1, F_2 が与えられているとし
（確率分布である必要はない），

$$F_i(x) = F_i((-\infty, x]) \quad x \in \mathbb{R}, \ i = 1, 2$$

とする．このとき，注意 1.19 にあるように $\mathbb{R}^2$ 上の関数 $G(x, y) := F_1(x) F_2(y)$
に対応する $\mathcal{B}_2$ 上の Lebesgue-Stieltjes 測度 G が存在する．G は F_1, F_2 によ
る**直積測度 (product measure)** といわれ $G(\mathrm{d}x, \mathrm{d}y) = (F_1 \times F_2)(\mathrm{d}x, \mathrm{d}y)$
などと書かれる．

［定理 1.34（Fubini の定理）］　$\mathcal{B}_1$ 上の Lebesgue-Stieltjes 測度 F_1, F_2 とそ
の直積測度 $G = F_1 \times F_2$ が与えられたとき，可測関数 $g : \mathbb{R}^2 \to \mathbb{R}$ に対し
て以下の (1), (2) が成り立つ：

(1)　関数 g が G-可積分ならば，

　(i)　$\displaystyle\int_{\mathbb{R}} g(x, y)\, F_1(\mathrm{d}x), \int_{\mathbb{R}} g(x, y)\, F_2(\mathrm{d}y)$ はいずれも $\mathcal{B}$-可測である．

　(ii)　以下のような積分の順序交換（逐次積分）が成り立つ：

$$\iint_{\mathbb{R}^2} g(x, y)\, G(\mathrm{d}x, \mathrm{d}y) = \int_{\mathbb{R}} F_2(\mathrm{d}y) \int_{\mathbb{R}} g(x, y)\, F_1(\mathrm{d}x)$$
$$= \int_{\mathbb{R}} F_1(\mathrm{d}x) \int_{\mathbb{R}} g(x, y)\, F_2(\mathrm{d}y). \qquad (1.21)$$

(2)　任意の $(x, y) \in \mathbb{R}^2$ で $g(x, y) \geq 0$ のとき，上記 (i), (ii) が成り立つ．特
　　に，等式(1.21)は三つの積分が ∞ になる場合にも成り立つ．すなわち，
　　いずれか一つの積分が ∞ ならば，他の二つの積分も ∞ である．

[**注意 1.35**]　上記定理に関する注意を述べておく.

・(2) では，g に G-可積分性は不要である.

・F_1, F_2 が確率分布のときは G も確率分布[15]になり，

$$\iint_{\mathbb{R}^2} g(x, y) \, G(\mathrm{d}x, \mathrm{d}y) = \mathbb{E}[g(X, Y)].$$

ただし，X, Y はそれぞれ分布 F_1, F_2 を持つような確率変数である．後でわかるが，直積測度 G は X, Y が"互いに独立"な場合の 2 次元確率ベクトル (X, Y) の分布になっている（定理 1.67）.

Fubini の定理は (2) のように被積分関数 g が非負値の場合が特に有用である．例えば (1) を用いるには"g が G-可積分"であることを確認せねばならないが，この確認のために (2) を用いることができる．以下，簡単のために G は正値であると仮定しておくと，(2) を用いて，

$$\left| \iint_{\mathbb{R}^2} g(x, y) \, G(\mathrm{d}x, \mathrm{d}y) \right| \leq \iint_{\mathbb{R}^2} |g(x, y)| \, G(\mathrm{d}x, \mathrm{d}y)$$
$$= \int_{\mathbb{R}} F_2(\mathrm{d}y) \int_{\mathbb{R}} |g(x, y)| \, F_1(\mathrm{d}x)$$

となる．$|g| \geq 0$ となることから，最後の等号に (2) を用いている．このように逐次積分に直すことができれば直接計算できる場合が多く，（右辺）$< \infty$ が示されれば，"g が G-可積分"が示され，今度は絶対値抜きの $g(x, y)$ に対して (1) の Fubini の定理が適用できる.

本項の最後に，Stieltjes 積分の場合の部分積分公式を与えておく.

[**定理 1.36（Stieltjes 型部分積分）**]　実数 $a < b$ に対し，F, G を $[a, b]$ 上の有界変動関数とする．このとき以下が成り立つ：

---

[15]　$G(\mathbb{R}^2) = 1$ ということ.

24　第 1 章　確率論の基本事項

$$F(b)G(b) - F(a)G(a)$$

$$= \int_a^b F(x-)\,G(\mathrm{d}x) + \int_a^b G(x)\,F(\mathrm{d}x) \tag{1.22}$$

$$= \int_a^b F(x-)\,G(\mathrm{d}x) + \int_a^b G(x-)\,F(\mathrm{d}x) + \sum_{x \in (a,b]} \Delta F(x) \cdot \Delta G(x). \tag{1.23}$$

ただし，$\Delta F(x) = F(x) - F(x-)$ である．

証明　関数 F, G が有界変動であることに注意すると，

$$|(F \times G)\,((a,b] \times (a,b])| = |F((a,b])G((a,b])| < \infty.$$

したがって，Fubini の定理（定理 1.34, (1)）により，

$$[F(b) - F(a)][G(b) - G(a)]$$

$$= \int_a^b F(\mathrm{d}t) \int_a^b G(\mathrm{d}s) = \iint_{(a,b] \times (a,b]} (F \times G)(\mathrm{d}t, \mathrm{d}s)$$

$$= \iint_{(a,b] \times (a,b]} \mathbf{1}_{\{s \le t\}} \,(F \times G)(\mathrm{d}t, \mathrm{d}s)$$

$$\quad + \iint_{(a,b] \times (a,b]} \mathbf{1}_{\{s > t\}} \,(F \times G)(\mathrm{d}t, \mathrm{d}s)$$

$$= \int_a^b \left[\int_{[s,b]} F(\mathrm{d}t) \right] G(\mathrm{d}s) + \int_a^b \left[\int_t^b G(\mathrm{d}s) \right] F(\mathrm{d}t).$$

ここで，注意 1.32, (1.20)の表現に注意すると，

$$\int_a^b \left[\int_{[s,b]} F(\mathrm{d}t) \right] G(\mathrm{d}s) = \int_a^b \left[\{F(s) - F(s-)\} + \int_s^b F(\mathrm{d}t) \right] G(\mathrm{d}s).$$

したがって，

$$[F(b) - F(a)][G(b) - G(a)]$$

$$= \int_a^b [F(s) - F(s-)] \, G(\mathrm{d}s)$$

$$+ \int_a^b [F(b) - F(s)] \, G(\mathrm{d}s) + \int_a^b [G(b) - G(t)] \, F(\mathrm{d}t)$$

$$= F(b) \, [G(b) - G(a)] + G(b) \, [F(b) - F(a)]$$

$$- \int_a^b F(x-) \, G(\mathrm{d}x) - \int_a^b G(x) \, F(\mathrm{d}x).$$

これを整理すれば (1.22) が得られる. また, (1.22) から (1.23) への変形は,

$$\int_a^b G(x) \, F(\mathrm{d}x) = \int_a^b [G(x-) + \Delta G(x)] \, F(\mathrm{d}x)$$

$$= \int_a^b G(x-) \, F(\mathrm{d}x) + \sum_{x \in (a,b]} \Delta F(x) \cdot \Delta G(x)$$

となることに注意すればよい. 最後の和は F と G が同時に "ジャンプ" する点での瞬間的な増分を表している. ∎

式 (1.22) を少し変形して,

$$\int_a^b F(x-) \, G(\mathrm{d}x) = \left[F(x)G(x)\right]_a^b - \int_a^b G(x) \, F(\mathrm{d}x)$$

と書くとわかりやすいかもしれない. 特に, F, G がそれぞれ密度関数 f, g を持つとすると (このとき $F(x) = F(x-)$ である),

$$\int_a^b F(x)g(x) \, \mathrm{d}x = \left[F(x)G(x)\right]_a^b - \int_a^b G(x)f(x) \, \mathrm{d}x$$

となりよく見知った部分積分公式であろう. 保険数理の分布は連続型と離散型の混合分布を扱うことも多いため, 表記を簡単にするために Stieltjes 型の積分が多用されるので, この公式を知っておくと便利である.

1.2.4 期待値の存在について

確率変数 X の分布 F に対する期待値を計算したりその存在を判定する場合, 分布の**裾関数** (tail function) を使うと便利である:

26　第 1 章　確率論の基本事項

$$\overline{F}(x) := \mathbb{P}(X > x) = 1 - F(x).$$

[定理 1.37]　確率変数 X の分布を F とする．このとき，$\mathbb{E}[X] < \infty$ であるための必要十分条件は

$$\int_0^\infty \overline{F}(x)\,\mathrm{d}x < \infty, \quad かつ, \quad \int_{-\infty}^0 F(x)\,\mathrm{d}x < \infty$$

であり，このとき，

$$\mathbb{E}[X] = \int_0^\infty \overline{F}(x)\,\mathrm{d}x - \int_{-\infty}^0 F(x)\,\mathrm{d}x.$$

特に，X が非負値確率変数ならば，$\mathbb{E}[X] = \int_0^\infty \overline{F}(x)\,\mathrm{d}x$.

証明　十分性は，

$$\mathbb{E}[X] = \int_0^\infty \left(\int_0^\infty \mathbf{1}_{(-\infty,x]}(y)\,\mathrm{d}y \right) F(\mathrm{d}x) + \int_{-\infty}^0 \left(-\int_{-\infty}^0 \mathbf{1}_{[x,\infty)}\,\mathrm{d}y \right) F(\mathrm{d}x)$$

$$= \int_0^\infty \left(\int_y^\infty F(\mathrm{d}x) \right) \mathrm{d}y - \int_{-\infty}^0 \left(\int_{-\infty}^y F(\mathrm{d}x) \right) \mathrm{d}y \quad (\text{Fubini の定理})$$

$$= \int_0^\infty \overline{F}(x)\,\mathrm{d}x - \int_{-\infty}^0 F(x)\,\mathrm{d}x$$

からわかる．必要性については，注意 1.25 に注意して $\mathbb{E}[X] < \infty \Leftrightarrow \mathbb{E}|X| < \infty$ であり，上記と同様に

$$\mathbb{E}|X| = \int_0^\infty \overline{F}(x)\,\mathrm{d}x + \int_{-\infty}^0 F(x)\,\mathrm{d}x < \infty$$

となることからわかる．■

[注意 1.38]　上記の証明を部分積分で行おうとすると少し困難が生じる．簡単のために非負値変数 X を考えると，部分積分公式（定理 1.36）により，

$$\mathbb{E}[X] = -\int_0^\infty x\,\overline{F}(\mathrm{d}x) = -\left[x\overline{F}(x) \right]_0^\infty + \int_0^\infty \overline{F}(x)\,\mathrm{d}x$$

となる．$|\overline{F}(x)| \leq 1$ であるので $\lim_{x \to 0} x\overline{F}(x) = 0$ であるが，

$$\lim_{x \to \infty} x\overline{F}(x)$$

は不定形になってしまい，これが 0 に収束するかどうかが問題となるが，これには証明が必要である（定理 1.39, (3) 参照）.

保険数理では，保険金支払額の分布など非負値確率変数を扱うことが多いので，そのような場合の期待値の存在について調べておくと便利である.

[**定理 1.39**]　非負値確率変数 X の分布を F とし，$p > 0$ とする.

(1)　$\mathbb{E}[X^p] = p \displaystyle\int_0^\infty x^{p-1}\overline{F}(x)\,\mathrm{d}x.$

(2)　ある $\epsilon > 0$ に対して，

$$\lim_{x \to \infty} x^{p+\epsilon}\overline{F}(x) = 0 \quad \Rightarrow \quad \mathbb{E}[X^p] < \infty.$$

(3)　$\mathbb{E}[X^p] < \infty \ \Rightarrow \ \displaystyle\lim_{x \to \infty} x^p\overline{F}(x) = 0.$

証明

(1): 定理 1.37 の証明と同様にして，

$$\begin{aligned}
\mathbb{E}[X^p] &= \int_0^\infty \left(\int_0^\infty \mathbf{1}_{\{y \le x^p\}}\,\mathrm{d}y \right) F(\mathrm{d}x) \\
&= \int_0^\infty \left(\int_{y^{1/p}}^\infty F(\mathrm{d}x) \right) \mathrm{d}y \quad (\text{Fubini の定理}) \\
&= \int_0^\infty \overline{F}(y^{1/p})\,\mathrm{d}y \quad (y = x^p \text{ と置換}) \\
&= p \int_0^\infty x^{p-1}\overline{F}(x)\,\mathrm{d}x.
\end{aligned}$$

(2): 十分大きな $M > 0$ に対して $x > M$ なら $x^{p+\epsilon}\overline{F}(x) < \delta$ となるような定数 $\delta > 0$ をとると，(1) の結果により

28　第1章　確率論の基本事項

$$\mathbb{E}[X^p] = p \int_0^\infty x^{p-1}\overline{F}(x)\,\mathrm{d}x = p \int_0^\infty x^{p+\epsilon}\overline{F}(x)\frac{1}{x^{1+\epsilon}}\,\mathrm{d}x$$
$$\leq p \int_0^M x^{p-1}\overline{F}(x)\,\mathrm{d}x + p\delta \int_M^\infty \frac{\mathrm{d}x}{x^{1+\epsilon}} < \infty.$$

(3): 定理 1.36 を用いて部分積分を行うと，

$$E[X^p] = \left[-x^p\overline{F}(x)\right]_0^\infty + p \int_0^\infty x^{p-1}\overline{F}(x)\,\mathrm{d}x < \infty.$$

(1) の結果から，最後の右辺の初項は 0 とならねばならないから

$$\lim_{x\to\infty} x^p\overline{F}(x) = 0. \qquad \blacksquare$$

[注意 1.40]　定理 1.39, (2) において $\epsilon = 0$ で仮定が成り立っても X^p の可積分性は保障されない．実際，正値確率変数 X の分布が，ある定数 $c > 0$ に対して

$$\overline{F}(x) \sim \frac{c}{x\log x}, \quad x \to \infty$$

を満たす[16]とすると，$x\overline{F}(x) \to 0$ となるので $\epsilon = 0$, $p = 1$ に対して (2) の仮定を満たすが，

$$\mathbb{E}[X] = \int_0^\infty \overline{F}(x)\,\mathrm{d}x > \lim_{M\to\infty} \int_M^{e^M} \frac{c}{x\log x}\,\mathrm{d}x = \lim_{M\to\infty} \int_{\log M}^M \frac{c}{y}\,\mathrm{d}y = \infty.$$

となって，平均は存在しない．

1.3　分布を特徴付ける関数

[定義 1.41]　確率変数 X に対して，X の**確率母関数** (probability generating function) とは，

---

[16]　記号 $\sim$ の定義は (3.20) を参照．

$$P_X(t) := \mathbb{E}\left[t^X\right], \quad |t| < 1.$$

[定義 1.42] d-次元確率ベクトル X に対して, X の**積率母関数** (moment generating function) とは,

$$m_X(t) := \mathbb{E}\left[e^{t^\top X}\right], \quad t \in \mathbb{R}^d.$$

また, X の**特性関数** (characteristic function) とは

$$\phi_X(t) := \mathbb{E}\left[e^{it^\top X}\right], \quad t \in \mathbb{R}^d.$$

[注意 1.43] 確率ベクトル X の分布が F のとき, $t \in \mathbb{R}^d$ に対して,

$$m_X(t) = \int_{\mathbb{R}^d} e^{t^\top x}\, F(\mathrm{d}x), \quad \phi_X(t) = \int_{\mathbb{R}^d} e^{it^\top x}\, F(\mathrm{d}x)$$

であるが, このことを, 分布の記号 F を明示的に用いて

$$m_F(t) := m_X(t), \quad \phi_F(t) := \phi_X(t)$$

のようにも表すことにする.

特性関数は, 任意の $t \in \mathbb{R}^d$ で $|\phi_X(t)| \leq 1$ であるから常に存在するが, 積率母関数は常に存在するとは限らないことに注意せよ. 以下の事実はよく知られている (以下では, 簡単のため $d = 1$ として記述する).

[定理 1.44] X を実数値確率変数, n を自然数とするとき, 以下が成り立つ.

(1) $\mathbb{E}|X|^n < \infty$ のとき, $\phi_X \in C^n(\mathbb{R})$ であって,

$$\mathbb{E}[X^n] = (-i)^n \phi^{(n)}(0).$$

(2) $X \geq 0$ $a.s.$ で $\mathbb{E}[X^n] < \infty$ のとき, $m_X \in C^n((-\infty, 0))$ であって,

$$\mathbb{E}[X^n] = \lim_{t \to 0-} m_X^{(n)}(t). \tag{1.24}$$

(3) ある $\epsilon > 0$ に対して, 任意の $t \in (-\epsilon, \epsilon)$ で $m_X(t) < \infty$ とする. このと

き，$m_X \in C^\infty((-\epsilon, \epsilon))$ であり，積分記号下で微分できる：任意の $n \in \mathbb{N}$ に対して，

$$m_X^{(n)}(t) = \mathbb{E}\left[X^n e^{tX}\right], \quad t \in (-\epsilon, \epsilon).$$

(4) ある $r > 0$ に対し，任意の $t \in (-r, r)$ で $m_X(t) < \infty$ とする．このとき，m_X の定義域を複素領域 $\{z \in \mathbb{C} : \mathrm{Re}\, z \in (-r, r)\}$ に拡張できて，任意の $t \in \mathbb{R}$ に対して，

$$\phi_X(t) = m_X(it), \quad m_X(t) = \phi_X(-it). \tag{1.25}$$

[注意 1.45]　上記の定理に関する注意である．

・(2) では，しばしば，$\mathbb{E}|X|^n < \infty \Rightarrow m_X^{(n)}(0)$ と間違えられる．しかし，$f_X(x) = C(1 + x^3)^{-1}$ $(x > 0)$ なる確率密度関数を考えると，$\mathbb{E}|X| < \infty$ であるが，$m_X(t)$ はどんな $t > 0$ に対しても存在すらしないので，$t = 0$ で微分できない．

・(4) は複素解析における解析接続によって m_X を D 上に拡張している．

[定義 1.46]　関数 f に対して，適当な $D \subset \mathbb{R}$ があって，以下の積分

$$\mathscr{L}f(s) := \int_{\mathbb{R}} e^{-sx} f(x)\, \mathrm{d}x, \quad s \in D \tag{1.26}$$

が存在するとき，$\mathscr{L}f$ を f の **Laplace 変換** (**Laplace transform**) と呼ぶ．

$\mathbb{R}$ 上の有界変動関数 F に対して，適当な $D \subset \mathbb{R}$ があって，Stieltjes 型の積分で定義される以下の積分

$$\mathscr{L}_F(s) := \int_{\mathbb{R}} e^{-sx} F(\mathrm{d}x), \quad s \in D \tag{1.27}$$

が存在するとき，$\mathscr{L}_F$ を F の **Laplace-Stieltjes 変換**と呼ぶ．ただし，本書では $\mathscr{L}$ に付ける F を下付きで表して $\mathscr{L}f$ と区別するので，以下では，$\mathscr{L}_F$ も単に F の Laplace 変換と呼ぶことにする．

特に，F が確率分布のとき $\mathscr{L}_F(s)$ は，$s = -t \in \mathbb{R}$ とすると積率母関数であ

り，F が確率密度関数 f を持てば，$\mathscr{L}_F = \mathscr{L}f$ である．

[**定義 1.47（逆 Laplace 変換）**]　関数 $F(x)$ $(x \in \mathbb{R})$ に対する Laplace 変換 $\widehat{F}(s) = \mathscr{L}_F(s)$ $(s \in D)$ に対して，F を対応付ける変換を

$$\mathscr{L}_{\widehat{F}}^{-1}(x) = F(x)$$

と書き，これを $\widehat{F}$ の**逆 Laplace-Stieltjes 変換 (Laplace-Stieltjes inversion)** という．同様に，$\widetilde{F}(s) = \mathscr{L}F(s)$ $(s \in D)$ に対して，F を対応付ける変換を

$$\mathscr{L}^{-1}\widetilde{F} = F$$

と書き，これを $\widetilde{F}$ の**逆 Laplace 変換**という．

[**例 1.48**]　定数 $\kappa > 0$ に対して，関数

$$F(x) = \begin{cases} 1 - e^{-\kappa x} & (x \ge 0) \\ 0 & (x < 0) \end{cases}, \quad f(x) = \begin{cases} \kappa e^{-\kappa x} & (x \ge 0) \\ 0 & (x < 0) \end{cases}$$

を考えると，

$$\widehat{F}(s) := \mathscr{L}_F(s) = \frac{\kappa}{s + \kappa} = \mathscr{L}f(s), \quad s \in (-\kappa, \infty).$$

この場合，

$$\mathscr{L}_{\widehat{F}}^{-1}(x) = F(x), \quad \mathscr{L}^{-1}\widehat{F}(x) = f(x)$$

である．同じ $\widehat{F}$ の逆 Laplace 変換だが，Stieltjes 型とそうでないものとの区別が必要である．

非負値確率変数における注意点

保険数理では，保険金支払額や保険会社の資産額など，非負値確率変数を扱うことが多い．このような場合の注意点についていくつか述べておく．

[**注意 1.49**]　非負値確率変数 X の分布関数を F_X とするとき，F_X の

Laplace-Stieltjes 変換には注意がいる．例えば，F_X が $(0, \infty)$ 上で微分可能で $F_X'(x) = f_X(x)$ $(x > 0)$ ならば

$$\mathscr{L}_{F_X}(s) = \int_{[0,\infty)} e^{-sx} F_X(\mathrm{d}x) = F_X(0) + \mathscr{L} f_X(s)$$

となる．一般には $F_X(0) = \mathbb{P}(X = 0) = 0$ とは限らないので $F_X(0)$ の値を足すことを**忘れてはいけない**（注意 1.32）．

[**注意 1.50**]　非負確率変数 X の分布 F_X を考えるとき，その Laplace-Stieltjes 変換 $\mathscr{L}_{F_X}(s)$ は $s > 0$ において常に存在する（$\because$ $|\mathscr{L}_{F_X}(s)| \le 1$）．しかし，積率母関数 $m_X(s)$ は $s > 0$ でいつも存在するとは限らない．形式的な計算に終始してしまうと，しばしばこのようなことを忘れがちになるので注意しておこう．

　ある $c > 0$ が存在して $\mathbb{E}[e^{cX}] < \infty$ であれば，$m_X(s)$ は任意の $s \in (-\infty, c)$ で存在して，以下が成り立つ：

$$m_X(s) = \mathscr{L}_{F_X}(-s), \quad s \in (-\infty, c).$$

　保険数理の種々の計算において，以下の Laplace 変換公式が便利である．

[**補題 1.51**]　非負値確率変数の分布 F に対して，Laplace(-Stieltjes) 変換 $\mathscr{L} F(s)$, $\mathscr{L}_F(s)$ $(s > 0)$ の間に以下の関係式が成り立つ．

$$\mathscr{L} F(s) = \frac{1}{s} - \mathscr{L} \overline{F}(s), \tag{1.28}$$

$$\mathscr{L}_F(s) = s \mathscr{L} F(s), \tag{1.29}$$

$$\mathscr{L}_{\overline{F}}(s) = 1 - \mathscr{L}_F(s). \tag{1.30}$$

ただし，$\overline{F}(x) = 1 - F(x)$.

[**注意 1.52**]　文献によって Laplace 変換の定義がしばしば異なり，$\mathscr{L} F$ が使われていたり，Stieltjes 型の $\mathscr{L}_F$ が使われていたりするので，どちらの Laplace 変換を用いているか常に注意しておく必要がある．

1.4 畳み込み 33

[**問 1.53**] 補題 1.51 を証明せよ.

1.4 畳 み 込 み

[**定義 1.54**] $\mathbb{R}$ 上の関数 F, G に対して,Lebesgue-Stieltjes 積分

$$F * G(z) := \int_{\mathbb{R}} F(z - y) \, G(\mathrm{d}y), \quad z \in \mathbb{R} \tag{1.31}$$

が存在するとき,この積分を F と G の**畳み込み** (**convolution**) と呼ぶ.また,$\mathbb{R}$ 上の関数 f, g に対して,Lebesgue 積分

$$f \star g(z) := \int_{\mathbb{R}} f(z - y) g(y) \, \mathrm{d}y, \quad z \in \mathbb{R} \tag{1.32}$$

が存在するとき,この積分も f と g の畳み込みと呼ぶ.二つの畳み込みは記号 $*$ と $\star$ で区別しておく.

後で,確率変数列に対して何度も畳み込みを行うので,以下のような記法も導入しておく.

$$F^{*0} = \Delta_0, \quad F^{*n} := F^{*(n-1)} * F \quad (n \in \mathbb{N}). \tag{1.33}$$

ただし,$F^{*1} = F$ とする.$f^{\star n}$ などについても同様に

$$f^{\star 0} = \delta_0, \quad f^{\star n} := f^{\star(n-1)} \star f \quad (n \in \mathbb{N}) \tag{1.34}$$

とする.

[**例 1.55**] F, G は整数 $\mathbb{Z}$ のみに値をとるような離散分布とし,

$$F = \sum_{i \in \mathbb{Z}} p_i \Delta_i, \quad G = \sum_{j \in \mathbb{Z}} q_j \Delta_j$$

と置く.また,F, G の確率関数をそれぞれ f, g と書けば,それらの畳み込みは任意の $k \in \mathbb{Z}$ に対して以下のようになる.

$$(F * G)(k) = \sum_{i, j \in \mathbb{Z}: i + j \le k} p_i q_j, \quad f \star g(k) = \sum_{i, j \in \mathbb{Z}: i + j = k} p_i q_j.$$

34　第 1 章　確率論の基本事項

[**例 1.56**]　非負値確率変数 X, Y の分布関数をそれぞれ F, G とし，G は $x > 0$ で確率密度関数 g を持つとする．このとき，

$$(F * G)(x) = \int_{[0,x]} F(x - y)\, G(\mathrm{d}y)$$
$$= F(x)G(0) + \int_0^x F(x - y)g(y)\, \mathrm{d}y.$$

非負値確率変数の分布の畳み込み計算の際は，$X = 0$，$Y = 0$ となる確率 $F(0)$，$G(0)$ を忘れないように注意すること（注意 1.32 を見よ）．

[**定理 1.57**]　互いに独立な実数値確率変数 X, Y の分布をそれぞれ F, G とするとき，それらの和 $X + Y$ の分布は $F * G$ である．特に，F, G がそれぞれ確率密度関数 f, g を持つならば，$F * G$ は確率密度関数 $f \star g$ を持つ．

証明　Fubini の定理を使って，

$$\mathbb{P}(X + Y \leq z) = \iint_{\{(x,y) \in \mathbb{R}^2 : x+y \leq z\}} F(\mathrm{d}x)G(\mathrm{d}y)$$
$$= \int_{\mathbb{R}} G(\mathrm{d}y) \int_{-\infty}^{z-y} F(\mathrm{d}x) = F * G(z).$$

特に，F, G がそれぞれ確率密度関数 f, g を持つならば，再び Fubini の定理より，

$$(F * G)(z) = \int_{\mathbb{R}} g(y)\, \mathrm{d}y \int_{-\infty}^{z-y} f(x)\, \mathrm{d}x$$
$$= \int_{-\infty}^z \left[\int_{\mathbb{R}} f(u - y)g(y)\, \mathrm{d}y \right] \mathrm{d}u \quad (x = u - y \text{ と置換})$$

となるので，$(F * G)'(z) = (f \star g)(z)$. ∎

[**命題 1.58**]　ある $s \in \mathbb{R}$ に対して，Laplace 変換 $\mathscr{L}_F(s), \mathscr{L}_G(s)$，および $\mathscr{L}f(s), \mathscr{L}g(s)$ が存在するとき，以下が成り立つ．
(1)　$\mathscr{L}_{F*G}(s) = \mathscr{L}_F(s) \cdot \mathscr{L}_G(s)$，および，$\mathscr{L}(f \star g)(s) = \mathscr{L}f(s) \cdot \mathscr{L}g(s)$.
(2)　$\mathscr{L}_{\Delta_0}(s) = 1$，および，$\mathscr{L}\delta_0(s) = 1$.

[**定義 1.59**]　分布族 $\mathcal{P}$ に対して,

$$F_1,\ F_2 \in \mathcal{P} \quad \Rightarrow \quad F_1 * F_2 \in \mathcal{P}$$

が成り立つとき,分布族 $\mathcal{P}$ は**再生性** (reproductivity) を持つという.

[**例 1.60**]　$\beta > 0$ を尺度母数とするガンマ分布族

$$\mathcal{G}_\beta = \{G_\alpha = \Gamma(\alpha, \beta) : \alpha > 0\}$$

を考え,確率変数 X_1, X_2 は独立にそれぞれ分布 $G_{\alpha_1}, G_{\alpha_2} \in \mathcal{G}_\beta$ に従うとする.これらの積率母関数を計算すると

$$m_{X_k}(t) = \left(1 - \frac{t}{\beta}\right)^{-\alpha_k}, \quad t < \beta$$

となるから定理 1.44, (3) により特性関数は

$$\phi_{X_k}(z) = m_{X_k}(iz) = \left(1 - \frac{iz}{\beta}\right)^{-\alpha_k}, \quad z \in \mathbb{R}$$

とわかる.一方,$X_1 + X_2$ の特性関数は,X_1, X_2 の独立性を利用して

$$\mathbb{E}\left[e^{iz(X_1 + X_2)}\right] = \mathbb{E}\left[e^{izX_1}\right] \cdot \mathbb{E}\left[e^{izX_2}\right] = \left(1 - \frac{iz}{\beta}\right)^{-(\alpha_1 + \alpha_2)}$$

となるが,これは $G_{\alpha_1 + \alpha_2}$ の特性関数であるので,特性関数と分布の 1 対 1 対応性から

$$X_1 + X_2 \sim G_{\alpha_1} * G_{\alpha_2} = G_{\alpha_1 + \alpha_2} \in \mathcal{G}_\beta.$$

つまり,ガンマ分布族 $\mathcal{G}_\beta$ は再生性を持つ.

　上記再生性を以下のようにシンボリックに表現しておくと覚えやすいであろう.

$$\Gamma(\alpha_1, \beta) * \Gamma(\alpha_2, \beta) = \Gamma(\alpha_1 + \alpha_2, \beta). \tag{1.35}$$

左辺の二つの β が異なると再生性が成り立たなくなることに注意がいる.

36 第 1 章 確率論の基本事項

[**例 1.61**] 　指数分布 $Exp(\lambda)$ に対して $Exp(\lambda) = \Gamma(1, \lambda)$ であるから，ガンマ分布の再生性より，任意の自然数 n に対して，

$$Exp(\lambda)^{*n} = \Gamma(n, \lambda).$$

つまり，指数分布では再生性は成り立たない．

　他にも以下のような再生性が知られているので確認されたい．

[**問 1.62**]

(1) 　2 項分布 $Bin(n, p)$ に対して，

$$Bin(m, p) * Bin(n, p) = Bin(m + n, p).$$

(2) 　Poisson 分布 $Po(\lambda)$ に対して，

$$Po(\lambda_1) * Po(\lambda_2) = Po(\lambda_1 + \lambda_2).$$

(3) 　正規分布 $N(\mu, \sigma^2)$ に対して，

$$N(\mu_1, \sigma_1^2) * N(\mu_2, \sigma_2^2) = N(\mu_1 + \mu_2, \sigma_1^2 + \sigma_2^2).$$

1.5　情報としての σ-加法族

1.5.1　確率変数の情報

　確率変数 $X : (\Omega, \mathcal{F}) \to (\mathbb{R}, \mathcal{B})$ を所与とする．ある $B \in \mathcal{B}$ に対して $X \in B$ となるときの原像

$$X^{-1}(B) \in \mathcal{F}$$

を知っていたとする．つまり，$X \in B$ となるのは $X^{-1}(B)$ の中のいずれかの根源事象が起こったときだ，ということを知っていたとしよう．例えば，サイコロを投げて，出た目に 1 を足した値を返す確率変数

$$X(\omega_k) = k+1, \quad k = 1,\ldots,6 \quad (\omega_k \text{ は } k \text{ の目が出る根源事象})$$

を考える．我々は **X の値がどのような規則で確定するか知らない**とすると，例えば，$X = 5$ だと聞いても，その背後では何が起こっていたのか（どの標本 ω に対応しているのか）は不明である．しかし，$X^{-1}(\{3,4\}) = \{\omega_2, \omega_3\}$ ということ，つまり，「X の値が 3 か 4 ならばサイコロの目は 2 か 3 だ」という情報を知っていたとすると，誰かに「X の値は $3 \le X \le 4$ だった」と聞いたとき，サイコロの目は 2, 3 のいずれかだったことを知ることができる．そこで，もし

$$\sigma(X) := \{X^{-1}(B) : B \subset \mathbb{N}\}$$

を知っていたとすると，X の値が何かを教えてもらえさえすれば，サイコロの目が何であった確定できる．この意味で $\sigma(X)$ は X についてある種の情報を与えてくれていることになる．

一般に，確率変数 X に対して

$$\sigma(X) := \{X^{-1}(B) : B \in \mathcal{B}\} \tag{1.36}$$

とするとこれは σ-加法族になる（問 1.63）．$\sigma(X)$ を **X から生成される σ-加法族**という．このような集合族 $\sigma(X)$ を知識として持っているとき，X の値を知れば，そこから $\sigma(X)$ の中を調べることにより，どのような根源事象が起こったのかを知ることができる．この意味で $\sigma(X)$ は "X に対する情報" と解釈される．

[**問 1.63**]　(1.36) で与えられる $\sigma(X)$ が σ-加法族になることを示せ．

$\sigma(X)$ が情報と解釈されるのは，次のような数学的な構造にもよる．例えば，ある関数 f に対して，$Y = f(X)$ なる確率変数 Y を考えると

$$\sigma(Y) = \{X^{-1}\left(f^{-1}(B)\right) : B \in \mathcal{B}\} \subset \sigma(X)$$

となるが，f が全単射でないとき，逆の包含関係は一般に成り立たない．実際，$f(x) = x^2$ とすると Y は X の符号の情報を消してしまうので，直観的に

38　第 1 章　確率論の基本事項

も Y の情報 $\sigma(Y)$ は $\sigma(X)$ よりも少ない情報しか持たないであろう．このように，$\sigma(X)$ という σ-加法族を考えると，確率変数の変換による情報の増減を表現できる．

1.5.2　情報は σ-加法族？

二つの"情報" $\mathcal{F}_1, \mathcal{F}_2$ が与えられたとき，それらの合併

$$\mathcal{F}_1 \cup \mathcal{F}_2$$

はまた"情報"といえるであろうか．例えば，$A \neq B \in \mathcal{F}$ に対して，

$$\mathcal{F}_1 = \{\emptyset, A, A^c, \Omega\}, \quad \mathcal{F}_2 = \{\emptyset, B, B^c, \Omega\}$$

とするとき，

$$\mathcal{F}_1 \cup \mathcal{F}_2 = \{\emptyset, A, B, A^c, B^c, \Omega\}$$

となるが，A, B なる情報を持っているのに $A \cup B$ を知らないというのは"情報"という集合としては不自然に映る．そうなると，$A \cup B, A \cap B, A^c \cup B, \ldots$ など最低限既知の情報を含めて $\mathcal{F}_1 \cup \mathcal{F}_2$ を拡大し

$$\sigma\left(\mathcal{F}_1 \cup \mathcal{F}_2\right) := \{\emptyset, A, B, A^c, B^c, A \cup B, A \cap B, A^c \cup B, \ldots, \Omega\}$$

のような σ-加法族としての最小の拡大を合併情報と見るのが自然であろう[17]．これを記号では，

$$\mathcal{F}_1 \vee \mathcal{F}_2 := \sigma\left(\mathcal{F}_1 \cup \mathcal{F}_2\right)$$

と書く．もっと多くの情報族 $(F_\lambda)_{\lambda \in \Lambda}$ の合併に関しては，

$$\bigvee_{\lambda \in \Lambda} F_\lambda$$

のような記号を用いる．一方，積集合 $\mathcal{F}_1 \cap \mathcal{F}_2$ は明らかに σ-加法族であり，

---

[17]　ここで集合族 $\mathcal{A}$ に対して $\sigma(\mathcal{A})$ とは **$\mathcal{A}$ を含む最小の σ-加法族** を意味し，例えば $\mathcal{A} = \{A, \Omega\}$ のときには σ-加法族にするために必要な最低限の集合を集めて $\sigma(\mathcal{A}) = \{\emptyset, A, A^c, \Omega\}$ のようにすればよい．

この意味でこれはそのままで $\mathcal{F}_1, \mathcal{F}_2$ の共通情報を表すと解釈できる.

この考え方を一般化すると, 情報は σ-加法族の性質を持つべきであり, 逆に $\mathcal{F}$ の部分 σ-加法族はある種の情報であると解釈してよい. 例えば, "自明な σ-加法族" $\mathcal{F}_0 := \{\emptyset, \Omega\}$ は, 考えうる事象の集合 Ω のうち「何かが起こる (Ω)」か「起こりえない $(\emptyset)$」という情報に対応する. ある集合 $A \in \mathcal{F}$ を用いて作った σ-加法族 $\mathcal{A} := \{\emptyset, A, A^c, \Omega\}$ は, 「事象 A が起こるか, A が起こらないか (A^c)」のどちらかである, という情報に対応する. したがって, もし任意の $B \in \mathcal{B}$ に対して $X^{-1}(B) \in \mathcal{A}$ だとすると, $\mathcal{A}$ を知っていれば X のとりうる値は全てわかることになり, これを「X は $\mathcal{A}$-可測」と表現しているのである.

1.5.3 情報の独立性

二つの事象 $A_1, A_2 \in \mathcal{F}$ が**独立 (independent)** であるとは以下で定義される.

$$\mathbb{P}(A_1 \cap A_2) = \mathbb{P}(A_1)\mathbb{P}(A_2). \tag{1.37}$$

複数の事象の組 $\mathcal{A} := \{A_1, A_2, \ldots\}$ (無限個あってもよい) が (互いに) 独立であるとは, ここから任意の有限個の事象 $\{A_{i_1}, A_{i_2}, \ldots, A_{i_k}\} \subset \mathcal{A}$ をとったとき

$$\mathbb{P}(A_{i_1} \cap A_{i_2} \cap \cdots \cap A_{i_k}) = \prod_{j=1}^{k} \mathbb{P}(A_{i_j})$$

が成り立つことをいう[18].

確率変数 X, Y の独立性も同様に事象の独立性から定義できる. すなわち, 任意の Borel 集合 $B_1, B_2 \in \mathcal{B}$ に対して, 事象 $\{X \in B_1\}, \{Y \in B_2\}$ を考え,

$$\mathbb{P}(X \in B_1, Y \in B_2) = \mathbb{P}(X \in B_1)\mathbb{P}(Y \in B_2)$$

が成り立つとき X, Y は独立であるという. これを書き直すと $A_1 \in \sigma(X)$,

---

[18] これに対し, $\mathcal{A}$ から任意の二つの事象をとり出したときそれらが独立になることを**組ごとに独立 (pairwise independent)** といい, これは $\mathcal{A}$ の独立性よりも弱い概念である.

40 第1章 確率論の基本事項

$A_2 \in \sigma(Y)$ に対して (1.37) が成り立つことであり，確率変数の独立性とはつまり，X, Y それぞれに対する "情報の独立性" を意味する．

[**定義 1.64（集合族の独立性）**]　確率空間 $(\Omega, \mathcal{F}, \mathbb{P})$ において，ある添え字集合 Λ に対して $\mathcal{F}$ の部分集合族の列 $\{\mathcal{F}_\lambda\}_{\lambda \in \Lambda}$ が（**互いに**）**独立** (mutually independent) であるとは，任意にとった有限個の $\{\lambda_1, \ldots, \lambda_k\} \subset \Lambda$ に対して，

$$\mathbb{P}(A_{\lambda_1} \cap \cdots \cap A_{\lambda_k}) = \prod_{j=1}^{k} \mathbb{P}(A_{\lambda_j}), \quad \forall A_{\lambda_j} \in \mathcal{F}_{\lambda_j} \quad (j = 1, \ldots, k)$$

が成り立つことである．

[**定義 1.65（確率変数列の独立性）**]　確率変数列 $\{X_\lambda\}_{\lambda \in \Lambda}$ が（互いに）独立とは，$\{\sigma(X_\lambda)\}_{\lambda \in \Lambda}$ が互いに独立なことである．

[**定義 1.66（確率変数と σ-加法族の独立性）**]　確率変数 X と事象の集合 $\mathcal{G}$ $(\subset \mathcal{F})$ に対して，

$$\mathbb{P}(A \cap B) = \mathbb{P}(A)\mathbb{P}(B), \quad A \in \sigma(X), B \in \mathcal{G}$$

となるとき，X と $\mathcal{G}$ は独立という．

　以下の定理はよく知られている．

[**定理 1.67**]　確率変数列 $X_1, \ldots, X_n$ はそれぞれ，分布 $F_1, \ldots, F_n$，確率密度関数 $f_1, \ldots, f_n$ を持つとする．また，n 次元確率ベクトル $\boldsymbol{X} := (X_1, \ldots, X_n)$ の同時分布を F_X とし，これが同時密度関数 f_X を持つとする．このとき，以下は同値である．

(1)　$X_1, \ldots, X_n$ は互いに独立．

(2)　任意の $x_1, \ldots, x_n \in \mathbb{R}$ に対して，$F_X(x_1, \ldots, x_n) = \prod_{i=1}^{n} F_i(x_i)$.

(3) 任意の $x_1, \ldots, x_n \in \mathbb{R}$ に対して, $f_X(x_1, \ldots, x_n) = \prod_{i=1}^{n} f_i(x_i)$.

(4) 任意の $t_1, \ldots, t_n \in \mathbb{R}$ に対して, $\phi_{F_X}(t_1, \ldots, t_n) = \prod_{i=1}^{n} \phi_{F_i}(t_i)$.

[**注意 1.68**] 定理 1.67 の仮定の下では, 例えば,

$$\mathbb{E}[X_1 X_2] = \mathbb{E}[X_1]\mathbb{E}[X_2] \quad (Cov(X_1, X_2) = 0)$$

が成り立つが[19], 逆は正しくない. つまり, 上記の等式が成り立つからといって X_1, X_2 が独立になるわけではない.

1.6 条件付き期待値

1.6.1 初等的な条件付き期待値

離散型確率変数の場合

事象 $A, B \in F$ で, $\mathbb{P}(B) \neq 0$ なるものに対して, A の B に関する条件付き確率は

$$\mathbb{P}(A \mid B) := \frac{\mathbb{P}(A \cap B)}{\mathbb{P}(B)}$$

と定義される. したがって, 確率変数 X が与えられたとき, ある事象 B の下での条件付き確率

$$F_{X \mid B}(x) = \frac{\mathbb{P}(\{X \leq x\} \cap B)}{\mathbb{P}(B)}$$

が定義され, これを X の事象 B に関する X の**条件付き分布** (conditional distribution) という. 同様に, X, Y を離散型確率変数とし $\mathbb{P}(Y = y) \neq 0$ とするとき, $\{Y = y\}$ という事象に関する X の条件付き分布 $F_{X \mid Y=y}$ は以下のような分布関数から定理 1.15 によって定義される分布である.

---

[19] **無相関性**. 確率ベクトル $\boldsymbol{X}$ が多変量正規分布に従う場合には, 無相関性と独立性は同値になる.

$$F_{X \mid Y}(x \mid y) := \frac{\mathbb{P}(X \le x, Y = y)}{\mathbb{P}(Y = y)}. \tag{1.38}$$

$\mathbb{P}(Y = y) = 0$ のときには $F_{X \mid Y=y}(x \mid y) \equiv 0$ とする. このとき $F_{X \mid Y}(\cdot \mid y)$ は離散型分布であり, 確率関数は以下のように書くことができる.

$$p_{X \mid Y}(x \mid y) = \begin{cases} \dfrac{\mathbb{P}(X = x, Y = y)}{\mathbb{P}(Y = y)} & (\mathbb{P}(Y = y) \ne 0). \\ 0 & (\mathbb{P}(Y = y) = 0) \end{cases} \tag{1.39}$$

この条件付き分布による期待値を「条件付き期待値」として定義する.

[定義 1.69] 離散型確率変数 X, Y に対して, X は可積分で $\{x_i : i \in \mathbb{N}\}$ の値をとるとする. また, ある $y \in \mathbb{R}$ に対して $\mathbb{P}(Y = y) \ne 0$ とする. このとき, 条件付き分布 $F_{X \mid Y}$ による期待値

$$\mathbb{E}[X \mid Y = y] = \int_{\mathbb{R}} x \, F_{X \mid Y}(\mathrm{d}x \mid y) = \sum_{i=1}^{\infty} x_i \, p(x_i \mid y)$$

を **$Y = y$ が与えられた下での X の条件付き期待値**という. 特に, X が $\mathbf{1}_{\{X \in B\}}$ $(B \in \mathcal{B})$ の形のとき,

$$\mathbb{P}(X \in B \mid Y = y) := \mathbb{E}[\mathbf{1}_{\{X \in B\}} \mid Y = y]$$

と書いて, $Y = y$ が与えられた下での事象 $\{X \in B\}$ の**条件付き確率 (conditional probability)** という.

条件付き期待値 $\mathbb{E}[X \mid Y = y]$ は y の関数であり, この y に新たに確率変数 $Y(\omega)$ を代入すると

$$\mathbb{E}[X \mid Y](\omega) := \mathbb{E}[X \mid Y = y]\big|_{y=Y(\omega)} \tag{1.40}$$

なる確率変数ができる. これは, Y の値が未確定の場合の X の条件付き期待値と解釈できて, $\sigma(Y)$-可測であることが証明できる (問 1.71).

[定義 1.70] 式(1.40)で定まる確率変数 $\mathbb{E}[X \mid Y]$ を Y が与えられた下での X の条件付き期待値という. 同様に, $\mathbb{P}(X \in B \mid Y)$ などで Y が与えられた

下での条件付き確率を表す.

このあと連続型変数に関する条件付き期待値を考えるため,ここで,条件付き期待値の別の特徴付けについて考察しておこう.

Y のとる値を $\{y_i : i \in \mathbb{N}\}$ として次の期待値を考える:任意の $B \in \mathcal{B}$ に対し,

$$\mathbb{E}\big[\mathbb{E}[X \,|\, Y]\mathbf{1}_B(Y)\big] = \int_B \mathbb{E}[X \,|\, Y = y]\, F_Y(\mathrm{d}y) \tag{1.41}$$

$$= \sum_{j=1}^{\infty} \sum_{i=1}^{\infty} x_i\, p(x_i \,|\, y_j)\mathbb{P}(Y = y_j)\mathbf{1}_B(y_j) \tag{1.42}$$

$$= \sum_{j=1}^{\infty} \sum_{i=1}^{\infty} x_i\mathbf{1}_B(y_j)\, \mathbb{P}(X = x_i, Y = y_j) = \mathbb{E}[X\mathbf{1}_B(Y)] \tag{1.43}$$

となる.ここで,最後の右辺に対して

$$\nu(B) := \mathbb{E}[X\mathbf{1}_B(Y)], \quad B \in \mathcal{B} \tag{1.44}$$

なる $\mathcal{B}$ 上の集合関数 ν を考えると,上記計算からわかるように,ν は分布 F_Y に関して絶対連続な測度 ($\nu \ll F_Y$) である(注意 1.21 参照).すなわち,

$$F_Y(B) = 0 \quad \Rightarrow \quad \nu(B) = 0.$$

したがって,Radon-Nikodym 微分 $G := \mathrm{d}\nu/\mathrm{d}F_Y$ が F_Y-a.s. の意味で一意に存在して,

$$\nu(B) = \int_B G(y)\, F_Y(\mathrm{d}y) = \int_B \mathbb{E}[X \,|\, Y = y]\, F_Y(\mathrm{d}y) \tag{1.45}$$

を得るが(最後の等号は (1.41)-(1.43) と (1.44) による),G の一意性より

$$G(y) = \mathbb{E}[X \,|\, Y = y] \quad F_Y\text{-a.s.} \tag{1.46}$$

であることがわかる.したがって,X が可積分ならば $\mathbb{E}[X \,|\, Y = y]$ が存在する.

44　第 1 章　確率論の基本事項

[問 1.71]

(1) 離散型確率変数 X, Y に対して，$\mathbb{E}[X \mid Y]$ が $\sigma(Y)$-可測な確率変数であることを示せ．

(2) 式(1.44)で与えた集合関数 ν に対して $\nu \ll F_Y$ を示せ．

連続型確率変数の場合

　X, Y が連続型のときには任意の $y \in \mathbb{R}$ に対して $\mathbb{P}(Y = y) = 0$ であり，(1.38)は一般に不定形となって条件付き分布を同様に定義することはできない．そこで，離散型のときの条件付き期待値が(1.46)と表されたことに注目する．

　離散型の条件付き期待値は，式(1.45)によって，

$$\mathbb{E}[X \mathbf{1}_B(Y)] = \mathbb{E}[G(Y) \mathbf{1}_B(Y)], \quad \forall B \in \mathcal{B}$$

を満たすような一意な関数 $G(y) = \mathbb{E}[X \mid Y = y]$ として特徴付けることができた．この意味は，**X を Y によって "期待値の意味で近似する"**[20]のが条件付き期待値 $G(Y)$ ということである．これを連続型の条件付き期待値の定義としても採用する．

[定義 1.72]　X, Y を確率変数とし，X は可積分とする．このとき，ある $\mathcal{B}$-可測関数 $G : \mathbb{R} \to \mathbb{R}$ で

$$\mathbb{E}[X \mathbf{1}_B(Y)] = \mathbb{E}[G(Y) \mathbf{1}_B(Y)], \quad B \in \mathcal{B} \tag{1.47}$$

を満たす G を $\mathbb{E}[X \mid Y = y] := G(y)$ と書いて，これを **$Y = y$ が与えられた下での X の条件付き期待値**という．また，$\mathbb{E}[X \mid Y] := G(Y)$ なる記号を用いる．また，**条件付き確率** $\mathbb{P}(X \in B \mid Y = y)$ や $\mathbb{P}(X \in B \mid Y)$ も，離散型のときと同様に定める．

[注意 1.73]　上記の条件付き期待値の定義は離散型の場合にも使える定義であり，先述の議論の逆をたどれば，この定義から始めて，定義 1.69 を導くこ

---

[20]　$Y \in B$ という事象に制限すれば，$G(Y)$ の期待値は常に X のそれに等しい．

とができる.

このような条件付き期待値の定義が自然であることは次の定理を見ても理解されるであろう. 以下は，離散型の場合の条件付き分布と同様のことが，密度関数でも成り立つことを示している.

[**定理 1.74（絶対連続型の場合の条件付き期待値）**] 連続型確率変数 X, Y がそれぞれ密度関数 f_X, f_Y を持つとし，(X, Y) の同時密度関数を $f_{X,Y}$ とする. これに対して，

$$f_{X \,|\, Y}(x \,|\, y) = \begin{cases} \dfrac{f_{X,Y}(x, y)}{f_Y(y)} & (f_Y(y) \neq 0) \\ 0 & (f_Y(y) = 0) \end{cases} \tag{1.48}$$

と定めると，$Y = y$ が与えられた下での X の条件付き期待値は以下で与えられる.

$$\mathbb{E}[X \,|\, Y = y] = \int_{\mathbb{R}} x f_{X \,|\, Y}(x \,|\, y) \, \mathrm{d}x.$$

上記の $f_{X \,|\, Y}(x, y)$ は $Y = y$ が与えられた下での X の**条件付き密度関数**という. この形は離散型の(1.39)との類似として自然であり，また，初等統計学を学んだ読者であれば馴染み深いものであろう. この密度関数による分布関数

$$F_{X \,|\, Y}(x \,|\, y) := \int_{-\infty}^{x} f_{X \,|\, Y}(z \,|\, y) \, \mathrm{d}z$$

で決まる確率分布も同様に，**$Y = y$ が与えられた下での X の条件付き分布**という. 特に，

$$\mathbb{P}(X \in B \,|\, Y = y) = \int_{B} f_{X \,|\, Y}(z \,|\, y) \, \mathrm{d}z$$

などと書ける.

[**問 1.75**] 定理 1.74 を証明せよ.

46　第1章　確率論の基本事項

1.6.2　情報による条件付き期待値

等式(1.47)によって Y を与えたときの条件付き期待値が定義されたが，この式を変形すると

$$\mathbb{E}\left[X\mathbf{1}_{Y^{-1}(B)}\right] = \mathbb{E}\left[G(Y)\mathbf{1}_{Y^{-1}(B)}\right], \quad B \in \mathcal{B}$$

であり，すなわち以下と同値である．

$$\mathbb{E}\left[X\mathbf{1}_A\right] = \mathbb{E}\left[G(Y)\mathbf{1}_A\right], \quad \forall A \in \sigma(Y). \tag{1.49}$$

前項と同様に G を解釈すると，Y に関する情報 $\sigma(Y)$ の下では $G(Y)$ は X を期待値の意味で近似していることになる．この意味で，$G(Y)$ を "情報 $\sigma(Y)$ に関する条件付き期待値" とも解釈できる．この一般化として，σ-加法族に関する条件付き期待値を以下のように定義する

[定義 1.76（σ-加法族に関する条件付き期待値）]　$\mathcal{G}$ を $\mathcal{F}$ の部分 σ-加法族とし，X を可積分な確率変数とする．このとき，以下の (i), (ii) を満たす確率変数 G を **X の $\mathcal{G}$ に関する条件付き期待値 (conditional expectation of X with respect to $\mathcal{G}$)** といい，このような G を $G := \mathbb{E}[X\,|\,\mathcal{G}]$ と書く．

(i)　$G : \Omega \to \mathbb{R}$ は $\mathcal{G}$-可測．

(ii)　G は可積分で，

$$\mathbb{E}\left[X\mathbf{1}_A\right] = \mathbb{E}\left[G\mathbf{1}_A\right], \quad A \in \mathcal{G}.$$

[問 1.77]　前項で $\mathbb{E}[X\,|\,Y = y]$ の存在と一意性を絶対連続測度の Radon-Nikodym 微分として示したのと同様にして，上記定義の $G = \mathbb{E}[X\,|\,\mathcal{G}]$ の存在と一意性を示せ（$\nu(A) = \mathbb{E}[X\mathbf{1}_A]$ とせよ）．

等式(1.49)に注意すれば，以下が成り立つことは明らかであろう．

[定理 1.78]　確率変数 X, Y に対し X は可積分とする．このとき，以下が成り立つ．

$$\mathbb{E}[X \,|\, Y] = \mathbb{E}[X \,|\, \sigma(Y)].$$

以下の性質は重要である.

[定理 1.79（条件付き期待値の性質）]　確率変数 X, Y は可積分であるとし，$\mathcal{G}$ は $\mathcal{F}$ の部分 σ-加法族とする．このとき，以下が成り立つ．

(1)　$\mathcal{G}_0 = \{\emptyset, \Omega\}$（**自明な σ-加法族**という）のとき，

$$\mathbb{E}[X \,|\, \mathcal{G}_0] = \mathbb{E}[X] \quad a.s.$$

(2)　X と $\mathcal{G}$ が独立なとき，

$$\mathbb{E}[X \,|\, \mathcal{G}] = \mathbb{E}[X] \quad a.s.$$

(3)　X が $\mathcal{G}$-可測で，$\mathbb{E}[XY]$ が存在するとき，

$$\mathbb{E}[XY \,|\, \mathcal{G}] = X\mathbb{E}[Y \,|\, \mathcal{G}] \quad a.s.$$

(4)　$\mathcal{G}_1 \subset \mathcal{G}_2$ が $\mathcal{F}$ の部分 σ-加法族のとき，

$$\mathbb{E}\left[\mathbb{E}[X \,|\, \mathcal{G}_2] \,\big|\, \mathcal{G}_1\right] = \mathbb{E}[X \,|\, \mathcal{G}_1] \quad a.s.$$

[注意 1.80]　上記定理において，例えば，確率変数 Z によって $\mathcal{G} = \sigma(Z)$ などと見ることによって，$\mathbb{E}[X \,|\, Z]$ のような条件付き期待値も同様な性質を持つ．

1.7　確率変数列の収束と極限定理

1.7.1　概収束と期待値の収束

[定義 1.81]　確率変数列 $\{X_n\}$, X に対して，

$$\mathbb{P}\left(\lim_{n \to \infty} X_n = X\right) = 1$$

48   第1章   確率論の基本事項

となるとき，X_n は X に**概収束** (almost-sure convergence) するといい，

$$X_n \to X \quad a.s.$$

などと表す.

　概収束は"ほとんど全て"の $\omega \in \Omega$ を固定したときにできる数列 $X_n(\omega)$ の収束であり，いわゆる，関数の"各点収束"の概念に相当する.

　本項では，概収束する確率変数列の期待値について必須の定理をいくつか紹介するが，これらは，本質的に

$$\lim_{n \to \infty} \mathbb{E}[X_n] = \mathbb{E}\left[\lim_{n \to \infty} X_n\right] \tag{1.50}$$

なる積分と極限との交換定理であり[21]，これらの条件を調べることが測度論における主要目的といってもよい. これらは以後，様々な計算過程で随所に現れるので，その条件と共に確実に使えるように学習しておかねばならない.

期待値と極限の交換について

　次の定理は確率論における最重要事項の一つである.

[定理 1.82（Lebesgue 収束定理）] 　概収束する確率変数列 X_n に対して，ある可積分な確率変数 Y が存在して，

$$\sup_{n \in \mathbb{N}} |X_n| \leq Y \quad a.s. \tag{1.51}$$

を満たすとする. このとき，(1.50)が成り立つ.

[注意 1.83] 　Lebesgue 収束定理は，**優収束定理** (dominated convergence theorem) ともいわれる. 特に，Y として正の定数をとれるとき，**有界収束定理** (bounded convergence theorem) ということもある.

[問 1.84] 　期待値と極限の交換(1.50)が成り立たないような確率変数列の例を挙げよ.

---

[21]　Fubini の定理も本質的にはその一つである.

1.7 確率変数列の収束と極限定理 49

定理 1.82 を証明する際に利用される下記の定理 1.85, 1.87 も頻繁に利用される重要な事実であるので，正確に使えるように学習されたい．

[定理 1.85（単調収束定理，monotone convergence theorem）] 非負値確率変数列 $\{X_n\}_{n \in \mathbb{N}}$ が，ほとんど確実に単調増加列であるとする：

$$0 \leq X_n \leq X_{n+1} \quad a.s.$$

このとき，（1.50）が成り立つ．

この定理の主張のポイントは，概収束極限 $X(\omega) := \lim_{n \to \infty} X_n(\omega)$ が発散してもよいという点である．すなわち，もし $X = \infty$ $a.s.$ となるときには右辺の期待値も発散するということも主張の一部である．また，$\lim_{n \to \infty} \mathbb{E}[X_n] < \infty$ であれば，その概収束極限 $X := \lim_{n \to \infty} X_n$ に対して $\mathbb{E}[X] < \infty$ である．したがって，非負値単調増加でさえあれば，（1.51）のような可積分条件は一切不要である．

測度論の一般論では，上記のように X_n は非負値である必要があるが，確率論では以下のような形式で書くこともできる．

[系 1.86] 確率変数列 $\{X_n\}_{n \in \mathbb{N}}$ が，ほとんど確実に下に有界な単調増加列であるとする：ある実数 $\ell \in \mathbb{R}$ が存在して，

$$\ell \leq X_n \leq X_{n+1} \quad a.s.$$

このとき，（1.50）が成り立つ．

証明には，$Y_n := X_n - \ell$ なる非負値単調増加列に単調収束定理を用いればよい．確率論は $\mathbb{P}(\Omega) = 1$ という特殊な場合を考えているので，$\mathbb{E}[Y_n] = \mathbb{E}[X_n] - \ell$ のように，$\ell \in \mathbb{R}$ がいつも $\mathbb{P}$-可積分になるところがポイントである．一般の測度空間ではこうはできない．

[定理 1.87（Fatou の補題）] 非負値確率変数列 $X_n \geq 0$ $a.s.$ に対して，

$$\mathbb{E}\left[\liminf_{n \to \infty} X_n\right] \leq \liminf_{n \to \infty} \mathbb{E}[X_n].$$

50 第1章 確率論の基本事項

これも非負値確率変数列に対するものであるが，系 1.86 と同様に下に有界な確率変数列へ拡張できる．

[問 1.88]

(1) 下に有界でない確率変数列で，単調収束定理の結論が成り立たないような反例を挙げよ．

(2) Fatou の補題において，等号が成立しない（真に不等号 < が成り立つ）ような例を挙げよ．

期待値と微分の交換について

パラメータを含む期待値を微分するという操作は，次項でモーメントを求める際や様々な証明の過程で頻繁に現れるが，それは無条件でできるものではない．ここで，一般的な条件を確認しておく．

[定理 1.89] $\mathcal{T} \subset \mathbb{R}$ に対し，関数 $f : \mathbb{R} \times \mathcal{T} \to \mathbb{R}$ は $\mathcal{T}$ 上 1 階微分可能とし，確率変数 X に対して，$\mathbb{E}[f(X,t)] < \infty$ $(t \in \mathcal{T})$ とする．このとき，ある可積分な確率変数 Y が存在して

$$\sup_{t \in \mathcal{T}} \left| \frac{\partial}{\partial t} f(X,t) \right| \leq Y \quad a.s.$$

を満たせば以下が成り立つ：

$$\frac{\mathrm{d}}{\mathrm{d}t} \mathbb{E}[f(X,t)] = \mathbb{E} \left[\frac{\partial}{\partial t} f(X,t) \right], \quad t \in \mathcal{T}.$$

1.7.2 その他の収束と極限定理

$\mathbb{R}^d$-値確率変数（ベクトル）列 $\{X_n\}_{n\in\mathbb{N}}, X$ に対していくつかの収束の概念を紹介する．以下，$\boldsymbol{x} = (x_1, \ldots, x_d) \in \mathbb{R}^d$ に対して，$|\boldsymbol{x}| = \sqrt{x_1^2 + \cdots + x_d^2}$ とする．

[定義 1.90] 任意の $\epsilon > 0$ に対して

$$\lim_{n \to \infty} \mathbb{P}\left(|X_n - X| > \epsilon\right) = 0$$

となるとき，X_n は X に**確率収束** (convergence in probability) するといい，$X_n \to^p X$ と表す.

[**定義 1.91**]　ある $p > 0$ に対して $\mathbb{E}|X_n|^p < \infty$ であり，

$$\lim_{n \to \infty} \mathbb{E}|X_n - X|^p = 0$$

となるとき，X_n は X に **p 次平均収束** (convergence in L^p)，あるいは **L^p-収束**するといい，$X_n \xrightarrow{L^p} X$ と表す.

[**注意 1.92**]　平均収束における L^p の記号の意味は問 A.17 を参照せよ.

[**定義 1.93**]　$\mathbb{R}^d$ 上の任意の有界連続関数 f に対して

$$\lim_{n \to \infty} \mathbb{E}[f(X_n)] = \mathbb{E}[f(X)]$$

を満たすとき，X_n は X に**分布収束** (convergence in distribution)，あるいは**法則収束** (convergence in law) するといい，$X_n \to^d X$ と表す.

　以下の同値条件の方が「分布」の収束としての直観的な意味がわかりやすいかもしれない.

[**補題 1.94**]　確率変数 X_n, X に対して以下の (1)-(3) は同値である：
(1)　$X_n \to^d X$ $(n \to \infty)$.
(2)　$D \subset \mathbb{R}$ の境界を ∂D と書くとき，$F_X(\partial D) = 0$ なる[22]任意の Borel 集合に対して，

$$\lim_{n \to \infty} F_{X_n}(D) = F_X(D).$$

特に，$d = 1$ のときは以下と同値：F_X の任意の連続点 $x \in \mathbb{R}$ において

$$\lim_{n \to \infty} F_{X_n}(x) = F_X(x).$$

───────────────

[22]　このような D を **F_X-連続集合** (continuity set) という.

52　第 1 章　確率論の基本事項

(3)　任意の $t \in \mathbb{R}^d$ に対して，

$$\lim_{n \to \infty} \phi_{X_n}(t) = \phi_X(t).$$

[注意 1.95]　X_n, X の分布をそれぞれ $P_n := \mathbb{P} \circ X_n^{-1}$，$P := \mathbb{P} \circ X^{-1}$ として，$X_n \to^d X$ の定義を書き換えると，

$$\lim_{n \to \infty} \int_{\mathbb{R}} f(x)\, P_n(\mathrm{d}x) = \int_{\mathbb{R}} f(x)\, P(\mathrm{d}x)$$

であり，これは確率測度 P_n の P への**弱収束 (weak convergence)** ともいわれ，$P_n \Rightarrow P$ などと書かれることもある.

　各収束の強弱について，以下の事実は重要である.

[問 1.96]　以下の (1)–(4) を示せ：確率変数列 $\{X_n\}$ が
(1)　概収束，あるいは p 次平均収束するならば，確率収束する.
(2)　確率収束すれば分布収束する.
(3)　確率収束しても概収束しない.
(4)　分布収束しても確率収束しない.

[注意 1.97]　各収束の定義からわかるように，概収束，確率収束，L^p-収束は X_n と X が同じ確率空間上に定義されている必要があるが，分布収束は分布関数の収束と同値であるので，各 X_n がすべて別々の確率空間に定義されていてもよい. このことから，分布収束が成り立っても，概収束や確率収束などが成り立つとは限らないことが理解されるだろう.

[定理 1.98]　確率変数列 $\{X_n\}_{n \in \mathbb{N}}$ と定数（ベクトル）$c \in \mathbb{R}^d$ に対して，

$$X_n \to^p c \quad \Leftrightarrow \quad X_n \to^d c.$$

[定理 1.99（Slutsky の定理）]　確率変数列 $\{X_n\}_{n \in \mathbb{N}}, \{Y_n\}_{n \in \mathbb{N}}$ が，ある確率変数 X と定数ベクトル $c \in \mathbb{R}^d$ に対して，

$$X_n \to^d X, \quad Y_n \to^p c$$

を満たすとき，以下の収束が成り立つ：

$$(X_n, Y_n) \to^d (X, c). \tag{1.52}$$

[問 1.100] 定理 1.99 において，Y_n の収束先が定数でない確率変数のときには，(1.52) の分布収束は必ずしも成り立たない．そのような例を挙げよ[23].

以下，確率変数列 $\{X_n\}_{n \in \mathbb{N}}$ が互いに独立に同一分布に従うとき，この確率変数は **IID** (**independently identically distributed**) である，ということにする．また，そのような確率変数列のことを IID 確率変数列と呼ぶ．

以下，IID 確率変数列 $\{X_n\}_{n \in \mathbb{N}}$ に対して以下のように置く：

$$\mu := \mathbb{E}[X_1], \quad \sigma^2 := Var(X_1), \quad \overline{X}_n := \frac{1}{n}\sum_{k=1}^{n} X_k.$$

[定理 1.101（大数の強法則）] IID 確率変数列 $\{X_n\}_{n \in \mathbb{N}}$ に対して，$\mu < \infty$ ならば，$n \to \infty$ のとき，以下の概収束が成り立つ．

$$\overline{X}_n \to \mu \quad a.s.$$

証明 大数の強法則の証明には少し準備が必要なので，ここでは省略する．詳細は，例えば，舟木 [23, 4.2 節] を参照されたい． ∎

[注意 1.102] 上記定理では，$\mu < \infty$ しか仮定せず，2 次モーメントの存在（$\sigma^2 < \infty$）は要求していないことに注意しよう．しかし，$\sigma^2 < \infty$ まで仮定すると，大数の強法則より少し弱い収束：$\overline{X}_n \to^p \mu$（**大数の弱法則**）は容易に証明できる：任意の $\epsilon > 0$ に対して，**Chebyshev の不等式**（定理 A.12）を

---

[23]　例えば，吉田 [64, 注 1.5] などを参照．

用いると,

$$\mathbb{P}\left(|\overline{X}_n - \mu| > \epsilon\right) \le \frac{1}{\epsilon^2}\mathbb{E}\left|\frac{1}{n}\sum_{k=1}^{n}(X_k - \mu)\right|^2$$

$$= \frac{1}{n^2\epsilon^2}\left[\sum_{k=1}^{n}Var(X_k) + 2\sum_{i<j}Cov(X_i, X_j)\right]$$

$$= \frac{\sigma^2}{n\epsilon^2} \to 0, \quad n \to \infty.$$

最後の等号は,$X_i, X_j \ (i < j)$ の独立性を用いたことに注意せよ.

統計学において,推定量の概収束性を示すのは困難な場合も多く,弱法則を用いて確率収束までを示すことも多い.

[定理 1.103(中心極限定理)] IID 確率変数列 $\{X_n\}_{n\in\mathbb{N}}$ に対して,$\sigma^2 < \infty$ ならば,$n \to \infty$ のとき以下の分布収束が成り立つ:

$$\frac{\sqrt{n}(\overline{X}_n - \mu)}{\sigma} = \frac{1}{\sqrt{n}}\sum_{k=1}^{n}\frac{X_k - \mu}{\sigma} \to^d Z \sim N(0,1).$$

証明 $Z_k = (X_k - \mu)/\sigma$ として,$\frac{1}{\sqrt{n}}\sum_{k=1}^{n}Z_k$ の特性関数が $N(0,1)$ の特性関数に収束することを示せばよい.

$$\phi_n(t) = \mathbb{E}\left[\exp\left(\frac{it}{\sqrt{n}}\sum_{k=1}^{n}Z_k\right)\right] = \prod_{k=1}^{n}\mathbb{E}\left[e^{\frac{it}{\sqrt{n}}Z_k}\right] = \left\{\phi_{Z_1}\left(\frac{t}{\sqrt{n}}\right)\right\}^n.$$

ここで,Taylor の公式により,

$$\phi_{Z_1}(u) = \phi_{Z_1}(0) + \phi_{Z_1}'(0)u + \frac{1}{2}\phi_{Z_1}''(0)u^2 + \frac{u^2}{2}\alpha(u)$$

$$= 1 - \frac{u^2}{2} + \frac{u^2}{2}\alpha(u).$$

ただし,ある $\theta \in (0,1)$ が存在して,$\alpha(u) = \phi_{Z_1}''(\theta u) - \phi_{Z_1}''(0)$ と書くと,

$$|\alpha(u)| = \left|i^2\mathbb{E}\left[Z_1^2 e^{i\theta u Z_1}\right] - i^2\mathbb{E}[Z_1^2]\right| \le \mathbb{E}\left|Z_1^2\left(e^{i\theta u Z_1} - 1\right)\right|$$

であるが，$\left| Z_1^2 \left(e^{i\theta u Z_1} - 1 \right) \right| \leq 2Z_1^2$，$\mathbb{E}[Z_1^2] < \infty$ より，優収束定理（定理1.82）が使えて，

$$\alpha(u) \to 0, \quad u \to 0.$$

したがって，$\phi_{Z_1}(u) = 1 - u^2/2 + o(u^2)$ $(u \to 0)$ となるので，

$$\phi_n(t) = \left\{ 1 - \frac{t^2}{2n} + o\left(\frac{1}{n} \right) \right\}^n \to e^{-t^2/2}, \quad n \to \infty.$$

最後の $e^{-t^2/2}$ は $N(0,1)$ の特性関数に他ならない． ∎

第2章

リスクモデルと保険料

保険会社は将来の保険金などの支払いに備えて，保険料を定めたり準備金を積み立てねばならない．本章ではそれらの計算基礎となる確率モデルの導入と計算法の基礎を学ぶ．

2.1 リスクとは何か？

"リスク"は今や日常的な用語であり，背後に何か危険なことが潜んでいる場合に「リスクが高い」とか危険な賭けに出る場合には「リスクをとる」などと言う．では"リスク"を言葉で定義せよといわれるとなかなかに厄介なものであろう．しかし，数学的に"リスク"を扱うときその定義は単純である．

以下，確率モデルとして確率空間 $(\Omega, \mathcal{F}, \mathbb{P})$ が与えられているとする．

[**定義 2.1**]　$X: (\Omega, \mathcal{F}) \to (\mathbb{R}, \mathcal{B})$ なる可測関数を**リスク (risk)** と呼ぶ．リスク全体の集合を $\mathcal{M}$ と書く．

つまり，「リスクとは確率変数である」ということである．通常保険の文脈では，リスク X は将来の損失額 (loss) を指すことが多く，$X > 0$ なら損失が生ずることを示し，$X < 0$ なら利益が生ずることを意味する．以下，本書を通してそのように定義する．すなわち，

リスク X に対して, $\begin{cases} X > 0 & \Leftrightarrow \quad |X| \text{ の損失が発生.} \\ X < 0 & \Leftrightarrow \quad |X| \text{ の利益が発生.} \end{cases}$

一方,保険におけるリスクの考え方としてアクチュアリーで研究者としても著名な Bülmann 博士[1]が著書 *Mathematical Methods in Risk Theory* ([8, Chapter 2]) の中で以下のように述べている.

> Actuary characterizes the *risk* not by *"what it is"*, but by the *properties which it has.*

つまり,アクチュアリーは「"リスク"とは何か?」と問うのではなく"リスク"を生み出すものに注目するということになろう.そこで,保険数理では以下のようなものの中にリスクが存在すると考えてモデリングを行う.
・保険金支払い(**クレーム, claim**)事故の発生者
・保険料(**プレミアム, premium**)の支払い者
これら各々を確率変数(あるいは確率過程)を用いてモデリングする.したがって,いずれにしても「リスクとは確率変数である」という考え方に違いはない.例えば,時刻 t までのクレーム総額を S_t,保険料総額を P_t で表せば,$X_t := S_t - P_t$ は時刻 t における(保険)リスクであり,$X_* := \sup_{t \in [0,1]} X_t$ などとすれば,X_* は $[0,1]$ 期間におけるリスクと考えることができる.

保険数理ではクレーム支払総額に関する S のモデリングが重要視されるので,次節でいくつかの保険リスクモデルについて述べることにする.

2.2 保険リスクモデル

ある保険商品の契約の集合を考えたとき,それらの契約を統合したものを**保険ポートフォリオ (insurance portfolio)** という.保険ポートフォリオに対する主な"リスク"は保険金支払い額(以下,これを**クレーム (claim)** という)に対する不確実性であり,我々は一定期間における累積クレームのモデルを作ることで,そのポートフォリオの期間ごとのリスク把握を試みる.

---

[1] ビュールマン,スイス工科大学 (ETH) 名誉教授.Bülmann 均衡価格や,信頼性理論における"Bülmann-Straub モデル"などで知られる.

58　第 2 章　リスクモデルと保険料

クレームモデルを作る際には，以下の 2 通りの考え方がある．

[**定義 2.2**]　一定期間におけるある保険ポートフォリオ全体の契約者数を n（非確率的な自然数）とし，第 i 番目 $(i = 1, \ldots, n)$ の契約者に対するクレーム総額を非負値確率変数 V_i で表す．ただし，$\{V_i\}_{i=1,\ldots,n}$ は独立だが，同一分布に従うとは限らないものとする．このとき，累積クレーム S に対して，

$$S = \sum_{i=1}^{n} V_i \tag{2.1}$$

を，累積クレームの**個別的リスクモデル** (individual risk model) という．

この個別的リスクモデルでは，契約者個々人が起こす 1 年間の累積クレームに着目するためにこのように呼ばれる．V_i は各契約者の累積クレームなので，S は累積クレームの累積額である．契約者の中にはクレームのない者もいる可能性があるので，V_i は非負値としていて，$\mathbb{P}(V_i = 0) > 0$ と仮定するのが一般的である．このモデルは，団体生命保険や企業保険のような人数が固定されているような集団に対する保険リスクのモデリングに適している．例えば従業員に対する保険を考えた場合，契約者の年齢，性別，健康状態などはどれもばらばらであるのが普通なので，「$V_i, V_j\ (i \neq j)$ は独立であっても同一分布には従わない」とするのが自然であろう．また，このモデルは適用期間内で契約者数 n が変動しないと仮定していることにも注意が必要である．

[**定義 2.3**]　ある保険ポートフォリオにおける一定期間のクレーム件数を確率変数 N で表し，第 i 番目 $(i = 1, \ldots, N)$ の保険金支払額を正値確率変数 U_i とする．ただし，$\{U_i\}_{i=1,\ldots,n}$ は独立に同一分布に従うとし，N と U_i らは独立とする．このとき，

$$S = \sum_{i=1}^{N} U_i \tag{2.2}$$

を累積クレーム S の**集合的リスクモデル** (collective risk model) という．ただし，和 $\sum_{i=1}^{0}$ については常に 0 と定める．

このモデルは，個別的リスクモデルと同じく累積クレーム S に対するモデルであるが意味合いはかなり異なる．集合的リスクモデルでは，特に誰のクレームに着目するわけでもなく，ポートフォリオ全体（集合）としてのクレーム発生のみに注目するためこのように呼ばれる．そのため，クレーム件数が確率変数になっており，解約や新規契約によるポートフォリオの増減をいちいち考えることなく利用できるのが強みである．$\{U_i\}_{i=1,2,\ldots}$ は独立に同一分布に従うと仮定しており，自動車保険などの損害保険に見られるリスクに応じて契約者を選別したような保険リスクのモデリングに適している．このため，集合的リスクモデルは長く損害保険数理の中でのみ扱われてきたのだが，近年は保険会社の資産変動ということでリスクモデルを捉え，生保・損保の区別なく保険会社のリスク管理ツールの一つとして研究されており，「リスク理論」という名の意味合いは，現在ではより広義になっている．近年のリスク理論は集合的リスクモデルの下で議論されることがほとんどであり，特に**集合的リスク理論 (collective risk theory)** ともいわれる．

さて，個別的・集合的リスクモデルは一定期間における累積クレームのみに着目したリスクモデルであるが，時々刻々と変化するリスクを測るには保険ポートフォリオ全体の収支に対する経時的リスクを考えておく必要がある．

[定義 2.4] ある保険ポートフォリオにおいて，初期備金を $u \geq 0$，時刻 t までの累積クレームを $S = (S_t)_{t\geq0}$，累積収入を $P = (P_t)$ とするとき，

$$X_t = u + P_t - S_t, \quad t \geq 0 \tag{2.3}$$

で定まる確率過程 $X = (X_t)_{t\geq0}$ を**準備金過程 (reserve process)**，あるいは**サープラス過程 (surplus process)** と呼ぶ[2]．X は保険ポートフォリオの**動的リスクモデル (dynamic risk model)** といわれる．

このモデルは，集合的リスクモデルを時点 t ごとにつなげたようなダイナミックな拡張モデルである．現代のリスク理論ではこの動的モデルが主役であ

---

[2]　本や論文によっては X をリスク過程といったり，$R_t = S_t - P_t$ をサープラス過程と呼んでいるものもあるが，Cramér 流では X がサープラスであり，R は**リスク過程 (risk process)** と呼ばれる．

り，本書の中心的モデルでもある.

クレーム過程 S_t は複合点過程 $S_t = \sum_{i=1}^{N_t} U_i$ などに設定されることが多い（第6章）. より複雑なモデルでは P_t と S_t を明確に区別せず $P_t - S_t$ に対してモデルを入れることもあるが，多くの単純な保険リスクモデルでは，P は保険料収入に対応し，保険料率 $c > 0$ に対して $P_t = ct$ とされることが多い.

2.3 保険料計算原理

2.3.1 収支相等の原則

保険料決定の原則では，一定期間における保険料収入の原価[3]が保険金支出の原価とある意味で等価となるように保険料を定めることとされており，これを**収支相等の原則** (**actuarial equivalence principle**) と呼んでいる. 今，金利を無視して，1年間に対応した個別的リスクモデル (2.1) を元にこの原則に則って立式してみると，

$$P \cdot n = S$$

となる（数学的にはおかしい式だがここは直観的な意味合いを述べている）. ただし，P は一人当たりから徴収する1年分の保険料である. 簡単のために，クレーム V_i は IID で $\mu := \mathbb{E}[V_i] < \infty$ を満たすとし，上記両辺を n で割り $n \to \infty$ とすると，大数の強法則によって，

$$P = \lim_{n \to \infty} \frac{1}{n} \sum_{i=1}^{n} V_i = \mu \quad a.s.$$

V_i は i 番目の契約者の1年あたりの累積クレームであったから，結局，保険料は累積クレーム分布の期待値として定められる. 一般に生命保険契約などでは，契約者の人数と支払回数が同じであることが多く，この種の大数の法則によって保険料の正当化が行われる.

一方，損害保険契約のように契約者一人につき何度も保険金を支払う可能性

---

[3]　金利によって割り引いて求めた現在価値.

があり，その回数も確率的であるような場合，前述のような大数の法則は成り立たない．このような場合には動的リスクモデル(2.3)を考え，長期的収支を相等させるのがよい．簡単のために $P_t = P \cdot t \; (P > 0)$ とすると，収支相等の原則に則れば，

$$P \cdot t = S_t$$

となるべきである．そこで，"長い目"で見てこの等式が成り立つことを要求するとして，$t \to \infty$ とすると，S の適当な条件の下で，以下のような時間に関する大数の法則

$$P = \lim_{t \to \infty} \frac{S_t}{t} = \mathbb{E}[S_1]$$

が証明できる（例えば定理 6.4）．したがって，損害保険数理では"時間的"大数の法則によって保険料 P を累積クレーム分布の期待値とする正当性が得られる．特に，集合的リスクモデルは動的モデルのある特定の期間だけを取り出した累積クレームのモデルと考えればよいので，例えば $S_1 = \sum_{i=1}^{N} U_i$ とすると，後述の定理 2.12, (1) によって

$$P = \mathbb{E}\left[\sum_{i=1}^{N} U_i \right] = \mathbb{E}[N]\mathbb{E}[U_1]$$

と決めることになる．

このように時間当たりの累積クレームの期待値として決められる保険料 P を**純保険料** (net premium) といい，保険料は原則としてこのような期待値で計算することとされている．しかしながら，実はこの原則のみに従っていると後述するように保険会社は将来確実に支払不能（破産）に陥ってしまう（6.1 節，注意 6.5）．また，現実的にも保険会社は営業上負担すべきコストを徴収しておくべきであろう．そこで，$\theta > 0$ に対して

$$P_\theta = (1 + \theta)P$$

と決めることになる．このときの $\theta \cdot P$ を**付加保険料** (loading premium) といい，$\theta = P_\theta / P - 1$ を**安全付加率** (safety loading) という．

2.3.2 保険料の決定

保険料の決定は，リスク S に対してある実数を対応させることであるから，数学的には確率変数の集合 $\mathcal{M}$ 上の汎関数

$$\Pi : \mathcal{M} \to [0, \infty)$$

を定めることに他ならない．この汎関数 Π を，**保険料計算原理** (premium calculation principle) という．ただし，当然ながら保険料として要求されるべき性質がある．ここでいくつか代表的な Π の条件を，その意味とともに列挙してみる．以下，保険リスク S は定数ではない確率変数 ($Var[S] > 0$) とし，$c \geq 0$ は定数とする．

(P1) **非過剰付加率** (no unjustified loading)：

$$\Pi(c) = c.$$

確定的なリスク c に対してそれ以上の保険料を支払う必要はないというごく当然の要求である．

(P2) **最大値原理** (maximum principle)：

$$\Pi(S) \leq x_S, \quad x_S := \sup\{x \in \mathbb{R} : F_S(x) < 1\}.$$

最大クレーム額がたかだか x_S のときにそれ以上の保険料を払ってまで保険を掛けるのは非合理的である．

(P3) **純益条件** (net profit condition)：

$$\Pi(S) > \mathbb{E}[S] \quad (\Leftrightarrow \ \theta > 0).$$

保険料にとって最も重要な条件といってもよい．後で見るように，この条件が成り立たないと，保険資産のごく自然な数理モデルの下で保険会社は破産することが数学的に示される．

(P4) **単調性** (monotonicity)：

$$S_1 \leq S_2 \quad a.s. \quad \Rightarrow \quad \Pi(S_1) \leq \Pi(S_2).$$

二つの保険を比べるとき，常に大きなクレームが起こる保険にはより大きな保険料を設定すべきである．ここでは $S_1 \leq S_2$ $a.s.$ と確率 1 の意味でリスクに大小関係を仮定しているが，一般に確率変数に付ける順序構造は様々であり，以下のように一般化してもよい．

(P4′) $S_1 \leq_{st} S_2 \Rightarrow \Pi(S_1) \leq \Pi(S_2)$. ただし，$S_1, S_2$ の分布関数をそれぞれ F_{S_1}, F_{S_2} として，

$$S_1 \leq_{st} S_2 \quad \Leftrightarrow \quad F_{S_2}(x) \leq F_{S_1}(x) \quad \forall x \in \mathbb{R} \tag{2.4}$$

と定義される[4]．この順序 $\leq_{st}$ を**確率順序 (stochastic order)** という．

(P5) **整合性 (consistency)**：

$$\Pi(S + c) = \Pi(S) + c.$$

(P1) と同様に，確定的なリスクが増えればその分だけ保険料を徴収すべきである．特に $S \equiv 0$ ならば (P1) である．

(P6) **正同次性 (positive homogeneity)**：

$$\Pi(cS) = c\Pi(S).$$

例えば c をドル\$/円¥の為替レートだと思えば，S ドル\$の保険に対して $\Pi(S)$ ドル\$の保険料を徴収するとき，これを円¥で計算しても保険料は変わらないという解釈ができる．正同次性は貨幣単位に関して保険料が本質的に不変となることを要求している．

(P7) **加法性 (additivity)**：

$$\Pi(S_1 + S_2) = \Pi(S_1) + \Pi(S_2).$$

保険事故がまったく独立に起こるような二つの保険 S_1 と S_2 を購入する際は，それぞれのリスクを独立に見積もるので，個々に保険料を払う (P7) は自然であろう．そのような場合には (P7) が成り立つべきであろう．ただし，S_1, S_2 に相関がある場合はこのような条件は必ずしも合理

---

[4] 確率変数の"大小"と分布関数の大小が逆向きになることに注意．

64　第 2 章　リスクモデルと保険料

的とはいえないので，一般には次の条件を要求することが多い．

(P8) **劣加法性 (subadditivity)**：

$$\Pi(S_1 + S_2) \le \Pi(S_1) + \Pi(S_2).$$

例えば，$Cov(S_1, S_2) < 0$ のとき，S_1 で大きな事故が起こったときにはその影響で S_2 が小さくなりやすいから，S_1, S_2 で二つが同時に大きくなるようなリスクをさほど考えなくて済む．この場合，$S_1 + S_2$ のセットで購入する方が割安になるべきであろう．逆に $Cov(S_1, S_2) > 0$ であったとしても，それらを同時に購入することで新たなリスクが生まれるわけではないので，保険料が高くなるべきではない．

以下に代表的な計算原理を挙げておく．以下，$a > 0$ は定数とする．また，必要なモーメント（積率）があれば全てその存在を仮定する．

・**期待値原理 (expected value principle)**：

$$\Pi_a(S) = (1 + a)\mathbb{E}[S].$$

(P3) の純益条件を満たすように設定すれば，以下に述べるすべての保険料計算原理はこの形で書けるが，単に期待値の $100a(\%)$ の利益を見込んで保険料を設定するという場合に「期待値原理」という．期待値が小さく，分散が大きいようなリスクには不向きである．

・**分散原理 (variance principle)**：

$$\Pi_a(S) = \mathbb{E}[S] + a \cdot Var[S].$$

期待値原理の欠点を改善したのがこの分散原理で，分散が大きい予測の難しいリスクに対して大きな保険料を要求する．

$$\Pi_a(S) = (1 + \theta)\mathbb{E}[S], \quad \theta := a \cdot Var[S]/\mathbb{E}[S]$$

と書けるので数学的には「期待値原理」と同じだが，思想が異なっている．

・**標準偏差原理** (standard deviation principle)：

$$\Pi_a(S) = \mathbb{E}[S] + a \cdot \sqrt{Var[S]}.$$

分散原理は $\mathbb{E}[S]$ に分散 $\mathbb{E}\left[(S - \mathbb{E}[S])^2\right]$ を加えているが，後者は 2 乗の量であるので，単位が異なっている．この不自然さを修正するために標準偏差を用いており，統計的にはより自然な形である．

・**指数原理** (exponential principle)：

$$\Pi_a(S) = a^{-1} \log \mathbb{E}[e^{aS}].$$

$a \to 0$ とすると

$$\lim_{a \to 0} a^{-1} \log \mathbb{E}[e^{aS}] = \frac{\mathrm{d}}{\mathrm{d}a} \log \mathbb{E}[e^{aS}]\Big|_{a=0} = \mathbb{E}[S]$$

となり純保険料となるが，$a > 0$ のとき $\Pi_a(S) > \mathbb{E}[S]$ となり，自然に付加保険料が入る形になっている（問 2.6）．

・**Esscher 原理** (Esscher principle)：

$$\Pi_a(S) = \frac{\mathbb{E}[Se^{aS}]}{\mathbb{E}[e^{aS}]}.$$

リスク S の定義されている確率空間を $(\Omega, \mathcal{F}, \mathbb{P})$ とし，関数 g_a を

$$g_a(x) = \frac{e^{ax}}{\mathbb{E}[e^{aS}]}, \quad x \in \mathbb{R}$$

で定義する．このとき，$\mathbb{E}[g_a(S)] = 1$ となることに注意して

$$\mathbb{P}^*(A) = \mathbb{E}[g_a(S)\mathbf{1}_A], \quad A \in \mathcal{F} \tag{2.5}$$

によって $\mathbb{P}^* : \mathcal{F} \to [0,1]$ を定めると，これは $\mathcal{F}$ 上の確率測度となる（問 2.7）．このようにして新しい $\mathbb{P}^*$ を作る操作を**測度変換** (change of measure) といい，g_a による測度変換を特に **Esscher 変換** (Esscher transform) という．

　この $\mathbb{P}^*$ による期待値を $\mathbb{E}^*$ で表すことにすれば，上記 Esscher 原理は

$$\Pi_a(S) = \mathbb{E}^*[S] \tag{2.6}$$

という $\mathbb{P}^*$ による単なる期待値として表される．この意味は，もともとの確率法則を $g_a(S)$ で重み付けすることにより，S のリスクを加味した新しい確率法則 $\mathbb{P}^*$ の下での純保険料を計算していることになる．この意味で，もともとの $\mathbb{P}$ はしばしば**客観確率** (**physical probability**) といわれ，$\mathbb{P}^*$ は**リスク調整済み確率** (**risk adjusted probability**)[5]などといわれる．実際，問 2.7, (3) からわかるように，

$$\mathbb{E}^*[S] > \mathbb{E}[S]$$

となっていて，リスク・プレミアムが入っていることがわかる．

・**Wang 原理** (**Wang principle**)：

$$\Pi_a(S) = \mathbb{E}\left[Se^{a\Phi^{-1}(F_S(S)) - \frac{a^2}{2}} \right]$$

ただし，F_S は S の分布関数，$\Phi(x) = (2\pi)^{-1/2} \int_{-\infty}^{x} e^{-z^2/2}\,\mathrm{d}z$ （標準正規分布の分布関数）である．

分布関数 F_S を

$$F_S^*(x) = \Phi\left(\Phi^{-1}(F_S(x)) - a\right), \quad x \in \mathbb{R} \tag{2.7}$$

によって F_S^* に変換すると，容易にわかるように F_S^* は再び分布関数になる．このような分布関数の変換を **Wang 変換** (**Wang transform**) と呼ぶ．

今，$B \in \mathcal{B}$ に対して，

$$\mathbb{P}^*(A) = \int_B F_S^*(\mathrm{d}x), \quad A = S^{-1}(B) \in \mathcal{F}$$

のように $\mathcal{F}$ 上の確率測度 $\mathbb{P}^*$ を定める．以下，簡単のために $F_S(\mathrm{d}x) = f_S(x)\,\mathrm{d}x$ なる密度関数を持つとし，ϕ を標準正規分布の密度関数としてこの式を変形すると，

---

[5] 金融工学で使われる**リスク中立確率**もリスク調整済み確率の一種である．

$$\mathbb{P}^*(A) = \int_B \frac{\phi\left(\Phi^{-1}(F_S(x)) - a\right)}{\phi\left(\Phi^{-1}(F_S(x))\right)} f_S(x)\, \mathrm{d}x$$

$$= \mathbb{E}\left[\frac{\phi\left(\Phi^{-1}(F_S(S)) - a\right)}{\phi\left(\Phi^{-1}(F_S(S))\right)} \mathbf{1}_{\{S \in B\}}\right].$$

ここで，$Z := \Phi^{-1}(F_S(S))$ と置くと，$Z \sim N(0,1)$ であることと（問 2.8,(1)），$\mathbb{E}[e^{aZ}] = e^{-a^2/2}$ に注意して，

$$\mathbb{P}^*(A) = \mathbb{E}\left[\frac{\phi(Z-a)}{\phi(Z)} \mathbf{1}_A\right] = \mathbb{E}\left[\frac{e^{aZ}}{\mathbb{E}[e^{aZ}]} \mathbf{1}_A\right]$$

となり，これも Esscher 変換の一種であることがわかる．この $\mathbb{P}^*$ により，Wang 原理 Π_a は

$$\Pi_a(S) = \int_{\mathbb{R}} x\, F_S^*(\mathrm{d}x) =: \mathbb{E}^*[S] \tag{2.8}$$

と書くことができ，これも測度変換による計算原理である．

式 (2.7) より $\Phi^{-1}(F_S(x)) - a = \Phi^{-1}(F_S^*(x))$ となるから，

$$F_S^*(x) \leq F_S(x) \quad a.e.$$

である．もし S が定義されている確率空間 $(\Omega, \mathcal{F}, \mathbb{P})$ 上に，分布 F_S^* を持つような確率変数 S^* を定義したとすれば (2.4) により

$$S \leq_{st} S^*$$

であり S^* の方が確率的に "リスクが高い"．これは，確率法則 $\mathbb{P}^*$ が $\mathbb{P}$ よりも S をより "危険なリスク" と見なしていることを意味しており，この意味で $\mathbb{P}^*$ はリスク調整済み確率である．実際，問 2.8, (3) より

$$\mathbb{E}^*[S] > \mathbb{E}[S]$$

であり，自然に付加保険料が入っていることがわかる．

· **分位点原理 (quantile principle)**：

$$\Pi_a(S) = \inf\{p > 0 : F_S(p) \geq 1 - a\}, \quad a \in (0,1).$$

68　第 2 章　リスクモデルと保険料

この原理では通常 $a \in (0,1)$ を小さい値にとる．その上で確率 a でしか起こらないような高額のクレームが発生するような事象を無視し，確率 $1-a$ で起こる支払に耐えうるための最小額を保険料として徴収しようという考え方である．これは後に述べる「バリュー・アット・リスク (VaR)」というリスク計測の考え方と同じである（3.1 節）．

　この原理では，a のとり方によっては必ずしも付加保険料を確保できない．また，収支相等の原則をある意味無視して保険会社の立場のみを考えた方法であり，保険料計算原理としては少し特殊であり批判もある（3.4 節も参照せよ）．

[問 2.5]　上記の各 Π_a が (P1)–(P8) のうちどの条件を満たすか調べよ．

[問 2.6]　S を正値確率変数とし，ある $\delta > 0$ が存在して $\mathbb{E}[e^{\delta S}] < \infty$ とする．以下を示せ．

(1)　任意の $a \in (-\delta, \delta)$ と任意の $k \in \mathbb{N}$ に対して，
$$\left(\frac{\mathrm{d}}{\mathrm{d}x}\right)^k \mathbb{E}\left[e^{xS}\right]\Big|_{x=a} = \mathbb{E}\left[S^k e^{aS}\right].$$

(2)　指数原理 Π_a に対して，
$$\Pi_a(S) = \mathbb{E}[S] + \frac{a}{2}Var[S] + o(a), \quad a \to 0.$$

したがって，小さい a に対しては分散原理と漸近同等である．

(3)　指数原理 Π_a で $a > 0$ のとき，
$$\Pi_a(S) > \mathbb{E}[S],$$

すなわち，Π_a は安全付加率を含む（Jensen の不等式，定理 A.13 を用いよ）．

(4)　任意の $M > 0$ に対して $\mathbb{E}[e^{MS}] < \infty$ のとき，Π_a は $a > 0$ に関して狭義単調増加で
$$\lim_{a \to +\infty} \Pi_a(S) = x_S,$$

すなわち,最大値原理 (P2) を満たす.

[**問 2.7**] Esscher 原理 Π_a に対して,以下の問に答えよ.

(1) 式(2.5)で定義される集合関数 $\mathbb{P}^*$ が $\mathcal{F}$ 上の確率測度であり,$\mathbb{P}^*$ は $\mathbb{P}$ に関して絶対連続:$\mathbb{P} \sim \mathbb{P}^*$ であることを示せ.

(2) 任意の $a > 0$ に対して $\mathbb{E}[e^{aS}] < \infty$ とするとき,

$$\frac{\mathrm{d}}{\mathrm{d}a}\Pi_a(S) = Var^*[S] > 0$$

を示せ.ただし,Var^* は(2.6)によるリスク調整済み確率 $\mathbb{P}^*$ の下での分散を表す.このことから,Π_a は純益条件 (P3) を満たすことを示せ.

(3) 付加保険料をより直接的に見るために,

$$\Pi_a(S) = \mathbb{E}[S] + \frac{Cov(S, e^{aS})}{\mathbb{E}[e^{aS}]}$$

と書けることを示せ.

(4) $S \sim N(\mu, \sigma^2)$ となるとき,Π_a は分散原理に帰着することを示せ.

[**問 2.8**] Wang 原理 Π_a に対して,以下の問に答えよ.

(1) 連続型確率変数 S に対して,$Z := \Phi^{-1}(F_S(S)) \sim N(0, 1)$ となることを示せ.ただし,Φ は標準正規分布の分布関数である.

(2) 分布 F_S が確率密度関数を持つとき,$F_S^*(x) = \Phi\left(\Phi^{-1}(F_S(x)) - a\right)$ に対して,Π_a が $\Pi_a(S) = \int_{\mathbb{R}} x\, F_S^*(\mathrm{d}x)$ と書けることを示せ.

(3) 以下の等式を示せ.

$$\Pi_a(S) = \mathbb{E}[S] + Cov\left(S, e^{a\Phi^{-1}(F_S(S)) - \frac{a^2}{2}}\right)$$

(4) $S \sim N(\mu, \sigma^2)$ のとき,$\Pi_a(S) = \mu + a\sigma$ (標準偏差原理) になることを示せ.

2.4 各リスクモデルにおける保険料計算

前節で見たように，多くの保険料計算では"保険リスク"（累積クレーム）のモーメントの計算が重要になる．一方，個別的・集合的リスクモデルにおける累積クレームは複数の確率変数の和であり，また集合的リスクモデルに至っては，その和の個数まで確率変数である．このような分布を**複合分布 (compound distribution)** と呼ぶ．ここでは，複合分布に関するモーメントの計算法をまとめておく．

2.4.1 累積クレーム分布

(I) 個別的リスクモデル

n 人の契約者からなる個別的リスクモデル (2.1)

$$S = \sum_{i=1}^{n} V_i \tag{2.9}$$

を考える．ただし，V_i は i 番目の契約者のクレームを表す非負値確率変数で，$p_i := \mathbb{P}(V_i = 0) \geq 0$ とし，ある正値確率変数 X_i が存在して，

$$F_{V_i} = p_i \cdot \Delta_0 + (1 - p_i) \cdot F_{X_i} \tag{2.10}$$

と書けるとする．

[注意 2.9] 原点における確率 p_i を忘れないように注意が必要である（注意 1.32 を見よ）．例えば，$F_{V_i}(x)$ が $x > 0$ において微分 $g(x)$ を持つとき，$\mathbb{E}\left[e^{V_i}\right] = \int_0^\infty e^x g(x) \, \mathrm{d}x$ などとする誤りに注意されたい．正しくは

$$\mathbb{E}\left[e^{V_i}\right] = \int_{[0,\infty)} e^x \, F_{V_i}(\mathrm{d}x) = p_1 + \int_0^\infty e^x g(x) \, \mathrm{d}x$$

としなければならない．あえて (2.10) のように書いておけば，このような間違いを防ぐのに有効と思われる．

仮に，確率変数列 $\{V_i\}$ が独立と仮定できたとしよう．独立な確率変数の和の分布は，各分布の畳み込みによって得られるので，

$$F_S = F_{V_1} * F_{V_2} * \cdots * F_{V_n}$$

となる．保険料計算のためには，例えばこの分布のモーメントが知りたいが，このような畳み込みの分布の処理として，F_S の Laplace 変換を求めるのが有力である．命題 1.58 により，

$$\mathscr{L}_{F_S}(u) = \prod_{i=1}^{n} \mathscr{L}_{F_{V_i}}(u) = \prod_{i=1}^{n} \left[p_i + (1-p_i)\mathscr{L}_{F_{X_i}}(u) \right], \quad u \geq 0$$

であるので，注意 1.50 や定理 1.44, (3) に注意して以下を得る．

[**定理 2.10**]　個別的リスクモデル (2.9) に対して，

$$m_S(s) = \prod_{i=1}^{n} \left[p_i + (1-p_i)m_{X_i}(s) \right], \quad s \leq 0 \tag{2.11}$$

であり，ある $k \in \mathbb{N}$ に対して，各 i で $\mathbb{E}[X_i^k] < \infty$ ならば，m_S は $(-\infty, 0)$ において k 回微分可能で

$$\mathbb{E}[S^k] = \lim_{s \to 0-} m_S^{(k)}(s).$$

さらに，ある $c > 0$ に対して $\sup_i \mathbb{E}[e^{cX_i}] < \infty$ ならば，(2.11) の等式は $s \leq c$ に対して成り立つ．

[**例 2.11**]　n 人の契約者からなるある生命保険のポートフォリオを考える．i 番目の契約者の死亡率を q_i とし，死亡時には v_i の保険金が支払われるとする．このような保険に対するリスクモデルとしては個別的リスクモデルが適当であろう．このとき，i 番目の契約者のクレーム V_i は

$$V_i = \begin{cases} 0 & (\text{確率 } 1 - q_i) \\ v_i & (\text{確率 } q_i) \end{cases}$$

のような 2 値確率変数として書け，S の積率母関数 $m_S(s)$ は (2.11) により以下のように書ける．

72 第2章 リスクモデルと保険料

$$m_S(s) = \prod_{i=1}^{n} \left(1 - q_i + q_i e^{sv_i}\right).$$

特に，S の平均，分散は以下のように求まる．

$$\mathbb{E}[S] = \sum_{i=1}^{n} v_i q_i, \quad Var[S] = \sum_{i=1}^{n} v_i^2 q_i (1 - q_i).$$

(II) 集合的リスクモデル

集合的リスクモデル (2.2) を考える．すなわち，

$$S = \sum_{i=1}^{N} U_i \tag{2.12}$$

とし，N はクレーム件数，U_i は i 番目のクレームを表す IID 正値確率変数列とする．

以下，U は U_i と同じ分布に従う確率変数とし，クレーム件数 N に対して，

$$p_k := \mathbb{P}(N = k), \quad k = 0, 1, 2, \ldots$$

と置く．N が確率変数になるような複合分布の計算は，条件付き期待値の性質を使って以下のようにできる．

$$F_S(x) = \mathbb{E}\left[\mathbb{P}\left(\sum_{i=1}^{N} U_i \le x \;\middle|\; N\right)\right]$$
$$= \sum_{k=0}^{\infty} p_k \mathbb{P}\left(\sum_{i=1}^{N} U_i \le x \;\middle|\; N = k\right) = \sum_{k=0}^{\infty} p_k F_U^{*k}(x) \tag{2.13}$$

同様に計算すれば，以下が成り立つことが容易に示される．

[定理 2.12] 集合的リスクモデル (2.12) について，$\mathscr{L}_{F_S}(s)$ は $s \ge 0$ に対して常に存在し，

$$\mathscr{L}_{F_S}(s) = P_N\big(\mathscr{L}_{F_U}(s)\big), \quad s \ge 0. \tag{2.14}$$

特に，以下が成り立つ：

(1) $\mathbb{E}[S] = \mathbb{E}[N]\mathbb{E}[U]$.

(2) $Var[S] = Var[N]\mathbb{E}[U]^2 + \mathbb{E}[N]Var[U]$.

(3) $P_S(t) = P_N(P_U(t)), \quad |t| < 1$.

(4) $\phi_S(t) = P_N(\phi_U(t)), \quad t \in \mathbb{R}$.

[**問 2.13**]　定理 2.12 を証明せよ.

[**例 2.14**]　個別的リスクモデル

$$S = \sum_{i=1}^{n} V_i, \quad p_i = \mathbb{P}(V_i = 0) > 0, \ F_{V_i} = p_i \Delta_0 + (1 - p_i) F_{X_i}$$

において，$p_i \equiv p$（一定），V_i が IID となるような特別な場合を考えると，以下のような集合的リスクモデルと同一視できる.

$$S = \sum_{i=1}^{N} X_i, \quad N \sim Bin(n, p).$$

このとき，例えば X_i が指数クレーム：$F_X(x) = 1 - e^{-x/\mu} \ (x > 0)$ であるとすると，

$$P_N(t) = (pt + 1 - p)^n, \quad \phi_X(t) = (1 - i\mu t)^{-1}$$

により，

$$\phi_S(t) = P_N(\phi_X(t)) = \left(1 + \frac{i\mu pt}{1 - i\mu t}\right)^n$$

となって，ここからモーメントなどを計算することができる. 例えば，$a > 1/\mu$ に対して Esscher 原理による保険料 $\Pi_a(S)$ を求めるなら，定理 1.44 より，

$$\Pi_a(S) = \frac{\mathbb{E}[Se^{aS}]}{\mathbb{E}[e^{aS}]} = \frac{(-i)\phi_S'(-ia)}{\mathbb{E}[e^{aS}]} = \frac{np\mu}{(1 - \mu a)(1 - \mu a[1 - p])}.$$

[**例 2.15**]　$N \sim Po(\lambda)$ とし，$\{U_i\}_{i=1,2,\dots}$ は IID 確率変数列で，平均 μ，分

散 σ^2 とする．このとき，$S = \sum_{i=1}^{N} U_i$ に対する複合分布 F_S を**複合 Poisson 分布**という．

$$P_N(t) = \sum_{k=0}^{\infty} e^{-\lambda} \frac{(\lambda t)^k}{k!} = e^{\lambda(t-1)}$$

であるので，

$$\phi_S(t) = \exp\left(\lambda\left[\phi_U(t) - 1\right]\right). \tag{2.15}$$

この式と定理 1.44 により，例えば

$$\mathbb{E}[S] = \lambda\mu, \quad Var[S] = \lambda(\mu^2 + \sigma^2)$$

となることがわかる．

複合 Poisson 分布は損害保険の累積クレーム額の分布としては，最もよく用いられる標準的モデルである．

[**例 2.16**]　$N \sim Geo(p)$: $\mathbb{P}(N = k) = (1-p)p^k$ $(k = 0, 1, \ldots)$ とし，$\{U_i\}_{i=1,2,\ldots}$ は IID 確率変数列で，平均 μ，分散 σ^2 とする．このとき，$S = \sum_{i=1}^{N} U_i$ に対する複合分布 F_S を**複合幾何分布** (**compound geometric distribution**) という．分布関数は，

$$F_S(x) = \sum_{k=0}^{\infty} (1-p)p^k F_U^{*k}(x), \quad x \in \mathbb{R} \tag{2.16}$$

と書ける．

$$P_N(t) = \sum_{k=0}^{\infty} (1-p)p^k t^k = \frac{1-p}{1-pt}$$

であるので，

$$\phi_S(t) = \frac{1-p}{1-p\phi_U(t)}, \quad \mathbb{E}[S] = \frac{p\mu}{1-p}, \quad Var[S] = \frac{p\mu^2}{(1-p)^2} + \frac{p\sigma^2}{1-p} \tag{2.17}$$

などである．例えば，クレーム分布がガンマ分布 $\Gamma(\alpha, \beta)$ のとき，

$$\phi_S(t) = \frac{1-p}{1-p(1-it/\beta)^{-\alpha}}, \quad \mathbb{E}[S] = \frac{p\alpha}{(1-p)\beta}, \quad Var[S] = \frac{p(\alpha^2+\alpha-1)}{(1-p)^2\beta^2}$$

などとなる.

この複合幾何分布は, 前の例の複合 Poisson 分布と共に保険数理で重要な 2 大分布といってもよい.

2.4.2 複合 Poisson 分布の分布関数

ここでは, 複合 Poisson 分布の性質やその分布関数の計算法について有用な事柄をまとめておく. 以下, $N \sim Po(\lambda)$, $U_i \sim F$ $(i = 1, 2, \ldots)$ に対して,

$$S = \sum_{i=1}^{N} U_i \sim CP(\lambda, F)$$

のような記号で表すことにする.

[定理 2.17] 複合 Poisson 分布は再生性を持つ. すなわち, 独立な二つの確率変数 $S_i \sim CP(\lambda_i, F_i)$ $(i = 1, 2)$ に対して $S_1 + S_2 \sim CP(\lambda, F)$ が成り立つ. ただし, $\lambda = \lambda_1 + \lambda_2$ であり, F は以下のような混合分布である:

$$F = p_1 F_1 + p_2 F_2, \quad p_i = \frac{\lambda_i}{\lambda} \ (i = 1, 2).$$

特に, シンボリックに書けば以下のようである:

$$CP(\lambda_1, F_1) * CP(\lambda_2, F_2) = CP(\lambda_1 + \lambda_2, p_1 F_1 + p_2 F_2).$$

証明 $S = S_1 + S_2$ の特性関数を計算すればよい. 実際, (2.15)に注意して,

$$\phi_S(t) = \phi_{S_1}(t)\phi_{S_2}(t) = \exp\left(\lambda \sum_{i=1}^{2} p_i[\phi_{F_i}(t) - 1]\right)$$
$$= \exp\left(\lambda[\phi_{p_1 F_1 + p_2 F_2}(t) - 1]\right). \quad\blacksquare$$

この定理を何度も用いることで, 帰納的に以下がわかる.

76   第2章 リスクモデルと保険料

[補題 2.18]

$$S_i \sim CP(\lambda_i, F_i) \ (i = 1, 2, \ldots, n) \quad \Rightarrow \quad \sum_{i=1}^{n} S_i \sim CP(\lambda, F).$$

ただし,

$$\lambda = \sum_{i=1}^{n} \lambda_i, \quad F = \sum_{i=1}^{n} \frac{\lambda_i}{\lambda} F_i.$$

　保険数理の文脈でこの定理を解釈すると,第 i 年度の累積クレーム S_i が複合 Poisson 分布に従うという仮定の下では,n 年分の累積クレーム額 $S_1 + \cdots + S_n$ も複合 Poisson 分布に従うということであり,結局この仮定の下では,どんな期間の累積クレーム額 S のモデリングにも

$$S \sim CP(\lambda, F)$$

で十分ということになる.

　再生性は便利な性質であるが,実際に S の分布関数を計算するには,(2.13) のような F の畳み込みに対する級数計算が必要であり,たとえこの級数を有限和で近似するとしても,大きな k に対する畳み込み F^{*k} の計算は通常容易でない.そこで,S の分布のある種の近似を考えてみよう.

　今,$S \sim CP(\lambda, F)$ において,クレームが高頻度で起こり λ が "十分大きい" と仮定できるとしよう.あるいは,S が "十分長い期間" の累積クレームと思って λ が "比較的大きい" という状況を考えてもよい.このとき,

$$\lambda \to \infty$$

という状況での F_S の近似を考えよう.

[定理 2.19 (複合 Poisson 分布の正規近似)] $S \sim CP(\lambda, F)$ に対して,F の平均と分散をそれぞれ $\mu \in \mathbb{R}, \sigma^2 > 0$ と置く.このとき,

$$\frac{S - \lambda\mu}{\sqrt{\lambda(\mu^2 + \sigma^2)}} \to^d N(0, 1), \quad \lambda \to \infty.$$

証明 $Z := \frac{S-\lambda\mu}{\sqrt{\lambda(\mu^2+\sigma^2)}}$ の特性関数を計算すると,

$$\phi_Z(t) = \phi_S\left(t/\sqrt{\lambda(\mu^2+\sigma^2)}\right)\cdot\exp\left(-\frac{i\lambda\mu}{\sqrt{\lambda(\mu^2+\sigma^2)}}\right)$$

$$= \exp\left(\lambda\left[\phi_F\left(t/\sqrt{\lambda(\mu^2+\sigma^2)}\right)-1\right]\right)\cdot\exp\left(-\frac{i\lambda\mu}{\sqrt{\lambda(\mu^2+\sigma^2)}}\right).$$

ここで,仮定より $\phi_F \in C^2(\mathbb{R})$ であるから,Taylor の公式を用いると

$$\phi_F(t) = 1 + \phi'_F(0)t + \frac{1}{2}\phi''_F(0)t^2 + \frac{\eta(t)}{2}\cdot t^2,$$

ただし,ある $\theta \in (0,1)$ に対して

$$\eta(t) = \phi''_F(\theta t) - \phi''_F(0)$$

と書ける.このとき,

$$\lim_{t\to 0}\eta(t) = 0 \tag{2.18}$$

となることが証明できる(問 2.20).そこで,$\phi'_F(0) = i\mu$,$\phi''_F(0) = -(\mu^2+\sigma^2)$ に注意して $\phi_Z(t)$ を計算すれば,

$$\phi_Z(t) = \exp\left(-\frac{1}{2}t^2 + o\left(\frac{t^2}{\lambda^2}\right)\right) = e^{-t^2/2},\quad \lambda\to\infty$$

となって,最後は $N(0,1)$ の特性関数である.したがって,補題 1.94, (1) $\Leftrightarrow$ (3) により結論を得る. ∎

[問 2.20] 優収束定理を用いて,式(2.18)を証明せよ.

定理 2.19 により,λ が"十分大きな"値のときには,標準正規分布の分布関数

$$\Phi(x) = \int_{-\infty}^x \frac{1}{\sqrt{2\pi}}e^{-z^2/2}\,dz$$

を用いて

78 第 2 章 リスクモデルと保険料

$$F_S(x) \approx \Phi\left(\frac{x - \lambda\mu}{\sqrt{\lambda(\mu^2 + \sigma^2)}}\right)$$

と近似することができて, 例えば分位点原理による保険料 Π_a $(a \in (0,1))$ は,

$$\Pi_a(S) = \inf\{x > 0 : F_S(x) \geq 1 - a\}$$
$$\approx \inf\left\{x > 0 : \frac{x - \lambda\mu}{\sqrt{\lambda(\mu^2 + \sigma^2)}} \geq \Phi^{-1}(1 - a)\right\}$$
$$= \lambda\mu + z_a\sqrt{\lambda(\mu^2 + \sigma^2)}$$

と陽に表現することが可能となる. ただし, $z_\alpha = \Phi^{-1}(1 - \alpha)$ は正規分布の上側 $100\alpha\%$ 点である.

2.4.3 複合幾何分布と不完全再生方程式

後述する動的モデルによる古典的な破産理論では, 保険会社の破産確率がある複合幾何分布に従うことが知られており (詳細は 6.2.1 項参照), リスク理論では最も重要な分布の一つである. この分布関数の評価については後述の 3.3 節で詳解するので, ここでは複合幾何分布の特徴的で重要な性質について簡単に紹介しておく.

式 (2.16) で定まる複合幾何分布の分布関数を以下のように変形してみる:

$$F_S(x) = \sum_{k=0}^{\infty}(1-p)p^k F_U^{*k}(x)$$
$$= (1-p)\Delta_0(x) + \sum_{k=1}^{\infty}(1-p)p^k F_U^{*k}(x)$$
$$= H(x) + \sum_{k=0}^{\infty}(1-p)p^k(F_U^{*k} * G)(x).$$

ここに, $H(x) = (1-p)\Delta_0(x)$, $G(x) = p \cdot F_U(x)$ である. ただし, $\Delta_0(x)$ は Dirac 測度 Δ_0 による分布関数 $\Delta_0(x) = \Delta_0([0,x)) = \mathbf{1}_{[0,\infty)}(x)$ である. したがって, 以下のように書ける:

$$F_S(x) = H(x) + G * F_S(x). \tag{2.19}$$

この方程式は**再生（型）方程式**といわれる（A.2 節参照）．ここで，G は単調増加で右連続であるが $G(\infty) = p < 1$ となるいわゆる "不完全" 分布関数であることから，特に，**不完全再生方程式**といわれることもある．

一般に，あるリスク分布 F_S に対して，ある有界変動関数 H と不完全分布 G によって(2.19)のような方程式が得られたとすれば，式(2.19)の両辺でLaplace-Stieltjes 変換をとることで

$$\mathscr{L}_{F_S} = \mathscr{L}_H + \mathscr{L}_G \cdot \mathscr{L}_{F_S} \quad \Leftrightarrow \quad \mathscr{L}_{F_S} = \frac{\mathscr{L}_H}{1 - \mathscr{L}_G}$$

となって容易に Laplace 変換が計算でき，モーメントなどの計算が可能になる（特に $H(x) = (1-p)\Delta_0(x)$, $G(x) = p \cdot F_U(x)$ なら(2.17)が直ちに得られる）．また，一旦(2.19)のような方程式が得られれば，その解 F_S は次の形式的な展開によって求めることができる：

$$F_S = H + G * F_S$$
$$= H + G * (H + G * F_S)$$
$$= H + G * H + G^{*2} * (H + G * F_S)$$
$$= \cdots$$
$$= \sum_{k=0}^{\infty} H * G^{*k}.$$

実際，不完全分布 G に対しては $|\mathscr{L}_G| < 1$ となるので，

$$\mathscr{L}_{F_S}(s) = \frac{\mathscr{L}_H}{1 - \mathscr{L}_G(s)} = \mathscr{L}_H \sum_{k=0}^{\infty} \mathscr{L}_{G^{*k}}(s), \quad s \geq 0$$

であるが，この級数は絶対収束するので両辺で項別に逆 Laplace 変換をとることができて以下の級数表現を得る．

$$F_S(x) = H * \left(\sum_{k=0}^{\infty} G^{*k} \right)(x), \quad x \geq 0$$

このような不完全再生方程式は後述する破産理論において特に重要であり，後で動的モデルに対する多くの破産リスク計量がこのような方程式を満たすことがわかる．

第3章

ソルベンシー・リスク評価

保険会社が支払不能に陥るリスクのことを「ソルベンシー・リスク」という．本章では，リスク管理の基本となる考え方，ソルベンシーのための準備金評価の基本を学ぶ．

3.1 基本的なリスク尺度とソルベンシー評価

保険金支払いのリスク S を考えるとき，S の平均，分散や歪度，尖度といった分布の形状を示唆するモーメントによってリスクを評価するのは統計学の基本である．しかし，高次のモーメントがいつも存在するとは限らないし，大雑把な分布の形状を見るような定性的な分析では十分なリスク評価はできない．そこで，なるべく低次のモーメントのみに依存した定量的リスク指標として金融・保険において頻繁に使われる代表的な指標を紹介しておく．

3.1.1 基本的なリスク尺度

クレーム S に対して保険会社が x の資金を準備したとすると，$x < S$ のとき保険会社は保険金の支払いが不能となる．一般に，保険会社の支払能力のことを**ソルベンシー** (solvency) という言葉で表現し，**支払不能** (insolvent) に陥るリスクを**ソルベンシー・リスク** (solvency risk) という．このリスクを支払不能となる確率：$\overline{F}_S(x) = \mathbb{P}(S > x)$（$S$ の分布の裾確率）で把握することは自然であろう．この確率が高いほど，保険会社は大きなソルベンシー・リ

スクにさらされていることになる．したがって，保険会社はソルベンシー・リスクが低くなるような備金を蓄えておかねばならない．

このようなリスクを見積もるために用いられる概念が「リスク尺度」である．より一般には 3.4 節で議論するが，ここでは，まず Denuit *et al.* [13] らに沿ったリスク尺度の実務的な（アクチュアリアルな）定義を紹介する．

[**定義 3.1**（**Denuit *et al.* [13, Definition 2.2.1]**）]　写像 $\rho : \mathcal{M} \to \mathbb{R} \cup \{\pm\infty\}$ に対して，リスク $S \in \mathcal{M}$ に資金 $\rho(S)$ を追加することによって S が"許容的"となるとき，ρ を**リスク尺度** (risk measure) という．

これは数学的な定義ではない．なぜなら，何が"許容的か"はリスク S を保持する会社の営業方針に依存するからである．

もし $\rho(S) < 0$ であれば，$|\rho(S)|$ の資金を消費してもなお許容できるということを意味する．また $\rho(S) > 0$ であれば，将来の損失 S に備えて $\rho(S)$ の資金を準備せねばならないことを意味するが，このときの会社の資産状況は $\rho(S) - S$ であり，例えば支払不能となる確率

$$\mathbb{P}(\rho(S) - S < 0)$$

が小さければ会社にとって"許容的"であろう．つまり，損失額 S の裾確率

$$\overline{F}_S(\rho(S)) = \mathbb{P}(S > \rho(S))$$

が小さくなるように備金 $\rho(S)$ を準備するのがよいという考え方である．このような観点に立って，実務的にも重要視されているリスク尺度について紹介していこう．

[**定義 3.2**]　確率変数 S が，金融・保険の文脈で資産の損失を表すような場合，その分布 F_S に対する α-分位点

$$F_S^{-1}(\alpha) := \inf\{x \in \mathbb{R} : F_S(x) \geq \alpha\}, \quad \alpha \in (0, 1) \tag{3.1}$$

を S に対する水準 α の**バリュー・アット・リスク** (**Value at Risk**, **VaR**) といい，以下で表す：

$$VaR_\alpha(S) := F_S^{-1}(\alpha).$$

これは，F_S のモーメントの存在の有無に関わらずいつも定義される点で実用上便利である．定義より，

$$\overline{F}_S\big(VaR_\alpha(S)\big) = \mathbb{P}\big(S > VaR_\alpha(S)\big) \leq 1 - \alpha \tag{3.2}$$

であるから，$\alpha \approx 1$ なる α に対して保険会社は $VaR_\alpha(S)$ を準備しておくことで，当該期間において支払不能となる確率を $1 - \alpha \ (\approx 0)$ 以下に抑えることができる．したがって，α を大きくとっておけば，会社にとっては許容的といえ，定義 3.1 の意味のリスク尺度といえるだろう．

[定理 3.3] $\mathbb{E}[S] < \infty$ のとき，次のような $\rho := \rho(S)$ に関する最適化問題を考える：

$$\rho^* = \arg\min_{\rho \in \mathbb{R}} \Big\{ \mathbb{E}\left[(S - \rho)_+ \right] + \epsilon\rho \Big\}, \quad \epsilon \in (0, 1).$$

ただし，$(X)_+ = \max\{X, 0\}$ とする．このとき，

$$\rho^* = VaR_{1-\epsilon}(S).$$

証明 部分積分と定理 1.39, (3) を用いると

$$g(\rho) := \mathbb{E}\left[(S - \rho)_+ \right] + \epsilon\rho = \int_\rho^\infty \overline{F}_S(z)\,\mathrm{d}z + \epsilon\rho$$

となるので，g は微分可能で

$$g'(\rho) = F_S(\rho) - (1 - \epsilon)$$

を得る．分布関数 F_S は単調増加であることに注意して増減表を書けば

$$\rho^* = \inf\{\rho \in \mathbb{R} : F_S(\rho) \geq 1 - \epsilon\}$$

で g は最小値をとることがわかる． ∎

この定理は VaR に次のような解釈を与えるであろう:負債 S に対して,必要資本 $\rho(S)$ を準備したとき,その不足額の期待値 $\mathbb{E}[(S - \rho(S))_+]$ はできるだけ小さくしたい.しかし,$\rho(S)$ を準備するにもコストがかかり,例えばその額を銀行から借り入れるならば,金利 $\epsilon > 0$ に対して利息 $\epsilon\rho(S)$ がつく.そこで,これらの和を最小にする備金を求めると,それが $VaR_{1-\epsilon}(S)$ になる.

このように,VaR は,その解釈のしやすさから負債のリスク尺度として実務的にも使用されている.しかし,α-分位点以降のリスクを完全に無視しており,その評価法として批判も多い.そこで,確率 $1 - \alpha$ の残りの事象に関するリスクも評価する目的で,以下のようなリスク計量もしばしば考察される.

[**定義 3.4**]　確率変数 S に対して,

$$TVaR_\alpha(S) =: \frac{1}{1-\alpha} \int_\alpha^1 VaR_u(S)\,\mathrm{d}u$$

を S に対する水準 α の**テイル・バリュー・アット・リスク** (**Tail Value at Risk, TVaR**) と呼ぶ.

TVaR は $VaR_\alpha(S)$ による 1 点評価だけでなく,α 以上の分位点についての相加平均を計算しており,この意味で**アベレージ・バリュー・アット・リスク** (**Average Value at Risk, AVaR**) などとも呼ばれる.定義より,

$$TVaR_\alpha(S) \geq VaR_\alpha(S)$$

であり,VaR よりもリスクを大きく(保守的に)見積もることになる.したがって,定義 3.1 の意味のリスク尺度といって異論はないであろう.

特に,F_S が連続のとき以下が成り立つ.

[**定理 3.5**]　実数値確率変数 S が連続型のとき,

$$TVaR_\alpha(S) = \mathbb{E}[S \mid S > VaR_\alpha(S)].$$

証明　F_S が連続のとき,$F_S(VaR_\alpha(S)) = \alpha$ となることに注意して $F_S^{-1}(u) = x$ などと変数変換すると,

$$TVaR_\alpha(S) = \frac{1}{1-\alpha} \int_\alpha^1 F_S^{-1}(u)\,\mathrm{d}u$$

$$= \frac{1}{1-F_S(VaR_\alpha(S))} \int_{VaR_\alpha(S)}^\infty xF_S(\mathrm{d}x)$$

$$= \frac{\mathbb{E}\left[S\mathbf{1}_{\{S>VaR_\alpha(S)\}}\right]}{\mathbb{P}(S>VaR_\alpha(S))}$$

$$= \mathbb{E}[S \mid S > VaR_\alpha(S)]. \qquad \blacksquare$$

　この定理は TVaR の直観的な意味を与えてくれるが，分布関数 F_S が連続でないときは $TVaR_\alpha(S)$ と $\mathbb{E}[S \mid S > VaR_\alpha(S)]$ は必ずしも一致しない（後述の注意 3.9 参照）．そこで，これらは区別して定義しておく必要がある．

[**定義 3.6**]　確率変数 S が $\mathbb{E}[S] < \infty$ を満たすとき，

$$CTE_\alpha(S) := \mathbb{E}[S \mid S > VaR_\alpha(S)] \qquad (3.3)$$

のように書いて，S に対する水準 α の**条件付き裾期待値**(**Conditional Tail Expectation**, **CTE**) と呼ぶ．

　TVaR と CTE はしばしば混同されたり，上記とは逆の定義だったりするので，文献にあたるときはどちらを計算しているのかに注意を要する．また，ファイナンスではしばしばこれを期待ショートフォール (expected shortfall) とも呼ぶことがある．これは VaR を超える損失（不足分）に対する補てん額の尺度に CTE を用いるという動機からついた言葉と思われるが，ショートフォール（不足額）という語感から，保険数理では以下のような期待ショートフォールの定義が用いられることもある．TVaR, CTE などの用語との混同をさけるため本書で期待ショートフォールというときには以下の定義を採用する．

[**定義 3.7**]　確率変数 S に対して，

$$ES_\alpha(S) := \mathbb{E}\left[(S - VaR_\alpha(S))_+\right] \qquad (3.4)$$

を S に対する水準 α の**期待ショートフォール** (**expected shortfall**, **ES**) という．

これは VaR からの不足額の期待値であり，それ単独では定義 3.1 の意味の
リスク尺度とはいえないかもしれないが，

$$\rho_{ES_\alpha}(S) = VaR_\alpha(S) + ES_\alpha(S) \tag{3.5}$$

とすれば，VaR の不足分を補ったリスク尺度といえるであろう．

ここで挙げた VaR, TVaR, CTE, ES などはさまざまな資産の損失リスクを
測る指標として実務的にも頻繁に用いられる．3.4 節以降でより一般のリスク
尺度を扱うが，実用的には上記に挙げたものが重要である．

[**定理 3.8**]　確率変数 S と $F_S(VaR_\alpha(S)) \neq 1$ なる $\alpha \in (0,1)$ に対して，

$$TVaR_\alpha(S) = VaR_\alpha(S) + \frac{1}{1-\alpha}ES_\alpha(S) \tag{3.6}$$

$$= CTE_\alpha(S) + \left[\frac{1}{1-\alpha} - \frac{1}{\overline{F}_S(VaR_\alpha(S))}\right]ES_\alpha(S). \tag{3.7}$$

証明　F_S と $VaR_\alpha(S)$ に対して，

$$\gamma := F_S\left(VaR_\alpha(S)\right) \geq \alpha$$

と定めると，

$$\mathbb{P}(S > VaR_\alpha(S)) = 1 - F_S(VaR_\alpha(S)) = 1 - \gamma$$

$$\mathbb{E}\left[S\mathbf{1}_{\{S > VaR_\alpha(S)\}}\right] = \int_{VaR_\alpha(S)}^\infty xF_S(\mathrm{d}x)$$

と書けることに注意する．特に $F_S(x)$ が $x = VaR_\alpha(S)$ において連続であれ
ば $\gamma = \alpha$ である．これと ES_α の定義より，

86 第3章 ソルベンシー・リスク評価

$$
\begin{aligned}
ES_\alpha(S) &= \mathbb{E}\left[(S - VaR_\alpha(S))\, \mathbf{1}_{\{S > VaR_\alpha(S)\}}\right] \\
&= \mathbb{E}\left[S\mathbf{1}_{\{S > VaR_\alpha(S)\}}\right] - VaR_\alpha(S)\mathbb{P}(S > VaR_\alpha(S)) \qquad (3.8) \\
&= \int_{VaR_\alpha(S)}^{\infty} x F_S(\mathrm{d}x) - (1 - \gamma) VaR_\alpha(S) \\
&= \int_{\gamma}^{1} F_S^{-1}(u)\, \mathrm{d}u - (1 - \gamma) VaR_\alpha(S) \\
&= \int_{\alpha}^{1} F_S^{-1}(u)\, \mathrm{d}u - (\gamma - \alpha) VaR_\alpha(S) - (1 - \gamma) VaR_\alpha(S) \\
&= \int_{\alpha}^{1} F_S^{-1}(u)\, \mathrm{d}u - (1 - \alpha) VaR_\alpha(S). \qquad (3.9)
\end{aligned}
$$

両辺を $(1 - \alpha)$ で割って (3.6) を得る. また,

$$
\begin{aligned}
ES_\alpha(S) &= \mathbb{E}[S - VaR_\alpha(S) \,|\, S > VaR_\alpha(S)]\mathbb{P}(S > VaR_\alpha(S)) \\
&= [CTE_\alpha(S) - VaR_\alpha(S)]\,\overline{F}_S(VaR_\alpha(S))
\end{aligned}
$$

となるので

$$
CTE_\alpha(S) = VaR_\alpha(S) + \frac{1}{\overline{F}_S(VaR_\alpha(S))} ES_\alpha(S).
$$

これに (3.6) を使えば (3.7) を得る. ∎

[注意 3.9] 式 (3.7) からも F_S が連続であれば $TVaR_\alpha(S) = CTE_\alpha(S)$ となるが, 一般には (3.2) より $TVaR_\alpha(S) \le CTE_\alpha(S)$ であり, $\mathbb{P}(S = VaR_\alpha(S)) > 0$ となる ($F_S(x)$ が $x = VaR_\alpha(S)$ において不連続になる) 場合には

$$
TVaR_\alpha(S) < CTE_\alpha(S) \qquad (3.10)
$$

である. 結局, 定義 3.1 の意味でのリスク尺度 (3.5) も併せて比較すると,

$$
VaR_\alpha(S) \le \rho_{ES_\alpha}(S) \le TVaR_\alpha(S) \le CTE_\alpha(S)
$$

となり, 本項で挙げた四つのリスク尺度の中では, CTE が最も保守的なリスク尺度である. 3.4 節で述べるが, 実は TVaR は "整合的 (coherent) なリスク尺度" といわれ数学的に好ましいいくつかの性質を満足する. CTE は保守

的だが整合的でない（注意 3.88）.

3.1.2 VaR と TVaR

上に述べたようにリスク尺度のとり方は一通りでなく，後述のように，いわゆる整合的なリスク尺度も無数にありうる．その中でも VaR と TVaR は代表的で実務でもよく用いられるものである．

先述のように，$VaR_\alpha(S)$ はどんなリスク S に対しても必ず存在し，その推定についても，例えば経験分布 $\widehat{F}_n(x)$ を用いれば，

$$\alpha \in ((k-1)/n, k/n] \quad \Rightarrow \quad \widehat{VaR}_\alpha(S) = \widehat{F}_n^{-1}(\alpha) = S_{(k)}$$

のようにデータの順序統計量 $S_{(k)}$ によって容易に推定が可能である．このことから，$TVaR_\alpha(S)$ を推定するには，その定義で $VaR_u(S)$ の部分を推定量で置き換えることにより，もし $\alpha \in ((k-1)/n, k/n]$ ならば，

$$\widehat{TVaR}_\alpha(S) = \frac{1}{1-\alpha} \int_\alpha^1 \widehat{VaR}_u(S) \, du = \frac{1}{1-\alpha} \sum_{i \geq k} S_{(i)}$$

とすればよい．

この VaR と TVaR がわかれば，定理 3.8 によって，CTE も ES も計算可能であり，統計的な推定の際もそうである．また，3.5 節で述べるが，実は数学的によい性質を持つ"整合的"なリスク尺度は適当な条件下で VaR の汎関数として表すことができるという特徴付けもあって，この意味では VaR の推定ができれば，原理的に多くのリスク尺度の推定が可能になる．

3.2 大規模災害に対するクレーム分布

リスク（確率変数）S に対する $VaR_\alpha(S)$ や $TVaR_\alpha(S)$ などの概念を説明したが，保険の文脈でこれらを用いる場合，S として，例えば，一定期間の累積クレーム額などを考えることが多い．このとき，個々のクレーム額を U_i $(i = 1, 2, \ldots)$ とすると，

$$S = \sum_{i=1}^{N} U_i$$

であり，クレーム件数 N も確率変数になる．このような S を**複合リスク** (**compound risk**) といい，その分布を**複合分布** (**compound distribution**) という．3.3 節で見るように，複合分布は，一般には複雑で陽に計算できないことが多く，その分布計算には様々な近似が用いられたりするのだが，このとき問題となるのが個々のクレーム額 U_i の分布の性質である．

個々のクレーム額がそれほど多額でない場合，U_i は高次のモーメントを持つような分布でモデリングされるが，このような分布は"裾の軽い分布"と呼ばれる．一方，多くのクレームは少額な請求だが，ごく希に大事故や大災害によって極端に大きい額の支払いが来ることがある．このようなクレーム分布のモデリングには，しばしば，高次のモーメントを持たない分布が用いられ，このような分布は"裾の重い分布"といわれる分布族である．

裾の重さは，分布の裾関数 $\overline{F}(x) = 1 - F(x)$ の減少の度合いによって分類され，後で見るさまざまなリスク量の漸近的な挙動に大きく影響するので，リスクに対する確率モデルの構築や解析には，クレーム分布の裾の重さを推測しながら慎重に行う必要がある．そこで，具体的なリスク評価法を学ぶ前に"裾の重い分布"の性質を概観しておく．

3.2.1 裾の重い分布

［定義 3.10］ 正値確率変数の分布 F, G に対して，F の方が G より**裾が重い** (**heavy tailed**) とは，

$$\lim_{x \to \infty} \frac{\overline{G}(x)}{\overline{F}(x)} = 0$$

となることである．ただし，$\overline{F}(x) := 1 - F(x)$ は裾関数である．

［注意 3.11］ 分布 F が負の値もとりうるような確率変数 X の分布のとき，$\overline{F}(x)$ は分布の右裾（x が大きいときの確率密度関数の挙動）に当たる．左裾

の重さについては，$-X$ の分布の右裾 $(\mathbb{P}(-X \geq x) = F(-x))$ について上記の定義を当てはめ，

$$\lim_{x \to \infty} \frac{G(-x)}{F(-x)} = 0$$

のとき「F の左裾が重い」と定義すればよい．本書では主にクレーム分布の裾を扱うことが多いので，正値確率変数の定義でも十分である．

[**注意 3.12**]　しばしば，「分散の大きな分布は裾が重い」と誤解されることがあるが，裾の重さは，あくまで裾関数の減少のオーダーで測ることに注意されたい．例えば，分散 μ^2 の指数分布 F と，平均 0，分散 σ^2 の正規分布 G の右裾を比べてみると，

$$\overline{F}(x) = e^{-x/\mu}, \quad \overline{G}(x) = \int_x^\infty \frac{1}{\sqrt{2\pi\sigma^2}} e^{-\frac{y^2}{2\sigma^2}} \, \mathrm{d}y, \quad x > 0$$

であるから，ロピタルの定理を用いると，任意の $\mu, \sigma^2 > 0$ に対して

$$\lim_{x \to \infty} \frac{\overline{G}(x)}{\overline{F}(x)} = \lim_{x \to \infty} \frac{\mu}{\sqrt{2\pi\sigma^2}} e^{-\frac{x^2}{2\sigma^2} + \frac{x}{\mu}} = 0$$

となり，どんなに F の分散 μ^2 が小さく，G の分散が大きかろうと指数分布 F の方が裾が重い．

このように分布の裾の相対的な重さは，裾関数の減少の速さで比較するが，単に "裾の重い分布" という場合には以下のような定義に基づく．

[**定義 3.13**]　正値確率変数の分布 F が，**任意の $r > 0$ に対して**，

$$m_F(r) = \int_0^\infty e^{rz} F(\mathrm{d}z) = \infty, \tag{3.11}$$

すなわち，F の積率母関数が存在しないとき，F を**裾の重い分布** (**heavy tailed distribution**) といい，このような分布族を $\mathcal{H}$ で表す．また，**ある $\lambda > 0$ が存在して**，

$$m_F(\lambda) < \infty \tag{3.12}$$

となるときには，**裾の軽い分布** (**light tailed distribution**) という．

90   第3章　ソルベンシー・リスク評価

　分布の裾の厚さを調べるには，指数分布と比較するのがわかりやすく，以下
の同値条件が裾の重い分布の定義として用いられる文献も多い.

[補題 3.14]　ある正値確率変数の分布 F が裾の重い分布であることの必要十
分条件は，任意の $r > 0$ に対して，

$$\limsup_{x \to \infty} e^{rx} \overline{F}(x) = \infty \tag{3.13}$$

となること，すなわち，どんな指数分布よりも裾が重いことである.

証明　十分性は，$X \sim F$ なる正値確率変数に対して，

$$m_F(r) = \mathbb{E}[e^{rX}] \geq \mathbb{E}\left[e^{rx} \mathbf{1}_{\{X > x\}}\right] = e^{rx} \overline{F}(x)$$

となることから明らかである.
　必要性を背理法で示そう. 今，ある $r_0 > 0$ に対して.

$$\limsup_{x \to \infty} e^{r_0 x} \overline{F}(x) = c < \infty$$

であったと仮定すると，任意の $\epsilon > 0$ に対してある $y_0 > 0$ が存在して，$y > y_0$ なる任意の y に対し

$$0 < \sup_{x > y} e^{r_0 x} \overline{F}(x) \leq c + \epsilon.$$

したがって，$\delta \in (0, r_0)$ を任意にとると，部分積分により

$$\int_0^\infty e^{(r_0 - \delta)z} F(\mathrm{d}z)$$
$$= \left[-e^{(r_0 - \delta)z} \overline{F}(z) \right]_0^\infty + (r_0 - \delta) \int_0^\infty e^{(r_0 - \delta)z} \overline{F}(z) \, \mathrm{d}z$$
$$\leq 1 + (r_0 - \delta) \left[\int_0^y e^{(r_0 - \delta)z} \overline{F}(z) \, \mathrm{d}z + (c + \epsilon) \int_y^\infty e^{-r_0 z} \, \mathrm{d}z \right] < \infty$$

となって，任意の $r > 0$ で $m_F(r) = \infty$ となることに矛盾する. ∎

[問 3.15]　以下の式を裾の重い分布の定義とすることもある.

$$\liminf_{x \to \infty} e^{rx} \overline{F}(x) > 0 \tag{3.14}$$

このことは (3.13) の十分条件であることを示せ.

[注意 3.16]　クレーム分布の裾が重いということは，巨額の保険金請求の確率が "無視できない" ということであり，条件 (3.11) はしばしば**大規模災害の条件**といわれる．これに対し，条件 (3.12) は**小規模災害の条件**といわれる．後述するが，この二つの場合では保険会社のリスク評価は全く異なる．

　以下は "裾の重い" 分布の代表例である．

[例 3.17（Cauchy 分布）]　母数 $\mu \in \mathbb{R}, \sigma > 0$ に対して，確率密度関数 f が

$$f(x) = \frac{1}{\pi\sigma} \frac{1}{1 + \sigma^{-2}(x-\mu)^2} \tag{3.15}$$

で与えられる分布を **Cauchy 分布（Cauchy distribution）**という．特に，$\mu = 0, \sigma = 1$ のとき，**標準 Cauchy 分布**という．$xf(x) = O(x^{-1}), x \to \infty$ から容易にわかるように，$\mathbb{E}[X] = \infty$ となって，Cauchy 分布は平均すら持たない．したがって，裾の重い分布である．

[例 3.18（対数正規分布）]　確率変数 X が $\log X \sim N(\mu, \sigma^2)$ を満たすとき $(\sigma > 0)$，X が従う分布を**対数正規分布（lognormal distribution）**という．この分布関数を F と書くと，

$$\overline{F}(x) = \frac{1}{\sigma} \int_{\log x}^{\infty} \phi\left(\frac{z-\mu}{\sigma}\right) \, \mathrm{d}z. \tag{3.16}$$

ただし，ϕ は標準正規分布の確率密度関数：$\phi(x) = (2\pi)^{-1/2} \exp(-x^2)$，であり確率密度は

$$f(x) = \frac{1}{\sqrt{2\pi}\sigma x} e^{-\frac{(\log x - \mu)^2}{2\sigma^2}}, \quad x > 0$$

となる．このとき，

$$\overline{F}(x) \sim \frac{\sigma}{\sqrt{2\pi} \log x} e^{-\frac{(\log x - \mu)^2}{2\sigma^2}}, \quad x \to \infty \tag{3.17}$$

92　第 3 章　ソルベンシー・リスク評価

に注意すると (3.13) は明らかである.

[**例 3.19（Pareto 分布）**]　母数 $\theta, \alpha > 0$ に対して，分布関数 F が

$$F(x) = 1 - \left(\frac{\theta}{x + \theta}\right)^{\alpha}, \quad x > 0 \tag{3.18}$$

となる確率分布を **Pareto 分布 (Pareto distribution)** という．Pareto 分布は，定義域を $x > b > 0$ と制限して

$$F(x) = 1 - \left(\frac{b}{x}\right)^{\alpha}, \quad x > b$$

としても用いられる.

$$\overline{F}(x) \sim \theta^{\alpha} x^{-\alpha}, \quad x \to \infty$$

であるから (3.13) は明らかである.

[**例 3.20（Weibull 分布）**]　母数 $\theta > 0, \tau \in (0, 1)$ に対して，分布関数 F が

$$F(x) = 1 - e^{-(x/\theta)^{\tau}}, \quad x > 0 \tag{3.19}$$

で表される分布を **Weibull 分布 (Weibull distribution)** という．$\tau = 1$ なら指数分布で $F \notin \mathcal{H}$ であるが，$\tau < 1$ のとき裾が重くなり (3.13) を満たす.

3.2.2　さまざまな裾の重い分布族

分布族 $\mathcal{H}$ の重要な部分族をいくつか紹介し，その性質をまとめておく.

以下，

$$\lim_{x \to \infty} \frac{f(x)}{g(x)} = 1 \tag{3.20}$$

となることを $f(x) \sim g(x) \ (x \to \infty)$ なる記号を用いて表す.

[**定義 3.21**]　正値確率変数の分布 F が，任意の $y > 0$ に対して

$$\overline{F}(x - y) \sim \overline{F}(x), \quad x \to \infty \tag{3.21}$$

となるとき，F を**裾の長い分布** (long tailed distribution) という．このような分布族を $\mathcal{L}$ で表す．

裾の長い分布は，裾関数の変化が遅くどこまでも裾が残っているというようなイメージである．

[定義 3.22] 正値確率変数の分布 F が

$$\overline{F^{*2}}(x) \sim 2\overline{F}(x), \quad x \to \infty \tag{3.22}$$

となるとき，F を**劣指数分布** (subexponential distribution) という．このような分布族を $\mathcal{S}$ で表す．

一般に，正値確率変数の分布 F に対しては

$$\frac{\overline{F^{*2}}(x)}{\overline{F}(x)} = 1 + \int_0^x \frac{\overline{F}(x-y)}{\overline{F}(x)} F(\mathrm{d}y) \tag{3.23}$$

が成り立ち，$\overline{F}$ は単調減少で $\overline{F}(x) \le \overline{F}(x-y)$ であるから，

$$\liminf_{x \to \infty} \frac{\overline{F^{*2}}(x)}{\overline{F}(x)} \ge 2 \tag{3.24}$$

がわかる．したがって，劣指数分布の定義は以下と同値である．

$$\limsup_{x \to \infty} \frac{\overline{F^{*2}}(x)}{\overline{F}(x)} \le 2 \tag{3.25}$$

これらの分布の関係は以下のようになることが知られている．

$$\mathcal{S} \subset \mathcal{L} \subset \mathcal{H} \tag{3.26}$$

したがって，$\mathcal{S}$ や $\mathcal{L}$ はいずれも裾の重い分布である．

一般には $\mathcal{L}$ は分布族としては大きすぎて，詳細な解析が難しいが，$\mathcal{S}$ については様々な解析的性質が知られており，“裾の重い分布” というとしばしば $\mathcal{S}$ に制限される．ここで，$\mathcal{S}$ に関する有用な性質を紹介しておく．

[補題 3.23] $F \in \mathcal{S}$ であることは，任意の自然数 $n \ge 2$ に対して，

$$\overline{F^{*n}}(x) \sim n\overline{F}(x), \quad x \to \infty \tag{3.27}$$

となることと同値である.

証明 $n = 2$ のときが $F \in \mathcal{S}$ の定義であるから，(3.27)の必要性のみ示す．n に関する帰納法で示そう．ある n に対して(3.27)が正しいと仮定して，任意の $x \geq y > 0$ に対して以下のような分解を考える：

$$
\begin{aligned}
\frac{\overline{F^{*(n+1)}}(x)}{\overline{F}(x)} &= 1 + \int_0^x \frac{\overline{F^{*n}}(x-z)}{\overline{F}(x)} \, F(\mathrm{d}z) \\
&= 1 + \int_0^{x-y} \frac{\overline{F^{*n}}(x-z)}{\overline{F}(x-z)} \cdot \frac{\overline{F}(x-z)}{\overline{F}(x)} \, F(\mathrm{d}z) \\
&\quad + \int_{x-y}^x \frac{\overline{F^{*n}}(x-z)}{\overline{F}(x-z)} \cdot \frac{\overline{F}(x-z)}{\overline{F}(x)} \, F(\mathrm{d}z).
\end{aligned}
$$

ここで，(3.26)により $F \in \mathcal{S}$ ならば $F \in \mathcal{L}$ であることに注意すると，帰納法の仮定を使って，十分大きな $y > 0$ に対して，

$$
(\text{第 2 項}) \to n, \quad (\text{第 3 項}) \to 0, \quad (x \to \infty)
$$

となることが示されるが，これらの収束の証明では y のとり方に注意が必要である．詳細は Embrechts *et al.* [19, Lemma 1.3.4] を参照されたい． ∎

この補題の直観的な意味は以下の命題でよくわかるであろう．

[命題 3.24] $X_1, \ldots, X_n$ は同一分布 F に従う IID 確率変数列とし，

$$
S_n := \sum_{i=1}^n X_i, \quad M_n := \max\{X_1, \ldots, X_n\}
$$

と置く．このとき，$F \in \mathcal{S}$ であることは，任意の自然数 n に対して

$$
\mathbb{P}(S_n > x) \sim \mathbb{P}(M_n > x), \quad x \to \infty
$$

となることと同値である．

証明 十分大きな $x > 0$ に対して $F(x) < 1$ より

$$\mathbb{P}(M_n > x) = \overline{F^n}(x) = \overline{F}(x) \sum_{k=0}^{n-1} F^k(x) \sim \overline{F}(x) \cdot n, \quad x \to \infty.$$

また，X_i は IID だから $\mathbb{P}(S_n > x) = \overline{F^{*n}}(x)$ より題意を得る. ∎

　この意味は，確率変数の和 S_n がある程度大きいとき，その分布は最大値 M_n に支配されるということであり，言い換えれば，M_n 以外の変数は和 S_n に寄与しないほど M_n に比べて小さいことを意味する. このことは，$\mathcal{S}$ の分布では非常に希だがとびぬけて大きな値が発生しうることを示唆している.

　$F \in \mathcal{S}$ を定義から確認するのは畳み込みを計算する必要がありしばしば厄介である. そこで $F \in \mathcal{S}$ であるための十分条件をいくつか与えておく. 以下はその準備である.

[定義 3.25] $\mathbb{R}_+$ 上の正値関数 V が**指数 α の正則変動関数** (regulary varying function) であるとは，ある $\alpha \in \mathbb{R}$ が存在して，任意の $t > 0$ に対し，

$$\lim_{x \to \infty} \frac{V(tx)}{V(x)} = t^{\alpha}$$

となることであり，このような関数族を $\mathcal{R}_{\alpha}$ と表す. 特に，$U \in \mathcal{R}_0$ のとき，U を**緩変動関数** (slowly varying function) という. すなわち，

$$\lim_{x \to \infty} \frac{U(tx)}{U(x)} = 1.$$

[注意 3.26] $\mathcal{R}_{\alpha}$ は一般の関数のクラスであって，分布関数の分類ではないことに注意しておく.

[注意 3.27] $V \in \mathcal{R}_{\alpha}$ であれば，ある $U \in \mathcal{R}_0$ が存在して

$$V(x) = x^{\alpha} U(x).$$

実際，もし $V \in \mathcal{R}_{\alpha}$ なら

96 第 3 章 ソルベンシー・リスク評価

$$U(x) := V(x)x^{-\alpha} \in \mathcal{R}_0$$

とすればよい.

[**注意 3.28**] 正則変動関数 V の漸近挙動については，以下が知られている.

$$\lim_{x \to \infty} V(x) = \begin{cases} 0 & (\alpha < 0) \\ \infty & (\alpha > 0) \end{cases}$$

$\alpha = 0$（緩変動関数）の場合は，一般には不定であり振動することもある.

[**例 3.29**] 緩変動関数 u は，その名の印象とは違って"無限の幅"で振動することもあり得る．すなわち，

$$\liminf_{x \to \infty} u(x) = 0 \quad \text{かつ} \quad \limsup_{x \to \infty} u(x) = \infty \tag{3.28}$$

となることがある．例えば，

$$u(x) = \exp\left(u_1(x)\sin u_1(x)\right), \quad u_1(x) = (\log(1+x))^{1/2}$$

は(3.28)のように振動する関数だが緩変動である.

[**例 3.30**] 以下のような関数は $\mathcal{R}_\alpha$ に入る.

$$x^\alpha, \quad x^\alpha \log(1+x), \quad x^\alpha \log\left(\log(e+x)\right).$$

また，緩変動関数 U が与えられたとき，

$$V(x) \sim x^\alpha U(x), \quad x \to \infty$$

ならば $V \in \mathcal{R}_\alpha$ である.

[**定義 3.31**] 分布関数 F に対し，

$$h_F(x) := -\log \overline{F}(x), \quad x < x_F$$

を F の**累積ハザード関数** (cumulative hazard function) という. ただし,
$x_F := \inf\{x \in \mathbb{R} : F(x) = 1\}$ であり, $\inf \emptyset = \infty$ とする. また, F が微分可能で $F'(x) = f(x)$ のとき,

$$r_F(x) = \frac{f(x)}{\overline{F}(x)} \left(= h'_F(x)\right), \quad x < x_F$$

を F の**ハザード関数** (hazard function) という.

[問 3.32]　累積ハザード関数 h_F が $\limsup\limits_{x \to \infty} \dfrac{h_F(x)}{x} = 0$ を満たせば, F は裾の重い分布であることを示せ. ただし, $x_F = \infty$ とする.

　以下の定理は劣指数分布の部分族を定める.

[命題 3.33]　分布関数 F に対して以下が成り立つ.

(i)　$\alpha \geq 0$ に対して, $\overline{F} \in \mathcal{R}_{-\alpha}$ ならば $F \in \mathcal{S}$ である.

(ii)　$\alpha \in (0,1)$ に対して, $h_F \in \mathcal{R}_\alpha$ ならば $F \in \mathcal{S}$ である.

証明　Teugels [58, Corollary 2]. ∎

[命題 3.34]　F, G は $(0, \infty)$ 上の分布とし, $F \in \mathcal{S}$ とする. このとき, ある $c \in (0, \infty)$ に対して

$$\lim_{x \to \infty} \frac{\overline{G}(x)}{\overline{F}(x)} = c$$

ならば, $G \in \mathcal{S}$ である.

証明　Embrechts *et al.* [19, Proposition A.3.15]. ∎

[命題 3.35]　分布関数 F は微分可能で $F'(x) = f(x)$ とする. また, ハザード関数 r_F は, 十分大きな x に対して減少関数で, $r_F(x) \to 0$ $(x \to \infty)$ とする. このとき

(1)　$\displaystyle\int_0^\infty e^{z \cdot r_F(z)} f(z)\,\mathrm{d}z < \infty$ ならば $F \in \mathcal{S}$ である.

98   第 3 章　ソルベンシー・リスク評価

(2)　$F \in \mathcal{S}$ であるための必要十分条件は
$$\lim_{x \to \infty} \int_0^x e^{z \cdot r_F(x)} f(z) \, \mathrm{d}z = 1.$$

証明　Embrechts *et al.* [19, Proposition A.3.16].　∎

[**例 3.36**]　標準 Cauchy 分布に従う確率変数 X を用いて $Y := |X|$ とすると，Y の裾関数 $\overline{F}_Y$ は
$$\overline{F}_Y(x) = \frac{2}{\pi} \int_x^\infty \frac{\mathrm{d}z}{1 + z^2} = 1 - \frac{2}{\pi} \arctan x$$
を考えると，ロピタルの定理を用いて
$$\lim_{x \to \infty} \frac{\overline{F}_Y(tx)}{\overline{F}_Y(x)} = \lim_{x \to \infty} \frac{t(1 + x^2)}{1 + t^2 x^2} = t^{-1}.$$
したがって，$\overline{F}_Y \in \mathcal{R}_{-1}$ となるので命題 3.33, (i) より，Y の分布は劣指数的である．

[**例 3.37**]　対数正規分布 (3.16) では，(3.17) により
$$\overline{G}(x) = \frac{\sigma}{\sqrt{2\pi} \log x} e^{-\frac{(\log x - \mu)^2}{2\sigma^2}}$$
なる分布関数 G を考えると，命題 3.35 の (1) の条件は容易に確かめられる．したがって，分布 G は劣指数分布であり，$\overline{G} \sim \overline{F}$，かつ $G \in \mathcal{S}$ であることから $F \in \mathcal{S}$ が導かれる．

[**例 3.38**]　Pareto 分布 (3.18) は，命題 3.33, (i) を満たすので劣指数分布である．特に，$\alpha > 0$ に対して，命題 3.33, (i) のような裾関数を持つ分布は **Pareto 型** (**Pareto-type**) といわれる．

[**例 3.39**]　Weibull 分布 (3.19) では，
$$h_F(x) = \left(\frac{x}{\theta} \right)^\tau \in \mathcal{R}_\tau.$$

したがって，命題 3.33, (ii) より劣指数分布である．

$\mathcal{S}, \mathcal{L}$ らは裾の重い分布の代表的なクラスであり，対して正規分布などは裾の軽い分布の代表例である．しかし，これらの分布は両極端であり，これらの間をつなぐ中間的な分布族を考えることも応用上は重要である．ここで，そのような**中程度の裾の重さ (medium-tailed)** を持つ分布族を導入しておく．

[定義 3.40] 非負確率変数の分布 F が，ある定数 $\gamma \geq 0$ に対して以下を満たすとき，$F \in \mathcal{L}(\gamma)$ と書く：任意の $y > 0$ に対して，

$$\overline{F}(x - y) \sim e^{\gamma y} \cdot \overline{F}(x), \quad x \to \infty. \tag{3.29}$$

特に，$\gamma = 0$ のときは $F \in \mathcal{L} = \mathcal{L}(0)$ である．

[定義 3.41] 非負確率変数の分布 F が，$F \in \mathcal{L}(\gamma)$，かつ $m_F(\gamma) < \infty$ を満たし，さらに以下が成り立つとき $F \in \mathcal{S}(\gamma)$ と書く：

$$\overline{F^{*2}}(x) \sim 2 m_F(\gamma) \cdot \overline{F}(x), \quad x \to \infty. \tag{3.30}$$

特に，$\gamma = 0$ のときは $F \in \mathcal{S} = \mathcal{S}(0)$ である．

[例 3.42] 密度関数 $f_\lambda(x) = \lambda e^{-\lambda x}$ $(x > 0)$ を持つ指数分布 F_λ は $F_\lambda \in \mathcal{L}(\lambda)$ である．実際，$\overline{F}_\lambda(x) = e^{-\lambda x}$ であるから，任意の $y > 0$ に対して，

$$\lim_{x \to \infty} \frac{\overline{F}_\lambda(x - y)}{\overline{F}_\lambda(x)} = e^{\lambda y}.$$

しかし，

$$\lim_{x \to \infty} \frac{\overline{F_\lambda^{*2}}(x)}{\overline{F}_\lambda(x)} = \infty$$

となるので，どんな $\gamma \geq 0$ に対しても $F_\lambda \notin \mathcal{S}(\gamma)$ である．

[例 3.43] 以下のような密度関数 f を持つ分布 F は $F \in \mathcal{S}(\gamma)$ である：

$$f(x) \sim Cx^{\theta-1}e^{-\gamma x} \ (\theta < 0, \, \gamma > 0), \quad x \to \infty.$$

より具体的な例としては，平均 μ，分散 σ^2 の**逆 Gauss 分布** (**inverse Gaussian distribution**)[1]がある：

$$f(x) = \frac{1}{\sqrt{2\pi\sigma^2}} \left(\frac{\mu}{x}\right)^{3/2} \exp\left(-\frac{(x-\mu)^2}{2\sigma^2} \cdot \frac{\mu}{x}\right).$$

このとき，$\theta = -1/2, \, \gamma = \mu/2\sigma^2$ である．

$\mathcal{L}(\gamma)$ について以下が成り立つ．

[命題 3.44] $F \in \mathcal{L}(\gamma)$ ならば，任意の $\epsilon > 0$ に対して

$$\lim_{x \to \infty} e^{(\gamma-\epsilon)x}\overline{F}(x) = 0, \quad \lim_{x \to \infty} e^{(\gamma+\epsilon)x}\overline{F}(x) = \infty.$$

定義より $\mathcal{S}(\gamma) \subset \mathcal{L}(\gamma)$ であり，上の事実によりこれらの分布族の裾は指数分布 $F_{\gamma-\epsilon}$ より常に軽いが $F_{\gamma+\epsilon}$ よりは常に重く，そのため"中程度の裾"と呼ばれる．

3.2.3 正則変動な裾を持つ分布族について

前項では劣指数分布であることを調べる目的で「正則変動関数」を導入したが，正則変動関数の解析は極値理論において本質的であり，特に分布の裾関数が正則変動のときが重要である．以下では，そのような分布族に特徴的な性質として本書で有用となる事実に絞って紹介する．以下，詳細はしばしば Resnick [46] などの成書からの結果を引用しながらその概略を述べる．

正則変動関数を用いてより具体的な解析をする際に有用なのが，**Karamata の表現定理** (**Karamata's representation theorem**) といわれる以下の定理である．

[定理 3.45] $\alpha \in \mathbb{R}$ に対して $V \in \mathcal{R}_\alpha$ となることの必要十分条件は，ある正値関数 c と関数 ρ で

---

[1] "逆 Gauss" の語源は例 5.47 を参照．

$$\lim_{x \to \infty} c(x) = c > 0; \quad \lim_{x \to \infty} \rho(x) = \alpha$$

となるものが存在して，以下のように書けることである：

$$V(x) = c(x) \exp\left\{ \int_1^x \frac{\rho(t)}{t} \, dt \right\}.$$

証明 例えば Resnick [46, p.17] などを参照されたい．もともとの Karamata's Theorem ([46, Theorem 0.6]) の系として緩変動関数 $U \in \mathcal{R}_0$ の場合の表現定理（上記定理で $\alpha = 0$ とした場合）が得られるので，$V(x) = x^\alpha U(x)$ に対してその表現定理を適用することによって，本定理が得られる． ∎

確率分布の裾関数が正則変動のときには，ある種の条件付き分布の極限に特徴的な形が現れることが知られており，この極限分布が各種近似や統計解析の際の根拠として用いられる．以下にそれを概説する．

なお，本項では裾の重い分布に興味があり，後で裾関数の変動に注目するので，以下特に断らない限り

$$F(x) < 1 \ (x \in \mathbb{R}) \quad \Leftrightarrow \quad \inf\{x \in \mathbb{R} : F(x) = 1\} = \infty$$

と仮定しておく．

[定理 3.46] 確率分布 F が与えられたとき，ある $\kappa > 0$ が存在して

$$\overline{F} \in \mathcal{R}_{-\kappa}$$

となることと以下は同値である：ある正値関数 a が存在して，

$$\lim_{u \to \infty} \frac{\overline{F}(u + xa(u))}{\overline{F}(u)} = \left(1 + \frac{x}{\kappa}\right)^{-\kappa}, \quad x > -\kappa.$$

証明 定理 3.45 を用いると，正値関数 $c(x) \to c > 0$ と，ある負値関数 ρ で $\rho(x) \to -\kappa$ となるものがあって，

$$\overline{F}(x) = c(x) \exp\left\{ \int_1^x \frac{\rho(t)}{t} \, dt \right\}$$

と書ける. そこで $a(t) := -t/\rho(t)$ と置くとこれは正値関数であり,

$$a(t) = t/\kappa + o(1), \quad t \to \infty$$

となることに注意すると,

$$\begin{aligned}
\frac{\overline{F}(u + xa(u))}{\overline{F}(u)} &= \frac{c(u + xa(u))}{c(u)} \exp\left\{-\int_u^{u+xa(u)} \frac{\mathrm{d}t}{a(t)}\right\} \\
&= \frac{c + o(1)}{c + o(1)} \cdot \left[\exp\left\{-\int_u^{u+x \cdot u/\kappa} \frac{\kappa}{t}\,\mathrm{d}t\right\} + o(1)\right], \quad (u \to \infty) \\
&\to \left(1 + \frac{x}{\kappa}\right)^{-\kappa}.
\end{aligned}$$

逆を示すには少し準備がいるので詳細は省くが, 例えば, Resnick [46, Proposition 1.11 と Corollary 1.12] によって直ちに得られる. あるいは, Embrechts *et al.* [19, Theorem 3.4.5] を参照せよ. ∎

[**注意 3.47**] 上記定理では $\kappa > 0$ であるが, $\kappa = 0$ の場合には

$$\lim_{u \to \infty} \frac{\overline{F}(u + xa(u))}{\overline{F}(u)} = e^{-x}$$

となることが証明できる.

定理 3.46 の極限に現れる関数 $(1 + x/\kappa)^{-\kappa}$ に対して, $\kappa = 1/\xi > 0$ として

$$G_\xi(x) = 1 - (1 + \xi x)^{-1/\xi}, \quad 1 + \xi x > 0$$

と置くとこれは Pareto 分布 (3.18) の分布関数である. これをより一般化して, $\sigma > 0$ に対して以下

$$G_{\xi,\sigma}(x) = \begin{cases} 1 - \left(1 + \frac{\xi}{\sigma}x\right)^{-1/\xi} & (\xi \neq 0) \\ 1 - e^{-x/\sigma} & (\xi = 0) \end{cases}, \quad x \in D(\xi, \sigma) \tag{3.31}$$

ただし,

$$D(\xi, \sigma) = \begin{cases} [0, \infty) & (\xi \geq 0) \\ [0, -\sigma/\xi] & (\xi < 0) \end{cases}$$

のような分布関数を考えることができるが，これに対応する分布 $G_{\xi,\sigma}$ は**一般化 Pareto 分布 (The generalized Pareto distribution)** と呼ばれる．ここで，$X \sim F$ とすると，

$$\frac{\overline{F}(u + xa(u))}{\overline{F}(u)} = \mathbb{P}\left(X - u > xa(u) \mid X > u\right), \quad x > 0$$

なる条件付き確率である．そこで，

$$F(x \mid u) := \mathbb{P}(X - u \leq x \mid X > u)$$

なる記号を用いて $X > u$ のときの超過分 $X - u$ の分布関数を定義しておく．このとき，$\overline{F} \in \mathcal{R}_{-\kappa}$ の下で，定理 3.46 の証明と全く同様にして，

$$\lim_{u \to \infty} \left| F(x \mid u) - G_{\xi,a(u)}(x) \right| = 0 \tag{3.32}$$

となることがわかる．

さらに，定理 3.46 は以下のように拡張できる．

[**定理 3.48（Pickands-Balkema-de Haan）**]　確率分布 F が与えられたとき，ある $\kappa > 0$ が存在して $\overline{F} \in \mathcal{R}_{-\kappa}$ となるための必要十分条件は，ある正値関数 a で $a(u) \to \infty$ $(u \to \infty)$ となるものが存在して，

$$\lim_{u \to \infty} \sup_{0 < x < \infty} |F(x \mid u) - G_{\xi,a(u)}(x)| = 0 \tag{3.33}$$

となることである．ただし，$\xi = 1/\kappa > 0$ である．

[**注意 3.49**]　上記定理は $\overline{F} \in \mathcal{R}_{-\kappa}$ という本書で必要な範囲に制限しているが，一般にはもっと広い分布族に対して類似の主張が成り立つ．任意の分布 F からのデータ $(X_i)_{i=1,\dots,n}$ に対して，$\max\{X_1, \dots, X_n\}$ の漸近分布を 3 種類に分類することができる[2]．その 3 種類それぞれに対して ξ の値が決まり，

---

[2]　Fisher-Tippett の定理．例えば，Embrechts *et al.* [19, Theorem 3.2.3] を参照．

(3.33)が成り立つ. 詳細は Resnick [46] や Embrechts *et al.* [19] などの成書を参照されたい.

証明 sup が無い場合に $\overline{F} \in \mathcal{R}_{-\kappa}$ と

$$\lim_{u \to \infty} |F(xa(u) \,|\, u) - G_{\xi, 1}(x)| = 0 \tag{3.34}$$

の同値性を定理 3.46 で示しているので, 十分性は明らかである.

必要性の証明には以下の補題を用いる[3].

[補題 3.50] 分布関数の列 $F, \{F_u\}_{u>0}$ に対して, F は連続とする. $u \to \infty$ とするとき, 部分集合 $A \subset \mathbb{R}$ に対して, 以下の (a), (b) は同値である.
(a) $\displaystyle\sup_{x \in A} |F_u(x) - F(x)| \to 0$.
(b) 点列 $\{x_u\} \subset A$ で $x_u \to x_0$ となる任意の点列に対して, $F_u(x_u) \to F(x_0)$.

$\overline{F} \in \mathcal{R}_{-\kappa}$ のとき, (3.32)が成り立つので, 任意の正値点列 $x_u \to x_0 \geq 0$ に対して,

$$\lim_{u \to \infty} |F(x_u \,|\, u) - G_{\xi, a(u)}(x_u)| = 0 \tag{3.35}$$

を示せばよい. 今, $x_u > x_0$ として示すが, 逆も同様である.

まず, 関数 $G_{\xi, \sigma}$ の連続性と $a(u) \to \infty$ であることに注意してパラメータ σ の入り方を考えれば, 任意の $\epsilon > 0$ に対して十分大きな $u_0 > 0$ とある $\eta > 0$ が存在して,

$$|x_u - x_0| < \eta, \quad \sup_{u \geq u_0} |G_{\xi, a(u)}(x_0 + \eta) - G_{\xi, a(u)}(x_0)| < \epsilon$$

とできる. したがって, $G_{\xi, \sigma}$ の単調性から

---

[3] 証明は, 例えば Resnick [46, Section 0.1] を見よ.

$$\sup_{u \geq u_0} |G_{\xi,a(u)}(x_0 + \eta) - G_{\xi,a(u)}(x_u)| < \epsilon, \tag{3.36}$$

$$\sup_{u \geq u_0} |G_{\xi,a(u)}(x_u) - G_{\xi,a(u)}(x_0)| < \epsilon. \tag{3.37}$$

ここで，定理 3.46（また，(3.32) も参照）より各点 x で $|F(x \,|\, u) - G_{\xi,a(u)}(x)| \to 0$ であったので，$u \geq u_0$ に対して（必要ならさらに u_0 を大きくとっておいて），

$$|F(x_0 + \eta \,|\, u) - G_{\xi,a(u)}(x_0 + \eta)| \vee |F(x_0 \,|\, u) - G_{\xi,a(u)}(x_0)| < \epsilon$$

とできる．今，$F(\cdot \,|\, u)$ は非減少であるから，任意の $u \geq u_0$ に対して

$$F(x_u \,|\, u) \leq F(x_0 + \eta \,|\, u) \leq G_{\xi,a(u)}(x_0 + \eta) + \epsilon \leq G_{\xi,a(u)}(x_u) + 2\epsilon. \tag{3.38}$$

最後の不等式は (3.36) を使った．一方，$x_u > x_0$ と仮定していたので $F(\cdot \,|\, u)$ の非減少性から

$$F(x_u \,|\, u) \geq F(x_0 \,|\, u) \geq G_{\xi,a(u)}(x_0) - \epsilon \geq G_{\xi,a(u)}(x_u) - 2\epsilon \tag{3.39}$$

(3.38)，(3.39) により，$u \geq u_0$ に対して

$$|F(x_u \,|\, u) - G_{\xi,a(u)}(x_u)| \leq 2\epsilon$$

となり (3.35) が示された．これで証明が終わった． ∎

最後に条件付き分布 $F(\cdot \,|\, u)$ による期待値に関する次の補題を挙げておく．

[補題 3.51] $\xi < 1$, $\sigma > 0$ に対して，確率変数 X の分布が $G_{\xi,\sigma}$ に従うとき，

$$e(u) := \mathbb{E}[X - u \,|\, X > u] = \frac{\sigma + \xi u}{1 - \xi}, \quad \sigma + u\xi > 0, \ u > 0.$$

この $e(u)$ を**平均超過関数** (mean excess function) という．

[問 3.52] 補題 3.51 を証明せよ．

3.2.4 裾の重さの視覚的判別法 (QQ-plot)

　理論的に分布関数や確率密度関数が与えられれば，その裾が軽いか重いかの判定はある程度可能であるが，実際にデータが与えられたとき，そのデータにどのような裾の分布を適用するかが問題である．例えば，そのデータが裾の重い分布に従っていると思えば，Pareto 分布のようなパラメトリックモデルを仮定してパラメータを推定するという選択があるだろうし，2 組のデータが与えられたなら「裾の軽い方がリスクが小さい」というような判断も可能であろう．このように裾の重さを知ることは，データ解析の第一歩でもある．

　一般に，二つの分布が与えられたときそれらが同じ分布か，あるいは同一のクラスの分布かを視覚的に知るために，最も標準的に用いられる統計的手法が **分位点-プロット (QQ-plot)** と呼ばれる手法である．

　まずは"分位点"の定義を与える．

[**定義 3.53**]　分布 F の分布関数 $F(x)$ に対し，

$$F^{-1}(y) := \inf\{x \in \mathbb{R} : F(x) \geq y\}, \quad y \in (0,1) \tag{3.40}$$

を分布 F の **y-分位点 (quantile)** という．

　F が連続，かつ狭義単調増加な関数であれば $F\left(F^{-1}(y)\right) = y$ となり，F^{-1} は通常の逆関数になる．この意味で F^{-1} は F の **一般化逆関数 (generalized inverse)** ともいわれる．わざわざ inf を用いて F^{-1} を定義するのは，離散分布の分布関数のように区分的に定数であったり，ある点でジャンプ（飛躍）があったりするので，F が 1 対 1 の関数になるとは限らず，通常の意味の逆関数が必ずしも存在しないからである（図 3.1 参照）．

　今，n 個のデータ $X_1, X_2, \ldots, X_n$ に対して，それらを小さい順にならべた **順序統計量 (order statistics)**

$$X_{(1)}, X_{(2)}, \ldots, X_{(n-1)}, X_{(n)}$$

を考える．ここに，$X_{(k)}$ はデータの中で k 番目に小さい値を表す．このデータが分布 F に従うかどうかを検証したいとする．以後，簡単のために，$X_{(i)} \neq X_{(j)}$ $a.s.$ $(i \neq j)$ としておく．

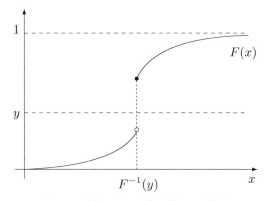

図 3.1 飛躍のある分布関数と y-分位点

データの分布関数を以下の**経験分布関数** (empirical distribution function) によって推定したとしよう.

$$\widehat{F}_n(x) = \frac{1}{n}\sum_{k=1}^{n} \mathbf{1}_{\{X_k \le x\}} = \sup\{k \in \mathbb{N} : X_{(k)} \le x\} \times \frac{1}{n}$$

(この推定量の性質については後述の例 4.10 や 4.3.2 項を参照). このとき, "十分小さい"任意の $\epsilon > 0$ に対して

$$\widehat{F}_n\left(X_{(k)} - \epsilon\right) = \frac{k-1}{n}, \quad \widehat{F}_n\left(X_{(k)}\right) = \frac{k}{n}, \quad k = 1, \ldots, n$$

となっていることに注意しておく. このとき, xy-平面上に $n-1$ 個の点

$$Q_k := \left(F^{-1}\left(\frac{k}{n}\right), \widehat{F}_n^{-1}\left(\frac{k}{n}\right)\right), \quad k = 1, \ldots, n-1 \qquad (3.41)$$

をプロットしたものを**分位点-プロット** (quantile-plot, **QQ-plot**) という. また,

$$\widehat{F}_n^{-1}\left(\frac{k}{n}\right) = X_{(k)}, \quad k = 1, \ldots, n$$

であり, これを特に **k/n-標本分位点** (sample quantile) ともいう. (3.41) において $k = n$ の点 Q_n を含めないのは, 場合によっては $F^{-1}(1) = \infty$ となってしまうからである. このため, データを無駄にしないために

$$Q'_k := \left(F^{-1}\left(\frac{k}{n+1} \right), X_{(k)} \right) \qquad k = 1, \ldots, n$$

をプロットすることが多い.

QQ-plot を解釈するには以下の事実に注意しておくとよい.

[補題 3.54] G, H を $\mathbb{R}$ 上の連続,かつ狭義単調増加な分布関数とする.位置母数 μ と尺度母数 σ によって

$$G(x) = H\left(\frac{x-\mu}{\sigma} \right)$$

が成り立つならば,$Q_k := \left(H^{-1}(k/n), G^{-1}(k/n) \right)$, $k = 1, \ldots, n-1$ は直線 $y = \sigma x + \mu$ 上の点である.

証明 $x_k \in \mathbb{R}$ を $H\left((x_k - \mu)/\sigma \right) = G(x_k) = k/n$ を満たす点とすると,

$$x_k = G^{-1}\left(\frac{k}{n} \right) = \sigma H^{-1}\left(\frac{k}{n} \right) + \mu$$

となることから明らかである. ∎

もし,データ X_i の分布 F が連続型で,ある分布 G(参照分布という)を用いて $F(x) = G((x-\mu)/\sigma)$ と書けるとすると,サンプル数 n が大きいとき $\widehat{F}_n \approx F$ となるはずだから,補題 3.54 によって $\{Q_k\}_{k=1,\ldots,n}$ は直線 $y = \sigma x + \mu$ の近くに分布するはずである.

特に,データが正規分布に従うかどうかを調べたいとき(正規性の検定),実用上は QQ-plot によって視覚的に判断してしまうことも多い.この場合は,参照分布 G を標準正規分布 $N(0,1)$ にとって $\{Q_k\}_{k=1,\ldots,n}$ をプロットする(**Normal QQ-plot** という).このとき $\{Q_k\}$ が $y = \sigma x + \mu$ の直線付近に分布すれば,補題 3.54 により,データはおおよそ $N(\mu, \sigma^2)$ に従っていると判断できる(図 3.2 参照).

QQ-plot は様々な統計ソフトウェアに実装されており,データさえあれば容易に利用可能である.例えば,フリーの統計ソフト「R」[4]を用いると,デー

---

[4] 詳細は CRAN の HP を参照:http://cran.r-project.org/

3.2 大規模災害に対するクレーム分布   109

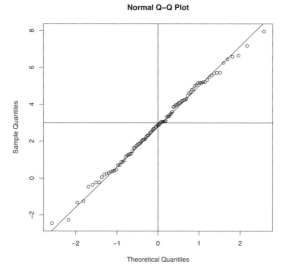

図 3.2 $N(3, 2^2)$ からの 100 個の正規乱数の Normal QQ-plot. 横軸に分位点の理論値, 縦軸に標本分位点をとると, おおよそ直線 $y = 2x + 3$ 付近に点が分布していることが確認できる.

タベクトル x に対して, qqnorm(x) とすれば QQ-plot を自動作成してくれ, qqline(x) によって, データの 1/4-分位点と 3/4-分位点を結ぶ直線を描いてくれる. 図 3.2 もそのようにして描いている.

さて, この QQ-plot を用いて視覚的に分布の裾の重さの比較が可能である. 一般の場合も考えるため, X_i は負の値もとるものとしよう. 参照分布を G とし, 分布 F を $F(x) = G((x - \mu)/\sigma)$ を満たすものとする. もしデータ X_i が分布 F に従うなら, 前述のように(3.41)は直線 $y = \sigma x + \mu$ 付近に分布するが, 例えばデータ X_i の経験分布 $\widehat{F}_n$ の両裾が F よりも重く図 3.3 のような関係になっているとすると, $x > 0$ の部分では $F^{-1}(k/n) < X_{(k)}$ となるが, 左裾 ($x < 0$) の部分では $X_{(k)} < F^{-1}(k/n)$ である. したがって, (3.41)をプロットすると, $x < 0$ の左端では直線 $y = \sigma x + \mu$ より下側に分布し, $x > 0$ の右端では上側に分布するようになる (図 3.4 参照). 裾が軽い場合は, 上記の不等号が逆になり, 上下への振れ方も逆転することに注意されたい.

[**注意 3.55**] 図 3.4 のように, データの両裾が重いとき, 左端で直線の下側,

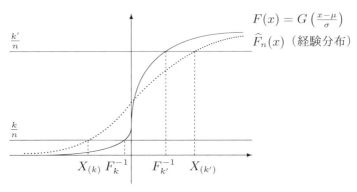

図 3.3 $\widehat{F}_n$ の両裾が F より重い場合の分位点の位置関係. 図中の記号は $F_k^{-1} := F^{-1}(k/n)$ の意.

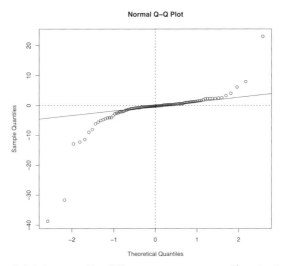

図 3.4 Cauchy 分布からの 100 個の乱数の Normal QQ-plot. 端のデータは直線から大きく上下に外れ，データの分布の両裾の重さがうかがえる.

右端で直線の上側に振れるのは，**標本分位点を縦軸にプロットしているから**である．軸を入れ替えると，振れ方も逆になるので，QQ-plot を見るときには縦横の軸が何を示しているのかに注意が必要である．

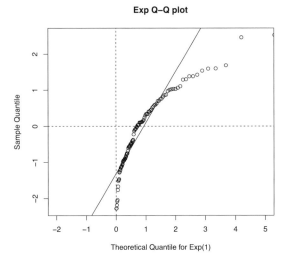

図 3.5 平均 1 の指数分布の分位点を横軸にとった標準正規分布からの 100 サンプルの QQ-plot.

3.3 複合分布に対するリスク評価

リスク理論で扱うリスクの多くは累積クレームのような複合分布に従うリスクである．本節ではそのようなリスクを，前述のリスク指標に基づいて評価することを考えよう．ここでは，リスク理論で最も基本的で，後のダイナミックモデルでも重要になる複合幾何分布に従うリスク評価について考察しよう．

以下しばらくは，以下のような複合幾何的な集合的リスクモデルを考える：

$$S = \sum_{i=1}^{N} U_i. \tag{3.42}$$

ただし，N が母数 $p \in (0,1)$ の幾何分布

$$N \sim Ge(p) \quad \Leftrightarrow \quad \mathbb{P}(N=k) = (1-p)\,p^k, \quad k=0,1,2,\ldots$$

に従うと仮定し，正値確率変数 U_i(IID) の分布を F_U，その積率母関数を m_U と書く．また，$\sum_{i=1}^{0} \equiv 0$ とする．

112　第 3 章　ソルベンシー・リスク評価

3.3.1　小規模災害の下でのリスク評価

[**定理 3.56**]　集合的リスクモデル (3.42) において，以下を満たす $\gamma > 0$ が存在すると仮定する.

$$m_U(\gamma) = \frac{1}{p}. \tag{3.43}$$

このとき，

$$c_- e^{-\gamma x} \leq \overline{F}_S(x) \leq c_+ e^{-\gamma x}, \quad x \geq 0$$

が成り立つ. ただし，$c_\pm$ は $G(x) := \frac{e^{\gamma x} \overline{F}_U(x)}{\int_x^\infty e^{\gamma y} F_U(\mathrm{d}y)}$ に対して，

$$c_- = \inf_{x \in [0, x_F)} G(x), \quad c_+ = \sup_{x \in [0, x_F)} G(x)$$

で定義され，$x_F := \sup\{x \in \mathbb{R} : F_U(x) < 1\}$ である.

証明　F_S は複合幾何分布であるから (2.16) により

$$F_S = \sum_{k=0}^\infty (1-p) p^k F_U^{*k}$$

となり，A.2 節の注意のようにこれはある不完全再生方程式の一意解である. この解は，任意の初期分布 F_0 を用いて次のように構成してもよい:

$$F_S(x) = \lim_{n \to \infty} F_n(x).$$

ただし，

$$F_n(x) = (1-p) \Delta_0(x) + p F_U * F_{n-1}(x), \quad n = 1, 2, \ldots \tag{3.44}$$

である. 実際，(3.44) を何度も使えば

$$F_n(x) = \sum_{k=0}^{n-1} (1-p) p^k F_U^{*k} + p^n F_U^{*n} * F_0(x)$$

であり，$|F_U^{*n} * F_0(x)| \leq 1$, $p \in (0, 1)$ であることから，最後の項は $n \to \infty$ の

とき 0 に収束する. この F_0 は任意でよいので, $F_1(x) \geq F_0(x)$ となるように
とっておけば,

$$F_{n+1}(x) \geq F_n(x) \quad \Rightarrow \quad \overline{F}_S(x) \leq \overline{F}_0(x)$$

と $\overline{F}_S$ を上から押さえることができる. そこで, 適当な定数 $c > 0$ をとって

$$F_0(x) = 1 - ce^{-\gamma x}, \quad x \geq 0$$

なる分布関数を考えて (3.44) を用いると,

$$F_1(x) = (1-p)\Delta_0(x) + p\left[F_U(x) - ce^{-\gamma x}\int_0^x e^{\gamma y}\, F_U(\mathrm{d}y)\right].$$

ここで, 定数 c は $F_1(x) \geq F_0(x)$ となるように選びたいので,

$$e^{\gamma x}F_1(x) \geq e^{\gamma x}F_0(x) \quad \Leftrightarrow \quad c\left[1 - p\int_0^x e^{\gamma y}\, F_U(\mathrm{d}y)\right] \geq pe^{\gamma x}\overline{F}_U(x).$$
$$\tag{3.45}$$

ここで, $pm_U(\gamma) = 1$ の条件を使うと,

$$1 = pm_U(\gamma) = p\left[\int_0^x e^{\gamma y}\, F_U(\mathrm{d}y) + \int_x^\infty e^{\gamma y}\, F_U(\mathrm{d}y)\right].$$

これを (3.45) に用いれば,

$$c \geq G(x)$$

を得る. 定数 c は任意の $x \geq 0$ に対して上の不等式を満たせばよいので, そ
のような定数の中で最小のものをとれば

$$c = c_+ = \sup_{x\in[0,x_F)} G(x).$$

c_- も同様の議論で導出できる. ∎

[問 3.57] 定理 3.56 に関して, 以下の問に答えよ.

(1) 上記証明と同様の議論で c_- を導出せよ.

(2) $c_- \leq c_+ \leq 1$ を示せ.

114　第 3 章　ソルベンシー・リスク評価

[**例 3.58**]　定理 3.56 において U_i が連続型とすると，$\overline{F}_S\big(VaR_\alpha(S)\big) = 1 - \alpha$ で

$$c_- \leq (1 - \alpha)e^{\gamma VaR_\alpha(S)} \leq c_+.$$

したがって，

$$\frac{1}{\gamma} \log \frac{c_-}{1 - \alpha} \leq VaR_\alpha(S) \leq \frac{1}{\gamma} \log \frac{c_+}{1 - \alpha}.$$

この両辺を α に関して $[\alpha, 1]$ で積分して $(1 - \alpha)$ で割ることにより，

$$\frac{1}{\gamma} \left(\log \frac{c_-}{1 - \alpha} + 1 \right) \leq TVaR_\alpha(S) \leq \frac{1}{\gamma} \left(\log \frac{c_+}{1 - \alpha} + 1 \right)$$

を得る．特に U_i が平均 $\mu > 0$ の指数分布のとき：$F_U(x) = 1 - e^{-x/\mu}$,

$$\gamma = \frac{1 - p}{\mu}, \quad c_- = c_+ = p$$

となり，

$$\overline{F}_S(x) = pe^{-x(1-p)/\mu}$$

となる．したがって，VaR や TVaR は以下のように陽に求まる．

$$VaR_\alpha(S) = \frac{\mu}{1 - p} \log \frac{p}{1 - \alpha}; \quad TVaR_\alpha(S) = \frac{\mu}{1 - p} \left(\log \frac{p}{1 - \alpha} + 1 \right).$$

　この例のようにモデルの $VaR_\alpha(S)$ や $TVaR_\alpha(S)$ が陽に求まればよいが，(2.13) で見たように S の分布関数は一般に閉じた表現を持たないので，これらを直接計算することはほとんどの場合難しい．そこで，何らかの意味で F_S を近似してリスク評価するというアプローチを考えよう．

　実務上，準備金 x を十分大きく用意できるとすれば複合分布の裾 $\overline{F}_S(x)$ の $x \to \infty$ における漸近挙動に興味を持つであろう．これに関して，以下に述べる **Lundberg 近似 (Lundberg approximation)** といわれる評価法があり，S のリスク評価にしばしば有用である．

[**定理 3.59**]　定理 3.56 において，ある $\epsilon > 0$ に対して $m_U(\gamma + \epsilon) < \infty$ と仮定する．ただし，$\gamma > 0$ は (3.43) で定まる定数とする．このとき，

$$\overline{F}_S(x) \sim \frac{1-p}{\gamma p \cdot m_U'(\gamma)} e^{-\gamma x}, \quad x \to \infty. \tag{3.46}$$

証明 S が定理 3.56 のような複合幾何分布に従うとき，F_S は再生方程式 (2.19) を満たすことから，

$$\overline{F}_S(x) = p\overline{F}_U(x) + p \int_0^x \overline{F}_S(x-y) \, F_U(\mathrm{d}y), \quad x \geq 0.$$

この両辺に $e^{\gamma x}$ を掛けて，$Z(x) = e^{\gamma x}\overline{F}_S(x)$ と置くと，各 $x \geq 0$ に対して，

$$Z(x) = pe^{\gamma x}\overline{F}_U(x) + p \int_0^x Z(x-y) \, e^{\gamma y} F_U(\mathrm{d}y).$$

そこで，$H(x) := pe^{\gamma x}\overline{F}_U(x)$, $G(x) := p \int_0^x e^{\gamma y} F_U(\mathrm{d}y)$ と置くと，Z は再生方程式 $Z = H + Z * G$ を満たし，補題 A.28 より H は直接 Riemann 可積分である．また，仮定より $m_U(t) = \mathbb{E}[e^{tU_1}]$ は $t = \gamma$ において積分記号下で微分ができて（定理 1.44, (3)）

$$\mu := \int_0^\infty xG(\mathrm{d}x) = p \int_0^\infty xe^{\gamma x} F_U(\mathrm{d}x) = pm_U'(\gamma).$$

したがって，Key Renewal Theorem（定理 A.29）により，

$$\begin{aligned}
Z(x) = e^{\gamma x}\overline{F}_S(x) &\sim \frac{1}{\mu} \int_0^\infty H(z) \, \mathrm{d}z, \quad x \to \infty \\
&= \frac{1}{m_U'(\gamma)} \int_0^\infty e^{\gamma z}\overline{F}_U(z) \, \mathrm{d}z \\
&= \frac{1}{m_U'(\gamma)} \int_0^\infty e^{\gamma z} \left(\int_z^\infty F_U(\mathrm{d}y) \right) \mathrm{d}z \\
&= \frac{1}{m_U'(\gamma)} \int_0^\infty \frac{e^{\gamma y} - 1}{\gamma} F_U(\mathrm{d}y) \\
&= \frac{1}{\gamma \cdot m_U'(\gamma)} \left[m_U(\gamma) - 1 \right] \\
&= \frac{1-p}{\gamma p \cdot m_U'(\gamma)}
\end{aligned}$$

となって，結論を得る．最後の等号は γ の定義式：$m_U(\gamma) = 1/p$ を使った． ∎

[注意 3.60] (3.43) で定まる $\gamma > 0$ は**調整係数** (**adjustment coefficient**)

と呼ばれる．この意味は，任意の $\epsilon > 0$ に対して，

$$\lim_{x \to \infty} e^{(\gamma - \epsilon)x} \overline{F}_S(x) = 0, \quad \lim_{x \to \infty} e^{(\gamma + \epsilon)x} \overline{F}_S(x) = \infty$$

のように，$\overline{F}_S$ の漸近近似のオーダーを調整すると $e^{-\gamma x}$ になるからである．

[注意 3.61] $U_i > 0$ a.s. であるから，$m_U(t) = \mathbb{E}[e^{tU_1}]$ $(t > 0)$ は t について単調増加で，

$$\frac{1}{p} < m_U(t_0) < \infty$$

となるような $t_0 > 0$ が存在すれば，$\gamma \in (0, t_0)$ が存在する（問 3.62）．調整係数 γ の存在は，いわゆる「小規模災害の条件」（注意 3.16 参照）に相当する．

[問 3.62] 正値確率変数 U について，ある t_0 で $m_U(t_0) < \infty$ とする．
(1) 関数 m_U は，$[0, t_0]$ 上連続であることを示せ．
(2) ある $p \in (0, 1)$ で $p^{-1} < m_U(t_0)$ となるとき，$m_U(\gamma) = p^{-1}$ を満たす $\gamma \in (0, t_0)$ が一意に存在することを示せ．

[例 3.63] 定理 3.59 を用いて，複合幾何分布に従うリスク S のリスク計量の近似を与えることができる．簡単のためにクレーム分布は連続型であるとし，任意の $x > 0$ に対して $\mathbb{P}(U_1 > x) > 0$ としておく．このとき，

$$\lim_{\alpha \to 1} F_S^{-1}(\alpha) = \infty$$

となることに注意する．さて，

$$VaR_\alpha(S) = F_S^{-1}(\alpha)$$

を考えるとき，応用上用いられる水準 α は $\alpha = 0.99,\, 0.999$ といった 1 に近い値であることが多いので，定理 3.59 より，

$$\alpha = F_S\left(VaR_\alpha(S)\right) \sim 1 - \frac{1-p}{\gamma p \cdot m_U'(\gamma)} e^{-\gamma VaR_\alpha(S)}, \quad \alpha \to 1$$

と近似できる．したがって，

$$VaR_\alpha(S) \sim -\frac{1}{\gamma} \log\left[\frac{1-\alpha}{1-p}\gamma p \cdot m_U'(\gamma)\right], \quad \alpha \to 1$$

と近似できる．また，$TVaR_\alpha(S)$ については，$\rho_\alpha := VaR_\alpha(S)$ と置くと，

$$\begin{aligned}
TVaR_\alpha(S) &= \frac{1}{1-\alpha}\int_\alpha^1 F_S^{-1}(z)\,\mathrm{d}z \\
&= \frac{1}{1-\alpha}\int_{\rho_\alpha}^\infty (z-\rho_\alpha+\rho_\alpha)\,F_S(\mathrm{d}z) \\
&= \rho_\alpha + \frac{\int_{\rho_\alpha}^\infty \overline{F}_S(z)\,\mathrm{d}z}{\overline{F}_S(\rho_\alpha)}.
\end{aligned}$$

最後の等号は部分積分による．ここで定理 3.59 を使って，$\alpha \to 1$ のとき

$$TVaR_\alpha(S) \sim \rho_\alpha + \frac{\int_{\rho_\alpha}^\infty e^{-\gamma z}\,\mathrm{d}z}{e^{-\gamma\rho_\alpha}} = \rho_\alpha + \frac{1}{\gamma}$$

と近似できる．また，定理 3.8，(3.6)から

$$ES_\alpha(S) \sim \frac{1-\alpha}{\gamma}, \quad \alpha \to 1$$

となる．

3.3.2　大規模災害の下でのリスク評価

　集合的リスクモデル (3.42) において，そのクレーム分布 F_U の積率母関数が存在しないような裾の重い分布の場合（大規模災害の条件），定理 3.56 は適用できない．しかし，F_U が劣指数分布のような具体的なクラスに属する場合には，また違った形の漸近評価が得られる．ここでは裾の重いクレームを持つ場合のリスクモデル (3.42) に対する VaR や TVaR の評価について考察する．

[**定理 3.64**]　集合的リスクモデル (3.42) において $F_U \in \mathcal{S}$ とする．このとき，

$$\overline{F}_S(x) \sim \frac{p}{1-p}\overline{F}_U(x), \quad x \to \infty.$$

証明　(2.16)で述べた複合幾何分布の級数表現：

$$F_S(x) = \sum_{k=0}^{\infty} (1-p)p^k F_U^{*k}(x), \quad x \in \mathbb{R}$$

に注意すると，$F_U(x) \neq 1$ なる x に対して

$$\frac{\overline{F}_S(x)}{\overline{F}_U(x)} = \sum_{n=0}^{\infty} (1-p)p^n \frac{\overline{F_U^{*n}}(x)}{\overline{F}_U(x)},$$

ここで，以下を示すことができる（問 3.65）：ある定数 $K > 0$ と $\epsilon > 0$ で $p(1+\epsilon) < 1$ となるものが存在して，$x \geq 0$ について一様に

$$\frac{\overline{F_U^{*n}}(x)}{\overline{F}_U(x)} \leq K(1+\epsilon)^n. \tag{3.47}$$

これにより無限和 $\sum_{n=0}^{\infty}$ と極限 $x \to \infty$ の交換ができ，補題 3.23 を用いると，

$$\lim_{x \to \infty} \frac{\overline{F}_S(x)}{\overline{F}_U(x)} = \sum_{n=0}^{\infty} (1-p)p^n \lim_{x \to \infty} \frac{\overline{F_U^{*n}}(x)}{\overline{F}_U(x)}$$

$$= \sum_{n=0}^{\infty} (1-p)p^n \cdot n = \frac{p}{1-p}$$

となって題意を得る． ∎

[**問 3.65**] 不等式(3.47)を以下の手順で示せ．

(1) 以下の等式が成り立つ．

$$\frac{\overline{F_U^{*(n+1)}}(x)}{\overline{F}_U(x)} = 1 + \frac{F_U(x) - F_U^{*(n+1)}(x)}{\overline{F}_U(x)} = 1 + \int_0^x \frac{\overline{F_U^{*n}}(x-y)}{\overline{F}_U(x)} F_U(\mathrm{d}y)$$

(2) $a_n = \sup_{x \geq 0} \frac{\overline{F_U^{*n}}(x)}{\overline{F}_U(x)}$ と置くとき，任意の $T > 0$ に対して

$$a_{n+1} \leq 1 + \sup_{0 \leq x \leq T} \int_0^x \frac{\overline{F_U^{*n}}(x-y)}{\overline{F}_U(x)} F_U(\mathrm{d}y)$$

$$+ \sup_{x > T} \int_0^x \frac{\overline{F_U^{*n}}(x-y)}{\overline{F}_U(x-y)} \frac{\overline{F}_U(x-y)}{\overline{F}_U(x)} F_U(\mathrm{d}y)$$

$$\leq 1 + A_T + a_n \sup_{x \geq T} \frac{F_U(x) - F_U^{*2}(x)}{\overline{F}_U(x)}.$$

ただし，$A_T := [\overline{F}_U(T)]^{-1} < \infty$ である．

(3) 任意の $\epsilon > 0$ に対して $T > 0$ を十分大きくとると，$F_U \in \mathcal{S} \iff \overline{F_U^{*2}}(x)$ $\sim 2\overline{F}_U(x)$ に注意して，

$$a_{n+1} \leq 1 + A_T + a_n(1 + \epsilon).$$

(4) (3) において，$\epsilon > 0$ を十分小さくとることで，

$$a_n \leq (1 + A_T)\epsilon^{-1}(1 + \epsilon)^n$$

となることを示し，不等式 (3.47) を結論せよ．

[**注意 3.66**] 実は定理 3.64 の条件 $F_U \in \mathcal{S}$ は結論が成り立つための必要十分条件である．一般に，$p \in (0, 1)$ と分布関数 F による複合幾何分布

$$G(x) = \sum_{k=0}^{\infty} (1 - p)p^k F^{*k}(x)$$

に対して，$F \in \mathcal{S}$ と $G \in \mathcal{S}$ が同値であることが知られている[5]．

[**定理 3.67**] 集合的リスクモデル (3.42) におけるクレーム分布関数 F_U は連続で，以下を満たすとする：

$$\overline{F}_U(x) \in \mathcal{R}_{-\kappa}, \quad \kappa > 1.$$

このとき以下が成り立つ：$\alpha \to 1$ のとき，

$$VaR_\alpha(S) \sim VaR_\beta(U);$$
$$TVaR_\alpha(S) \sim \frac{\kappa}{\kappa - 1}VaR_\beta(U);$$
$$ES_\alpha(S) \sim \frac{1 - \alpha}{\kappa - 1}VaR_\beta(U).$$

ただし，$\beta = 1 - (1 - p)(1 - \alpha)/p$ である．

---

[5] 詳細は Embrechts *et al.* [19, Theorem A3.20] を参照されたい．

120 第 3 章 ソルベンシー・リスク評価

この定理によって $VaR_\beta(U)$ $(\beta \to 1)$ で S の VaR が近似できることがわかる．このことは統計的にも都合がよく，わざわざ複雑な S の分布（畳み込み分布の級数で表現される）を推定することなく，クレーム分布 F_U と p だけを推定すれば S に対するリスク尺度（の近似）が推定できる．

証明 $\overline{F}_U(x) \in \mathcal{R}_{-\kappa}$ $(\kappa > 1)$ のとき，命題 3.33, (i) により $F_U \in \mathcal{S}$（劣指数分布）となるので[6]，定理 3.64 が使えて，$\alpha \to 1$ のとき，

$$\alpha = F_S(VaR_\alpha(S)) \sim 1 - \frac{p}{1-p}\overline{F}_U(VaR_\alpha(S))$$

$$\Leftrightarrow \quad F_U(VaR_\alpha(S)) \sim 1 - (1-p)(1-\alpha)/p = \beta$$

$$\Leftrightarrow \quad VaR_\alpha(S) \sim F_U^{-1}(\beta) = VaR_\beta(U).$$

次に，例 3.63 と同様に $\rho_\alpha := VaR_\alpha(S) \to \infty$ $(\alpha \to 1)$ に注意して定理 3.64 を用いると

$$TVaR_\alpha(S) = \rho_\alpha + \frac{\int_{\rho_\alpha}^\infty \overline{F}_S(z)\,\mathrm{d}z}{\overline{F}_S(\rho_\alpha)}$$

$$\sim \rho_\alpha + \frac{\int_{\rho_\alpha}^\infty \overline{F}_U(z)\,\mathrm{d}z}{\overline{F}_U(\rho_\alpha)}, \quad \alpha \to 1. \tag{3.48}$$

今，$\overline{F}_U(x) \in \mathcal{R}_{-\kappa}$ より，ある緩変動関数 L を用いて

$$\overline{F}_U(x) \sim x^{-\kappa}L(x), \quad x \to \infty$$

と書けるが，このとき以下の補題が知られている．

［補題 3.68］ $\kappa > 1$ のとき，

$$\int_x^\infty \overline{F}_U(y)\,\mathrm{d}y \sim L(x)\frac{x^{1-\kappa}}{\kappa-1}, \quad x \to \infty.$$

実際，Karamata の表現定理（定理 3.45）より，ある正値関数 $c(x) \to c$，$\rho(x) \to -\kappa$ が存在して

---

[6] $VaR_\alpha(S)$ に関する近似では，$F_U \in \mathcal{S}$ を仮定するだけで十分である．

$$\overline{F}_U(x) = c(x) \exp\left(\int_1^x \frac{\rho(t)}{t}\,\mathrm{d}t\right)$$

となるから,

$$\int_x^\infty \overline{F}_U(y)\,\mathrm{d}y = \widetilde{c}(x) \exp\left(\int_1^x \frac{\rho(t)}{t}\,\mathrm{d}t\right).$$

ただし, $\widetilde{c}(x) = \int_x^\infty c(y) \exp\left(\int_x^y \frac{\rho(t)}{t}\,\mathrm{d}t\right)\,\mathrm{d}y$. そこで, $x \to \infty$ とすると,

$$\widetilde{c}(x) \sim c \int_x^\infty \exp\left(\int_x^y \frac{-\kappa}{t}\,\mathrm{d}t\right)\,\mathrm{d}y = \frac{ck}{\kappa - 1} > 0$$

となって補題が示される. この補題を用いると,

$$\frac{\int_x^\infty \overline{F}_U(y)\,\mathrm{d}y}{\overline{F}_U(y)} \sim \frac{x}{\kappa - 1}, \quad x \to \infty.$$

これと (3.48) から, $\alpha \to 1$ のとき,

$$TVaR_\alpha(S) \sim \frac{\kappa}{\kappa - 1} VaR_\alpha(S); \quad ES_\alpha(S) \sim \frac{1 - \alpha}{\kappa - 1} VaR_\alpha(S)$$

となって題意が示される. ∎

3.3.3 裾の重いクレーム分布の VaR

定理 3.67 ではクレーム分布 F_U に対して

$$\overline{F}_U(x) \in \mathcal{R}_{-\kappa}, \quad \kappa > 1$$

なる条件の下で複合リスク S のリスク尺度が $VaR_\beta(U)$ によって近似された.
さらに具体的な近似を得るために, $VaR_\beta(U)$ に対する近似を考えてみよう.
このために, 定理 3.48 が有用である:

$$\lim_{u \to \infty} \sup_{0 < x < \infty} |F_U(x\,|\,u) - G_{\xi, a(u)}(x)| = 0.$$

この意味は, u が十分大きいとき, クレーム U_i が閾値 u を超えるときの条件
付き分布は, ある "大きな" 定数 $\sigma = a(u)$ に対して,

$$F_U(x \mid u) \approx G_{\xi,\sigma}(x)$$

と書けることを意味している. このことを理由に, 仮に $F_U(x \mid u)$ "=" $G_{\xi,\sigma}(x)$ として以下のような計算を試みる:

$$
\begin{aligned}
F_U(x) &= \overline{F}_U(u)\frac{F_U(x) - F_U(u)}{\overline{F}_U(u)} + F_U(u) \\
&= \overline{F}_U(u)F_U(x - u \mid u) + F_U(u) \\
&\text{``=''} \overline{F}_U(u)G_{\xi,\sigma}(x - u) + F_U(u).
\end{aligned}
$$

ここで, 簡単のために F_U は連続であるとし $\rho_\beta := VaR_\beta(U)$ と置くと, $F_U(\rho_\beta) = \beta$ より

$$\beta = \overline{F}_U(u)G_{\xi,\sigma}(\rho_\beta - u) + F_U(u),$$

さらに,

$$G_{\xi,\sigma}^{-1}(y) = \frac{\sigma}{\xi}\left[(1 - y)^{-\xi} - 1\right]$$

に注意して,

$$
\begin{aligned}
\rho_\beta = VaR_\beta(U) &= u + G_{\xi,\sigma}^{-1}\left(1 - \frac{1 - \beta}{\overline{F}_U(u)}\right) \\
&= u + \frac{\sigma}{\xi}\left[\left(\frac{\overline{F}_U(u)}{1 - \beta}\right)^{\xi} - 1\right]
\end{aligned}
\tag{3.49}
$$

と書くことができる. また, $\rho_\beta > u$ となるように β がとられていれば,

$$TVaR_\beta(U) = CTE_\beta(U) = \mathbb{E}[U - \rho_\beta \mid U > \rho_\beta] + \rho_\beta$$

と書ける. このとき $\{U_i : U_i > u\} \sim G_{\gamma,\sigma}$ と見なしてよいので, 問 3.69 より

$$U_i - \rho_\beta : U_i > \rho_\beta \sim G_{\xi,\sigma+\xi\rho_\beta}$$

となることに注意して補題 3.51 を使うと

$$TVaR_\beta(U) = \frac{\sigma + 2\xi\rho_\beta}{1 - \xi} + \rho_\beta = \frac{\rho_\beta + \sigma + \xi\rho_\beta}{1 - \xi} \tag{3.50}$$

と表現することができる.

　実際には閾値 u の選択の問題や,パラメータ ξ, σ の決め方の問題が残っていてすぐに使える形にはなっていないが,これらは後で統計的に推定することにより一応の決着がつく.詳細は後述の 4.3.2 項を参照のこと.

[問 3.69]　確率変数 $X \sim G_{\xi,\sigma}$ のとき,$u > 0$ に対して

$$\mathbb{P}(X - u \leq x \,|\, X > u) = G_{\xi,\sigma+\xi u}(x), \quad x \geq 0$$

となることを示せ.

3.3.4　中程度の裾を持つクレーム分布について

　クレーム分布が中程度の裾を持つ場合の結果も挙げておこう.

[定理 3.70]　集合的リスクモデル (3.42) において,ある $\gamma \geq 0$ が存在して

$$F_U \in \mathcal{S}(\gamma)$$

を満たすとする.このとき,

$$\overline{F}_S(x) \sim \frac{p(1-p)}{(1 - p \cdot m_U(\gamma))^2} \overline{F}_U(x), \quad x \to \infty.$$

　この証明は少し複雑になるので詳細は省くが,リスクモデル (3.42) で,クレーム件数 N が幾何分布とは限らない一般的な状況において Teugels [59] が以下を示している:N の確率母関数 p_N に対して,ある $s > m_U(\gamma)$ で $p_N(s) < \infty$ であるならば,

$$\overline{F}_S(x) \sim p'_N(m_U(\gamma)) \overline{F}_U(x), \quad x \to \infty. \tag{3.51}$$

N が母数 p の幾何分布に従うとき,例 2.16 により

$$p_N(s) = \frac{1-p}{1-ps}$$

であるから,上記の結果より題意は直ちに従う.

　この定理において,特に $\gamma = 0$ としてみると,$F_U \in \mathcal{S}(0) = \mathcal{S}$ であり,

124　第3章　ソルベンシー・リスク評価

$m_U(0) = 1$ であるから,

$$\overline{F}_S(x) \sim \frac{p}{1-p}\overline{F}_U(x), \quad x \to \infty$$

となって,定理 3.64 が得られる.また,より一般に (3.51) の場合には,$p_N'(m_U(0)) = \mathbb{E}[N]$ であることに注意すれば,$F_U \in \mathcal{S}$ のとき,

$$\overline{F}_S(x) \sim \overline{F}_U(x)\mathbb{E}[N], \quad x \to \infty \tag{3.52}$$

となることがわかり,これは定理 3.64 の一般化である.

　定理 3.64, 3.70 や (3.51) における裾関数の近似はいずれもある定数 $C > 0$ に対して,

$$\overline{F}_S(x) \sim C \cdot \overline{F}_U(x), \quad x \to \infty \tag{3.53}$$

を満たすものである.このような近似が成り立つような複合分布に対しては,以下のようなハザード関数(定義 3.31)を用いたリスク尺度の近似を与えることができる.

[**定理 3.71**]　クレーム件数 N とクレーム U_i $(i = 1, 2, \ldots)$ による集合的リスクモデル $S = \sum_{i=1}^{N} U_i$ に対して,条件 (3.53) が成り立つとする.また,クレーム分布 F_U は確率密度関数 f_U を持つとし,ある関数 r_* が存在して,

$$r_F(x) := \frac{f_U(x)}{\overline{F}_U(x)} \sim r_*(x), \quad x \to \infty$$

を満たすとする.このとき,$q_\alpha := VaR_\alpha(S)$ に対して,$\alpha \to 1$ のとき,以下の漸近近似が成り立つ.

$$TVaR_\alpha(S) \sim q_\alpha + \frac{1}{r_*(q_\alpha)};$$
$$ES_\alpha(S) \sim \frac{1-\alpha}{r_*(q_\alpha)}.$$

証明　定理 3.8, (3.6) と,F_U の連続性により,以下の等式が成り立つ.

$$TVaR_\alpha(S) - q_\alpha = \frac{ES_\alpha(S)}{1 - \alpha} = \frac{\int_{q_\alpha}^\infty \overline{F}_S(y)\,\mathrm{d}y}{1 - F_S(q_\alpha)}.$$

したがって，$q_\alpha \to \infty$ $(\alpha \to 1)$ に注意して，

$$
\begin{aligned}
\lim_{\alpha \to 1}[TVaR_\alpha(S) - q_\alpha] &= \lim_{x \to \infty} \frac{\int_x^\infty \overline{F}_S(y)\,\mathrm{d}y}{1 - F_S(x)} \\
&= \lim_{x \to \infty} \frac{\int_x^\infty \overline{F}_S(y)\,\mathrm{d}x}{C \cdot \overline{F}_U(x)} \\
&= \lim_{x \to \infty} \frac{\overline{F}_S(x)}{C \cdot f_U(x)} \\
&= \lim_{\alpha \to 1} \frac{1}{r_*(q_\alpha)}
\end{aligned}
$$

となって題意を得る． ∎

[**問 3.72**]　定理 3.70 を用いて，集合的リスクモデル (3.42) において $F_U \in \mathcal{S}(\gamma)$ となるの場合の VaR，TVaR，および ES の近似を求めよ．

[**問 3.73**]　集合的リスクモデル (3.42) において，クレーム分布 F_U が以下の対数正規分布に従うとする：$f_U(x) = F_U'(x)$ に対して，

$$f_U(x) = \frac{1}{\sqrt{2\pi}\sigma x} \exp\left(-\frac{1}{2\sigma^2}(\log x - \mu)^2\right), \quad x > 0.$$

これは $F_U \in \mathcal{S}$ であることが知られている (Embrechts, *et al.* [18])．

(1)　関数 g を

$$g(x) := \frac{\sqrt{2\pi}\sigma x}{\log x - \mu} f_U(x)$$

で定めるとき，以下を示せ．

$$\overline{F}_U(x) \sim \frac{\sigma}{\sqrt{2\pi}} g(x), \quad x \to \infty.$$

(2)　以下を示せ．

$$TVaR_\alpha(S) \sim VaR_\alpha(S) + \frac{\sigma^2 VaR_\alpha(S)}{\log VaR_\alpha(S) - \mu}, \quad \alpha \to 1.$$

3.4 リスク尺度の数学的枠組み

VaR, TVaR などのいくつかのリスク尺度（定義 3.1）と具体的な評価法について学んだが，ここでの"リスク尺度"の意味は，リスク計測の妥当性（許容性）というアクチュアリアルな意味でしかなかった．しかし，リスク尺度をいくつかの性質を満たすようなある種の写像として捉えることにより，その理論的な良さや性質を議論することができ，より一般的なリスク尺度の考察や，"良い"リスク尺度の特徴付けが可能となる．

3.4.1 公理論的アプローチ

まずはリスク尺度の数学的定義を与える．VaR, TVaR, CTE などはいずれも次の意味でのリスク尺度である．

[**定義 3.74**]　写像 $\rho : \mathcal{M} \to \mathbb{R}$ が以下の性質 (1)-(3) を満たすとき，ρ を**リスク尺度 (risk measure)** という.

(1)　**単調性 (monotonicity)**：$X \leq_{st} Y$ なるリスク $X, Y \in \mathcal{M}$ に対して，

$$\rho(X) \leq \rho(Y).$$

(2)　**並進性 (translativity)**：任意の $c \in \mathbb{R}$, $X \in \mathcal{M}$ に対して，

$$\rho(X + c) = \rho(X) + c.$$

(3)　**正規性 (normalization)**：$\rho(0) = 0$.

この定義は，アクチュアリアルな定義 3.1 にあった"許容性"のようなあいまいな概念を含むことなく，完全に数学的性質のみで記述されており，このようなリスク尺度の議論は**公理論的アプローチ (axiomatic approach)** と呼ばれている．

(1) の単調性については

$$X \le Y \quad a.s. \quad \Rightarrow \quad \rho(X) \le \rho(Y)$$

とすることもあるが，ここではより広義の意味で X, Y の順序に確率順序[7]を用いている．もちろん，以下が成り立つ：

$$X \le Y \quad a.s. \quad \Rightarrow \quad X \le_{st} Y.$$

次に，(2) の並進性は以下のことを導く：

$$\rho(X - \rho(X)) = 0.$$

これは $\rho(X)$ と X が ρ の意味では同等なリスクであることを示しており，X の"リスク計測器" ρ が満たすべき自然な性質といえよう．

(3) の正規性は本質的な条件ではないが，もし (1), (2) だけでリスク尺度の定義としてしまうと，任意の $K \in \mathbb{R}$ に対して，$\varrho'(X) := \varrho(X) + K$ がまた (1), (2) を満たすので，ρ と ρ' が本質的に同じリスク尺度となり，定数の自由度が残ってしまうことになる．このような無駄を排除するのが (3) である．

[問 3.75] VaR, TVaR, CTE は定義 3.74 の意味のリスク尺度であることを示せ．

[注意 3.76] 公理論的アプローチは Artzner *et al.* [2] によってファイナンス的文脈で始められた．彼らは X を損失額（リスク）ではなく貨幣価値ととらえ「X が小さいほど危険」と解釈するため，不等号の向きや符号が定義 3.74 とは逆になったりする．すなわち，単調性は「$X \le Y \Rightarrow \rho(X) \ge \rho(Y)$」（お金があるほどリスクは小さい），並進性は「$\rho(X + c) = \rho(X) - c$」（お金が増えれば危険度は減る）となる．この場合，定数 c は現金を追加すると解釈して**キャッシュ不変性** (chash invariance) などとも呼ばれる．このような文脈での ρ は，特に**貨幣的リスク尺度** (monetary risk measure) などと呼ばれる．この文脈ではリスク額を $-X$ と表現することとなるが，$\rho(-X) = -\rho(X)$ の

---

[7] 定義は(2.4)を参照のこと．

128 第 3 章 ソルベンシー・リスク評価

ような規則を与えておけば定義 3.74 と同じ表現となる．保険数理では主に損失額に注目して解析するために，X を損失と見て「X が大きいほど危険」と見なすので上のような定義を採用することが多い．

リスク尺度としての条件 (1)，(2) はそれぞれ，保険料計算原理で述べた (P4$'$)，(P5) に相当しており，2.3.2 項で述べたいくつかの保険料計算原理はこれらの性質を満たすことが確認できるし，本書で述べなかったその他の保険料計算原理にもこれらの性質を満たすものは多い．この意味では，保険料計算原理の多くは定義 3.74 の意味でのリスク尺度にもなっている．しかしながら，ここでのリスク尺度は単に「リスクを計測する」ための（数学的）道具といったニュアンスがある．一方，保険料計算は，保険という性格上，単なるリスク計測だけでなく「収支相等の原則」にも基づくべきであり，単にそのような道具とは異なる．その意味では，保険料計算原理が必ずしも定義 3.74 の意味でのリスク尺度である必要はない（実際，もっとも基本的な期待値原理は並進性を満たさない）．2.3.2 項で，「分位点原理」には“批判もある”と述べたのはそのような意味である．

[問 3.77]　2.3.2 項で述べた保険料計算原理のうち，定義 3.74 の意味でのリスク尺度といえるものはどれか．

3.4.2　リスク尺度の諸性質

定義 3.74 はリスク測定のための最低限の条件といえるが，より合理的なリスク計測のために，さらに様々な性質を要求して“良い”リスク尺度というものを考えていく．

以下にリスク尺度に要求される諸性質を挙げる．いくつかの性質は既に保険料計算原理で述べたものと同じであることにも注意せよ．$X, Y \in \mathcal{M}$ とする．

(R1)　**正同次性** (positive homogeneity)：任意の $c > 0$ に対して，

$$\rho(cX) = c\rho(X).$$

金融・保険におけるリスクは通常，損益額で表現するため，保険料計算原理

(P6) と同様な理由付けができる.

(R2) **劣加法性 (subadditivity)**：

$$\rho(X + Y) \le \rho(X) + \rho(Y).$$

これも保険料計算原理 (P8) と同じ理由付けができる.

(R3) **凸性 (convexity)**：任意の $\lambda \in [0,1]$ に対して,

$$\rho(\lambda X + (1 - \lambda)Y) \le \lambda \rho(X) + (1 - \lambda)\rho(Y).$$

この条件で $Y \equiv 0$ とすると,

$$\rho(\lambda X) \le \lambda \rho(X), \quad \lambda \in [0,1] \tag{3.54}$$

となり, (R1) より一部条件が弱くなっている. あるいは上記と同値だが, 以下のように書くこともできる.

$$\rho(\lambda' X) \ge \lambda' \rho(X), \quad \lambda' \ge 1. \tag{3.55}$$

$\lambda' X$ はリスクがより大きく集中することを意味しており, (3.55)は, リスクが集中するとき結果としてリスクが拡大するという市場における経験則を表現したものと解釈できる. 同様に(3.54)はその逆を表す. このように, 市場におけるリスクは (R1) のように比例的に増減しないという経験則を反映したのが, この凸性である.

[**問 3.78**] (3.54)と(3.55)が同値であることを示せ.

次の性質を述べるために言葉を定義する.

[**定義 3.79**] 確率変数列 $X_1, X_2, \ldots, X_d \in \mathcal{M}$ が**共単調 (comonotonic)** であるとは, ある $Z \in \mathcal{M}$ と非減少関数の列 $h_1, h_2, \ldots, h_d$ が存在して

$$(X_1, \ldots, X_d) =^d (h_1(Z), \ldots, h_d(Z))$$

となることである[8].

(R4) **共単調加法性 (comonotonic additivity)**：X, Y が**共単調 (comonotonic)** ならば，ρ は**加法的 (additive)** である：

$$\rho(X + Y) = \rho(X) + \rho(Y).$$

X, Y を損失額と見なすと，保険料計算原理 (P8) でも述べたように劣加法性のような性質が適当である．しかし，共単調の場合は常に $Cov(X, Y) > 0$ であるので，$\rho(X + Y) < \rho(X) + \rho(Y)$ のような不等号は適切でない．

(R5) **法則不変性 (law invariance)**：$F_X \equiv F_Y$ ならば $\rho(X) = \rho(Y)$．

通常，損失額などの将来リスク（確率変数）について我々が知りうるのはその分布であり，同じ分布のリスクの優劣を決めることは極めて困難である．また，統計的に推定可能なものも分布である．したがって，法則不変性を要求するのは，リスク把握の意味でも統計的にも至極自然といえる．実際，VaR や CTE なども分布関数の汎関数であり，例えば TVaR では

$$TVaR_\alpha(X) = \frac{1}{1-\alpha} \int_\alpha^1 F_X^{-1}(u) \, \mathrm{d}u =: \rho[F_X]$$

のように書けるので明らかに法則不変である．2.3.2 項で述べた全ての保険料計算原理などもそうであり，むしろ分布以外に依存するリスク尺度を考える方が難しいだろう．

(R6) **法則連続性 (continuity in law)**：リスク列 X_n $(n = 1, 2, \ldots)$ が $X_n \to^d X$ を満たすとき

$$\lim_{n \to \infty} \rho(X_n) = \rho(X).$$

この性質は $\rho(X_n)$ を計算しにくいときにしばしば便利である．例えば，ある n 種類の独立なリスク $X_1, \ldots, X_n \sim F_X$（平均 μ，分散 $\sigma^2 > 0$）の合併リスク $S_n = X_1 + \cdots + X_n$ を ρ で測ることを考えよう．ここで，ρ が (R1)，

---

[8]　$X =^d Y$ とは $F_X \equiv F_Y$ のことである．共単調性は分布に関する性質であるので，$X_1, \ldots, X_n$ と Z が同じ確率空間上に定義されている必要はない．

(R5) を満たすとしよう．法則不変性より

$$\rho(S_n) = \rho[F_X^{*n}]$$

のように書けるが，通常 F_X^{*n} の計算は困難なことが多い．しかし，中心極限定理（定理 1.103）に注意すれば，(R6) により

$$\lim_{n \to \infty} \rho\left(\frac{S_n - n\mu}{\sqrt{n}\sigma}\right) = \rho[N(0,1)] =: \rho(Z)$$

であり，正規リスク $Z \sim N(0,1)$ に対して $\rho(Z)$ が計算できれば，大きな n に対し，

$$\rho(S_n) \approx n\mu + \sqrt{n}\sigma \cdot \rho(Z)$$

のように合併リスク S_n を近似的に計測できる．

[定理 3.80]　$VaR_\alpha(X), TVaR_\alpha(X)$ は (R1), (R4)-(R6) を満たす．

[注意 3.81]　後述の定理 3.91 で示すように，実は TVaR は (R2), (R3) も満足する．

証明　はじめに $VaR_\alpha(X)$ について，(R5) は $VaR_\alpha(X) = F_X^{-1}(\alpha)$ の定義より明らかであり，(R6) は補題 4.29 で改めて示すので，ここでは (R1), (R4) のみを示そう．

(R1)：$\alpha \in (0,1)$, $c > 0$ に対して，

$$\begin{aligned}
VaR_\alpha(cX) &= \inf\{x \in \mathbb{R} : \mathbb{P}(cX \le x) \ge \alpha\} \\
&= \inf\{x \in \mathbb{R} : F_X(x/c) \ge \alpha\} \\
&= \inf\{cy \in \mathbb{R} : F_X(y) \ge \alpha\} = cVaR_\alpha(X).
\end{aligned}$$

(R4) を示すには次の補題を用いる（証明は問 3.83）：

[補題 3.82]　$\mathbb{R}$ 上の単調非減少関数 h と，確率変数 Z に対して，

$$F_{h(Z)}^{-1}(x) = h\left(F_Z^{-1}(\alpha)\right), \quad x \in (0,1).$$

この補題によって

$$\begin{aligned}
VaR_\alpha(X+Y) &= F_{X+Y}^{-1}(\alpha) = F_{(h_1+h_2)(Z)}^{-1}(\alpha) \\
&= (h_1+h_2)\left(F_Z^{-1}(\alpha)\right) = h_1\left(F_Z^{-1}(\alpha)\right) + h_2\left(F_Z^{-1}(x)\right) \\
&= F_{h_1(Z)}^{-1}(\alpha) + F_{h_2(Z)}^{-1}(\alpha) = F_X^{-1}(\alpha) + F_Y^{-1}(\alpha) \\
&= VaR_\alpha(X) + VaR_\alpha(Y).
\end{aligned}$$

以上で $VaR_\alpha(X)$ については証明が終わった.

次に，$TVaR_\alpha(X)$ の定義

$$TVaR_\alpha(X) = \frac{1}{1-\alpha}\int_\alpha^1 VaR_u(X)\,\mathrm{d}u$$

は VaR を $[\alpha,1]$ 上の確率測度 $\frac{1}{1-\alpha}m(\mathrm{d}u)$ で積分していることに注意する．ただし，m は Lebesgue 測度である．言い換えると，X と独立な確率変数 $U \sim U(\alpha,1)$ によって，

$$TVaR_\alpha(X) = \mathbb{E}\left[VaR_U(X)\right]$$

と書けている．すると，積分の線形性と VaR の性質より，(R1), (R4), (R5) は明らかである．また，$VaR_\alpha(X)$ に対する法則連続性より，$VaR_\alpha(X_n) \to VaR_\alpha(X)$ のとき，任意の $\epsilon > 0$ に対して，n を十分大きくとると

$$|VaR_\alpha(X_n)| \le |VaR_\alpha(X)| + \epsilon$$

とできるので，優収束定理（定理 1.82）により $TVaR_\alpha(X)$ に対して (R6) が示される．以上で証明が終わる． ∎

[問 3.83]　以下の手順で補題 3.82 を示せ.
(1)　任意の $t \in \mathbb{R}$, $x \in (0,1)$ に対して，次の同値関係を示せ：

$$F_{h(Z)}^{-1}(x) \leq t \quad \Leftrightarrow \quad h\left(F_Z^{-1}(x)\right) \leq t.$$

(2) ある x, t に対して $F_{h(Z)}^{-1}(x) \neq h\left(F_Z^{-1}\right)$ と仮定するとき，(1) の不等式が任意の $t \in \mathbb{R}$ で成り立つことに注意して，矛盾を導け．

3.4.3 整合的リスク尺度と凸リスク尺度

Artzner *et al.* [2] によって導入された以下のようなリスク尺度は，近年，"良い"リスク尺度の代表的な定義となっている．

[定義 3.84] 性質 (R1), (R2) を満たすリスク尺度を**整合的リスク尺度 (coherent risk measure)** という．

以下の例が示すように，実務的にもよく用いられる VaR は整合的リスク尺度ではない．

[例 3.85（**VaR は非劣加法的**)] リスク Z は離散型確率変数で以下を満たすとしよう．

$$F_Z(1) = 0.91, \quad F_Z(90) = 0.95, \quad F_Z(100) = 0.96,$$

この Z によってリスク X, Y を以下のように定義する：

$$X := Z \cdot \mathbf{1}_{\{Z \leq 100\}}, \quad Y := Z \cdot \mathbf{1}_{\{Z > 100\}}.$$

このとき，$VaR_{0.95}(X + Y = Z) > 1$ だが，$VaR_{0.95}(X) = 1$, $VaR_{0.95}(Y) = 0$ となって

$$VaR_{0.95}(X + Y) > VaR_{0.95}(X) + VaR_{0.95}(Y)$$

である．したがって，VaR は劣加法性 (R2) を満足しない．

これは VaR が分布の裾の情報を無視していることの一つの弊害といえる．そのような欠点を補うために，分布の裾を取り込んで作ったのが TVaR であり，実は TVaR では劣加法性 (R2) が成り立つことが示され，したがって，定

理 3.80 と合わせると TVaR が整合的リスク尺度であることがわかる.

[**定理 3.86**] $TVaR_\alpha(X)$ は整合的リスク尺度である.

証明 まず,次の補題は明らかであろう.

[**補題 3.87**] 正同次性 (R1) と凸性 (R3) を同時に満たすリスク尺度は劣加法性 (R2) を満たす.

実際,(R3) の定義で $\lambda = 1/2$ とすればよい.このことと,後述の定理 3.91 によって TVaR の劣加法性が得られる. ∎

[**注意 3.88**] $CTE_\alpha(X)$ は X が連続型の場合に $TVaR_\alpha(X)$ と一致する(定理 3.5)ので,よく整合的リスク尺度であると勘違いされるが,**CTE は一般には劣加法性を満たさない!** 読者は以下の問で確かめられたい.

[**問 3.89**] 確率変数 X, Y を次のように定める:

$$X \sim U(0,1), \quad Y = (0.95 - X)\mathbf{1}_{\{0 < X < 0.95\}} + (1.95 - X)\mathbf{1}_{\{0.95 < X < 1\}}.$$

(1) $Y \sim U(0,1)$ となることを示せ.

(2) $X + Y$ は離散型で,$\mathbb{P}(X + Y = 0.95) = 1 - \mathbb{P}(X + Y = 1.95) = 0.95$ となること確認せよ.

(3) $CTE_{0.90}(X)$, $CTE_{0.90}(Y)$, および $CTE_{0.90}(X + Y)$ を計算し,

$$CTE_{0.90}(X + Y) > CTE_{0.90}(X) + CTE_{0.90}(Y)$$

となることを示せ.

その他,様々な整合的リスク尺度が存在するが,これらは次節で述べる.

整合的リスク尺度では正同次性 (R1) を要求するが,前述のように市場の経験則としては凸性 (R3) が適当とされる.このことから,近年では (R1) を要求しない下記のようなリスク尺度の範囲で議論されることも多い.

[**定義 3.90**]　凸性 (R3) を満たすリスク尺度を**凸リスク尺度** (convex risk measure) という.

　整合的リスク尺度が凸リスク尺度であることは，劣加法性と正同次性によって明らかである．したがって，これは整合的リスク尺度をより拡張した概念と見ることができる.

[**定理 3.91**]　$TVaR_\alpha(X)$ は凸リスク尺度である.

証明　凸性 (R3) のみ示す．定理 3.3 によると，リスク Z に対して,

$$\min_{\rho\in\mathbb{R}}\{\mathbb{E}[(Z-\rho)_+ + (1-\alpha)\rho]\} = ES_\alpha(Z) + (1-\alpha)VaR_\alpha(Z)$$

であるから，定理 3.8, (3.6) の表現より

$$
\begin{aligned}
TVaR_\alpha(Z) &= \frac{1}{1-\alpha}\left[ES_\alpha(Z) + (1-\alpha)VaR_\alpha(Z)\right]\\
&= \frac{1}{1-\alpha}\min_{\rho\in\mathbb{R}}\{\mathbb{E}\left[(Z-\rho)_+\right] + (1-\alpha)\rho\}\\
&\le \frac{1}{1-\alpha}E[(Z-\rho)_+] + \rho\}, \quad \forall\,\rho\in\mathbb{R}.
\end{aligned}
$$

ここで，$\lambda\in[0,1]$ と $X, Y\in\mathcal{M}$ に対して

$$Z = \lambda X + (1-\lambda)Y, \quad \rho = \lambda VaR_\alpha(X) + (1-\lambda)VaR_\alpha(Y)$$

として，不等式 $(x+y)_+ \le x_+ + y_+$ に注意すると,

$$TVaR_\alpha(\lambda X + (1-\alpha)Y) \le \lambda TVaR_\alpha(X) + (1-\lambda)TVaR_\alpha(Y)$$

となり凸性が得られる. ∎

[**注意 3.92**]　VaR は凸リスク尺度ではない．なぜなら，VaR は (R1) を満たすので，もし (R3) を満たせば補題 3.87 より (R2) も満たすことになるが，例 3.85 に既に反例がある.

[**問 3.93**]　保険料計算原理で挙げた指数原理:

$$\Pi_a(X) = a^{-1} \log \mathbb{E}\left[e^{aX}\right], \quad a > 0$$

は凸リスク尺度になることを示せ.

3.5 整合的リスク尺度の特徴付け

3.5.1 シナリオに基づくリスク尺度

リスクに対する備金を積む場合，より安全に（保守的に）考えるなら，あらゆる状況を想定した上で最悪の "シナリオ" の場合に生ずるリスクに対して準備金を用意するであろう．ここで，将来の "シナリオ" を考えることは，リスク分布（確率法則）にモデルを与えることに相当する．これによって，当該リスクを我々がどの程度危険と見なすかが決まるからである．

しかしながら，このモデルは何でもよいわけではなく，もともと考えている確率法則 $\mathbb{P}$ と相反するようなものであってはならない．つまり，事象 $A \in \mathcal{F}$ が今考えている法則 $\mathbb{P}$ の下で起こりえない事象：$\mathbb{P}(A) = 0$，ならば，新たに仮定する "シナリオ" $\mathbb{Q}$ の下でも $\mathbb{Q}(A) = 0$ となるようなモデルが適当であろう．これは数学的には $\mathbb{Q}$ が $\mathbb{P}$ に関して絶対連続：$\mathbb{Q} \ll \mathbb{P}$，であることを意味する（A.1.1 項参照）．このような考え方は，保険料計算原理である Esscher 原理や Wang 原理において，「リスク調整済み確率 $\mathbb{P}^*$」として既に現れていたことに注意しよう（(2.5) や (2.7) などを参照）．

以上のことから，**シナリオ集合 (scenario set)** $\mathcal{Q}$ を，$\mathbb{P}$ に関して絶対連続な確率測度全体のある部分集合として定義しよう：

$$\mathcal{Q} \subset \{ \text{確率測度} \, \mathbb{Q} : \mathbb{Q} \ll \mathbb{P} \}.$$

すると，Radon-Nikodym の定理（定理 A.3）により，各 $\mathbb{Q} \in \mathcal{Q}$ に対して，ある確率変数 $G_{\mathbb{Q}}$ で $\mathbb{E}[G_{\mathbb{Q}}] = 1$ なるものが存在して

$$\mathbb{Q}(A) := \mathbb{E}\left[G_{\mathbb{Q}} \mathbf{1}_A\right], \quad A \in \mathcal{F}$$

と書ける．すなわち，

$$\frac{\mathrm{d}\mathbb{Q}}{\mathrm{d}\mathbb{P}} = G_{\mathbb{Q}} \quad \mathbb{P}\text{-}a.s.$$

である．このシナリオ集合 $\mathcal{Q}$ を用いてリスク尺度を一つ定めよう．

[定義 3.94]　写像 $\rho_{\mathcal{Q}} : \mathcal{M} \to \mathbb{R}$ を以下で定める．

$$\rho_{\mathcal{Q}}(X) = \sup_{\mathbb{Q} \in \mathcal{Q}} \mathbb{E}^{\mathbb{Q}}[X], \quad X \in \mathcal{M}. \tag{3.56}$$

ただし，$\mathbb{E}^{\mathbb{Q}}$ は確率測度 $\mathbb{Q}$ による期待値を表し，$\mathbb{E}^{\mathbb{Q}}[X] = \mathbb{E}[X \cdot G_{\mathbb{Q}}]$．これを**シナリオに基づくリスク尺度** (scenario-based risk measure) という．

$\rho_{\mathcal{Q}}$ は，各シナリオ $\mathbb{Q} \in \mathcal{Q}$ の下での期待値でリスクを評価したときの最悪のリスク評価をとったものであり，これが定義 3.74 の意味でのリスク尺度であることは明らかであろう．さらに，期待値の線形性から正同次性 (R1) を満たし，また，$\sup := \sup_{\mathbb{Q} \in \mathcal{Q}}$ の性質により

$$\sup \left(\mathbb{E}^{\mathbb{Q}}[X] + \mathbb{E}^{\mathbb{Q}}[Y] \right) \le \sup \mathbb{E}^{\mathbb{Q}}[X] + \sup \mathbb{E}^{\mathbb{Q}}[Y]$$

となることから，$\rho_{\mathcal{Q}}$ が劣加法性 (R2) を満たすことも明らかである．したがって，任意のシナリオ $\mathcal{Q}$ に基づくリスク尺度は整合的リスク尺度である．

[補題 3.95]　シナリオ集合 $\mathcal{Q}_\alpha$ を以下で定める：$\alpha \in (0, 1)$ として，

$$\mathcal{Q}_\alpha = \left\{ \text{確率測度 } \mathbb{Q} : \mathbb{Q} \ll \mathbb{P},\ \frac{\mathrm{d}\mathbb{Q}}{\mathrm{d}\mathbb{P}} \le \frac{1}{1-\alpha} \quad a.s. \right\}.$$

このとき，$\mathbb{E}[X] < \infty$ なる $X \in \mathcal{M}$ に対して，

$$\rho_{\mathcal{Q}_\alpha}(X) = TVaR_\alpha(X). \tag{3.57}$$

したがって，TVaR はシナリオに基づくリスク尺度である．

証明　定理 3.8 の記号を用いて，式 (3.8) と (3.9) により

$$TVaR_\alpha(X) = \frac{1}{1-\alpha} \left\{ \mathbb{E}\left[X \mathbf{1}_{\{X > VaR_\alpha(X)\}}\right] + (\gamma - \alpha)VaR_\alpha(X) \right\}$$
$$= \frac{1}{1-\alpha} \mathbb{E}\left[X \left(\mathbf{1}_{\{X > VaR_\alpha(X)\}} + \beta_{X,\alpha} \mathbf{1}_{\{X = VaR_\alpha(X)\}}\right)\right].$$

ただし，$\beta_{X,\alpha} = \gamma - \alpha / \gamma - \beta \ (\leq 1)$ と書ける．したがって，

$$G_\alpha := \frac{1}{1-\alpha}\left(\mathbf{1}_{\{X > VaR_\alpha(X)\}} + \beta_{X,\alpha}\mathbf{1}_{\{X = VaR_\alpha(X)\}}\right) \leq \frac{1}{1-\alpha} \quad a.s.$$

に対して，$\mathrm{d}\mathbb{Q}_\alpha := G_\alpha \cdot \mathrm{d}\mathbb{P}$ で定めれば $\mathbb{Q}_\alpha \in \mathcal{Q}_\alpha$ であり，$TVaR_\alpha(X) = \mathbb{E}^{\mathbb{Q}_\alpha}[X]$．よって，

$$TVaR_\alpha(X) \leq \rho_{\mathcal{Q}_\alpha}(X).$$

したがって，あとは

$$\mathbb{E}^{\mathbb{Q}}[X] \leq TVaR_\alpha(X), \quad \forall \mathbb{Q} \in \mathcal{Q}_\alpha \tag{3.58}$$

を示せば証明が終わる．そこで，

$$A := \{\omega \in \Omega : G_\alpha > 0\} \in \mathcal{F}$$

なる事象を考え，$f_{\mathbb{Q}} := \frac{\mathrm{d}\mathbb{Q}}{\mathrm{d}\mathbb{P}}$ なる記号を用いると，任意の $\mathbb{Q} \in \mathcal{Q}_\alpha$ に対して，

$$\mathbb{E}^{\mathbb{Q}}[X] = \mathbb{E}[X f_{\mathbb{Q}} \mathbf{1}_A] + \mathbb{E}[X f_{\mathbb{Q}} \mathbf{1}_{A^c}]$$
$$\leq \mathbb{E}[X f_{\mathbb{Q}} \mathbf{1}_A] + \inf_{\omega' \in A} X(\omega') \mathbb{E}[f_{\mathbb{Q}} \mathbf{1}_{A^c}] \tag{3.59}$$
$$\leq \mathbb{E}[X f_{\mathbb{Q}} \mathbf{1}_A] + \inf_{\omega' \in A} X(\omega') \mathbb{E}\left[(G_\alpha - f_{\mathbb{Q}})\mathbf{1}_A\right]. \tag{3.60}$$

ここで，$\{X > \inf_{\omega' \in A} X(\omega')\} \ (\subset A)$ なる集合の上では

$$G_\alpha - f_{\mathbb{Q}} = \frac{1}{1-\alpha} - f_{\mathbb{Q}} \geq 0$$

であるから，この上で

$$X(G_\alpha - f_{\mathbb{Q}}) \geq \inf_{\omega' \in A} X(\omega')(G_\alpha - f_{\mathbb{Q}})$$

であり，この不等式は $\{X = \inf_{\omega' \in A} X(\omega')\}$ でも（等号で）成り立つので，

結局 $A \ (\subset \{X > \inf_{\omega' \in A} X(\omega')\})$ において上の不等式が成り立つ. つまり,

$$X(G_\alpha - f_\mathbb{Q})\mathbf{1}_A \geq \inf_{\omega' \in A} X(\omega') \, (G_\alpha - f_\mathbb{Q}) \, \mathbf{1}_A$$

であり, これを(3.60)に用いると

$$\mathbb{E}^\mathbb{Q}[X] \leq \mathbb{E}[X f_\mathbb{Q} \mathbf{1}_A] + \mathbb{E}[X(G_\alpha - f_\mathbb{Q})\mathbf{1}_A] = \mathbb{E}[X \cdot G_\alpha] = TVaR_\alpha(X).$$

これで(3.58)が得られ証明は終わる. ∎

[**問 3.96**] 不等式(3.59), および(3.60)を証明せよ.

3.5.2 Fatou性と歪みリスク尺度

前の例で見たように, 整合的リスク尺度が与えられたとき, それがシナリオに基づくリスク尺度かどうかを見極めるのは一般には容易でない. しかし, 見やすい条件でそれらの特徴付けが可能であることが Delbaen [14] によって示されている. この結果を証明なしに述べておこう.

以下, 本質的に有界[9]な確率変数の集合を L^∞ と書き, リスク尺度 ρ の定義域（考えるリスクの範囲）を L^∞ に制限する.

[**定理 3.97**] リスク尺度 $\rho : L^\infty \to \mathbb{R}$ は整合的であるとする. このとき, 以下の (1)-(3) は同値である.

(1) ρ はシナリオに基づくリスク尺度である.

(2) $|X_n| \leq 1$ *a.s.* なる確率変数列が $X_n \to^p X$ を満たすとき,

$$\rho(X) \leq \liminf_{n \to \infty} \rho(X_n).$$

(3) $|X_n| \leq 1$ *a.s.* なる確率変数列が $X_n \downarrow X$ *a.s.* を満たすとき,

$$\rho(X_n) \downarrow \rho(X), \quad n \to \infty.$$

ρ の性質 (2) は定理 1.87 との形の類似から **Fatou性** (**Fatou property**) と

---

[9] 問 A.17, (3) を参照.

呼ばれている．この条件を用いると，シナリオ集合を特定することなく，整合的リスク尺度 ρ がシナリオに基づくリスク尺度かどうかを判定できる．実用的には (3) の条件が使いやすいであろう．

[注意 3.98]　以下では議論を簡単にするために，リスク X は全て $X \in L^\infty$ であると仮定する．これは，例えば，X の確率密度 f_X が本質的に有界な台 (support) しか持たないようなリスクを考えることになり厳しい条件に見える．しかし，L^∞ 上で "よい" リスク尺度 ρ が作られれば，一般のリスク $X \in \mathcal{M}$ については，

$$\rho_X^* := \lim_{M \to \infty} \rho\left(X\mathbf{1}_{\{|X| \le M\}}\right) \tag{3.61}$$

として，右辺の極限が存在すれば $\rho(X) = \rho_X^*$ と定めることで定義域を拡大できる．

[例 3.99]　TVaR に対して (3) の条件は以下のように確認できる：$X \in L^\infty$ に対して

$$TVaR_\alpha(X) = \frac{1}{1-\alpha} \int_\alpha^1 F_X^{-1}(u)\,\mathrm{d}u$$

とリスク尺度を作ったとする．このとき，$X \in L^\infty$ より，ある $M > 0$ が存在して，

$$F_X(-M) = \overline{F}_X(M) = 0 \quad \Leftrightarrow \quad |F_X^{-1}(u)| \le M, \quad u \in \mathbb{R}. \tag{3.62}$$

したがって，$X_n \downarrow X$ $a.s.$ なる列をとると，補題 4.29 と有界収束収束定理，および TVaR の単調性により，$\rho(X_n) \downarrow \rho(X)$ がわかるので，これはシナリオに基づくリスク尺度である（実際，補題 3.95 が成り立つ）．

次に，$Y \notin L^\infty$ となる Y に対しては，(3.61) なる極限 ρ_Y^* を考えれば，

$$Y \in L^1 \quad \Leftrightarrow \quad \rho_Y^* < \infty$$

がわかるので，これによって ρ の定義域を L^1 に拡大すればよい．

この Fatou 性という同値条件を得ることによって整合的リスク尺度の研究

3.5 整合的リスク尺度の特徴付け 141

は大きく進展し，シナリオに基づくリスク尺度に対するより具体的な表現定理が得られることになる．その本質的なものの一つが以下に述べる**楠岡表現** (**Kusuoka representation**) である (Kusuoka [34]).

[**補題 3.100**]　Fatou 性を満たす整合的リスク尺度 $\rho : L^\infty \to \mathbb{R}$（すなわち，シナリオに基づくリスク尺度）が，性質 (R4), (R5) を満たすとする．このとき，$[0, 1]$ 上のある確率測度 m が存在して，

$$\rho(X) = \int_0^1 TVaR_u(X)\, m(\mathrm{d}u) \tag{3.63}$$

と表される．

このように，(R4), (R5) という実用的なリスク尺度として極めて自然な性質を持つようなシナリオに基づくリスク尺度は，全て TVaR のある種の期待値として書けることがわかる．すなわち，$\zeta \sim m$ なる確率変数 ζ を用いて，

$$\rho(X) = \mathbb{E}\left[TVaR_\zeta(X) \right]$$

と書ける．特に，$m = \Delta_\alpha$ なる 1 点分布にとると，$\rho(X) = TVaR_\alpha(X)$.

[**注意 3.101**]　シナリオに基づくリスク尺度は，シナリオ集合 $\mathcal{Q}$ に関する上限をとっていたが，楠岡表現 (3.63) では sup の類は現れていない．この本質的な部分は共単調性 (R4) を仮定したことにある．(R4) を仮定しないとき，(3.63) は，ある $[0, 1]$ 上の確率測度の族 $\mathcal{P}_0$ が存在して

$$\rho(X) = \sup_{m \in \mathcal{P}_0} \int_0^1 TVaR_u(X)\, m(\mathrm{d}u)$$

のような表現に変わる．詳細は Kusuoka [34] を見よ．

補題 3.100 を用いて次の表現定理を得る．以下，

[**定理 3.102**]　リスク尺度 $\rho : L^\infty \to \mathbb{R}$，が整合的で Fatou 性を満たし（したがって，シナリオに基づくリスク尺度であり），さらに (R4), (R5) を満足するための必要十分条件は，$[0, 1]$ 上のある単調増加な凸関数 D で，$D(0) = 0$, $D(1) = 1$ を満たすものが存在して，

$$\rho(X) = \int_0^1 F_X^{-1}(u) \, D(\mathrm{d}u) \tag{3.64}$$

と書けることである.

証明　まず，必要性を示すために補題 3.100 を用いる．TVaR の定義から，$U_\alpha \sim U(\alpha, 1)$ に対して，$TVaR_\alpha(X) = \mathbb{E}[VaR_{U_\alpha}(X)]$ と書けることに注意すれば，楠岡表現(3.63)は，独立な U_α と $\zeta \sim m$ に対して

$$\rho(X) = \mathbb{E}[VaR_{U_\zeta}(X)] = \mathbb{E}\left[F_X^{-1}(U_\zeta)\right] = \int_0^1 F_X^{-1}(u) \, D(\mathrm{d}u)$$

のように書けることを主張している．ただし，D は確率変数 U_ζ の分布である．この D から決まる分布関数 $D(x)$ が題意の性質を満たすことを確かめればよいが，D が単調増加であることと $D(0) = 0$, $D(1) = 1$ は明らかなので，凸性を示す．

$$D(x) = \mathbb{P}(U_\zeta \leq x) = \mathbb{E}\left[\mathbb{P}(U_\zeta \leq x \mid \zeta)\right] = \mathbb{E}[g_\zeta(x)\mathbf{1}_{\{x > \zeta\}}],$$

ただし，$g_\zeta(x) = \frac{x - \zeta}{1 - \zeta}$ と書けることに注意すると，任意の $\theta \in (0, 1)$ と任意の $x < y$ に対して

$$D(\theta x + (1 - \theta)y)$$
$$= \theta\mathbb{E}\left[g_\zeta(x)\mathbf{1}_{\{\theta x + (1-\theta)y > \zeta\}}\right] + (1 - \theta)\mathbb{E}\left[g_\zeta(y)\mathbf{1}_{\{\theta x + (1-\theta)y > \zeta\}}\right]$$

と分解できる．ここで，$\theta x + (1 - \theta)y > \zeta$ ならば $y > \zeta$ が成り立つので

$$\mathbb{E}\left[g_\zeta(y)\mathbf{1}_{\{\theta x + (1-\theta)y > \zeta\}}\right] \leq D(y).$$

また，

$$\mathbb{E}\left[g_\zeta(x)\mathbf{1}_{\{\theta x + (1-\theta)y > \zeta\}}\right]$$
$$= \mathbb{E}\left[g_\zeta(x)\mathbf{1}_{\{\theta x + (1-\theta)y > \zeta, \ x > \zeta\}}\right] + \mathbb{E}\left[g_\zeta(x)\mathbf{1}_{\{\theta x + (1-\theta)y > \zeta, \ x \leq \zeta\}}\right]$$

と分解すれば，右辺第 2 項について，$\{x \leq \zeta\}$ 上では $g_\zeta(x) \leq 0$ となるから

$$\mathbb{E}\left[g_\zeta(x)\mathbf{1}_{\{\theta x + (1-\theta)y > \zeta\}}\right] \leq \mathbb{E}\left[g_\zeta(x)\mathbf{1}_{\{\theta x + (1-\theta)y > \zeta, \ x > \zeta\}}\right] \leq D(x).$$

以上より，

$$D(\theta x + (1 - \theta)y) \leq \theta D(x) + (1 - \theta)D(y)$$

となって D は凸関数である．

次に十分性を示すために，$D(0) = 0$, $D(1) = 1$ を満たす $[0,1]$ 上の単調増加凸関数 D によって，

$$\rho(X) = \int_0^1 F_X^{-1}(u)\, D(\mathrm{d}u)$$

と書けていると仮定する．このとき，(R5) はその形から明らかである．また，(R4) も $F_X^{-1}(u) = VaR_u(X)$ であることに注意して，VaR の共単調性（定理3.80）から明らかである．あとは整合性を示せば証明は終わるが，ここでは簡単のために $D \in C^2(0,1)$ として示すことにする[10]．さて，$D \in C^2(0,1)$ の下では，部分積分によって

$$\rho(X) = \int_0^1 \left[\int_\alpha^1 F_X^{-1}(u)\, \mathrm{d}u \right] D''(\alpha)\, \mathrm{d}\alpha + E[X]D'(0)$$
$$= \int_0^1 TVaR_\alpha(X)(1 - \alpha)D''(\alpha)\, \mathrm{d}\alpha + E[X]D'(0).$$

凸性より $D'' \geq 0$ となることに注意すれば，$TVaR$ の整合性により ρ も整合的となる．

一般の D についての証明は，例えば，Wang and Dhaene [62] などを参照されたい．∎

式(3.64)を少し変形すると，$H_D(x) := (D \circ F_X)(x) = D(F_X(x))$ に対して

$$\rho(X) = \int_{\mathbb{R}} x\, H_D(\mathrm{d}x)$$

と書ける．ここで，H_D が確率分布となることに注意すると，ρ_D は元々のリスク分布 F_X を関数 D によって "歪め"，新たな分布 H_D による期待値をとっていることになる．この意味では，H_D は保険料計算原理で述べた Wang

---

[10] 後で述べる例の多くはこのようなものか，そのような滑らかな関数列で一様に近似できるものである（例 3.108 を参照）．

原理などと同様な"リスク調整済み確率"の一種といえ，$\rho(X) = \mathbb{E}^{H_D}[X]$ は最悪のシナリオを与える分布 H_D によってリスクを調整した確率と解釈することができる．

[定義 3.103] $[0,1]$ 上の単調増加関数 D で，$D(0) = 0$, $D(1) = 1$ を満たすものに対して，

$$\rho_D(X) = \int_0^1 VaR_u(X)\,D(\mathrm{d}u), \quad X \in L^\infty \tag{3.65}$$

として定まるリスク尺度 ρ_D を**歪みリスク尺度** (distortion risk measure) といい，関数 D を**歪み関数** (distortion function) という．

定理 3.102 の証明からすぐにわかることは，凸性が整合性のために本質的な条件となっていることである．すなわち，以下が成り立つ．

[定理 3.104] 歪み関数 D を持つ歪みリスク尺度 ρ_D が整合的リスク尺度になるための必要十分条件は，D が凸関数となることである．

[問 3.105] 定理 3.104 を，$D \in C^2(0,1)$ として証明せよ．

[補題 3.106] 歪みリスク尺度 (3.65) に対して以下の等式が成り立つ：

$$\rho_D(X) = \int_0^\infty \overline{D}\left(F_X(z)\right)\,\mathrm{d}z - \int_{-\infty}^0 D\left(F_X(z)\right)\,\mathrm{d}z. \tag{3.66}$$

ただし，$\overline{D}(x) := 1 - D(x)$．特に，$D(x) = x$ と置くと定理 1.37 である．

証明 定理 1.37 の証明と同様である：

$$\rho_D(X) = \int_{\mathbb{R}} z \cdot (D \circ F_X)(\mathrm{d}z)$$

$$= \int_0^\infty \left(\int_0^\infty \mathbf{1}_{\{y \le z\}} \, \mathrm{d}y \right) (D \circ F_X)(\mathrm{d}z)$$

$$\quad + \int_{-\infty}^0 \left(- \int_{-\infty}^0 \mathbf{1}_{\{y > z\}} \, \mathrm{d}y \right) (D \circ F_X)(\mathrm{d}z)$$

$$= \int_0^\infty \mathrm{d}y \int_y^\infty (D \circ F_X)(\mathrm{d}z) - \int_{-\infty}^0 \mathrm{d}y \int_{-\infty}^y (D \circ F_X)(\mathrm{d}z)$$

$$= \int_0^\infty \overline{D}\left(F_X(y)\right) \mathrm{d}y - \int_{-\infty}^0 D\left(F_X(y)\right) \mathrm{d}y. \qquad \blacksquare$$

以上のことから，実用的な整合的リスク尺度を選択するには，歪みリスク尺度を考え，その歪み関数 D を適切に選択するのが簡単である．

3.5.3 歪みリスク尺度の具体例

本項では代表的な歪みリスク尺度の例を上げながら，定理 3.104 の結果について確認してみよう．

[例 3.107 （VaR）]　VaR が整合的リスク尺度でないことは既に見た．実際，$VaR_\alpha(X)$ は $D(x) = \Delta_\alpha(x)$ $(x \in [0,1])$ によって (3.64) と書けるが，この D は凸関数でないので，定理 3.104 からも VaR が整合的でないことがわかる．

[例 3.108 （TVaR）]　歪み関数 D を以下のようにとる：

$$D(x) = \frac{1}{1-\alpha}(x-\alpha)_+, \quad \alpha \in (0,1).$$

このとき，D は凸関数であるから ρ_D は整合的リスク尺度のはずだが，実際

$$\rho_D(X) = \frac{1}{1-\alpha} \int_\alpha^1 VaR_u(X) \, \mathrm{d}u = TVaR_\alpha(X)$$

となって，ρ_D は整合的リスク尺度である．

ここで，定理 3.102 の証明では $D \in C^2(0,1)$ を仮定していたが，TVaR の歪み関数は $x = \alpha$ では微分できない．この微分不可能性を回避する一例として，以下のように考えてもよい：上記の D に対しては凸関数列 $D_\epsilon \in C^2(0,1)$

$(\epsilon > 0)$ で

$$\sup_{x \in \mathbb{R}} |D_\epsilon(x) - D(x)| \to 0, \quad \epsilon \to 0$$

なるものをとることができることに注意する．各 D_ϵ に対して ρ_{D_ϵ} は整合的リスク尺度であり，表現(3.66)を用いると，$X \in L^\infty$ に対して

$$
\begin{aligned}
|\rho_{D_\epsilon}(X) - \rho_D(X)| &\leq \int_0^M \left| \overline{D_\epsilon}\left(F_X(z)\right) - \overline{D}\left(F_X(z)\right) \right| \, \mathrm{d}z \\
&\quad + \int_{-M}^0 |D_\epsilon\left(F_X(z)\right) - D\left(F_X(z)\right)| \, \mathrm{d}z \\
&\leq 2M \sup_{x \in \mathbb{R}} |D_\epsilon(x) - D(x)| \to 0, \quad \epsilon \to 0.
\end{aligned}
$$

ただし，$M > 0$ は(3.62)で与えられる定数である．したがって，ρ_{D_ϵ} の整合性は ρ_D に受け継がれる．

[例 3.109（**VaR + ES**）] 3.1.1 項，(3.5)において，期待ショートフォール $ES_\alpha(X)$ を用いたリスク尺度

$$\rho_{ES_\alpha}(S) = VaR_\alpha(S) + ES_\alpha(S)$$

を考えた．これについて，定理 3.8 により

$$\rho_{ES_\alpha}(S) = VaR_\alpha(X) + (1 - \alpha)\left[TVaR_\alpha(X) - VaR_\alpha(X)\right].$$

となるので，ρ_{ES_α} の歪み関数は

$$D(x) = (x - \alpha)_+ + \alpha \Delta_\alpha(x)$$

となるが，これは凸関数でないので ρ_{ES_α} は整合的ではない．

[例 3.110（**Dual-power**）] 自然数 k に対して $D(x) = x^k$ と置くと，これは凸関数であるから，(3.66)を用いて

$$\rho_D(X) = \int_0^\infty \left[1 - \left(F_X(z)\right)^k \right] \, \mathrm{d}z - \int_{-\infty}^0 \left[F_X(z)\right]^k \, \mathrm{d}z$$

は整合的リスク尺度である. ここで,

$$[F_X(y)]^k = \mathbb{P}(X_1 \le y, \ldots, X_k \le y) = F_{X^*}(y).$$

ただし, $X^* := \max\{X_1, \ldots, X_k\}$ であることに注意すると,

$$\rho_D(X) = \mathbb{E}[X^*]$$

となり, 実は最大順序統計量の期待値であることがわかる.

[例 3.111 (Wang 変換)] $a \in \mathbb{R}$ に対して,

$$D(t) = \Phi\left(\Phi^{-1}(t) - a\right) \tag{3.67}$$

と置く. ただし, Φ は標準正規分布の分布関数とする. これを歪み関数として

$$H_D(x) = (D \circ F)(x)$$

とすると, これは F の Wang 変換 (2.7) であり,

$$\rho_D[X] = \mathbb{E}^{H_D}[X]$$

は保険料計算における Wang 原理である. ここで, $a > 0$ とすると D は凸関数になるので (問 3.112), ρ_D は整合的リスク尺度である.

[問 3.112] 式 (3.67) で定義される D が凸関数になるための条件は $a > 0$ であることを示せ.

[例 3.113 (Wang のリスク尺度)] 保険数理ではリスク X を正値確率変数とすることが多い. この場合, (3.66) の表現は

$$\rho_D(X) = \int_0^\infty \overline{D}\left(F_X(z)\right)\,\mathrm{d}z$$

となる. ここで, 単調非減少関数 g で $g(0) = 0 = 1 - g(1)$ を満たすような凹

関数 (concave function)[11] を用いて

$$D(x) = 1 - g(1 - x)$$

とするとこれは単調増加凸関数で $D(0) = 0 = \overline{D}(1)$ を満たす歪み関数になる. このとき,

$$\rho_D(X) = \int_0^\infty g\left(\overline{F}_X(z)\right) \, \mathrm{d}z$$

と書けて, これは整合的リスク尺度になる. この表現のリスク尺度は, 保険数理の分野で **Wang のリスク尺度** (**Wang's risk measure**) として知られている. X が非負とは限らない一般の場合には以下のようになる:

$$\rho_D(X) = \int_0^\infty g\left(\overline{F}_X(z)\right) \, \mathrm{d}z - \int_{-\infty}^0 \overline{g}\left(\overline{F}(z)\right) \, \mathrm{d}z. \tag{3.68}$$

[**問 3.114**] 式 (3.68) を導け.

---

[11] 関数 f が凹関数であるとは $-f$ が凸関数となることである.

第4章

保険リスクの統計的推測

保険数理におけるリスク（確率）モデルは常にク
レーム分布などの未知量に依存しており，本来な
らばデータに基づいて推定する必要がある．本章
では統計的概念や推測手法の基本を概説し，保険
リスクとしての複合分布の統計推測を学習する．

4.1 統計的推測の基礎概念

データ（観測値）$x_1, x_2, \ldots, x_n \ (\in \mathbb{R})$ が与えられたとき，我々はしばしば
このデータが，母数 θ を持つようなある分布 $F := F_\theta$ に従って独立に発生し
たと仮定して，F に関連する未知母数 $\theta = \theta(F)$ を知りたいと考える．例え
ば，分布関数 $F_\theta(x) = \int_{-\infty}^{x} F_\theta(\mathrm{d}z)$ を知りたいとき，経験分布関数

$$\widehat{F}_n(x) = \frac{1}{n} \sum_{i=1}^{n} \mathbf{1}_{(-\infty, x]}(x_i) \tag{4.1}$$

で推定する方法はよく知られている．θ が関数 g によって，

$$\theta = \theta(F) = \int_{\mathbb{R}} g(z) \, F(\mathrm{d}z)$$

と書ける場合，F に $\widehat{F}_n$ を代入すると，Stieltjes 積分の定義によって

$$\widehat{\theta} = \theta(\widehat{F}_n) = \frac{1}{n} \sum_{i=1}^{n} g(x_i)$$

150 第 4 章 保険リスクの統計的推測

となるので，これを使って θ を推定するのもよいであろう．このように得られたデータを用いて未知母数 θ を推定したものを**推定値 (estimated value)**という．推定値は単なる実数であって，この $\bar{x}$ が θ について "よい" 推定なのか，また "よい" とすればそれはどのような意味なのかについては何も語っていない．このような "推定値のよさ" の考察のためには，データ $X_1,$ $X_2, \ldots, X_n$ が確率変数として与えられたとして，$\widehat{\theta} = \frac{1}{n} \sum_{i=1}^{n} g(X_i)$ なる確率変数がどのような意味で母数 θ に近いのかを示す必要がある．このように，データを確率変数と見て，θ を推定したものを**推定量 (estimator)** と呼んで区別する．推定量の実現値が推定値であり，推定量を用いれば，ある推定値が偶然に真の θ に近く得られたのか，ある一定の確率で θ に近くなりうるのか，といった確率的な "良さ" の評価が可能になる．

以下，関数 $\theta : \mathbb{R}^n \to \mathbb{R}$，と標本 $\boldsymbol{X} = (X_1, \ldots, X_n)$ から作った確率変数

$$\widehat{\theta}_n := \theta(\boldsymbol{X})$$

によって未知母数 θ に対する推定を考えるとき，$\widehat{\theta}_n$ を θ の推定量と呼ぶことにする．

4.1.1 不 偏 推 定

推定量のよさを表す最も基本的な概念が次の不偏推定である．

[定義 4.1] 標本 $(X_1, \ldots, X_n)$ が母数 θ を持つ分布 F_θ に従うとし，θ は未知とする．未知母数 θ の推定量 $\widehat{\theta}_n$ が，任意の θ に対して

$$\mathbb{E}_\theta \left[\widehat{\theta}_n \right] = \theta \tag{4.2}$$

を満たすとき，$\widehat{\theta}_n$ は θ に対する**不偏推定量 (unbiased estimator)** という．ここに，$\mathbb{E}_\theta$ は F_θ による積分を表す．また，

$$\lim_{n \to \infty} \mathbb{E}_\theta \left[\widehat{\theta}_n \right] = \theta \tag{4.3}$$

を満たすとき，θ に対する**漸近不偏推定量 (asymptotic unbiased estimator)** という．

不偏性は推定量のよさを論じる上で最も基本的な性質の一つであり，これは推定量が"平均的に真の母数 θ を当てている"ことを表している．例えば，n 個の標本 $(X_1, \ldots, X_n)$ をとって $\widehat{\theta}_n$ を作ることを B 回繰り返し，$\widehat{\theta}_n^{(1)}, \ldots, \widehat{\theta}_n^{(B)}$ と B 個の推定量を作れば，大数の強法則によって

$$\frac{1}{B}\sum_{k=1}^{B}\widehat{\theta}_n^{(k)} \to \theta \quad a.s.$$

となるというのが"平均的に当てている"ということの意味であり，各 $\widehat{\theta}_n^{(k)}$ は上記の意味でそれほど θ から離れていない，というのが不偏性である．

不偏推定量の中で推定量のよさを比較するには，例えば分散が小さい推定量がよいが，これについては以下の **Cramér-Rao の不等式** (**Cramér-Rao's inequality**) が知られている．

[定理 4.2]　標本 $\boldsymbol{X} = (X_1, \ldots, X_n)$ はある分布 F からの標本で，F は母数 $\theta_0 \in \Theta \subset \mathbb{R}$ に依存した確率密度関数 f_{θ_0} を持つとし，$f_\theta(\boldsymbol{x})$ を $(\theta, \boldsymbol{x})$ の関数と見るとき以下を仮定する：

(1)　f_θ の**台** (**support**) $D := \{\boldsymbol{x} \in \mathbb{R}^n : f_\theta(\boldsymbol{x}) > 0\}$ は θ に依存しない．

(2)　任意の $\boldsymbol{x} \in D$ に対して $\frac{\partial}{\partial \theta}\log f_\theta(\boldsymbol{x})$ が存在し，任意の $\theta \in \Theta$ に対し，

$$I_n(\theta) := \mathbb{E}_\theta\left[\left(\frac{\partial}{\partial \theta}\log f_\theta(\boldsymbol{X})\right)^2\right] \in (0, \infty).$$

(3)　以下のような微分 $\frac{\partial}{\partial \theta}$ と積分 $\int_D$ との順序交換が可能である：

$$\frac{\partial}{\partial \theta}\int_D \log f_\theta(\boldsymbol{x}) \cdot f_{\theta_0}(\boldsymbol{x})\,\mathrm{d}\boldsymbol{x} = \int_D \frac{\partial}{\partial \theta}\log f_\theta(\boldsymbol{x}) \cdot f_{\theta_0}(\boldsymbol{x})\,\mathrm{d}\boldsymbol{x},$$

$$\frac{\partial}{\partial \theta}\int_D T(\boldsymbol{x})f_\theta(\boldsymbol{x})\,\mathrm{d}\boldsymbol{x} = \int_D T(\boldsymbol{x})\frac{\partial}{\partial \theta}f_\theta(\boldsymbol{x})\,\mathrm{d}\boldsymbol{x}.$$

また，関数 $g : \Theta \to \mathbb{R}$ が微分 $g'(\theta)$ を持つとし，$g(\theta_0)$ の不偏推定量 $\widehat{T}_n := T(\boldsymbol{X})$ が与えられたとする．このとき，$\widehat{T}_n$ の分散について以下の不等式が成り立つ：

$$Var_{\theta_0}(\widehat{T}_n) \geq [g'(\theta_0)]^2 \cdot I_n^{-1}(\theta_0).$$

したがって，特に $g(\theta) = \theta$ のときは分散の下界は $I_n^{-1}(\theta_0)$ となる．

証明 以下の等式に注意する．

$$Cov_\theta\left(\widehat{T}_n, \frac{\partial}{\partial\theta}\log f_\theta(\boldsymbol{x})\right) = \mathbb{E}_\theta\left[\widehat{T}_n\frac{\partial}{\partial\theta}\log f_\theta(\boldsymbol{x})\right] - g(\theta)\,\mathbb{E}_\theta\left[\frac{\partial}{\partial\theta}\log f_\theta(\boldsymbol{x})\right].$$

第 1 項について，微分と積分の順序交換により

$$\mathbb{E}\left[\widehat{T}_n\frac{\partial}{\partial\theta}\log f_\theta(\boldsymbol{x})\right] = \frac{\partial}{\partial\theta}\int_D T(\boldsymbol{x})f_\theta(\boldsymbol{x})\,\mathrm{d}\boldsymbol{x} = \frac{\partial}{\partial\theta}\mathbb{E}_\theta[\widehat{T}_n] = g'(\theta).$$

最後の等式は $\widehat{T}_n$ の不偏性である．また，第 2 項について $\theta = \theta_0$ を代入すると，やはり微分と積分の順序交換によって

$$g(\theta)\,\mathbb{E}_\theta\left[\frac{\partial}{\partial\theta}\log f_\theta(\boldsymbol{x})\right]\bigg|_{\theta=\theta_0} = g(\theta_0)\frac{\partial}{\partial\theta}\int_D f_{\theta_0}(\boldsymbol{x})\,\mathrm{d}\boldsymbol{x} = 0.$$

以上より，

$$g'(\theta) = \mathbb{E}_{\theta_0}\left[(\widehat{T}_n - g(\theta_0))\frac{\partial}{\partial\theta}\log f_\theta(\boldsymbol{x})\right].$$

したがって，Cauchy-Schwartz の不等式（定理 A.14）を用いて

$$[g'(\theta_0)]^2 = \left|\mathbb{E}_{\theta_0}\left[(\widehat{T}_n - g(\theta_0))\frac{\partial}{\partial\theta}\log f_\theta(\boldsymbol{x})\right]\right|^2 \leq Var_{\theta_0}(\widehat{T}_n)I_n(\theta_0)$$

となって結論の不等式を得る． ∎

[定義 4.3] 分散が定理 4.2 の不等式の下限 $I^{-1}(\theta_0)$ を達成するような不偏推定量を**有効（不偏）推定量** (efficient (unbiased) estimator) という．

[注意 4.4] $I(\theta)$ を母数 θ に対して標本 $\boldsymbol{X}$ が持つ **Fisher 情報量 (Fisher information)** という．特に，標本 $\boldsymbol{X} = (X_1, \ldots, X_n)$ が IID 標本のとき，簡単な計算から

$$I_n(\theta) = nI_1(\theta) \tag{4.4}$$

となることがわかり，n 標本 $(X_1, \ldots, X_n)$ が持つ情報量は 1 標本が持つ情報量 $I_1(\theta_0)$ の n 倍となり，情報量という語感にもあっている．$\Theta \in \mathbb{R}^p$ のような多次元の場合には，$\nabla_\theta = (\frac{\partial}{\partial \theta_1}, \ldots, \frac{\partial}{\partial \theta_p})$ に対して，

$$I_n(\theta) = \mathbb{E}_{\theta_0} \left[\nabla_\theta \log f_\theta(\boldsymbol{X}) \nabla_\theta^\top \log f_\theta(\boldsymbol{X}) \right]$$

とし，これを **Fisher 情報行列** (**Fisher information matrix**) という．

4.1.2 一致性と漸近正規性

一般的には不偏推定量の構成は容易でない場合が多いが，不偏性が成り立たないとしても，標本数を増やすことによって以下に述べるような性質を使って推定量のよさを示すことも多い．

[定義 4.5] 未知母数 θ に対する推定量 $\widehat{\theta}_n$ が $n \to \infty$ のとき θ に確率収束するとき：

$$\widehat{\theta}_n \to^p \theta, \quad n \to \infty, \tag{4.5}$$

このような $\widehat{\theta}_n$ を **(弱) 一致推定量** (**(weak) consistent estimator**) という．さらに，推定量 $\widehat{\theta}_n$ が $n \to \infty$ のとき θ に概収束するとき，すなわち，

$$\widehat{\theta}_n \to \theta \quad a.s., \quad n \to \infty \tag{4.6}$$

を満たすとき，$\widehat{\theta}_n$ を **強一致推定量** (**strong consistent estimator**) という．

上記 (4.5)，(4.6) いずれかが成り立つとき，推定量 $\widehat{\theta}_n$ は「一致性を持つ」といわれるが，通常「一致性」というときは弱一致性のことを指すことが多い．一致性は大標本が得られる場合に推定量のよさを表す基本的な概念であり，まず目指すべき性質の一つといえる．実用的には，小標本下では不偏性を，大標本下では一致性を持つ推定量の構成を目指すことが多い．

(弱) 一致性の意味は，推定量が θ と ϵ (> 0) だけ離れるような「確率」が小さくなるのであって $\widehat{\theta}_n$ の値自体が θ に収束するとまではいっていない．n を増やしていくとき，もしかしたら時々は θ とはかけ離れた値をとり「θ に収

154 第 4 章 保険リスクの統計的推測

束」はしないものの，そのような確率は次第に小さくなっていくと言っている．これに対して強一致性では，標本を集めれば集めるほど「$\widehat{\theta}$ の実現値」がほとんど確実に（確率 1 で）θ に収束することを意味している．強一致性はしばしば成り立つ性質だが，数学的な証明が難しいことが多い．そのような場合でも弱一致性を示して推定量のよさを主張しておくのが望ましい．

[定義 4.6]　未知母数 θ に対する推定量 $\widehat{\theta}_n$ に対して，ある非確率的な数列 φ_n で $\varphi_n \to \infty$ $(n \to \infty)$ を満たすものが存在して

$$\varphi_n(\widehat{\theta}_n - \theta) \to^d N(0, \sigma^2), \quad n \to \infty$$

となるとき，$\widehat{\theta}_n$ は θ に対する**漸近正規推定量 (asymptotically normal estimator)** といい，σ^2 を**漸近分散 (asymptotic variance)** という．また，φ_n は推定量 $\widehat{\theta}_n$ の**収束率 (rate of convergence)** という[1]．

　θ の不偏推定量に対して Cramér-Rao の下界が Fisher 情報量の逆数になることの類似として，漸近正規推定量に関しても同様のことが成り立つ．すなわち，ある母数 θ_0 に対する漸近正規推定量が与えられたとき，その漸近分散を $\nu(\theta_0)$ とすると，適当な正則条件の下で，

$$\nu(\theta_0) \geq I^{-1}(\theta_0)$$

となることが証明できる（例えば，稲垣 [27] や Ibragimov and Has'minskii [26] などを参照）．この意味で，漸近分散に Fisher 情報量の逆数 $I^{-1}(\theta_0)$ を持つような推定量は最良である．

[定義 4.7]　漸近正規推定量であって，その漸近分散が Fisher 情報量の逆数 $I^{-1}(\theta_0)$ になる推定量は**漸近有効 (asymptotically efficient)** であるという．

---

[1]　特に $\varphi_n(\widehat{\theta}_n - \theta) = O_p(1)$ となる性質を $\widehat{\theta}_n$ の **φ_n-一致性**などという．

4.2 推定量の構成とその性質

4.2.1 パラメトリック法 vs. ノンパラメトリック法

分布 F からの観測 $X_1, \ldots, X_n$ を得たとき，未知量 $\theta = \theta(F)$ に対する推定法は大きく以下の二つに分けられる．

(I) F に対して，パラメータに依存する分布族 $\mathcal{P}_\Theta := \{F_\theta(x) : \theta \in \Theta\}$（パラメトリック・モデル，**parametric model**）を与えておき，クレームデータから母数 θ を推定することにより F を特定する方法（**パラメトリック法，parametric method**）．

(II) F にモデルを仮定せず，データから直接 $F(x)$ の曲線の形を推定する方法（**ノンパラメトリック法，nonparametric method**）．

一般に，パラメトリック・モデル $\mathcal{P}_\Theta$ を仮定するときには，"真の分布" F は，ある $\theta_0 \in \Theta$ に対して

$$F = F_{\theta_0} \tag{4.7}$$

となっていることを想定しており，このような θ_0 を θ の**真値 (true value)** という．このとき，F の推定は真値 θ_0 の推定問題に置き換わる．

[例 4.8] ある n 個の標本の下で，真値 θ_0 の漸近正規推定量 $\widehat{\theta}_n$ が構成できたとする：

$$\varphi_n(\widehat{\theta}_n - \theta_0) \to^d N(0, \sigma^2), \quad n \to \infty.$$

このとき，以下が成り立つ．

[補題 4.9 (デルタ法 (delta method)[2])] $g \in C^1(\Theta)$ なる関数 g に対して，

$$\varphi_n \left(g(\widehat{\theta}_n) - g(\theta_0) \right) \to^d N \left(0, \sigma^2 (g'(\theta_0))^2 \right).$$

---

[2] 例えば，吉田 [64, 定理 1.61] など．

これを用いると，分布のモデル F_θ に対して $\dot{F}_{\theta,x} := \frac{\partial}{\partial\theta}F_\theta(x)$ が存在すれば，

$$\varphi_n\left(F_{\widehat{\theta}_n}(x) - F_{\theta_0}(x)\right) \to^d N\left(0, \sigma^2 \dot{F}_{\theta_0,x}^2\right), \quad n \to \infty$$

となって，$F_{\widehat{\theta}_n}$ は F_{θ_0} の漸近正規推定量になる．$\dot{F}_{\theta_0,x}^2$ は推定量の作り方にはよらないので，漸近分散 σ^2 が小さいほど $F_{\widehat{\theta}_n}(x)$ もよい推定量になる．

このように，(4.7) の仮定の下では，母数を推定することでうまく F を当てることができそうだが，一般には仮定したモデルが "間違っている" ことも考慮せねばならない．すなわち，$\mathcal{P}_\Theta$ の設定の仕方が悪ければ，どのようなパラメータ θ を選んでも

$$F_\theta \neq F$$

となるかもしれない．このような状態をモデルの**誤特定 (misspecification)** という．こうなると，θ のどんな推定量 $\widehat{\theta}$ に対しても $F_{\widehat{\theta}}$ は常に間違っており，予測も誤ってしまうであろう[3]．

このような欠点を補う一つの方法がノンパラメトリック法である．分布関数の推定に対する最も基本的なノンパラメトリック推定法は以下の経験推定である．

[**例 4.10**]　標本 $X_1, \ldots, X_n$ が分布 F からの独立な標本とするとき，経験分布関数

$$\widehat{F}_n(x) = \frac{1}{n}\sum_{i=1}^n \mathbf{1}_{\{X_i \leq x\}} \tag{4.8}$$

を考えると，

---

[3]　誤特定を考慮して，複数のモデルからある意味で "最良" のモデルを選び出す「モデル選択」という考え方があり，**赤池情報量規準 (Akaike's information criteria, AIC)** などが有名である．詳しくは小西・北川 [33] を参照のこと．

$$\mathbb{E}\left[\widehat{F}_n(x)\right] = \frac{1}{n}\sum_{i=1}^{n}\mathbb{P}(X_i \leq x) = F(x)$$

となるので分布関数 $F(x)$ の不偏推定量である．また，大数の強法則（定理1.101）や中心極限定理（定理1.103）により，任意の $x \in \mathbb{R}$ に対して

$$\widehat{F}_n(x) \to F(x) \quad a.s.;$$
$$\sqrt{n}\left(\widehat{F}_n(x) - F(x)\right) \to^d N(0, F(x)\overline{F}(x))$$

となることがわかる．したがって，$\widehat{F}_n$ は強一致・漸近正規推定量である．

次に，ある関数 g に対して，

$$F[g] := E[g(X_1)] = \int_{\mathbb{R}} g(x)\,F(\mathrm{d}x) < \infty$$

とする．この中の F を経験分布 $\widehat{F}_n$ で置き換えて Stieltjes 積分を行うと

$$\widehat{F}_n[g] := \int_{\mathbb{R}} g(x)\,\widehat{F}_n(\mathrm{d}x) = \frac{1}{n}\sum_{i=1}^{n}g(X_i)$$

となる．したがって，やはり中心極限定理により，$F[g^2] < \infty$ なる条件の下で $\widehat{F}_n[g]$ は $F[g]$ に対して不偏性，強一致性，漸近正規性を持ち，その漸近分散は $Var(g(X_1))$ となる．

推定量(4.8)は特にモデルを仮定するわけではなく，標本数が増えれば確実に $F(x)$ に収束していくので，誤特定の心配はない．一方で，あくまで経験的な推定であるので，まだ現れたことのない未知の標本に対する予測力は極めて低く，例えば後述する裾の重い分布に対する経験推定では，これが致命的な欠点ともなりうる．どちらの方法をとるかは，要求する精度や計算の簡便さなどの観点から総合的に判断し選択する必要がある．

4.2.2 最 尤 法

パラメトリック法の代表的な手法である**最尤推定法** (maximum likelihood estimation) について解説する．

158　第 4 章　保険リスクの統計的推測

標本 $X_1, X_2, \ldots, X_n$ をある分布からの無作為標本（IID 標本）とし，その分布を F_{θ_0} とし，母数 $\theta_0 \in \mathbb{R}^p$ は未知とする．この θ_0 の推定のために，母数 θ を持つようなパラメトリック・モデル

$$\mathcal{P}_\Theta := \{F_\theta : \theta \in \Theta\}, \quad \Theta \subset \mathbb{R}^p$$

を考える．Θ を**母数空間** (parameter space) という．今，$F_{\theta_0} \in \mathcal{P}_\Theta$，すなわち，$\theta_0 \in \Theta$ とし，各 F_θ が確率密度関数 f_θ を持つとする：

$$F_\theta(\mathrm{d}x) = f_\theta(x)\, \mathrm{d}x.$$

一般に，標本 $X_1, X_2, \ldots, X_n$ の出る確率は，$L_n(\theta_0) := \prod_{i=1}^n f_{\theta_0}(X_i)$ の大きさに依存する．そこで，一つの思想として「データ $X_1, X_2, \ldots, X_n$ が得られたのはそれが最も出やすいデータであったからだ」と考える．すると，

$$L_n(\theta) = \prod_{i=1}^n f_\theta(X_i) \tag{4.9}$$

はデータ $X_1, X_2, \ldots, X_n$ が出現する「尤（もっと）もらしさの度合い」と見ることができる．この意味で，この $L_n(\theta)$ を観測 $X_1, X_2, \ldots, X_n$ に対する**尤度** (likelihood) という．このような思想の下では，尤度を最大にするような θ が最も真値 θ_0 に近いはずであり，「尤（もっと）もらしい推定量」といえる．そこで，尤度を最大にする推定量 $\widehat{\theta}_n$ を考えこれを**最尤推定量** (maximum likelihood estimator, **MLE**) という．すなわち，MLE は以下のように定義される：

$$L_n(\widehat{\theta}_n) = \sup_{\theta \in \Theta} L_n(\theta).$$

このような $\widehat{\theta}_n$ のことをしばしば

$$\widehat{\theta}_n := \arg\sup_{\theta \in \Theta} L_n(\theta)$$

とも書き，本書でもこの記号をたびたび用いる．同値なことだが

$$\ell_n(\theta) = \frac{1}{n} \sum_{i=1}^n \log f_\theta(X_i)$$

と置いて

$$\widehat{\theta}_n := \arg\sup_{\theta \in \Theta} \ell_n(\theta)$$

のように定義してもよい.計算技術的には積よりも和を考える方が都合のよいことが多いし,$1/n$ を掛けておくと大数の法則が働いて ℓ_n は収束するので,この形はいろんな意味で都合がよい.特に,$\log L_n(\theta)$ のことを**対数尤度 (log-likelihood)** という.

さて,MLE の構成法は単なる思想であって,現段階では MLE $\widehat{\theta}_n$ がよいか悪いかについては何もいっていない.しかし,f_θ に関する適当な正則条件の下で,最尤法は漸近有効になりうる.

MLE の一致性

以下,標本 $X_1, X_2, \ldots, X_n$ は分布 F_{θ_0} からの IID 標本とし,F_{θ_0} は確率密度関数 f_{θ_0} を持つとする.これに対して,密度関数に対する以下のパラメトリック・モデルを考える.

$$\mathcal{P}_\Theta = \{f_\theta : \theta \in \Theta\}, \quad \Theta \subset \mathbb{R}^p. \tag{4.10}$$

[定理 4.11] モデル (4.10) に対して以下の (i)-(iii) を仮定する:

(i) Θ は開集合で $\theta_0 \in \Theta$,また $f_\theta(x)$ は任意の $x \in \mathbb{R}$ で $\overline{\Theta}$ 上連続とする.

(ii) $f_\theta(X_1) = f_{\theta_0}(X_1)$ $a.s.$ ならば $\theta = \theta_0$.

(iii) $\ell(\theta) := \mathbb{E}[\log f_\theta(X_1)] < \infty$ とし,

$$\sup_{\theta \in \Theta} |\ell_n(\theta) - \ell(\theta)| \to^p 0, \quad n \to \infty.$$

このとき,MLE $\widehat{\theta}_n$ は一致推定量である:$\widehat{\theta}_n \to^p \theta_0, n \to \infty$.

仮定 (i) は主に MLE の存在を保証するための条件である.(i) の下では $\ell_n(\theta)$ は確率 1 で閉集合 $\overline{\Theta}$ 上で連続であるから,最大値の原理より MLE は存在する.

仮定 (ii) はモデル $\mathcal{P}_\Theta$ の**識別性条件 (identifiability)** といわれる.推定において密度関数のレベルで特定できれば,その母数も特定できるという意味

160　第 4 章　保険リスクの統計的推測

の条件である．この条件があると，実は真値 θ_0 が $\ell(\theta)$ の孤立最大点，すなわち，任意の $\epsilon > 0$ に対して，

$$\ell(\theta_0) > \sup_{\theta \in \overline{\Theta}: |\theta - \theta_0| > \epsilon} \ell(\theta) \tag{4.11}$$

となることが以下の補題によってわかる．

[補題 4.12（情報量不等式）]　任意の $\theta \in \overline{\Theta}$ に対して，$\int_{\mathbb{R}} f_{\theta_0}(x) \log f_\theta(x)\, dx < \infty$ のとき，

$$\int_{\mathbb{R}} f_{\theta_0}(x) \log \frac{f_{\theta_0}(x)}{f_\theta(x)}\, dx \geq 0$$

であり，等号は f_{θ_0}-a.e. に $f_\theta = f_{\theta_0}$ となるときに限り成り立つ．

証明　確率変数 X の分布が密度関数 f_{θ_0} を持つとする．狭義の凸関数 $g(x) = -\log x \ (x > 0)$ に対して Jensen の不等式（定理 A.13）を用いると，

$$\begin{aligned}
\int_{\mathbb{R}} f_{\theta_0}(x) \log \frac{f_{\theta_0}(x)}{f_\theta(x)}\, dx &= \mathbb{E}_{\theta_0}\left[g\left(\frac{f_\theta(X)}{f_{\theta_0}(X)} \right) \right] \\
&\geq g\left(\mathbb{E}_{\theta_0}\left[\frac{f_\theta(X)}{f_{\theta_0}(X)} \right] \right) = g\left(\int_{\mathbb{R}} f_\theta(x)\, dx \right) = 0.
\end{aligned}$$

等号は $f_\theta(X)/f_{\theta_0}(X)$ が定数のときのみ成り立つが，f_θ, f_{θ_0} が確率密度であることから $f_\theta(X)/f_{\theta_0}(X) = 1$ a.s. でなければならない．これは f_{θ_0}-零集合を除いて，$f_\theta = f_{\theta_0}$ であることを意味している．∎

この補題より，

$$\ell(\theta_0) - \ell(\theta) = \int_{\mathbb{R}} f_{\theta_0}(x) \log \frac{f_{\theta_0}(x)}{f_\theta(x)}\, dx \geq 0$$

であり，等号は $f_\theta = f_{\theta_0}$ f_{θ_0}-a.e. のとき，すなわち仮定 (ii) の下では $\theta = \theta_0$ のときのみ成り立つことがわかり，これは (4.11) である．つまり，**(ii) の識別性条件は本質的には (4.11) のためのものである．**

さて，MLE について

$$\widehat{\theta}_n = \arg \sup_{\theta \in \overline{\Theta}} \ell_n(\theta)$$

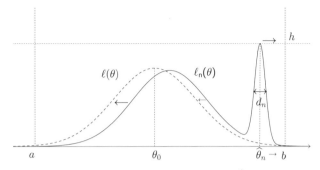

図 4.1 $\ell_n(\theta) \to \ell(\theta)$ $a.s.$ だが MLE は $\widehat{\theta}_n \to b$.

であることに注意する．今，大数の強法則によって $\ell_n(\theta) \to \ell(\theta)$ $a.s.$ という θ に関する各点収束が成り立つので，(4.11) も合わせて考えれば，一見して

「ℓ_n の最大点 $(\widehat{\theta}_n)$ は ℓ の最大点 (θ_0) に収束する」 $\cdots$ $(*)$

が成り立ちそうに思えるかもしれない．ところが，**$(*)$ は ℓ_n の各点収束だけでは保証されない！** 例えば，図 4.1 のような対数尤度 ℓ_n と MLE $\widehat{\theta}_n$ を考えてみよう．$\Theta = (a, b)$ とし，$n \to \infty$ のとき，対数尤度 ℓ_n は ℓ に収束しつつも右側にある幅 d_n の細い山の部分は山の高さを h に保ちつつ $d_n \to 0$ となりながら右の境界 b に向かって潰れていくような状況を考える．このとき，MLE $\widehat{\theta}_n$ は b へと収束し，$\ell(\theta)$ の最大点 θ_0 には収束しない．この例では

$$\sup_{\theta \in \overline{\Theta}} |\ell_n(\theta) - \ell(\theta)| \equiv h \not\to^p 0$$

となっており (iii) が成り立っていない．このような状況を排除するのが (iii) の一様収束である．

[問 4.13] 次のような $[-1, 1]$ 上の関数列 ℓ_n, $n \geq 1$ を考える：

$$\ell_n(\theta) = \ell(\theta) + 2e^{-n^3(\theta - 1 + n^{-1})^2}; \quad \ell(\theta) = e^{-\theta^2}, \quad \theta \in [-1, 1].$$

このとき，各 $\theta \in [-1, 1]$ に対して $\ell_n(\theta) \to \ell(\theta)$ であるが，ℓ_n の最大点 $(\widehat{\theta}_n)$ は ℓ の最大点 $(\theta_0 = 0)$ に収束しないことを示せ．

定理 4.11 の証明 $\ell(\theta_0) = c \in \mathbb{R}$ のときは，MLE は $\ell_n(\theta) - c$ を最大化するものと考えれば，初めから c を引いておくことで $\ell(\theta_0) = 0$ として一般性を失わない．

任意の $\delta > 0$ に対して，

$$C_n(\delta) := \Big\{ \omega \in \Omega : \sup_{\theta \in \overline{\Theta}} |\ell_n(\theta) - \ell(\theta)| \leq \delta/2 \Big\}$$

と置くと仮定 (iii) によって $\mathbb{P}(C_n(\delta)) \to 1$ となることに注意しておく．また，仮定 (i) より十分小さな $\epsilon > 0$ をとって $\{\theta \in \Theta : |\theta - \theta_0| > \epsilon\} \neq \emptyset$ とできる．さらに，既述したように (4.11) が成り立つので十分小さな $\delta > 0$ によって

$$\sup_{\theta \in \overline{\Theta} : |\theta - \theta_0| > \epsilon} \ell(\theta) < -\delta < \ell(\theta_0) = 0$$

とできる．この δ を固定しておいて，任意の $\omega \in C_n(\delta)$ をとると $\ell_n(\theta) - \ell(\theta) \leq \delta/2$ であるから，結局，$C_n(\delta)$ 上で

$$|\theta - \theta_0| > \epsilon \quad \Rightarrow \quad \ell_n(\theta) < -\delta/2 \tag{4.12}$$

が成り立つ．ところが $\omega \in C_n(\delta)$ に対しては $|\ell_n(\theta_0)| \leq \delta/2$ なので

$$\ell_n(\theta_0) \geq -\delta/2$$

も成り立ち，

$$\ell_n(\widehat{\theta}_n) \geq -\delta/2$$

である（なぜならば $\widehat{\theta}_n$ は ℓ_n を最大化する点）．したがって，(4.12) の対偶により $|\widehat{\theta}_n - \theta_0| \leq \epsilon$ を得る．以上により，任意の $\epsilon > 0$ に対して，ある $\delta > 0$ が存在して，

$$\omega \in C_n(\delta) \quad \Rightarrow \quad |\widehat{\theta}_n - \theta_0| \leq \epsilon$$

がわかったことになる．これを書き直せば

$$C_n(\delta) \subset \{\omega \in \Omega : |\widehat{\theta}_n - \theta_0| \leq \epsilon\} \subset \Omega$$

であり，したがって，

$$1 \geq \mathbb{P}(|\widehat{\theta}_n - \theta_0| \leq \epsilon) \geq \mathbb{P}(C_n(\delta)) \to 1$$

となって，$\widehat{\theta}_n \to^p \theta_0$ が示された． ∎

最後に (iii) の一様収束を保証する十分条件を挙げておく．

[補題 4.14] モデル(4.10)に対して以下の (a)-(c) を仮定する：
(a) $\overline{\Theta} \subset \mathbb{R}^p$ は有界．
(b) ある関数 $L(x)$ が存在して，任意の $\theta_1, \theta_2 \in \overline{\Theta}$ に対して

$$|\log f_{\theta_1}(x) - \log f_{\theta_2}(x)| \leq L(x)|\theta_1 - \theta_2|. \tag{4.13}$$

(c) ある定数 $C > 0$ が存在して，任意の $\theta \in \overline{\Theta}$ に対して

$$\mathbb{E}[L(X_1)] + \mathbb{E}[|\log f_\theta(X_1)|] \leq C.$$

このとき，以下の一様収束が成り立つ：

$$\sup_{\theta \in \overline{\Theta}} |\ell_n(\theta) - \ell(\theta)| \to 0 \quad a.s., \quad n \to \infty.$$

証明 $\overline{\Theta}$ のコンパクト性から，任意の $\epsilon > 0$ に対して Θ 内のある有限個の点 $x_1, \ldots, x_N$ をとって，それらの各点を中心とする半径 ϵ の開球 $B_i^\epsilon := \{x \in \Theta : \|x - x_i\| < \epsilon\}$ で覆うことができる：

$$\overline{\Theta} \subset \bigcup_{i=1}^N B_i^\epsilon.$$

このとき，任意の $\theta_k \in B_k^\epsilon \cap \overline{\Theta}$ に対し

$$c_k^\pm(x) = \log f_{\theta_k}(x) \pm 2\epsilon L(x) \quad \text{(複号同順)}$$

とすると，

$$c_k^-(x) \leq \inf_{\theta \in B_k^\epsilon \cap \overline{\Theta}} \log f_\theta(x) \leq \sup_{\theta \in B_k^\epsilon \cap \overline{\Theta}} \log f_\theta(x) \leq c_k^+(x)$$

となることに注意して，

$$\ell_n(\theta) - \ell(\theta) = \frac{1}{n} \sum_{i=1}^{n} \left\{ \log f_\theta(X_i) - \mathbb{E}_{\theta_0}[c_k^+(X_1)] \right\}$$

$$+ \frac{1}{n} \sum_{i=1}^{n} \mathbb{E}_{\theta_0} \left[c_k^+(X_1) - \log f_\theta(X_i) \right]$$

$$\leq \frac{1}{n} \sum_{i=1}^{n} \left\{ c_k^+(X_i) - \mathbb{E}_{\theta_0}[c_k^+(X_1)] \right\}$$

$$+ \mathbb{E}_{\theta_0} \left[c_k^+(X_1) - c_k^-(X_i) \right]$$

$$\leq \left\{ \frac{1}{n} \sum_{i=1}^{n} c_k^+(X_i) - \mathbb{E}_{\theta_0}[c_k^+(X_1)] \right\} + 4\epsilon C.$$

全く同様にして,

$$\ell_n(\theta) - \ell(\theta) \geq \left\{ \frac{1}{n} \sum_{i=1}^{n} c_k^-(X_i) - \mathbb{E}_{\theta_0}[c_k^-(X_1)] \right\} - 4\epsilon C.$$

したがって,

$$\sup_{\theta \in \overline{\Theta}} |\ell_n(\theta) - \ell(\theta)| \leq \max_{1 \leq k \leq N} \left| \frac{1}{n} \sum_{i=1}^{n} c_k^+(X_i) - \mathbb{E}_{\theta_0}[c_k^+(X_1)] \right|$$

$$+ \max_{1 \leq k \leq N} \left| \frac{1}{n} \sum_{i=1}^{n} c_k^-(X_i) - \mathbb{E}_{\theta_0}[c_k^-(X_1)] \right| + 8\epsilon C$$

となるが, 各 k ごとに $\{c_k^\pm(X_i)\}_{i=1,\dots,n}$ が期待値を持つ IID 列であることに注意して, 大数の強法則を使えば, max の中は共に 0 に概収束する. したがって, 最初にとった $\epsilon > 0$ に対して (これによって N が決まることに注意), n を十分大きくとれば,

$$\sup_{\theta \in \overline{\Theta}} |\ell_n(\theta) - \ell(\theta)| \leq (1 + 8C)\epsilon \quad a.s.$$

とできる. $\epsilon > 0$ は任意だったので, これで証明が終わった. ■

上記の条件 (b) は $\log f_\theta(x)$ の局所リプシッツ性であり, 以下は明らかであろう.

[**系 4.15**] $\Theta \subset \mathbb{R}$ のとき[4], 補題 4.14 の条件 (b), (c) が成り立つための十分条件は以下である:

$$\mathbb{E}_{\theta_0}\left[\sup_{\theta \in \overline{\Theta}}\left|\frac{\partial}{\partial\theta}\log f_\theta(X_1)\right|\right] < \infty, \tag{4.14}$$

$$\sup_{\theta \in \overline{\Theta}}\mathbb{E}_{\theta_0}\left[\log f_\theta(X_1)\right] < \infty. \tag{4.15}$$

[**注意 4.16**] 上記の条件 (4.14) は,

$$\sup_{n\in\mathbb{N}}\left|\mathbb{E}\left[\sup_{\theta\in\overline{\Theta}}\frac{\partial}{\partial\theta}\ell_n(\theta)\right]\right| < \infty$$

を保証する. 例えば $\overline{\Theta}$ が有界のとき, これは補題 A.46 にあるような $\ell_n := \{\ell_n(\theta)\}_{\theta\in\overline{\Theta}}$ を C-確率過程 (5.1 節参照) と見たときの緊密性条件に相当する. 条件 (4.15) によって, 大数の法則により各 θ に対して $\ell_n(\theta) \to \ell(\theta)$ $a.s.$ が成り立つが, これが確率過程の列 ℓ_n の有限次元分布の収束に相当し, さらに緊密性の条件 (4.14) が付加されることによって, 定理 A.45 が使えて,

$$\ell_n \to^d \ell \quad \text{in } C(\overline{\Theta})$$

が成り立つ. ここで ℓ は確定的 (deterministic) な関数であるので, この分布収束は $\ell_n \to^p \ell$ と同値であり[5], 空間 $C(\overline{\Theta})$ には距離 $\sup_{\theta\in\overline{\Theta}}|\cdot|$ が入っていることに注意すると (A.3.2 節参照), この確率収束の意味は, 任意の $\epsilon > 0$ に対して

$$\mathbb{P}\left(\sup_{\theta\in\overline{\Theta}}|\ell_n(\theta) - \ell(\theta)| > \epsilon\right) \to 0, \quad n \to \infty.$$

すなわち,

$$\sup_{\theta\in\overline{\Theta}}|\ell_n(\theta) - \ell(\theta)| \to^p 0$$

が得られる.

---

[4] これは以下での記号の簡単化のためで本質的な仮定ではない.
[5] 定理 1.98 と同様なことが, $C(\overline{\Theta})$-値確率変数としても成り立つ.

MLE の漸近有効性

MLE $\widehat{\theta}_n$ が真値 θ_0 に対する一致推定量であるとわかれば,次は漸近正規性について調べるのが数理統計学の王道である.このような漸近正規性が示されれば,区間推定や仮説検定が正規分布を元に行うことができて便利である.

[定理 4.17] モデル (4.10) において,MLE $\widehat{\theta}_n$ が θ_0 の一致推定量であるとする.さらに以下の (i)-(v) を仮定する:$\partial_\theta^k = \left(\frac{\partial}{\partial\theta}\right)^k$ とする.

(i) $\Theta \subset \mathbb{R}$ は凸開集合で $\theta_0 \in \Theta$.

(ii)   任意の $x \in \mathbb{R}$ に対して $\theta \mapsto f_\theta(x)$ は C^2-級.

(iii) $\partial_\theta^2 \ell(\theta)$ は $\overline{\Theta}$ 上連続で,$|I(\theta_0)| > 0$.

(iv) $k = 1, 2$ に対し,

$$\partial_\theta^k \mathbb{E}_{\theta_0}[\log f_\theta(X_1)] = \mathbb{E}_{\theta_0}\left[\partial_\theta^k \log f_\theta(X_1)\right]. \tag{4.16}$$

(v) $\sup_{\theta \in \Theta} \left|\partial_\theta^2 \ell_n(\theta) - \partial_\theta^2 \ell(\theta)\right| \to^p 0$.
このとき,

$$\sqrt{n}\left(\widehat{\theta}_n - \theta_0\right) \to^d N(0, I^{-1}(\theta_0)), \quad n \to \infty.$$

ただし,$I(\theta_0)$ は X_1 が持つ θ に対する Fisher 情報量であり,したがって $\widehat{\theta}_n$ は漸近有効である.

証明   テイラーの公式を用いて,

$$\partial_\theta \ell_n(\widehat{\theta}_n) - \partial_\theta \ell_n(\theta_0) = \partial_\theta^2 \ell_n(\theta_n^*)(\widehat{\theta}_n - \theta_0).$$

ただし,θ_n^* は $\widehat{\theta}_n$ と θ_0 の間のランダムな値であり,Θ の凸性により $\theta_n^* \in \Theta$ であることに注意する.そこで,以下のような事象を考える:

$$A_n := A_n' \cap A_n''.$$

ただし,$A_n' = \{\omega \in \Omega : \partial_\theta \ell_n(\widehat{\theta}_n) = 0\}$,$A_n'' = \{\omega \in \Omega : |\partial_\theta^2 \ell_n(\theta_n^*)| \neq 0\}$ である.このとき,$\theta_n^* \to^p \theta_0$,かつ $\theta_0 \in \Theta$,また大数の強法則に任意の θ で $\partial_\theta^k \ell_n(\theta) \to \partial_\theta^k \ell(\theta)$ $(k = 1, 2)$ となることから $\mathbb{P}(A_n) \to 1$ が証明できる(問

4.2 推定量の構成とその性質　　167

4.18）．そこで

$$\sqrt{n}(\widehat{\theta}_n - \theta_0) = -\frac{\sqrt{n}\,\partial_\theta \ell_n(\theta_0)}{\partial_\theta^2 \ell_n(\theta_n^*)}\mathbf{1}_{A_n} + \sqrt{n}(\widehat{\theta}_n - \theta_0)\mathbf{1}_{A_n^c} =: Z_n + R_n$$

と置く．今，仮定 (iii), (iv) に注意すると，

$$\mathbb{E}_{\theta_0}\left[\partial_\theta \log f_{\theta_0}(X_1)\right] = 0,$$

$$Var_{\theta_0}(\partial_\theta \ell_n(\theta_0)) = -\mathbb{E}_{\theta_0}\left[\partial_\theta^2 \log f_{\theta_0}(X_1)\right] = I(\theta_0) > 0 \qquad (4.17)$$

となることが容易にわかるので，中心極限定理によって

$$\sqrt{n}\,\partial_\theta \ell_n(\theta_0) = \frac{1}{\sqrt{n}}\sum_{i=1}^n \partial_\theta \log f_{\theta_0}(X_i) \to^d N(0, I(\theta_0)), \quad n \to \infty.$$

さらに，仮定 (v), $\theta_n^* \to^p \theta_0$，および $I(\theta)$ の連続性によって連続写像定理（定理 A.55）が使えて，

$$\left|\partial_\theta^2 \ell_n(\theta_n^*) - \partial_\theta^2 \ell(\theta_0)\right| \le \left|\partial_\theta^2 \ell_n(\theta_n^*) - \partial_\theta^2 \ell(\theta_n^*)\right| + \left|\partial_\theta^2 \ell(\theta_n^*) - \partial_\theta^2 \ell(\theta_0)\right|$$

$$\le \sup_{\theta \in \Theta}\left|\partial_\theta^2 \ell_n(\theta) - \partial_\theta^2 \ell(\theta)\right| + |I(\theta_n^*) - I(\theta_0)| \to^p 0.$$

したがって，Slutsky の定理（定理 1.99）により $Z_n \to^d N(0, I^{-1}(\theta_0))$ がわかる．一方，任意の $\epsilon > 0$ に対して，

$$\mathbb{P}(\sqrt{n}\,|\widehat{\theta}_n - \theta_0|\mathbf{1}_{A_n^c} > \epsilon) \le \mathbb{P}(A_n^c) \to 0$$

より $R_n \to^p 0$ となって結論を得る． ∎

[問 4.18]　上記の証明において，$\theta_n^* \to^p \theta_0$，および $\mathbb{P}(A_n) \to 1$ となることを示せ．また，等式(4.17)を示せ．

[注意 4.19]　定理 4.17 の条件 (v) を確認するには，補題 4.14 と同様に考えればよい．つまり，補題 4.14, (4.13)において $\partial_\theta \log f_\theta$ を $\partial_\theta^2 \log f_\theta$ に置き換えた条件を確認すればよい．系 4.15, (4.14)でも同様である．

4.2.3 Z-推 定 法

最尤推定において，もし $\widehat{\theta}_n$ が開集合 Θ 内に値をとるとすれば，MLE を求めることは

$$\partial_\theta \ell_n(\theta) = 0$$

なる θ を求めるのと同値である．一般に，標本に基づく θ の関数 $\Psi_n(\theta) := \Psi_n(\theta; \boldsymbol{X})$ に対して

$$\Psi_n(\theta) = 0$$

を満たす推定量を **Z-推定量**（**Z-estimator**）と呼ぶ．例えば，k 次の標本積率と理論的な k 次の積率を合わせる

$$\int_{\mathbb{R}} x^k \, F_{\widehat{\theta}_n}(\mathrm{d}x) = \frac{1}{n} \sum_{i=1}^{n} X_i^k$$

のような推定量 $\widehat{\theta}_n$ は**モーメント推定量**（**moment estimator**）といわれるが，これも Z-推定量の一種である．ある種の方程式から決まるような母数を求めたい場合，その方程式の推定量を構成することができれば，Z-推定によって母数の推定量を構成することができる．

以下の定理は，最尤法からの類推により理解されるであろう．実際，証明も本質的に同じであるので，詳細は省略し結果のみ記しておく．

[定理 4.20（Z-推定量の一致性）] $\Theta \subset \mathbb{R}^p$ を開集合とする．$\theta_0 \in \Theta$ はある非確率的な関数 $\Psi : \Theta \to \mathbb{R}$ に対して

$$\Psi(\theta_0) = 0$$

で決まるとし，ランダムな関数列 $\Psi_n : \Omega \times \Theta \to \mathbb{R}$ に対して，

$$\Psi_n(\widehat{\theta}_n) = 0$$

なる $\widehat{\theta}_n$ が存在するとする．以下を仮定する：任意の $\epsilon > 0$ に対して，

$$\sup_{\theta \in \Theta} |\Psi_n(\theta) - \Psi(\theta)| \to^p 0; \quad \inf_{\substack{\theta \in \Theta \\ |\theta - \theta_0| > \epsilon}} |\Psi(\theta)| > 0 = |\Psi(\theta_0)|.$$

このとき，Z-推定量 $\widehat{\theta}_n$ は一致性を持つ：$\widehat{\theta}_n \to^p \theta_0$.

漸近正規性を述べるにあたり，Ψ_n として以下のような形のものを考える：

$$\Psi_n(\theta) = \frac{1}{n} \sum_{i=1}^{n} \psi_\theta(X_i) - r_n. \tag{4.18}$$

ただし，$\psi_\theta(x)$ は非確率的な (θ, x) の関数で，r_n は θ に依存しない確率変数列で $r_n \to^p r \in \mathbb{R}$ を満たすとする.

[定理 4.21（Z-推定量の漸近正規性）]　Ψ_n を (4.18) のものとし，定理 4.20 と同じ条件を仮定する．さらに以下を仮定する.

(i)　Θ は凸集合.

(ii)　ある関数 $L : \mathbb{R} \to \mathbb{R}$ が存在して，任意の $\theta_1, \theta_2 \in \Theta$ と任意の $x \in \mathbb{R}$ に対して，

$$|\partial_\theta^k \psi_{\theta_1}(x) - \partial_\theta^k \psi_{\theta_2}(x)| \le L(x)|\theta_1 - \theta_2|, \quad k = 0, 1.$$

(iii)　$\mathbb{E}[L(X_1)] + \mathbb{E}\left[\psi_{\theta_0}^2(X_1)\right] < \infty.$

(iv)　各 $x \in \mathbb{R}$ に対して $\theta \mapsto \psi_\theta(x)$ は C^2 級で，

$$\partial_\theta \mathbb{E}[\psi_{\theta_0}(X_1)] = \mathbb{E}[\partial_\theta \psi_{\theta_0}(X_1)] = V_{\theta_0} \in (0, \infty).$$

このとき，$n \to \infty$ とすると，

$$\sqrt{n}(\widehat{\theta}_n - \theta_0) \to^d N(0, \sigma^2(\theta_0)).$$

ただし，$\sigma^2(\theta_0) = \mathbb{E}\left[\{\psi_{\theta_0}(X_1) - r\}^2\right] V_{\theta_0}^{-2}.$

[注意 4.22]　本項で述べた Z-推定量の定義では，正確に $\Psi_n(\widehat{\theta}_n) = 0$ を満たすものとしたが，実はこの条件を少し弱めて

$$\Psi_n(\widehat{\theta}_n) = o_p(1), \quad n \to \infty$$

170   第 4 章　保険リスクの統計的推測

を満たすものとして定義されることもある．この場合は，定理 4.21 に

$$\sqrt{n}\,\Psi_n(\widehat{\theta}_n) \to^p 0 \tag{4.19}$$

なる条件を追加すれば同じ結果が成り立つ．このような Z-推定の詳細については van der Varrt [60]，西山 [42] などが参考になるであろう．

[問 4.23]　MLE の漸近正規性の証明を参考にして定理 4.21 を証明せよ．また，注意 4.22 で述べたように条件を緩和した場合，(4.19)が必要になることを確認せよ．

4.3　複合的保険リスクの推定

3.3 節で考えた複合幾何分布によるリスクモデル(3.42)をとりあげて，リスクの統計的推測について考察しよう．

パラメータ p や γ，クレーム分布 F_U，あるいはその積率母関数 m_U やその微分 m_U' などを知る必要があるが，これらは一般には未知であり，通常は過去のデータ（観測）から推定するという手続きが必要になる．例えば，(3.42)において，N がある 1 期間当たりのクレーム件数を表すと仮定すれば S はその 1 期間の保険金の支払総額を表す．そこで，第 i 期目のクレーム件数を N_i とし，それぞれのクレーム額を

$$U_{i,1}, U_{i,2}, \ldots, U_{i,N_i}$$

のように表し，

$$S_i = \sum_{k=1}^{N_i} U_{i,k}$$

とすれば，m 期間で以下のようなデータが得られることになる．

$$
\begin{array}{lll}
\text{1 期目のデータ} & N_1; & (U_{1,1}, U_{1,2}, \ldots, U_{1,N_1}); \ S_1 \\
\text{2 期目のデータ} & N_2; & (U_{2,1}, U_{2,2}, \ldots, U_{2,N_2}); \ S_2 \\
\qquad \vdots & & \qquad\qquad \vdots \\
\text{m 期目のデータ} & N_m; & (U_{m,1}, U_{m,2}, \ldots, U_{m,N_m}); \ S_m
\end{array}
$$

ここで簡単のために $N_1, N_2, \ldots, N_m$ は独立で同一分布に従うと仮定すれば，これらは幾何分布 $Ge(p)$ からの無作為標本と見なすことができ，統計的手法によって p を推定できる．また，同じく $U_{i,j}$ らも互いに独立で同一分布に従うと仮定し，その総数を仮に n として記号を書き直し，

$$
(U_{1,1}, U_{1,2}, \ldots, U_{2,1}, U_{2,2}, \ldots, U_{m,1}, U_{m,2}, \ldots, U_{m,N_m}) = (V_1, V_2, \ldots, V_n) \tag{4.20}
$$

とすると，やはり $V_1, V_2, \ldots, V_n$ は分布 F_U からの無作為標本と見なすことができ，F_U や調整係数 γ などが推定可能となる[6]．

4.3.1　裾の軽いクレーム分布の場合

定理 3.59，例 3.63 などで見たように，小規模災害の条件のもとでの複合幾何リスク $S = \sum_{i=1}^{N} U_i$ の VaR は，調整係数 $\gamma > 0$ を用いて

$$
VaR_\alpha(S) \sim -\frac{1}{\gamma} \log \left[\frac{1-\alpha}{1-p} \gamma p \cdot m_U'(\gamma) \right], \quad \alpha \to 1
$$

と近似されるのであった．また，$TVaR$ なども $VaR_\alpha(S)$ を用いて近似されるので，このような複合リスクの推測には，パラメータ p，γ，および積率母関数の微分 $m_U'(\gamma)$ が推定できればよい．

クレーム度数分布 $Ge(p)$ の推定

まず，クレーム件数 $N_i \sim Ge(p)$ における母数 p の推定には最尤法を用いるのが一般的である．

---

[6]　ここで，「n は実は確率変数である」という批判がありうるが，そのような条件を考慮するには後で扱う動的モデル（Cramér-Lundberg モデル）を考えるほうがよいので，ここでは n は定数と見なして議論することにする．

172 第 4 章 保険リスクの統計的推測

$$N_1, \ldots, N_m \ \sim \ Ge(p)$$

に対して，対数尤度関数は

$$n \cdot \ell_n(p) = \sum_{i=1}^{m} \log(1-p) p^{N_i} = m \log(1-p) + m \overline{N}_m \log p,$$

ただし，$\overline{N}_m := \frac{1}{m} \sum_{i=1}^{m} N_i$ である．今，母数空間を十分小さな $\epsilon > 0$ により

$$\Theta_\epsilon = (\epsilon, 1 - \epsilon)$$

のようにとれば，真値 p について $p \in \Theta_\epsilon$ を仮定することは不自然ではないであろう．ℓ_n は $(0,1)$ 上ではいつも

$$\widehat{p}_m = \frac{1}{1 + \overline{N}_m} \tag{4.21}$$

で最大値をとるが，MLE の定義では $\overline{\Theta}_\epsilon$ での最大点であるから，厳密には $\widehat{p}_m$ と，ϵ または $1 - \epsilon$ における対数尤度を比較して最大となる点を MLE とせねばならない．しかしながら，実際には得られたデータに対して ϵ を必要なだけ小さくとっておけば，いつも $\widehat{p}_m \in \Theta_\epsilon$ とできるので，（4.21）を MLE として問題ない．

[注意 4.24] 母数空間を $\Theta = (0,1)$ のようにとることは，実際上はよいが，理論上は好ましくない．このとき $\ell_n(0)$ などが定義できなくなり，定理 4.11 などで必要な $\overline{\Theta} = [0,1]$ 上での一様収束などが成り立たない．

N_i の確率関数 $f_p(x)$ に対して $\log f_p(x) = \log(1-p) + x \log p$ であるから，この母数空間 Θ_ϵ の上では定理 4.17 の条件は容易に確認できる．そこで Fisher 情報量を計算すると $I_1(p) = \frac{1}{p(1-p)}$ となるので，定理 4.17 によって

$$\sqrt{m}(\widehat{p}_m - p) \to^d N(0, p(1-p)), \quad m \to \infty$$

となる．あるいは，漸近分散は $\widehat{p}_m(1 - \widehat{p}_m)$ によって一致推定できるので，次のように書いても同じことである．

$$\sqrt{\frac{m}{\widehat{p}_m(1-\widehat{p}_m)}}(\widehat{p}_m - p) \to^d N(0,1), \quad m \to \infty$$

応用上はこのような形式の方が，信頼区間や仮説検定には便利であろう．

調整係数 γ の推定

(4.20)で述べたように，クレームのデータ

$$V_1, V_2, \ldots, V_n$$

が得られたとし，また上記 p の最尤推定量 $\widehat{p}_m$ が得られたとする．以下では，$n \to \infty$ のとき

$$m = m_n \to \infty$$

を仮定しておき，$n \to \infty$ のときの推定量の漸近的性質を議論しよう．

ある $t_0 > 0$ で以下を満たすものが存在すると仮定しよう．

$$\frac{1}{p} < m_U(t_0) < \infty \tag{4.22}$$

問 3.62 により，この条件下で調整係数は $\gamma \in (0, t_0)$ として一意に存在する．ここで，式(3.43)より γ が方程式

$$\Psi(r) := m_U(r) - \frac{1}{p} = \int_0^\infty e^{rx} F(\mathrm{d}x) - \frac{1}{p} = 0 \tag{4.23}$$

の解 $r = \gamma$ として定まることに注意すれば，母数空間を $\Theta = (0, t_0)$ ととって Z-推定法が利用できるであろう．

まず，(4.20)のクレームのデータ $(V_i)_{i=1}^n$ を用いて $m_U(r)$ を推定するために，例 4.10，(4.8)の経験分布で(4.23)の F_U を置き換えたノンパラメトリック推定量（経験推定量）

$$\widehat{m}_U(r) = \int_0^\infty e^{rx} \widehat{F}_n(\mathrm{d}x) = \frac{1}{n}\sum_{i=1}^n e^{rV_i}$$

を考えよう．これと，(4.21)で求めた p の最尤推定量 $\widehat{p}_{m_n} =: \widehat{p}_n$ を用いて

174 第 4 章 保険リスクの統計的推測

$$\widehat{\Psi}_n(r) := \widehat{m}_U(r) - \frac{1}{\widehat{p}_n}$$

とする．このとき，大数の強法則によって各 $r \in [0, t_0]$ に対して

$$\widehat{\Psi}_n(r) \to \Psi(r) \quad a.s., \quad n \to \infty \tag{4.24}$$

となるが，定理 4.21 を用いるにはこの収束が $r \in [0, t_0]$ に対して一様に成り立つことを示す必要がある．

[補題 4.25] ある $t_0 > 0$ と $\epsilon > 0$ に対して $m_U(t_0 + \epsilon) < \infty$ とすると，

$$\sup_{r \in [0, t_0]} |\widehat{\Psi}_n(r) - \Psi(r)| \to^p 0, \quad n \to \infty.$$

証明 補題 4.14，あるいは系 4.15 と同様に示してもよいが，本質的なことは注意 4.16 に述べたことであり，ここでは定理 A.48 を使って示してみよう．すなわち，$X^n := (\Psi_n(r))_{r \in [0, t_0]}$ や $X = (\Psi(r))_{r \in [0, t_0]}$ は C-確率過程と見ることができるが，このとき，

$$X^n \to^d X \quad \text{in } C([0, t_0]), \quad n \to \infty$$

が示されれば，定理 A.48 によって題意が示される．この収束を示すには，定理 A.45 と補題 A.46 により，X^n の「有限次元分布の収束」+「緊密性」を示せばよい．ところで，収束(4.24)は X^n の有限次元分布の収束を示しているので，あとは補題 A.46 の

$$\sup_{n \in \mathbb{N}} \mathbb{E}\left[\sup_{r \in [0, t_0]} \left| \partial_r \widehat{\Psi}_n(r) \right| \right] < \infty$$

を示せば証明は終わりであるが，V_i は正値確率変数であるから，

$$\sup_{n \in \mathbb{N}} \mathbb{E}\left[\sup_{r \in [0, t_0]} \left| \partial_r \widehat{\Psi}_n(r) \right| \right] \le \sup_{n \in \mathbb{N}} \mathbb{E}\left[\frac{1}{n} \sum_{i=1}^{n} V_i e^{t_0 V_i} \right] = \mathbb{E}[V_i e^{t_0 V_i}]$$
$$< m(t_0 + \epsilon) < \infty$$

となりこれで証明が終わった. ∎

定理 4.20 を用いて調整係数の一致性が得られる.

[定理 4.26] ある $t_0 > 0$ とある $\epsilon > 0$ に対して

$$\frac{1}{p} < m_U(t_0) < m_U(t_0 + \epsilon) < \infty$$

を仮定する. また, ランダムな方程式

$$\widehat{\Psi}_n(r) = \widehat{m}_U(r) - \frac{1}{\widehat{p}_n} = 0$$

が $[0, t_0]$ で解 $\widehat{\gamma}_n$ を持つとする. このとき, 調整係数 $\gamma > 0$ は一意に存在して,

$$\widehat{\gamma}_n \to^p \gamma, \quad n \to \infty.$$

次に漸近正規性は定理 4.21 によって直ちに得られる.

[定理 4.27] 定理 4.26 の条件を仮定し, さらに $m_U(2t_0) < \infty$ とする.

$$\sqrt{n}\,(\widehat{\gamma}_n - \gamma) \to^d N(0, \sigma_\gamma^2), \quad n \to \infty.$$

ただし,

$$\sigma_\gamma^2 = \frac{m_U(2\gamma) - [m_U(\gamma)]^2}{[m_U'(\gamma)]^2}.$$

証明 Z-推定の記号で

$$\psi_r(x) = e^{rx}, \quad r_n = -1/\widehat{p}_n \to^p -1/p$$

と見れば, 定理 4.21 の条件が容易に確認できる. このとき, 漸近分散は

$$\sigma_\gamma^2 = \frac{\mathbb{E}\left[(e^{rV_1} - 1/p)^2\right]}{(\mathbb{E}[V_1 e^{\gamma V_1}])^2}$$

となる. 仮定 $m_U(2t_0) < \infty$ は $m_U(2\gamma) < \infty$ を保証するためのものである ($\gamma \in (0, t_0)$ なので $2\gamma \in (0, 2t_0)$). このとき, 特に $m_U'(\gamma) = \mathbb{E}[V_1 e^{\gamma V_1}]$ のよ

176 第4章 保険リスクの統計的推測

うに微分と期待値の交換が可能である. 最後に $m_U(\gamma) = 1/p$ の関係式を使えば漸近分散の表現を得る. ∎

[**注意 4.28**] 定理 4.26 のモーメント条件があれば, 補題 4.25 と同様にして,

$$\sup_{r \in [0, t_0]} \left| \widehat{m}'_U(r) - m'_U(r) \right| \to^p 0$$

が示されるので,

$$\widehat{m}'_u(\widehat{\gamma}_n) \to^p m'_U(\gamma)$$

が得られ, 結局,

$$\widehat{VaR}_\alpha(S) := -\frac{1}{\widehat{\gamma}_n} \log \left[\frac{1 - \alpha}{1 - \widehat{p}_n} \widehat{\gamma}_n \widehat{p}_n \cdot \widehat{m}'_U(\widehat{\gamma}_n) \right]$$

などと置くと, これは, $VaR_\alpha(S)$ の近似式

$$VaR_\alpha(S) \sim -\frac{1}{\gamma} \log \left[\frac{1 - \alpha}{1 - p} \gamma p \cdot m'_U(\gamma) \right], \quad \alpha \to 1$$

の右辺の一致推定量になっている.

4.3.2　裾の重いクレーム分布の場合

定理 3.67 ではクレーム分布 F_U に対して

$$\overline{F}_U(x) \in \mathcal{R}_{-\kappa}, \quad \kappa > 1$$

なる条件の下で複合リスク S のリスク尺度が $VaR_\beta(U)$ によって近似されており, その近似は $\beta \to 1$ の下で得られたものであった. このような近似を用いる場合には $VaR_\beta(U)$ $(\beta \to 1)$ の推定が重要になる.

VaR の定義より

$$VaR_\beta(U) = F_U^{-1}(\beta) = \inf\{x \in \mathbb{R} : F_U(x) \geq \beta\}$$

であるから, 原理的には分布関数 $F_U(x)$ が推定できれば VaR も推定できそうである. 以下, パラメトリック法とノンパラメトリック法のうち代表的な方法

論について解説する.

ノンパラメトリック法

クレームデータ $V_1, V_2, \ldots, V_n$ を用いて手っ取り早く分布関数を推定するための標準的な手法は,例 4.10, (4.8)の経験分布関数 $\widehat{F}_n$ を用いることである:

$$\widehat{F}_n(x) := \frac{1}{n} \sum_{i=1}^{n} \mathbf{1}_{\{V_i \leq x\}}.$$

これを VaR の定義に代入することによって,

$$\widehat{VaR}_\beta(U) = \inf\{x \in \mathbb{R} : \widehat{F}_n(x) \geq \beta\} =: \widehat{F}_n^{-1}(\beta)$$

として $VaR_\beta(U)$ を推定できる.図 4.2 より容易にわかるように,

$$\beta \in \left(\frac{k-1}{n}, \frac{k}{n}\right] \quad \Rightarrow \quad \widehat{VaR}_U(\beta) = V_{(k)}$$

となる.ただし,$V_{(1)} \leq V_{(2)} \leq \cdots \leq V_{(n)}$ は順序統計量である.この $\widehat{VaR}_U(\beta)$ を $VaR_\beta(U)$ の**経験推定量** (empirical estimator) と呼ぶ.

先述のように,$\widehat{F}_n(x)$ は任意の $x \in \mathbb{R}$ に対して $F_U(x)$ の強一致推定量であるから,経験推定量 $\widehat{VaR}_U(\beta)$ も $VaR_\beta(U)$ のよい推定量になることが期待できる.

[補題 4.29] F, F_n を確率分布とする.このとき,以下は同値である.
(a)   分布関数 $F(x)$ の任意の連続点 $x \in \mathbb{R}$ について $F_n(x) \to F(x)$.
(b)   任意の $\beta \in (0,1)$ に対して $F_n^{-1}(\beta) \to F^{-1}(\beta)$.

証明 (a)⇒(b): $F(x)$ が分布関数のとき不連続点の集合 D は高々可算である.そこで $Z \sim N(0,1)$ とすると,$\mathbb{P}(Z \in D) = 0$ であり,したがって,

$$F_n(Z) \to F(Z) \quad a.s.$$

標準正規分布の分布関数を Φ とすると,任意の $\beta \in (0,1)$ に対して

$$\Phi(F_n^{-1}(\beta)) = \mathbb{P}(F_n(Z) \leq \beta) \to \mathbb{P}(F(Z) \leq \beta) = \Phi(F^{-1}(\beta))$$

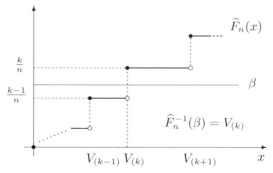

図 4.2 経験分布関数による VaR の推定

となり，Φ^{-1} の連続性により $F_n^{-1} \to F^{-1}$ $a.e$ を得る．

(b)⇒(a): $U \sim U(0,1)$ とすると，上記と同様に

$$F_n^{-1}(U) \to F^{-1}(U) \quad a.s. \quad \Rightarrow \quad F_n^{-1}(U) \to^d F^{-1}(U)$$

である．ここで，$F_n^{-1}(U) \sim F_n$，かつ $F^{-1}(U) \sim F$ となっていることに注意すると，分布収束に関する補題 1.94 により直ちに (a) が得られる． ∎

この補題により直ちに以下を得る．

[**定理 4.30**]　$VaR_\beta(U)$ の経験推定量は強一致推定量である：

$$\widehat{VaR}_\beta(U) \to VaR_\beta(U) \quad a.s., \quad n \to \infty.$$

この経験推定量については以下の漸近正規性が成り立つことも知られているが，証明にはいくらか準備を要するのでここでは省略，結果のみ記すことにする．詳細に興味ある読者は van der Vaart [60, 第 21 章] を参照されたい．

[**定理 4.31**]　分布関数 F_U が確率密度関数 f_U を持つとする．このとき，次の漸近正規性が成り立つ：

$$\sqrt{n}\left(\widehat{VaR}_\beta(U) - VaR_\beta(U)\right) \to^d N\left(0, \sigma_\beta^2\right), \quad n \to \infty.$$

ただし，漸近分散 σ_β^2 は以下で与えられる．

$$\sigma_\beta^2 = \frac{\beta(1-\beta)}{f_U^2(VaR_\beta(U))}.$$

このように，クレームデータが数多く集まれば経験推定量 $\widehat{VaR}_\beta(U)$ は "よい" 推定量といえるが，実際の応用においては問題点も多い．我々の目的は，裾の重いクレーム分布に対する裾確率の推定であるが，例えば右裾の重い分布では本当に注意したい "大きな" クレームは希にしか起こらない．例えば，図4.3 のようなクレームデータがあったとすると，150 を超えるような大クレームが "もし起こっていなければ"，すべてを 50 以下のクレームとして経験推定してしまうことにより，推定された VaR は真の VaR よりずいぶんと小さなものになってしまうであろう．実際，図4.3 では，$\widehat{VaR}_{0.99}(X) \approx 180$ となって然るべきであるが，上位 2 個の大きなデータがもし観測されていなければ，$\widehat{VaR}_{0.99}(X) \approx 25$ ほどになってしまう．このようなリスクの過小評価は，保険会社にとっては致命傷となりうる．

このように，経験推定量は漸近理論の上ではよい性質を満たすかもしれないが，実際に評価したい裾の部分のデータが未だ起こっていない状態のときには，その裾確率をまったく評価できず，現実としては推定値としての信頼性に疑問が残る．この意味で，保険クレームのような裾の重い分布の裾確率推定に経験推定量を使うことには批判も多い．

パラメトリック法

さて，ここまでで述べたような経験推定の欠点はパラメトリック推定によって多少は補うことができる．観測されない部分を推定するには，右裾の部分にも確率があることを想定するようなパラメトリック・モデルを用いて未観測部分の確率を，あらかじめ "外挿" しておけば，少なくとも経験推定のように右裾を全く無視するということは無くなるであろう．

例えば，図4.3 の分布を推定するために，Pareto 分布 (3.18) を仮定したとする．すなわち，以下のような確率密度関数を仮定する：$\theta, \alpha > 0$ に対して，

$$f_U(x; \theta, \alpha) = \frac{\theta^\alpha}{(x+\theta)^\alpha}, \quad x > 0.$$

ここで，パラメータ $(\theta, \alpha) \in \mathbb{R}_+ \times \mathbb{R}_+$ が，仮に $(\widehat{\theta}, \widehat{\alpha})$ と推定されたとすれば，

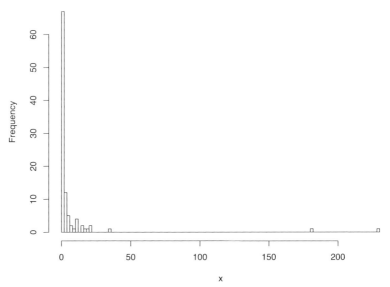

図 4.3 Y を標準 Cauchy 分布に従う確率変数として $X := |Y|$ なる乱数 100 個から作ったヒストグラム．右裾の大きな値はごく希にしか発生しない．

推定された密度関数は

$$f_U(x;\widehat{\theta},\widehat{\alpha}) = \frac{\widehat{\theta}^{\widehat{\alpha}}}{(x+\widehat{\theta})^{\widehat{\alpha}}}, \quad x > -\widehat{\theta}$$

となり，x がどんなに大きくなっても $f_U(x;\widehat{\theta},\widehat{\alpha}) > 0$ であり，右裾の確率を全く無視してしまうことは無い．これが"外挿"といった意味である．パラメータの推定については，例えば対数尤度が

$$\ell_n(\theta,\alpha) = \alpha \log \theta - (\alpha+1)\sum_{i=1}^{m} \log(V_i + \theta)$$

となるので，最尤法などによって可能である．

このようなパラメトリック・モデルは経験推定の欠点をカバーしうるが，モデルの誤特定の問題もあり，一概によいとはいえない．また，たとえモデルが

特定されていたとしても，"大きな"データが未観測であればそのようにパラメータが推定されるのであるから，経験推定のときと同じように VaR を過小評価してしまうことに変わりはない．この意味では，我々はどんな推定手法を用いようとも，"痛い目"に遭いながらその経験によって予測を修正していくしかない．

このように，パラメトリック・モデルによる推定にも実際には多くの問題点があり，特にどのようなモデルを選ぶかは大問題なのである．しかし，裾の重い分布，とりわけ本項で問題にしている

$$\overline{F}_U(x) \in \mathcal{R}_{-\kappa}, \quad \kappa > 1 \tag{4.25}$$

の場合には，ある意味で一つ普遍的に用いることができる分布がある．それが，一般化 Pareto 分布 (3.31) である．

定理 3.48 にあるように，ある "大きな" 閾値 u をうまく選べば条件 (4.25) の下で，ある $\sigma > 0$ が存在して

$$F_U(\cdot \,|\, u) \approx G_{\xi,\sigma}(\cdot), \quad \xi = 1/\kappa \tag{4.26}$$

となるので，F_U の形が何であれ，一つの裾の重いパラメトリック・モデル $G_{\xi,\sigma}$ で裾の推定が可能となる．3.3.3 項で述べた $VaR_\beta(U)$ 評価法がその一例である．

そこで，ここでは条件 (4.25) の下で，$G_{\xi,\sigma}$ のパラメータを推定することを考えよう．これには極値論の分野で様々な方法が提案されているが，結論からいえば，どの方法をとっても一長一短であり，最適な方法というものを見つけるのは難しく，現在も多くの議論が進行している．そこで，ここでは当該分野でも最も標準的なものに限って紹介することにする．その他の方法論については Embrechts *et al.* [19] に詳しい解説・文献表があるので参照されたい．

[注意 4.32] 閾値 u を設定し，(4.26) のような近似を用いて統計解析を行うことの総称を **POT 法** (**peaks-over-threshold method**) などという．

182　第 4 章　保険リスクの統計的推測

閾値 u の決定法

　(4.26) の近似を用いるには，閾値 u の設定が最も重要であることは疑いないが，これを理論的に一意に決めることはできない．このための標準的な方法は補題 3.51 の利用である．すなわち，データが一般化 Pareto 分布に従うとき，その平均超過関数 $e(u)$ が u の 1 次式になるという事実を用いて，$e(u)$ の推定量をグラフ化し，"見た目"によって u を決定しようとするものである．

　$V_1, \ldots, V_m$ を (4.25) を満たす分布 F_U からのクレームデータとする．$u > 0$ が与えられたとき，

$$\Delta_n(u) := \{i : V_i > u\}, \quad N_u := \#\Delta_n(u) \tag{4.27}$$

とすると，$e(u)$ の経験推定量は以下のように書ける．

$$\widehat{e}_n(u) = \frac{1}{N_u} \sum_{i \in \Delta_n(u)} (V_i - u).$$

そこで，クレームの順序統計量 $V_{(1)} \leq V_{(2)} \leq \cdots \leq V_{(n)}$ を用いて，

$$(V_{(k)}, \widehat{e}_n(V_{(k)})), \quad k = 1, \ldots, n$$

をプロットする．これを**平均超過プロット (mean excess plot, ME-plot)** という（図 4.4, 4.6）．

　ある閾値を超えてデータがほぼ $G_{\xi,\sigma}$ に従うようになると，補題 3.51 によってグラフは直線のように分布するようになる．その最初の点を閾値 u として採用するのである．ただし，これは全く観測者の主観によるものであり，どこからが直線になるかの判断は難しい．

　u の決定方法については経験的なものが多く，例えば u はデータの 75%-点（分位点）などが用いられたりする．機械的・客観的に決めようとする試みはあっても理論的根拠に乏しいものが多い．

パラメータ (ξ, σ) の決定

　閾値 u がうまく決定されたとしよう．ここからは，

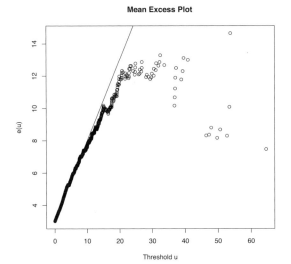

図 4.4 Pareto 分布 $G_{1/3,2}$ からの乱数 1000 個の ME-plot と理論直線 $y = x/2 + 3$. 大きな閾値 u に対してはプロットが理論直線から大きく外れている.

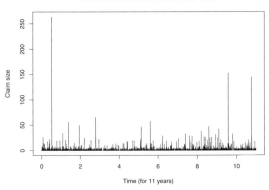

図 4.5 デンマーク火災保険クレームデータ (1980-1990). 横軸は 1980 年からの経過年数, 縦軸がクレーム額.

$$V_i \ (i \in \Delta_n(u)) \sim G_{\xi,\sigma}, \quad \xi = 1/\kappa > 0$$

なる無作為標本と考えてパラメータ ξ, σ を推定することを考えればよい. このとき, 最尤推定を実行するなら対数尤度は

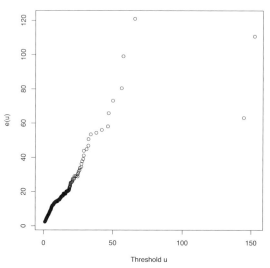

図 4.6 図 4.5 のクレームデータに対する平均超過プロット．どこからが直線といえるのか？ 実データでは客観的な判断は難しい．

$$\ell_n(\xi, \sigma; u) = -N_u \log \sigma - \left(\frac{1}{\xi} + 1\right) \sum_{i \in \Delta_n(u)} \log\left(1 + \frac{\xi}{\sigma} V_i\right).$$

最尤推定量 $(\widehat{\xi}, \widehat{\sigma})$ は陽には求まらないので数値的に求めることになる．

$$\xi > -\frac{1}{2}$$

という条件の下で（今は $\kappa = 1/\xi > 0$ という状況を考えているので問題ない）Fisher 情報行列 I が存在して

$$I = \frac{1}{(2\xi+1)(1+\xi)} \begin{pmatrix} 2 & 1/\sigma \\ 1/\sigma & (1+\xi)/\sigma^2 \end{pmatrix}$$

となる．もし，$N_u \to \infty$ という状況が許されるなら，

$$\sqrt{N_u}\left(\widehat{\xi} - \xi, \widehat{\sigma} - \sigma\right) \to^d N_2(0, I^{-1}), \quad N_u \to \infty.$$

ただし,

$$I^{-1} = (1 + \xi) \begin{pmatrix} (1 + \xi)/\sigma^2 & -1/\sigma \\ -1/\sigma & 2 \end{pmatrix}$$

となり漸近有効性が導かれる. ただし, $N_u \to \infty$ と考えるのは実は早計で, (4.26)の近似はあくまでも $u \to \infty$, かつ $\sigma = a(u)$ (a は正値関数) なる条件の下で正当化されていたことに注意しておかねばならない (定理3.48). しかし, このような議論は精密だが複雑で, 結局実用目的では上記のような単純な最尤法が用いられることがほとんどである.

[注意 4.33] 今の設定で厳密に最尤法を考える際には, $u = u_n \to \infty$ となる列を考えて,

$$\left(\widehat{\xi}(u_n), \widehat{\sigma}(u_n) \right) := \arg \max_{\xi, \sigma} \ell_n(\xi, \sigma(u_n); u_n)$$

とすることにより,

$$\sqrt{n} \left(\widehat{\xi}(u_n) - \xi, \widehat{\sigma}(u_n) - a(u_n) \right) \tag{4.28}$$

のような漸近分布を調べるのが筋である. このような議論は Smith [56] によってなされ, (4.28)が漸近正規することが示されている. ただし, この場合, 極限正規分布の平均は0ではなく, バイアスを含んだものになる.

$\xi = 1/\kappa$ の推定：Hill 推定量

$\xi = 1/\kappa$ は分布の裾の減衰のオーダーを示すパラメータとして裾確率の評価には特に重要な母数であり, そのため κ 単独での推定法が数多く提案されている. 先に述べた最尤法では, ある閾値を超えた部分のデータが一般化 Pareto 分布に従っていると仮定してパラメトリック推定を行ったが, ここではもっと大雑把な推定量の構成を紹介しよう.

今, 条件(4.25)を簡略化して, ある $u > 0$ に対して,

$$\overline{F}_U(x) = C x^{-\kappa} \quad x \geq u > 0$$

としてみよう（C は正規化定数）．このとき，$C = u^\kappa$ であり，$f_U(x) = \kappa u^\kappa x^{-\kappa-1}$ となるので，ここから κ の最尤推定量を求めると，

$$\widehat{\kappa}_n = \left(\frac{1}{n}\sum_{i=1}^{n}\log V_i - \log u\right)^{-1} = \left(\frac{1}{n}\sum_{i=1}^{n}\log V_{(i)} - \log u\right)^{-1}$$

を得る．実際には(4.25)であり，上記は u が大きいときに妥当な推定量であるから，前述の様に u をいくらか"大きな"データ（例えば大きい方から $k+1$ 番目のデータ）$V_{(n-k)}$ で置き換え，それよりも大きな k 個のデータを V_i に用いることで $\widehat{\kappa}_n$ を書き直すと，

$$\widehat{\kappa}_{n,k}^{(H)} := \left(\frac{1}{k}\sum_{i=1}^{k}\log V_{(n-i+1)} - \log V_{(n-k)}\right)^{-1} \tag{4.29}$$

となる．これは **Hill 推定量** (**Hill's estimator**) といわれる標準的な推定量である．Hill 推定量は直感的な構成法によっているが，以下のようなよい漸近的性質を持つことが知られており κ を推定する際に最初に用いられる方法の一つである．

[**定理 4.34**]　$n \to \infty$ のとき，$k_n \to \infty$，かつ $k_n/n \to 0$ となるように実数列 k_n をとる．このとき，(4.29)で $k = k_n$ とした Hill 推定量 $\widehat{\kappa}_{n,k_n}^{(H)}$ は一致推定量である：

$$\widehat{\kappa}_{n,k_n}^{(H)} \to^p \kappa, \quad n \to \infty.$$

さらに $k_n/\log\log n \to \infty$ を満たすならば，強一致推定量である：

$$\widehat{\kappa}_{n,k_n}^{(H)} \to \kappa \quad a.s., \quad n \to \infty.$$

[**注意 4.35**]　上記で $k = k_n$ の実際上の決め方は難しいが，しばしば，経験分布に対する 75%-分位点が用いられる．

[**注意 4.36**]　定理 4.34 で F_U に対してさらに正則条件を置くことにより，

$$\sqrt{k_n}\left(\widehat{\kappa}_{n,k_n}^{(H)} - \kappa\right) \to^d N(0, \kappa^2), \quad n \to \infty$$

なる漸近正規性を示すこともできる．このときの収束率 $\sqrt{k_n}$ は，通常の $\sqrt{n}$ より悪いが，$k_n \to \infty$ にはなっており，少し幅がある．

第5章

確率過程

保険数理では保険会社の資産過程を時間発展する
確率過程としてモデリングすることが多い．本章
では保険数理で重要となる確率過程に重点を置い
て，その性質や様々な結果を紹介する．

5.1 確率過程とフィルトレーション

[定義 5.1] $\mathcal{T}$ を集合とする．確率空間 $(\Omega, \mathcal{F}, \mathbb{P})$ 上に定義された確率変数の
族 $X = (X_t)_{t \in \mathcal{T}}$ を**確率過程** (stochastic process) と呼ぶ．すなわち，X
は，各 $t \in \mathcal{T}$ に対して $\omega \in \Omega \mapsto X_t(\omega) \in \mathbb{R}$ なる $\mathcal{F}$-可測関数の族である．
以下，これを $X = (X_t)_{t \in \mathcal{T}}$ と書く．

通常 $\mathcal{T} = \mathbb{N}_0, \mathbb{Z}, \mathbb{R}_+$ などが用いられ，$t \in \mathcal{T}$ は時間のパラメータと見な
される．特に $\mathcal{T} = \mathbb{N}_0, \mathbb{Z}$ のとき，X は**離散時間型確率過程** (discrete time
stochastic process)，$\mathcal{T} = \mathbb{R}_+$ のとき，X は**連続時間型確率過程** (contin-
uous time stochastic process) などと区別される．離散時間型を指して，
特に，**時系列** (time series) と呼ぶこともある．

以下，本書では $\mathcal{T}$ は $\mathbb{N}_0 = \mathbb{N} \cup \{0\}, \mathbb{R}_+ = [0, \infty)$ のいずれかとする．

[定義 5.2] 確率過程 $X = (X_t)_{t \in \mathcal{T}}$ が与えられたとき，各 $\omega \in \Omega$ に対して決
まる関数 $t \mapsto X_t(\omega)$ を X の**サンプルパス** (sample path)，または単に**パス**

と呼ぶ.

$\mathcal{T} = \mathbb{R}_+$ とする. X のパスが,各 $t \geq 0$ において左極限を持ち,かつ右連続となるとき,"X は **càdlàg**[1]なパスを持つ" などと表現する. 離散時間型確率過程 $Y = (Y_n)_{n \in \mathbb{N}_0}$ が与えられたとき,

$$X_t := Y_{[t]}, \quad t \in \mathbb{R}_+.$$

ただし,$[t]$ は t の整数部分,と変換することによって,Y を càdlàg パスを持つ確率過程 $X = (X_t)_{t \in \mathcal{T}}$ と同一視することもできる.

càdlàg 過程 X が与えられたとき,ほとんどすべての $\omega \in \Omega$ に対して,

$$X_{t-} := \lim_{h \to 0+} X_{t-h}(\omega), \quad \Delta X_t := X_t(\omega) - X_{t-}(\omega)$$

が存在する. X_{t-} を X の t における**左極限 (left limit)** といい,$|\Delta X_t| > 0$ のとき ΔX_t を X の t における**ジャンプ (jump)** という.

$H \subset \mathbb{R}$ に対し,関数 $g : H \to \mathbb{R}$,が各点で右連続・左極限を持つとき,上と同様に g は **càdlàg 関数**などというが,このような関数全体の集合を $D(H)$ で表す. また,H 上連続な関数を $C(H)$ で表す. 明らかに

$$C(H) \subset D(H)$$

である.

[注意 5.3]　本書では,パスが $D(\mathbb{R}_+)$ にあるような確率過程を ***D*-確率過程**と呼び,特に,パスが $C(\mathbb{R}_+)$ にしかないものを ***C*-確率過程**と呼ぶ. より詳しくは A.3.2 項を参照されたい.

[定義 5.4]　確率空間 $(\Omega, \mathcal{F}, \mathbb{P})$ 上に,$\mathcal{F}$ の部分 σ-加法族の列 $\mathbb{F} = (\mathcal{F}_t)_{t \geq 0}$ で,以下を満たすものが与えられたとする:

---

[1]　カドラグ過程.「右連続,左極限」を意味する仏語 continue à droite, limites à gauche の頭文字をとったもの. このようなパスを持つ確率過程を **càdlàg 過程**といったりする. 英語で right continuous with left limits の頭文字をとって "RCLL 過程" などといわれることもある.

$$0 \leq s \leq t \quad \Rightarrow \quad \mathcal{F}_s \subset \mathcal{F}_t.$$

この σ-加法族の増大列 $\mathbb{F}$ を**フィルトレーション** (**filtration**) といい,四つ組

$$(\Omega, \mathcal{F}, \mathbb{F}, \mathbb{P})$$

を**フィルター付き確率空間** (**filtered probability space**) という.

$\mathcal{F}$ の部分 σ-加法族は事象に関する "情報" と解釈されるのであった (1.5 節).この意味でフィルトレーション $\mathbb{F} = (\mathcal{F}_t)_{t \geq 0}$ を「時刻 t に従って増える "情報" のモデル」と理解しておくとよい.特に,**確率過程 X から生成される自然なフィルトレーション** (**natural filtration generated by X**)

$$F_t^X = \sigma(X_s \,;\, s \leq t) := \bigvee_{s \leq t} \sigma(X_s)$$

は確率過程 X に関する時刻 t までの "情報" であり,ある事象 $A \in \mathcal{F}$ が $A \in \mathcal{F}_t^X$ であったとすると,事象 A が起こったかどうかを,X を時刻 t まで観測することによって知ることができる,ということを意味する[2].これを数学的に言い換えると「確率変数 $\mathbf{1}_A$ は $\mathcal{F}_t^X$-可測である」ということになる.

[**問 5.5**]　$A \in \mathcal{F}_t^X$ と確率変数 $\mathbf{1}_A$ の $\mathcal{F}_t^X$-可測性が同値であることを示せ.

[**定義 5.6**]　フィルター付き確率空間 $(\Omega, \mathcal{F}, \mathbb{F}, \mathbb{P})$ 上に確率過程 $X = (X_t)_{t \geq 0}$ が与えられたとする.任意の $t \geq 0$ に対して X_t が $\mathcal{F}_t$-可測になるとき,確率過程 X は $\mathbb{F}$-**適合** ($\mathbb{F}$-**adapted**) であるという.

X の $\mathbb{F}$-適合性は,時刻 t までの情報 $\mathcal{F}_t$ によって我々が観測する確率過程 X の t までのサンプルパスが既知となることを意味している.

このような直観的な理解の仕方を知っておけば,$\mathcal{F}_t$ に関する条件付き期待値などを解析する際,直観的な式変形ができてずいぶんと楽になるだろう.例えば $\underline{X}_t := \inf_{s \leq t} X_s$ のような t までのサンプルパスに依存するような確率変数も "情報" $\mathcal{F}_t$ の下では既知であり,可積分な確率変数 Y と有界な可測関数

---

[2]　この意味でフィルトレーション $(\mathcal{F}_t^X)_{t \geq 0}$ のことを **X の歴史** (**history**) ということもある.

$G : \mathbb{R} \to \mathbb{R}$, に対して,

$$\mathbb{E}\left[Y \cdot G(\underline{X}_t) \mid \mathcal{F}_t\right] = \mathbb{E}\left[Y \mid \mathcal{F}_t\right] \cdot G(\underline{X}_t) \quad a.s. \tag{5.1}$$

のような式が成立しそうだということは，上記のような直観の下では明らかである．数学的な証明には，条件付き期待値の定義に戻って，後でゆっくりやればよい．

[**問 5.7**]　確率過程 X が $\mathbb{F} = (\mathcal{F}_t)_{t \geq 0}$ に適合しているとする.

(1)　$\underline{X}_t := \inf_{s \leq t} X_s$ が $\mathbb{F}$-適合となることを示せ.

(2)　等式(5.1)を証明せよ.

[**定義 5.8**]　フィルター付き確率空間 $(\Omega, \mathcal{F}, \mathbb{F}, \mathbb{P})$ が与えられたとき，確率変数 τ が $\mathbb{F}$-**停止時刻 (stopping time)** であるとは，任意の $t \geq 0$ に対して，

$$\{\tau \leq t\} \in \mathcal{F}_t$$

が成り立つことである.

　$\mathcal{F}_t$ は σ-加法族であるから，$\{\tau > t\} \in \mathcal{F}_t$ でもある．つまり，停止時刻の意味は，あるイベントの時刻 τ が時刻 t において起こったか否かを情報 $\mathcal{F}_t$ によって（t まで観測を続ければ）知ることができる，ということである.

5.2　マルチンゲール

[**定義 5.9**]　フィルター付き確率空間 $(\Omega, \mathcal{F}, \mathbb{F}, \mathbb{P})$ 上の確率過程 $X = (X_t)_{t \geq 0}$ が以下の (1)-(3) を満たすとき，X は $\mathbb{F}$-**マルチンゲール ($\mathbb{F}$-martingale)** であるという：

(1)　確率過程 X は $\mathbb{F}$-適合.

(2)　各 $t \geq 0$ に対して，$\mathbb{E}|X_t| < \infty$.

(3)　任意の $t \geq s \geq 0$ に対して，

$$\mathbb{E}[X_t \,|\, \mathcal{F}_s] = X_s \quad a.s. \tag{5.2}$$

また，(3) の等式 (5.2) を

$$\mathbb{E}[X_t \,|\, \mathcal{F}_s] \le X_s \quad a.s. \tag{5.3}$$

で置き換えたとき，X は**優マルチンゲール** (supermartingale)，

$$\mathbb{E}[X_t \,|\, \mathcal{F}_s] \ge X_s \quad a.s. \tag{5.4}$$

で置き換えたとき，X は**劣マルチンゲール** (submartingale) といわれる．

　等式 (5.2) が**マルチンゲール性** (martingale property) といわれる本質的な性質で，しばしば "公平なギャンブル" に例えられる．所持金 x からスタートするギャンブルでの時刻 t における所持金を X_t と書くとき，(5.2) が成り立つということは，現在時刻 s $(s < t)$ までの情報 $\mathcal{F}_s$ を得たうえでの将来の所持金 X_t の期待値が現在の所持金 X_s と変わらないということであり，「期待値の意味では損も得もしない」という意味で "公平なギャンブル" ということになる．このことは，平均的な持ち金が常に一定であることを示している．実際，任意の $t > 0$ に対して，

$$\mathbb{E}[X_t] = \mathbb{E}[\mathbb{E}[X_t \,|\, \mathcal{F}_0]] = \mathbb{E}[X_0] = x$$

となるので，任意の時刻の平均的所持金はスタート時と変わらない．したがって，マルチンゲール X の過去情報 $\mathcal{F}_t$ からは，期待値の意味で将来の損益を予測しようとしても，現時点での値 X_t 以上の物は得られない．この意味で，マルチンゲールは将来予測不能な不確実性を表すモデルとして用いられる．

　マルチンゲールの統計学上の意義は "誤差（ノイズ）" に対するモデリングにある．例えば，ある現象で X_j という値が生じるとき，その人為的観測には誤差が入り込み，実際には

$$X_j + \epsilon_j$$

という誤差 ϵ_j を含んだ値を観測すると仮定しよう．ただし，$(\epsilon_j)_{j=1,2,\dots}$ は

IID 確率変数列で $\mathbb{E}[\epsilon_j] = 0$ とする. n 回観測したときの誤差の累積 $S_n = \sum_{j=1}^{n} \epsilon_j$ を考え $\mathcal{F}_n := \sigma(\epsilon_1, \ldots, \epsilon_n)$ で n 回目までの情報を定義すると, $\mathcal{F}_n$ と $\epsilon_{n+1}, \epsilon_{n+2}, \ldots$ が独立であることに注意して,

$$\mathbb{E}[S_n \mid \mathcal{F}_k] = \mathbb{E}\left[\sum_{j=k+1}^{n} \epsilon_j \,\middle|\, \mathcal{F}_k\right] + \sum_{j=1}^{k} \epsilon_j = S_k \quad (k < n)$$

となり, これは離散時間のマルチンゲール性である. 離散モデルではしばしば個々のノイズの無相関性

$$\mathbb{E}[\epsilon_i \epsilon_j] = 0 \quad (i \neq j)$$

が本質的になるが, 連続時間のマルチンゲール $M = (M_t)_{t \geq 0}$ の "瞬間的な増分" に対しても同様な無相関性が成り立つ. 実際, $\mathbb{E}[\Delta M_t \mid \mathcal{F}_{t-}] = 0$ に注意すると, $s < t$ に対して,

$$\mathbb{E}[\Delta M_t \Delta M_s] = \mathbb{E}[\mathbb{E}[\Delta M_t \mid \mathcal{F}_{t-}] \Delta M_s] = 0$$

となって, 各瞬間のノイズ同士は無相関である. この意味で, 連続時間マルチンゲールは離散時間累積ノイズの拡張モデルであり, 後述する Brown 運動 (5.3.3 項) や複合 Poisson 過程 (5.3.2) などは連続時間累積ノイズの代表的なモデルになる.

[定義 5.10] τ を $\mathbb{F}$-停止時刻とするとき,

$$\mathcal{F}_\tau := \{A \in \mathcal{F} : A \cap \{\tau \leq t\} \in \mathcal{F}_t, \ \forall t \geq 0\}$$

と定める. このとき $\mathcal{F}_\tau$ は, $\mathcal{F}$ の部分 σ-加法族になることに注意する.

$\mathcal{F}_\tau$ は, 未来において決まる時刻 τ までの情報を表している.

[問 5.11] 上記 $\mathcal{F}_\tau$ が σ-加法族になることを示せ.

X のマルチンゲール性 (5.2) は, 時点 t, s を有界な停止時刻に置き換えても成り立つ. 以下の定理は, 例えば, 舟木 [23, 定理 6.4.1] などを参照されたい.

194　第5章　確率過程

[定理 5.12（任意抽出定理 (optional sampling theorem)）]　確率過程 X は $\mathbb{F}$-マルチンゲールとし，τ, σ を有界な $\mathbb{F}$-停止時刻とする．このとき，

$$\mathbb{E}[X_\tau \mid \mathcal{F}_\sigma] = X_{\tau \wedge \sigma} \quad a.s.$$

ただし，停止時刻 τ が有界とは，ある定数 $C > 0$ が存在して $\mathbb{P}(|\tau| < C) = 1$ となることである．

5.3　さまざまな確率過程

本書で扱う確率過程の多くは以下のようなクラスの確率過程である．

[定義 5.13]　確率過程 $X = (X_t)_{t \geq 0}$ が以下の (1), (2) を満たすとする．
(1)　任意の $0 = t_0 < t_1 < \cdots < t_{n-1} < t_n$ に対して，$X_{t_0}, X_{t_1} - X_{t_0}, X_{t_2} - X_{t_1}, \ldots, X_{t_n} - X_{t_{n-1}}$ は互いに独立である（独立増分性）．
(2)　任意の $0 \leq t < t+h$ に対して，$X_{t+h} - X_t$ の分布は X_h の分布と同一である（定常増分性）．
このような X を**独立定常増分過程** (process with independent and stationary increments) という．

独立定常増分性は強い仮定に見えるが数学的には表現力の豊かなクラスであり，この性質が解析を容易にし，多くの有用な結果をもたらす．後で扱う Brown 運動，複合 Poisson 過程，またより一般に Lévy 過程などが，このような確率過程の代表的な例である．

5.3.1　Poisson 過程

[定義 5.14]　$(0, \infty]$ に値をとる確率変数列 $T = (T_n)_{n \in \mathbb{N}}$ が，任意の $n \in \mathbb{N}$ に対して，

$$T_n < T_{n+1} \quad a.s.$$

を満たすとする．ただし，$T_n = \infty$ のときは $T_{n+1} = T_n$ とする．このような

T を**点過程** (point process) と呼び，これを用いて確率過程 $N = (N_t)_{t \geq 0}$ を

$$N_t = \sum_{k=1}^{\infty} \mathbf{1}_{\{T_k \leq t\}} \tag{5.5}$$

と定めるとき，N を T から定まる**計数過程** (counting process) と呼ぶ.

定義から，計数過程は càdlàg なパスを持つ確率過程であり，

$$\Delta N_t \neq 0 \quad \Rightarrow \quad \Delta N_t = 1$$

である.

ある繰り返し起こるイベントに対して n 番目の発生時刻を T_n と見れば，N_t は時刻 t までに起こるイベントの回数を表す確率過程である．保険数理の文脈では T_n はクレームの発生時刻を表すことが多く，$T_0 = 0$ として，

$$W_n := T_n - T_{n-1}$$

とすると，$W = (W_n)_{n \in \mathbb{N}}$ はクレームの発生間隔を表し，N が時刻 t までのクレーム件数を表す.

このような計数過程の代表的な例が以下の Poisson 過程である.

[**定義 5.15**] $W_n \sim Exp(\lambda)$ $(n = 1, 2, \ldots)$ を IID 確率変数列とし，

$$T_n := W_1 + \cdots + W_n$$

と定める．このとき，点過程 $T = (T_n)_{n \in \mathbb{N}}$ から定まる計数過程 $N = (N_t)_{t \geq 0}$ を，**強度** λ の **Poisson 過程** (Poisson process) という.

[**注意 5.16**] T_n の分布は独立な指数分布の和なので，その分布は $\Gamma(n, \lambda) = Erl(n, \lambda)$ であり，いわゆる Erlang 分布である.

[**定理 5.17**] $N = (N_t)_{t \geq 0}$ を (5.5) で定義された計数過程とするとき，以下の (1)-(4) は同値である.

(1) $N = (N_t)_{t \geq 0}$ は強度 λ の Poisson 過程である.

196　第 5 章　確率過程

(2) 任意の $t \geq 0$ に対して $N_t \sim Po(\lambda t)$ であり，任意の有界関数 $f : \mathbb{R}^k \to \mathbb{R}$ に対して，

$$\mathbb{E}[f(T_1, \ldots, T_k) \,|\, N_t = k] = \mathbb{E}[f(U_{(1)}, \ldots, U_{(k)})].$$

ただし，$U_{(1)}, \ldots, U_{(k)}$ は区間 $[0, t]$ 上の一様分布に従う k 個の独立な確率変数に対する順序統計量である．

(3) N は独立定常増分過程で，$h \to 0$ のとき以下を満たす．

$$\mathbb{P}(N_h = 0) = 1 - \lambda h + o(h),$$
$$\mathbb{P}(N_h = 1) = \lambda h + o(h),$$
$$\mathbb{P}(N_h \geq 2) = O(h^2).$$

(4) N は独立定常増分過程で，任意の $t \geq 0$ に対して $N_t \sim Po(\lambda t)$．

証明　$(1) \Rightarrow (2)$：Poisson 過程の定義 5.15 より，IID な $W_k \sim Exp(\lambda)$ を用いて，$T_n = W_1 + \cdots + W_n$ と書ける．ガンマ分布 $\Gamma(1, \lambda)$ の再生性（例 1.60）により $T_n \sim \Gamma(n, \lambda)$ と書けることに注意して，

$$\mathbb{P}(N_t = n) = \mathbb{P}(T_n \leq t) - \mathbb{P}(T_{n+1} \leq t) = \frac{(\lambda t)^n}{n!} e^{-\lambda t}$$

を得る．したがって，$N_t \sim Po(\lambda t)$ である．また，$0 = t_0 \leq t_1 \leq \cdots \leq t_n \leq t \leq t_{n+1}$ なる列に対して，

$$\mathbb{P}(T_1 \leq t_1, \ldots, T_n \leq t_n \,|\, N_t = n) = \frac{\mathbb{P}(T_1 \leq t_1, \ldots, T_n \leq t_n, T_{n+1} > t)}{\mathbb{P}(N_t = n)}$$

であり，$\{N_t = n\} = \{T_1 \leq t, \ldots, T_n \leq t, T_{n+1} > t\}$．さらに，$T^{n+1} = (T_1, \ldots, T_{n+1})$ に対する確率密度関数 $f_{T^{n+1}}$ に対して，

$$f_{T^{n+1}}(t_1, \ldots, t_{n+1}) = \prod_{k=1}^{n+1} \lambda e^{-\lambda(t_k - t_{k-1})} = \lambda^{n+1} e^{-\lambda t_{n+1}}$$

と書けることに注意して，$N_t = n$ の下での T^n に対する条件付き確率密度関数を求めると，

$$f_{T^n}(t_1, \ldots, t_n \mid N_t = n) = \frac{\int_t^\infty \lambda^{n+1} e^{-\lambda s} \, \mathrm{d}s}{\int_0^t \int_{t_1}^t \cdots \int_{t_{n-1}}^t \int_t^\infty \lambda^{n+1} e^{-\lambda t_{n+1}} \, \mathrm{d}t_{n+1} \cdots \mathrm{d}t_1}$$

$$= \frac{n!}{t^n}$$

となり，これは n 個の独立な一様乱数 $U[0, t]$ に対する順序統計量の同時確率密度関数になっている（問 5.18）．したがって，(2) が示された．

(2) $\Rightarrow$ (3)：各 $n \in \mathbb{N}$ に対して，$0 = t_0 < t_1 < t_2 < \cdots < t_n$ とし，$m_k \in \mathbb{N}$ $(k = 1, 2, \ldots, n)$ を $m = m_1 + \cdots + m_n$ となる列とする．このとき，(2) より，$N_{t_n} = m$ という条件の下で N のジャンプ時刻 $T_1, \ldots, T_m$ は一様分布 $U(0, t_n)$ からの m 個の順序統計量になるから，

$$\mathbb{P}\left(\bigcap_{k=1}^n \{ N_{t_k} - N_{t_{k-1}} = m_k \} \right)$$

$$= \mathbb{P}\left(\bigcap_{k=1}^n \{ N_{t_k} - N_{t_{k-1}} = m_k \} \,\middle|\, N_{t_n} = m \right) \mathbb{P}(N_{t_n} = m)$$

$$= \frac{m!}{m_1! m_2! \cdots m_n!} \prod_{k=1}^n \left(\frac{t_k - t_{k-1}}{t_n} \right)^{m_k} \cdot e^{-\lambda t_n} \frac{(\lambda t_n)^m}{m!}$$

$$= \prod_{k=1}^n \frac{(\lambda(t_k - t_{k-1}))^{m_k}}{m_k!} \cdot e^{-\lambda(t_k - t_{k-1})} \tag{5.6}$$

となって，N の独立増分性が導かれる．次に，$m' \geq m$ なる自然数 m' に対して，$\{ N_{t_n + h} = m' \}$ $(h > 0)$ の条件下で考えると $T_1, \ldots, T_m$ は一様分布 $U(0, t_n + h)$ からの m 個の順序統計量なので，分布の一様性から

$$\mathbb{P}\left(\bigcap_{k=1}^n \{ N_{t_k + h} - N_{t_{k-1} + h} = m_k \} \,\middle|\, N_{t_n + h} = m' \right)$$

$$= \mathbb{P}\left(\bigcap_{k=1}^n \{ N_{t_k} - N_{t_{k-1}} = m_k \} \,\middle|\, N_{t_n + h} = m' \right)$$

したがって，

198   第 5 章 確率過程

$$\mathbb{P}\left(\bigcap_{k=1}^{n}\{N_{t_k+h} - N_{t_{k-1}+h} = m_k\} \cap \{N_{t_n+h} = m'\}\right)$$

$$= \mathbb{P}\left(\bigcap_{k=1}^{n}\{N_{t_k} - N_{t_{k-1}} = m_k\} \cap \{N_{t_n+h} = m'\}\right)$$

両辺で $m' \in \mathbb{N}$ について和をとれば，任意の $h > 0$ に対して

$$\mathbb{P}\left(\bigcap_{k=1}^{n}\{N_{t_k+h} - N_{t_{k-1}+h} = m_k\}\right) = \mathbb{P}\left(\bigcap_{k=1}^{n}\{N_{t_k} - N_{t_{k-1}} = m_k\}\right)$$

これは N の定常性を示している.

次に，$N_t \sim Po(\lambda t)$ であることから，任意の $h > 0$ に対して

$$\mathbb{P}(N_h = 0) = e^{-\lambda h}$$

$$\mathbb{P}(N_h = 1) = \lambda h e^{-\lambda h}$$

$$\mathbb{P}(N_h \geq 2) = 1 - P(N_h = 0) - \mathbb{P}(N_h = 1)$$

これと $e^{-\lambda h} = 1 - \lambda h + o(h)$, $h \to 0$ より題意を得る.

$(3) \Rightarrow (4)$：N_t の確率関数を

$$p_n(t) = \mathbb{P}(N_t = n), \quad n = 0, 1, 2, \ldots$$

で定めると，各 $h > 0$ に対して，独立定常増分性により

$$p_0(t + h) = \mathbb{P}(N_{t+h} - N_t = 0 \,|\, N_t = 0)p_0(t)$$

$$= p_0(t)(1 - \lambda h + o(h)), \quad h \to 0.$$

同様に

$$p_0(t) = p_0(t - h)(1 - \lambda h + o(h)), \quad h \downarrow 0$$

がわかるので，p_0 は各点 $t \geq 0$ で連続で

$$\lim_{h \to 0} \frac{p_0(t + h) - p_0(t)}{h} = -\lambda p_0(t)$$

となる．したがって p_0 は微分可能であり，$p_0(0) = 1$ に注意して

$$p_0(t) = e^{-\lambda t}$$

を得る．次に，ある $m = 0, 1, 2, \ldots$ に対して，任意の $k \in \mathbb{N} \cap [0, m]$ で

$$p_k(t) = e^{-\lambda t} \frac{(\lambda t)^k}{k!} \tag{5.7}$$

が成り立つと仮定する．このとき，$h \downarrow 0$ に対して

$$
\begin{aligned}
p_{m+1}(t+h) &= \mathbb{P}(N_{t+h} - N_t = 0 \mid N_t = m+1)p_{m+1}(t) \\
&\quad + \mathbb{P}(N_{t+h} - N_t = 1 \mid N_t = m)p_m(t) \\
&\quad + \sum_{j=2}^{m} \mathbb{P}(N_{t+h} - N_t = j \mid N_t = j)p_{m+1-j}(t) \\
&= p_{m+1}(t)(1 - \lambda h + o(h)) + p_m(t)(\lambda h + o(h)) + O(h^2).
\end{aligned}
$$

したがって，p_{m+1} は $t \geq 0$ で右微分可能で

$$\lim_{h \to 0+} \frac{p_{m+1}(t+h) - p_{m+1}(t)}{h} = -\lambda p_{m+1}(t) + \lambda p_m(t).$$

同様にして左微分可能性もわかるので，任意の $t > 0$ に対して

$$p'_{m+1}(t) = -\lambda p_{m+1}(t) + e^{-\lambda t} \frac{\lambda^{m+1} t^m}{m!}, \quad p_{m+1}(0) = 0$$

を得る．ここで

$$p_{m+1}(t) = e^{-\lambda t} \frac{(\lambda t)^{m+1}}{(m+1)!}$$

がこの微分方程式を満たすことは容易にわかるので，解の一意性により p_{m+1} の形が上記に決まる．結局，帰納法により (5.7) が任意の $k \in \mathbb{N}$ について成り立つことがわかった．

(4) $\Rightarrow$ (1)：$N_t = \sum_{k=1}^{\infty} \mathbf{1}_{\{T_k \leq t\}}$ と書けているので，$W_k := T_k - T_{k-1} \sim Exp(\lambda)$ となることを示せば証明が終わる．そこで，$0 = t_0 \leq s_1 < t_1 \leq \cdots \leq s_n < t_n$ なる列をとると，N の独立定常増分性と $N_t \sim Po(\lambda t)$ により

200 第 5 章 確 率 過 程

$$\mathbb{P}\left(\bigcap_{k=1}^{n}\{s_k < T_k \le t_k\}\right) = \mathbb{P}\left(\bigcap_{k=1}^{n-1}\{N_{s_k} - N_{t_{k-1}} = 0,\, N_{t_k} - N_{s_k} = 1\}\right)$$

$$\times\, \mathbb{P}\left(N_{s_n} - N_{t_{n-1}} = 0,\, N_{t_n} - N_{s_n} \ge 1\right) \qquad (5.8)$$

$$= (e^{-\lambda s_n} - e^{-\lambda t_n}) \cdot \lambda^{n-1}\prod_{k=1}^{n-1}(t_k - s_k) \qquad (5.9)$$

を得る．したがって，

$$\mathbb{P}(W_1 \in \mathrm{d}x_1, \ldots, W_n \in \mathrm{d}x_n) = \mathbb{P}\left(\bigcap_{k=1}^{n}\{T_k - T_{k-1} \in \mathrm{d}x_k\}\right) \qquad (5.10)$$

$$= \lambda^n e^{-\lambda(x_1 + \cdots + x_n)}\, \mathrm{d}x_1 \cdots \mathrm{d}x_n \qquad (5.11)$$

がわかり（問 5.19），これは $(W_k)_{k=1,\ldots,n}$ が独立に平均 $1/\lambda$ の指数分布に従うことを示している． ∎

[問 5.18]　確率変数列 U_i $(i = 1, 2, \ldots, n)$ は互いに独立に $(0, t)$ 上の一様分布 $U(0, t)$ に従うとする．これに対する順序統計量 $(U_{(1)}, \ldots, U_{(n)})$ の確率密度関数 $f(u_1, \ldots, u_n)$ は

$$f(u_1, \ldots, u_n) = \frac{n!}{t^n}, \quad u_1 \le u_2 \le \cdots \le u_n$$

となることを示せ．

[問 5.19]　等式(5.9)，および(5.11)を証明せよ．

[問 5.20]　Poisson 過程の定義や定理 5.17, (2) などを用いて Poisson 過程のパスをシミュレーションにより発生させてみよ．

　このような Poisson 過程をクレーム件数のモデルとして用いるときには，一定の期間を観測するときはいつでもクレームの頻度が同程度であるような状況が想定されている．これが N の強度 λ が定数であることの意味であり，このような Poisson 過程は**斉時的** (**time-homogeneous**) といわれる．しかし，

例えばクレーム件数が時間に関して均一でなく季節性を有するように見えた
り，なにか外生的な要因に誘発され突然事故や災害が集中して起こるような場
合もある．このようなクレームに対しては，例えば，強度 λ を時間 t に依存
する関数 $\lambda = \lambda(t)$ に拡張し，

$$\mathbb{P}(N_t - N_s = k) = \exp\left(-\int_s^t \lambda(u)\,du\right) \frac{\left(\int_s^t \lambda(u)\,du\right)^k}{k!}$$

などとして独立増分性を持つ点過程を定義したり（[40, 41] などを参照），
$(\lambda(t))_{t \geq 0}$ を確率過程と見なし

$$\mathbb{P}(N_t - N_s = k) = \mathbb{E}\left[\exp\left(-\int_s^t \lambda(u)\,du\right) \frac{\left(\int_s^t \lambda(u)\,du\right)^k}{k!}\right]$$

などとモデル化することもできる[3]（Rolski *et al.* [47, 第 12 章] など）．このよ
うに拡張された Poisson 過程は**非斉時的 (time-inhomogeneous)** といわれ，
実務的には重要な拡張ではあるが，さまざまな計算や数学的議論が複雑にな
り，詳細な解析が困難になる．本書ではこれらの拡張は扱わないが，興味のあ
る読者は Mikosch [40] などが入門的な教科書としてよいであろう．

[定理 5.21] 確率空間 $(\Omega, \mathcal{F}, \mathbb{P})$ 上に与えられた強度 λ の Poisson 過程 $N = (N_t)_{t \geq 0}$ に対して，N が生成する自然なフィルトレーションを $\mathbb{F}^N = (\mathcal{F}_t^N)_{t \geq 0}$ とする．このとき，以下が成り立つ．
(1) 任意の $t > s > 0$ に対して，$N_t - N_s$ は $\mathcal{F}_s^N$ と独立である．
(2) $\widetilde{N} = (N_t - \lambda t)_{t \geq 0}$ は $\mathbb{F}^N$-マルチンゲールである．
(3) $\phi_{N_t}(s) = \exp(\lambda t(e^{is} - 1))$．特に，$\mathbb{E}[N_t] = Var(N_t) = \lambda t$．

証明 (1)：N の独立増分性により，任意の $0 < u_1 \leq u_2 \leq \cdots \leq u_k \leq s$ に対
して $(N_{u_1}, \ldots, N_{u_k})$ と $N_t - N_s$ は独立である．したがって，定理 A.11 によっ
て $N_t - N_s$ は $\mathcal{F}_s^N := \sigma(\mathcal{A})$ と独立になる．

---

[3] Cox 過程などといわれる．

202 第5章 確率過程

(2)：$M_t := N_t - \lambda t$ と置くと，任意の $t > s$ に対して，N_s が $\mathcal{F}_s^N$-可測である
ことと (1) に注意して，

$$\mathbb{E}[M_t \,|\, \mathcal{F}_s^N] = \mathbb{E}[(N_t - N_s) + N_s - \lambda t \,|\, \mathcal{F}_s^N] = \mathbb{E}[N_t - N_s] + N_s - \lambda t$$
$$= \lambda(t - s) + N_s - \lambda s = M_s.$$

(3)：これは Poisson 分布の特性関数の計算であるから省略する. ∎

5.3.2 複合 Poisson 過程

[**定義 5.22**] $N = (N_t)_{t \geq 0}$ を強度 λ の Poisson 過程とし，$(U_i)_{i=1,2,\dots}$ は N
と独立な IID 確率変数列とする. このとき，

$$S_t = \sum_{i=1}^{N_t} U_i, \quad t \geq 0$$

で定まる確率過程 $S = (S_t)_{t \geq 0}$ を **複合 Poisson 過程** (compound Poisson
process) という. 特に，ある分布 F に対して $U_i \sim F$ であるとき，上記の複
合 Poisson 過程を

$$S \sim CP(\lambda, F)$$

のような記号で表す.

上記 $CP(\lambda, F)$ の記号は複合 Poisson 分布で用いたのと同じものであるが
(2.4.2 項)，文脈から S が確率過程であれば複合 Poisson 過程を表すものとす
れば誤解はないであろう.

保険数理において，複合 Poisson 過程は累積クレーム額を表すもっとも基本
的な確率モデルである. すなわち，先述したように Poisson 過程 N_t が時刻 t
までのクレーム件数であり，各 i に対して U_i は i 番目の保険会社へのクレー
ム額である.

以下の事実は本書でも何度も用いる重要な事実である.

[定理 5.23] $S = (S_t)_{t \geq 0}$ は複合 Poisson 過程 $S \sim CP(\lambda, F)$ で，F は平均 μ，分散 σ^2 を持つとする．このとき，以下が成り立つ．

(1) S は独立定常増分過程である．

(2) $\mathbb{E}[S_t] = \lambda \mu t$，$Var(S_t) = \lambda(\mu^2 + \sigma^2)t$．

(3) 各 $t \geq 0$ に対して，S_t の特性関数 ϕ_{S_t} は以下で与えられる．

$$\phi_{S_t}(u) = \exp\left(\lambda t \left[\phi_F(u) - 1\right]\right), \quad u \in \mathbb{R}.$$

証明 $N_t \sim Po(\lambda t)$，$U_i \sim F$ を IID とし $S_t = \sum_{i=1}^{N_t} U_i$ と置く．

(1)：任意の $h, h' \geq 0$ と $0 < s < s+h < t < t+h'$ に対して，

$$S_{s+h} - S_s = \sum_{i=N_s+1}^{N_{s+h}} U_i, \quad S_{t+h'} - S_t = \sum_{i=N_t+1}^{N_{t+h'}} U_i.$$

また，$N_s \leq N_{s+h} \leq N_t \leq N_{t+h'}$ である．さらに，

$$p_{k,l} := \mathbb{P}\left(N_{s+h} - N_s = k, N_{t+h'} - N_t = l\right) = e^{-\lambda(h+h')}\frac{(\lambda h)^k (\lambda h')^l}{k!l!}$$

に注意する．ここで，N と U_i $(i = 1, 2, \ldots)$ は独立であるから，

$$\mathbb{P}\left(S_{s+h} - S_s \leq x, S_{t+h'} - S_t \leq y\right)$$

$$= \sum_{k,l \in \mathbb{N}} \mathbb{P}\left(\sum_{i=N_s+1}^{N_{s+h}} U_i \leq x, \sum_{i=N_t+1}^{N_{t+h'}} U_i \leq y \,\middle|\, N_{s+h} - N_s = k, N_{t+h'} - N_t = l\right) \cdot p_{k,l}$$

$$= \sum_{k,l \in \mathbb{N}} F^{*k}(x) F^{*l}(y) e^{-\lambda h}\frac{(\lambda h)^k}{k!} \cdot e^{-\lambda h'}\frac{(\lambda h')^l}{l!}$$

$$= \left(\sum_{k=0}^{\infty} F^{*k}(x) e^{-\lambda h}\frac{(\lambda h)^k}{k!}\right)\left(\sum_{l=0}^{\infty} F^{*l}(y) e^{-\lambda h'}\frac{(\lambda h')^l}{l!}\right)$$

$$= \mathbb{P}\left(S_{s+h} - S_s \leq x\right) \mathbb{P}\left(S_{t+h'} - S_t \leq y\right).$$

これは S の独立定常増分性を示している．

(3)：上記と同様に，任意の $u \in \mathbb{R}$ に対して，

$$
\begin{aligned}
\phi_{S_t}(u) &= \mathbb{E}\left[\mathbb{E}\left[e^{iu\sum_{i=1}^{N_t} U_i}\,\middle|\, N_t\right]\right] = \mathbb{E}\left[\{\phi_F(u)\}^{N_t}\right] \\
&= \sum_{k=0}^{\infty} \{\phi_F(u)\}^k\, e^{-\lambda t}\frac{(\lambda t)^k}{k!} \\
&= e^{-\lambda t} e^{\lambda t \phi_F(u)}
\end{aligned}
$$

となって結論を得る．また，(2) は定理 2.12, (1), (2) から容易にわかる． ■

クレーム件数のモデルと同様に複合 Poisson による累積クレームモデルでは，Poisson 過程 N を非斉時的なものへ拡張することもあるが，定理 5.23, (1) の独立定常増分性を保ったまま，より一般の確率過程（Lévy 過程）へ拡張するという方向性もあり，こちらの方が数学的にはより美しく統一的な議論が可能になり保険数理のアカデミズムにおける主流でもある．そこで，本書では後でこちらの拡張に重点を置き解説する．

[**定理 5.24**]　確率空間 $(\Omega, \mathcal{F}, \mathbb{P})$ 上に与えられた複合 Poisson 過程 $S \sim CP(\lambda, F)$ に対して，S が生成する自然なフィルトレーションを $\mathbb{F}^S = (\mathcal{F}_t^S)_{t \geq 0}$ とする．また，$\mu := \int_{\mathbb{R}} x\, F(\mathrm{d}x) < \infty$ とする．このとき，以下が成り立つ．

(1)　任意の $t > s > 0$ に対して，$S_t - S_s$ は $\mathcal{F}_s^S$ と独立である．

(2)　$\widetilde{S} = (S_t - \lambda \mu t)_{t \geq 0}$ は $\mathbb{F}^S$-マルチンゲールである．

[**問 5.25**]　定理 5.21 の証明と同様にして定理 5.24 を示せ．

5.3.3　Brown 運動

[**定義 5.26**]　確率過程 $W = (W_t)_{t \geq 0}$ が以下の条件を満たすとする．

(1)　$W_0 = 0$ a.s.

(2)　独立定常増分過程である．

(3)　各 $t \geq 0$ に対して，$W_t \sim N(0, t)$.

(4)　確率 1 で連続なパスを持つ: $\mathbb{P}(W \in C(\mathbb{R}_+)) = 1$.

このような確率過程 W を**標準 Brown 運動** (standard Brownian motion),
あるいは **Wiener 過程** (**Wiener process**) という．

5.3 さまざまな確率過程　　205

[**注意 5.27**]　標準 Brown 運動 W と定数 $x, \mu \in \mathbb{R}$, $\sigma \neq 0$ に対して，

$$B_t^x = x + \mu t + \sigma W_t \tag{5.12}$$

とした確率過程 B^x を **x から出発するドリフト付き Brown 運動** (drifted Brownian motion starting at x) などという．

[**定理 5.28**]　確率空間 $(\Omega, \mathcal{F}, \mathbb{P})$ 上に与えられた標準 Brown 運動 $W = (W_t)_{t \geq 0}$ に対し，W が生成する自然なフィルトレーションを $\mathbb{F}^W = (\mathcal{F}_t^W)_{t \geq 0}$ とする．このとき，以下が成り立つ．
(1)　任意の $t > s > 0$ に対して，$W_t - W_s$ は $\mathcal{F}_s^W$ と独立である．
(2)　W は $\mathbb{F}^W$-マルチンゲールである．
(3)　$\phi_{W_t}(s) = \exp\left(-\frac{s^2}{2} t\right)$.

[**問 5.29**]　定理 5.21 の証明と同様にして定理 5.28 を示せ．

　このような Brown 運動の具体的な構成法はいろいろ知られているが（例えば，A.3.2 項，例 A.34 など），例えば $[0,1]$ 区間上に Brown 運動を実現したいとき，直観的に Brown 運動のパスが想像しやすい構成法として以下のようなものが知られている．

[**定理 5.30（Donsker の不変原理）**]　$(X_i)_{i=1,2,\ldots}$ を平均 0，分散 1 の IID 確率変数列とする．また，$n \in \mathbb{N}$ に対して，確率過程 $W^n = (W^n(t))_{t \in [0,1]}$ のパスを，各 $t = k/n$ $(k = 1, 2, \ldots, n)$ で

$$W^n\left(\frac{k}{n}\right) = \frac{1}{\sqrt{n}} \sum_{i=1}^{k} X_i, \quad W^n(0) = 0 \tag{5.13}$$

と定め，区間 $((k-1)/n, k/n]$ では 2 点 $W^n((k-1)/n)$ と $W^n(k/n)$ を結ぶ直線として定めることで，W^n が連続パスを持つように定義する．このとき，

$$W^n \to^d W \quad \text{in } C([0,1]).$$

ただし，$W = (W_t)_{t \in [0,1]}$ は標準 Brown 運動である．

206　第 5 章　確率過程

　この定理が示すことは，W^n というランダム・ウォークの関数空間 $C([0, 1])$ における分布が，$n \to \infty$ のとき，標準 Brown 運動の分布に分布収束する（A.3 節を参照）ということであり，大雑把には，ランダム・ウォーク W^n で実現されるパスは，n が十分大きいとき，ほぼ Brown 運動から実現されるパスに近いものが得られる，ということである．

　したがって，Brown 運動をシミュレーションする際には，大きな n で W^n のようなランダム・ウォークのパスを描けばよい．図 5.1 は (5.13) における X_i として $N(0, 1)$ を用いて W_t^n をプロットしたものである．(d) $n = 10000$ のパスは，厳密には単なるランダム・ウォークではあるが，実用的には Brown 運動のパスとして用いてよいであろう．

5.3.4　Lévy 過 程

　Lévy 過程は Brown 運動や複合 Poisson 過程を含むより一般の独立定常増分過程で，近年の保険数理では，保険会社の資産過程のモデルとして一般的になりつつある．ここでは，本書で必要となる要点のみをやや直観的に紹介しておく．証明など，より詳細に興味のある読者は，Lévy 過程に関する成書，Applebaum [1], Bertoin [5], Sato[48], Cont and Tankov [10] などを参照されたい．

[定義 5.31]　確率過程 $X = (X_t)_{t \geq 0}$ が以下の条件を満たすとする．

(1)　$X_0 = 0$ a.s.

(2)　独立定常増分過程である．

(3)　任意の $t \geq 0$ で**確率連続 (continuous in probability)**：

$$\lim_{s \to t} \mathbb{P}(|X_s - X_t| > \epsilon) = 0, \quad \forall \epsilon > 0. \tag{5.14}$$

(4)　確率 1 で càdlàg なパスを持つ：$\mathbb{P}(X \in D(\mathbb{R}_+)) = 1$.

このような確率過程 X を **Lévy 過程 (Lévy process)** という．

　定義より，これまで述べた（複合）Poisson 過程や Brown 運動は全てこの Lévy 過程の範疇に入ることがわかる．目新しいのは"確率連続性"だが，この定義式より，任意の $t > 0$ と $\epsilon > 0$ に対して，

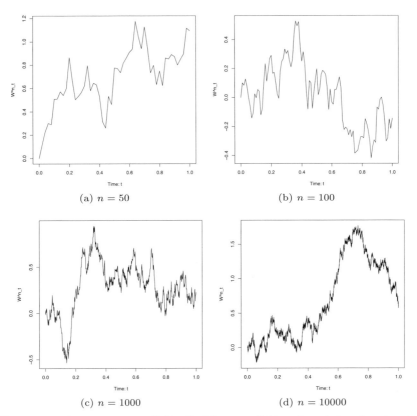

図 5.1 ランダム・ウォークの収束に基づく Brown 運動のパス・シミュレーション. Brown 運動のパスは (d) のようなイメージである.

$$\mathbb{P}(|\Delta X_t| > \epsilon) = \mathbb{E}\left[\lim_{s\uparrow t}\mathbf{1}_{\{|X_t - X_s| > \epsilon\}}\right] = \lim_{s\uparrow t}\mathbb{P}(|X_s - X_t| > \epsilon) = 0$$

となる.つまり,時点 t が指定されたときまさにその時点でジャンプが起こる確率は 0 であることを意味している.パスの連続性とは異なる概念であることに注意されたい.実際,$N_t \sim Po(\lambda t)$ のときパスは階段関数で不連続であるが,任意の $\epsilon > 0$ に対して $n_0 := [\epsilon] + 1$ と置くと,

$$\mathbb{P}(|N_s - N_t| > \epsilon) \leq 2\sum_{k=n_0}^{\infty} e^{-\lambda|s-t|}\frac{\lambda^k|s-t|^k}{k!} \to 0 \quad (s \to t)$$

208　第5章　確率過程

となるので確率連続である.

[問 5.32]　複合 Poisson 過程，Brown 運動が任意の時点で確率連続であることを示せ.

　上記の問題からもわかるように，複合 Poisson 過程や Brown 運動は Lévy 過程であるが，連続なパスを持つ Lévy 過程は Brown 運動しかないことが知られている.　したがって，Lévy 過程のパスは一般には不連続である.

　ここからは Lévy 過程のパスの性質を見て行こう.　以下，$\mathbb{R}_0 := \mathbb{R} \setminus \{0\}$，$\mathcal{B}_+ := \sigma(\{A \cap \mathbb{R}_+ : A \in \mathcal{B}\})$ とする.

　$X = (X_t)_{t \geq 0}$ を Lévy 過程とするとき，任意の $t > 0$ と $B \in \mathcal{B}$ に対して，

$$N((a,b], B) = \sum_{s \in (a,b]} \mathbf{1}_B(\Delta X_s), \quad b > a \geq 0 \tag{5.15}$$

と置く.　これは $(a,b]$ 区間において X のジャンプ ΔX_s でそのサイズが B に含まれるようなものの数を数えたもので，これが $\mathcal{B}_+ \times \mathcal{B}$ 上の測度になっているため，**X のジャンプに関する計数測度** (counting measure associated to jumps of X)，あるいはより簡単に，X のジャンプ測度 (jump measure) などと呼ばれる.　この測度を $N(\mathrm{d}t, \mathrm{d}z)$ のように表す.　すなわち，

$$N((a,b], B) = \int_a^b \int_U N(\mathrm{d}t, \mathrm{d}z)$$

であり，$f : \mathbb{R}_+ \times \mathbb{R} \to \mathbb{R}$ に対して，

$$\int_a^b \int_B f(s,z)\, N(\mathrm{d}s, \mathrm{d}z) = \sum_{s \in (a,b]} f(s, \Delta X_s) \mathbf{1}_B(\Delta X_s)$$

である.　このジャンプ測度に関して以下のことが知られている.

[補題 5.33]　Lévy 過程 X のジャンプ測度を N とし，$\nu : \mathcal{B} \to \mathbb{R} \cup \{\infty\}$ を

$$\nu(B) := \mathbb{E}[N((0,1], B)], \quad B \in \mathcal{B} \tag{5.16}$$

と定める.　ただし，$\nu(\{0\}) = 0$ と定める.　このとき，以下が成り立つ.

(1) ν は $\mathcal{B}$ 上の σ-有限測度[4]であり，任意の $B \in \mathcal{B}; \overline{B} \subset \mathbb{R}_0$ に対して $\nu(B)$ $< \infty$. また，以下が成り立つ：

$$\int_{|z| \leq 1} z^2 \, \nu(\mathrm{d}z) < \infty. \tag{5.17}$$

(2) $B \in \mathcal{B}; \overline{B} \subset \mathbb{R}_0$ に対して $N_t(B) := N((0,t], B)$ とすると，$N(B) = (N_t(B))_{t \geq 0}$ は強度 $\nu(B)$ の Poisson 過程である：

$$N_t(B) \sim Po(\nu(B)t).$$

補題 5.33, (1) より，(5.16)で定義された測度 ν を **Lévy 測度 (Lévy measure)** という．定義から，$\nu(B)$ は $[0,1]$ 区間でジャンプ幅が B に含まれるような場合のジャンプ数の期待値であり，$\nu(B)$ が大きいほど多くのジャンプが起こりうることを表している．(1) より，$0 \notin \overline{B}$ のように 0 から離れた領域 B を考えると $\nu(B) < \infty$ であるが，$0 \in A$ となるような $A \subset \mathbb{R}$ に対しては

$$\nu(A) = \infty$$

となってもよい．つまり，$[0,1]$ 区間において無限回のジャンプが起こるような Lévy 過程を考えることもできる．

[定義 5.34] $\nu(\mathbb{R}) < \infty$ なる Lévy 過程を **有限活動型 (finite activity model)** といい，$\nu(\mathbb{R}) = \infty$ のときを**無限活動型 (infinite activity model)** という．また，ν が Lebesgue 測度に関して絶対連続で

$$\nu(\mathrm{d}z) = \widetilde{\nu}(z) \, \mathrm{d}z$$

と書けるとき，$\widetilde{\nu}$ を **Lévy 密度 (Lévy density)** という．

補題 5.33, (2) の性質からジャンプ測度 N は **Poisson ランダム測度 (Poisson random measure)** とも呼ばれる．Poisson 過程 $N(B)$ に対して，

---

[4] $\mathcal{B}$ 上の測度 ν が **σ-有限 (sigma-finite)** であるとは，$\mathbb{R} = \bigcup_{k=1}^{\infty} B_k$ $(B_i \cap B_j = \emptyset)$，かつ $\nu(B_k) < \infty$ と書けることである．

$$\widetilde{N}_t(B) := N_t(B) - \nu(B)t, \quad t \geq 0 \tag{5.18}$$

で確率過程 $\widetilde{N}(B)$ を定め，これによって生成されるフィルトレーションを $\mathbb{F}$ として定理 5.21, (2) に注意すると，これは $\mathbb{F}$-マルチンゲールになる．このような $\nu(B)t$ を N の**コンペンセイター**（compensator，補填）という．

以下のことが知られている．

[補題 5.35] X を Lévy 過程，ν をその Lévy 測度とする．$f : \mathbb{R} \to \mathbb{R}$ と $U \in \mathcal{B}$, $\overline{U} \subset \mathbb{R}_0$ に対して，以下の (5.19), (5.20) それぞれの右辺の積分が存在すれば，それぞれの等式も成り立つ：

$$\mathbb{E}\left[\int_0^t \int_U f(z)\,N(\mathrm{d}s, \mathrm{d}z)\right] = t\int_U f(z)\,\nu(\mathrm{d}z) < \infty. \tag{5.19}$$

さらに，

$$Var\left(\int_0^t \int_U f(z)\,N(\mathrm{d}s, \mathrm{d}z)\right) = t\int_U f^2(z)\,\nu(\mathrm{d}z) < \infty. \tag{5.20}$$

Lévy 過程の分布の特性を調べるために特性関数 $\phi_{X_t}(u)$ を考えよう．次の性質により，Lévy 過程の特性関数を考える際には $\phi_{X_1}(u)$ がわかればよい．

[補題 5.36] X が Lévy 過程のとき，

$$\phi_{X_t}(u) = \{\phi_{X_1}(u)\}^t.$$

証明 まず $t = m \in \mathbb{N}$ の場合を考えてみると，独立定常増分性によって

$$\phi_{X_m}(u) = \mathbb{E}\left[e^{iuX_m}\right] = \mathbb{E}\left[e^{iu\sum_{i=1}^m (X_i - X_{i-1})}\right] = \left\{\mathbb{E}\left[e^{iuX_1}\right]\right\}^m.$$

同様に $t = 1/n$, $n \in \mathbb{N}$ の場合には

$$\left\{\phi_{X_{1/n}}(u)\right\}^n = \mathbb{E}\left[e^{iu(X_{1/n} - X_0)}\right] \cdots \mathbb{E}\left[e^{iu(X_{n/n} - X_{(n-1)/n})}\right] = \phi_{X_1}(u)$$

であるから，

$$\phi_{X_{1/n}}(u) = \{\phi_{X_1}(u)\}^{1/n}$$

となる.これらより,結局 $t = m/n \in \mathbb{Q}$ のような有理数の場合に

$$\phi_{X_{m/n}}(u) = \{\phi_{X_1}(u)\}^{m/n}$$

であるから,$t \in \mathbb{R}$ のときも $q_n \in \mathbb{Q} \to t$ なる有理数列を考えることにより,

$$\phi_{X_t}(u) = \lim_{n \to \infty} \mathbb{E}\left[e^{iuX_{q_n}}\right] = \lim_{n \to \infty} \{\phi_{X_1}(u)\}^{q_n} = \{\phi_{X_1}(u)\}^t.$$

ここで,上記の最初の等号では,確率連続性を用いていることに注意せよ. ∎

[注意 5.37] 上記の証明を見ると,Lévy 過程 X が与えられたとき,任意の $n \in \mathbb{N}$ に対して $\Delta := t/n$ と置くと,

$$\phi_{X_t}(u) = [\phi_{X_\Delta}(u)]^n \quad \Leftrightarrow \quad F_{X_t} = F_{X_\Delta}^{*n}$$

が成り立っている.F_{X_Δ} は分割の個数 n によるが,n を決めれば F_{X_Δ} も決まる.つまり,X_t の分布がある共通の分布によっていくらでも細かく(畳み込みの意味で)分割できることを意味している.このような性質を持つ分布 F_{X_t} を**無限分解可能分布** (infinitely divisible distribution) という.この性質は Lévy 過程の独立定常増分性に対応しており,無限分解可能分布と Lévy 過程には 1 対 1 の対応がある.したがって,無限分解可能分布を一つ与えるとそれを周辺分布として持つような Lévy 過程が一つ存在する.

ϕ_{X_t} に関する次の表現は重要で,ここにパスの性質が本質的に現れている.

[定理 5.38（Lévy-Khinchine 公式）] X を Lévy 過程とし,ν をその Lévy 測度とする.このとき,ある $\alpha \in \mathbb{R}$, $\sigma^2 \geq 0$ が存在して,

$$\phi_{X_t}(u) = \mathbb{E}\left[e^{iuX_t}\right] = e^{t\Psi_X(u)}, \quad u \in \mathbb{R}.$$

ただし,

212 第5章 確率過程

$$\Psi_X(u) = i\alpha u - \frac{\sigma^2}{2}u^2 + \int_{|z| \leq 1} \left(e^{iuz} - 1 - iuz\right) \nu(\mathrm{d}z)$$
$$+ \int_{|z| > 1} \left(e^{iuz} - 1\right) \nu(\mathrm{d}z). \tag{5.21}$$

[注意 5.39] Ψ_X は $X = (X_t)_{t \geq 0}$ の**特性指数** (**characteristic exponent**) といわれ，α, σ^2, ν を与えれば，対応する Ψ_X を特性指数に持つような Lévy 過程 X が決まる．したがって，この**三つ組み** (**triplet**)

$$(\alpha, \sigma^2, \nu)$$

を与えることと Lévy 過程 X を与えることは同値であり，この三つ組みをしばしば**特性量** (**characteristics**) と呼ぶ．

特性指数 (5.21) の第 2, 3 項では $|z| = 1$ を境にして積分を分けている．実は，この分け方は本質的ではなく，任意の $\epsilon > 0$ によって $|z| = \epsilon$ で分ければ，それに伴って α が調節され，以下のように書ける：

$$\Psi_X(u) = i\alpha_\epsilon u - \frac{\sigma^2}{2}u^2 + \int_{|z| \leq \epsilon} \left(e^{iuz} - 1 - iuz\right) \nu(\mathrm{d}z)$$
$$+ \int_{|z| > \epsilon} \left(e^{iuz} - 1\right) \nu(\mathrm{d}z).$$

ただし，$\alpha_\epsilon = \alpha - \int_{\epsilon < |z| \leq 1} z\,\nu(\mathrm{d}z)$ である．このとき，X_t の特性関数は以下のように書けていることに注意せよ．

$$\phi_{X_t}(u) = e^{i\alpha_\epsilon tu - \frac{\sigma^2 t}{2}u^2} \cdot e^{t \int_{|z| < \epsilon} \left(e^{iuz} - 1 - iuz\right) \nu(\mathrm{d}z)} \cdot e^{\lambda_\epsilon t \int_{\mathbb{R}} \left(e^{iuz} - 1\right) F_\epsilon(\mathrm{d}z)}. \tag{5.22}$$

ここで，

$$\lambda_\epsilon = \nu(\{z : |z| > \epsilon\}), \quad F_\epsilon(B) = \lambda_\epsilon^{-1} \cdot \nu(B \cap \{z : |z| > \epsilon\}) \tag{5.23}$$

とした．特に，補題 5.33, (1) により $\lambda_\epsilon < \infty$ であり，したがって，F_ϵ は確率測度（分布）になっていることに注意せよ：$F_\epsilon(\mathbb{R}) = 1$.

ここで，定理 5.23, (3) と定理 5.28, (3) に注意すると，(5.22) は次のように

表現される:

$$\phi_{X_t}(u) = \phi_{\alpha_\epsilon t + \sigma W_t}(u) \cdot \phi_{X_t^\epsilon}(u) \cdot \phi_{S_t^\epsilon}(u). \tag{5.24}$$

ただし, W は標準 Brown 運動, $S^\epsilon \sim CP(\lambda_\epsilon, F_\epsilon)$ であり, X^ϵ は特性関数が (5.22)の右辺第 2 項で表されるような何らかの確率過程である. つまり, Lévy 過程 X は, 一般に互いに独立な $W, S^\epsilon, X^\epsilon$ を用いて

$$X_t = \alpha_\epsilon t + \sigma W_t + X_t^\epsilon + S_t^\epsilon$$

のような分解を持つことが示唆され, 実はこれは以下のように定式化される.

[定理 5.40 (Lévy-Ito 分解)] X は Lévy 測度 ν を持つ Lévy 過程とする. このとき, ある $\alpha_\epsilon \in \mathbb{R}$, $\epsilon > 0$, $\sigma^2 \geq 0$ が存在して以下の表現を持つ:

$$X_t = \alpha_\epsilon t + \sigma W_t + \int_0^t \int_{|z| \leq \epsilon} z\, \widetilde{N}(\mathrm{d}s, \mathrm{d}z) + \int_0^t \int_{|z| > \epsilon} z\, N(\mathrm{d}s, \mathrm{d}z). \tag{5.25}$$

ただし, W はランダム測度 N と独立な標準 Brown 運動であり, 右辺第 4 項は以下のような複合 Poisson 過程である:

$$\int_0^t \int_{|z| > \epsilon} z\, N(\mathrm{d}s, \mathrm{d}z) = \sum_{s \in (0,t]} \Delta X_s \mathbf{1}_{[-\epsilon,\epsilon]^c}(\Delta X_s) \sim CP(\lambda_\epsilon, F_\epsilon).$$

ここに, $\Delta X_s \sim F_\epsilon$ であり, $\lambda_\epsilon, F_\epsilon$ は(5.23)で与えたものである.

[注意 5.41] 式(5.25)の右辺第 3 項の積分

$$M_t := \int_0^t \int_{|z| \leq \epsilon} z\, \widetilde{N}(\mathrm{d}s, \mathrm{d}z)$$

は 2 乗可積分なマルチンゲールになることが知られており, したがって, $\mathbb{E}[M_t] = \mathbb{E}[M_0] = 0$ であり, $\int_{|z|>1} z\, \nu(\mathrm{d}z) < \infty$ ならば, 補題 5.35 により

$$\mathbb{E}[X_t] = t\left(\alpha_\epsilon + \int_{|z|>\epsilon} z\, \nu(\mathrm{d}z)\right). \tag{5.26}$$

このように, X_t の期待値は X の特性量だけで書ける.

表現(5.25)は Lévy 過程について多くを語っている. まず, $\epsilon > 0$ を固定す

214 第5章 確率過程

ると

$$S_t^\epsilon := \int_0^t \int_{|z|>\epsilon} z\, N(\mathrm{d}s, \mathrm{d}z)$$

は複合 Poisson であり,ジャンプ数の期待値は $\lambda_\epsilon t$ であるが,一般には

$$\lim_{\epsilon \downarrow 0} \lambda_\epsilon t = \infty$$

となりうるので X のパスにはどんな時間幅 t の区間でも無限回のジャンプが起こりうる.この無限ジャンプはマルチンゲール $\widetilde{N}$ による積分

$$X_t^\epsilon := \int_0^t \int_{|z|\leq\epsilon} z\, \widetilde{N}(\mathrm{d}s, \mathrm{d}z) \tag{5.27}$$

の項に含まれており,この項の存在が,Brown 運動や複合 Poisson 過程と異なる本質的な点である.ここで,$\widetilde{N}$ による積分でなく,

$$\int_0^t \int_{|z|\leq\epsilon} z\, N(\mathrm{d}s, \mathrm{d}z)$$

なる積分を考えてしまうと,これは無限ジャンプによって発散しうることが知られている.したがって,一般には

$$X_t^\epsilon = \int_0^t \int_{|z|\leq\epsilon} z\, N(\mathrm{d}s, \mathrm{d}z) - t \int_{|z|\leq\epsilon} z\, \nu(\mathrm{d}z)$$

のように項別に積分することは**できない!** しかしながら,ここからコンペンセイターを引いた (5.27) なる積分であれば任意の $t>0$ で収束することが知られており,これが "補填" の意味である.

これと同様の対応を特性指数 Ψ_X においても見ることができる.(5.25) の各項の特性指数は,それぞれ以下の右辺各項に対応する;

$$\Psi_X(u) = \left[i\alpha_\epsilon u - \frac{\sigma^2}{2} u^2 \right] + \int_{|z|\leq\epsilon} \left(e^{iuz} - 1 - iuz \right) \nu(\mathrm{d}z)$$
$$+ \int_{|z|>\epsilon} \left(e^{iuz} - 1 \right) \nu(\mathrm{d}z).$$

ここで,定理 5.33, (1) の可積分条件により右辺第 2, 3 項の積分は収束することに注意せよ.なぜなら,第 2 項については $e^{iuz} - 1 - iuz \sim Cz^2$ $(z \to 0)$ であり,第 3 項については $|e^{iuz} - 1| \leq 2$ だからである.しかし,第 2 項の積分

を項別に積分することは**できない！** なぜなら，例えば，

$$\int_{|z|\le\epsilon} \left(e^{iuz}-1\right)\nu(\mathrm{d}z) \tag{5.28}$$

を考えたとすると，$z\to 0$ のとき $e^{iuz}-1\sim C'z$ であるから，条件 (5.17) だけでは原点近傍での可積分性が保証されないからである．このような積分の存在を保証するには，

$$\int_{|z|\le 1} |z|\,\nu(\mathrm{d}z) < \infty \tag{5.29}$$

であれば十分で．このとき，(5.28) が存在するので第 2 項が項別積分できて以下が成り立つ．

[**補題 5.42**] Lévy 過程 X が (5.29) を満たすとする：

$$\int_{|z|\le 1} |z|\,\nu(\mathrm{d}z) < \infty.$$

このとき，特性指数は以下のように書ける：

$$\Psi_X(u) = i\beta u - \frac{\sigma^2}{2}u^2 + \int_{\mathbb{R}_0}\left(e^{iuz}-1\right)\nu(\mathrm{d}z).$$

ここで，$\beta = \alpha_\epsilon - \int_{|z|<\epsilon} z\,\nu(\mathrm{d}z)$．また，$X$ は以下の分解を持つ：

$$X_t = \beta t + \sigma W_t + \int_0^t \int_{\mathbb{R}_0} z\,N(\mathrm{d}s,\mathrm{d}z). \tag{5.30}$$

これは，条件 (5.29) の下で，ジャンプのみによる項 $\int_0^t\int_{\mathbb{R}_0} z\,N(\mathrm{d}s,\mathrm{d}z)$ が収束することを意味しており，実際，

$$\int_{|z|\le 1} |z|\,\nu(\mathrm{d}z) < \infty \quad\Leftrightarrow\quad \int_0^t\int_{|z|\le 1} |z|\,N(\mathrm{d}s,\mathrm{d}z) < \infty \quad a.s.$$

となることが証明される．このことは，1 以下の小さいジャンプが無限回起きたとしても，それらによる総変動は有界であることを意味しており，このような X のジャンプ構造を指して**有界変動型**という．ただし，(5.30)，第 3 項は無限回のジャンプを含みうるので，必ずしも複合 Poisson 過程とはならない．一方，

216 第5章 確率過程

$$\int_{|z|\leq 1} |z|\, \nu(\mathrm{d}z) = \infty \quad \Leftrightarrow \quad \int_0^t \int_{|z|\leq 1} |z|\, N(\mathrm{d}s,\mathrm{d}z) = \infty \quad a.s.$$

の場合は 1 以下の小さなジャンプのみの変動が発散することを示しており，これを**無限変動型**という．

有限活動型の場合にはこのような問題は起こらず，最初から $\epsilon = 0$ ととることにより (5.30)，$\beta = \alpha_0$ のような形に書いてよい．

以上をまとめると以下のようになる：

[注意 5.43]

・ 有限活動型：$\nu(\mathbb{R}) < \infty \Rightarrow$ 有限時間内でのジャンプは有限回．

$$X_t = \beta t + \sigma W_t + S_t^0$$

と書けて，$S^0 \sim CP(\lambda_0, F_0)$．

・ 無限活動型：$\nu(\mathbb{R}) = \infty \Rightarrow$ 有限時間内でのジャンプは無限回．

$$X_t = \alpha_\epsilon t + \sigma W_t + \int_0^t \int_{|z|\leq \epsilon} z\, \widetilde{N}(\mathrm{d}s,\mathrm{d}z) + S_t^\epsilon, \quad \epsilon > 0$$

と書けて $S^\epsilon \sim CP(\lambda_\epsilon, F_\epsilon)$．

○ $\int_{|z|\leq 1} |z|\, \nu(\mathrm{d}z) < \infty$：有界変動型．このとき $\epsilon = 0$ ととってもよいが，S^0 は複合 Poisson 過程では**ない**．

○ $\int_{|z|\leq 1} |z|\, \nu(\mathrm{d}z) = \infty$：無限変動型．**$\epsilon = 0$ とはできない！**

5.3.5 Lévy 過程の具体例

ここで，代表的な Lévy 過程の例をいくつか紹介しておく．

[例 5.44（ジャンプ拡散過程）] Wiener 過程 W と複合 Poisson 過程を合わせた

$$X_t = \sigma W_t + S_t$$

を考えよう．ただし，$S_t = \sum_{i=1}^{N_t} U_i$, $N_t \sim Po(\lambda t)$, $U_i \sim F_U$ とする．このような X は，しばしば，**ジャンプ拡散過程 (jump-diffusion process)** といわ

れる．X の Lévy 測度は

$$\nu(\mathrm{d}z) = \lambda F_U(\mathrm{d}z), \quad \nu(\mathbb{R}_0) = \lambda < \infty$$

である．このとき，$\left| \int_{|z| \leq 1} z\, \nu(\mathrm{d}z) \right| < \infty$ となるから，補題 5.42 により以下のように変形できる：

$$X_t = \sigma W_t + \int_0^t \int_{\mathbb{R}_0} z\, N(\mathrm{d}s, \mathrm{d}z)$$
$$= \alpha_1 t + \sigma W_t + \int_0^t \int_{|z| \leq 1} z\, \widetilde{N}(\mathrm{d}s, \mathrm{d}z) + \int_0^t \int_{|z| > 1} z\, N(\mathrm{d}s, \mathrm{d}z).$$

ただし，$\alpha_1 := \int_{|z| \leq 1} z\, \nu(\mathrm{d}z)$. したがって，特性量は

$$(\alpha_1, \sigma^2, \lambda F_U)$$

と書ける．$\mu = \mathbb{E}[U_1]$ と書いて，期待値(5.26)を見てみると

$$\mathbb{E}[X_t] = t \left(\alpha_1 + \int_{|z| > 1} z\, \nu(\mathrm{d}z) \right) = \lambda \mu t$$

となり，確かに複合 Poisson 過程の期待値になっていることが確認できる．

[例 5.45（従属過程）]　単調増加なパスを持つ Lévy 過程を**従属過程 (subordinator)** という．これは正のジャンプしか持たないような Lévy 過程であり，

$$\nu((-\infty, 0)) = 0$$

である．また，Lévy 過程のパスは cádlág であるから，無限ジャンプを持つとしても有限時間内でパスが発散することはないので，

$$X_t = \alpha t + \int_0^t \int_0^\infty z\, N(\mathrm{d}s, \mathrm{d}z), \quad \alpha \geq 0$$

と書ける．したがって，

$$\int_0^1 z\, \nu(\mathrm{d}z) < \infty$$

であり，従属過程は有界変動型である．特性量は $(\alpha + \int_0^1 z\, \nu(\mathrm{d}z), 0, \nu)$，特性指数は補題 5.42 の通り．

218 第5章 確率過程

このモデルでは，ジャンプが起こらない区間があっても線形項 αt によって増加するため，αt は X の**ドリフト (drift)** と呼ばれることもある (Sato [48]).ただし，文献によっては，平均的な増加率

$$\mathbb{E}[X_t] = \left(\alpha + \int_0^\infty z\,\nu(\mathrm{d}z) \right) t < \infty$$

のことを"ドリフト"と呼んでいるものもあるので注意が要る．これは，

$$X_t = \left(\alpha + \int_0^\infty z\,\nu(\mathrm{d}z) \right) t + \int_0^t \int_0^\infty z\,\widetilde{N}(\mathrm{d}s, \mathrm{d}z)$$

のようにコンペンセイターを用いて表したときの線形項に相当することに注意しておこう．$\widetilde{N}$ による積分がマルチンゲールなので，$\mathbb{E}\left[\int_0^t \int_0^\infty z\,\widetilde{N}(\mathrm{d}s, \mathrm{d}z) \right] = 0$ となることによる．

また，従属過程は $X_t \geq 0$ $a.s.$ であるため，Laplace 変換 $\mathbb{E}[e^{-vX_t}]$ $(v \geq 0)$ が常に存在するので，特性指数の代わりに次の **Laplace 指数 (Laplace exponent)** として，以下の Φ_X が用いられることも多い：

$$\Phi_X(v) := \Psi_X(iv) = \log \mathbb{E}[e^{-vX_1}], \quad u \geq 0. \tag{5.31}$$

従属過程は保険数理において重要で，累積クレームの動的モデルとしてよく用いられる（詳細は次章以降）．以下によく用いられる従属過程を挙げておく．

[**例 5.46（ガンマ過程）**]　Lévy 過程 X の増分がガンマ分布に従うとき：パラメータ $\alpha, \beta > 0$ を用いて

$$X_{t+h} - X_t \sim \Gamma(\alpha h, \beta), \quad h > 0$$

となるものを**ガンマ過程 (gamma process)** という．ガンマ分布は正値の分布であるので，これは従属過程である．このとき特性量 $(\alpha_1, 0, \nu)$ に対して，$\alpha_1 = \int_0^1 z\widetilde{\nu}(z)\,\mathrm{d}z$ であり，Lévy 密度は

$$\widetilde{\nu}(z) = \frac{\alpha e^{-\beta z}}{z} \mathbf{1}_{\{z > 0\}}$$

となる．$\nu(\mathbb{R}_0) = \infty$ なのでこれは無限活動型であり，

$$\Phi_X(v) = \alpha \log \frac{\beta}{\beta + v}, \quad v \geq 0.$$

[**例 5.47（逆 Gauss 過程）**] Lévy 過程 X の増分が逆 Gauss 分布に従う：X_h の確率密度関数がパラメータ $\alpha, \beta > 0$ を用いて

$$f_{X_h}(z) = \frac{\alpha h}{\sqrt{2\pi z^3}} \exp\left(-\frac{1}{2z}(\beta z - \alpha h)^2\right) \mathbf{1}_{\{z>0\}}$$

と書けるとき，X を**逆 Gauss 過程 (inverse Gaussian process)** という．この名前は，Brown 運動 $X_\beta(t) := W_t + \beta t$（Gauss 過程[5]）の α への初期到達時刻

$$X_\beta^{-1}(\alpha) := \inf\{t > 0 : X_\beta(t) > \alpha\}$$

が従う分布であることが由来である（定理 6.39 を参照せよ）．このとき特性量 $(\alpha_1, 0, \nu)$ に対し，

$$\widetilde{\nu}(z) = \frac{\alpha}{\sqrt{2\pi z^3}} e^{-\beta^2 z/2} \mathbf{1}_{\{z>0\}}$$

であり，また $\alpha_1 = \frac{\alpha}{\beta}(2\Phi(\beta) - 1)$ となる．ただし，Φ は $N(0,1)$ の分布関数である．これも無限活動型で

$$\Phi_X(v) = -\alpha\left(\sqrt{2v + \beta^2} - \beta\right), \quad v \geq 0.$$

次の例は無限活動型，かつ無限変動型の代表的モデルである．

[**例 5.48（$\boldsymbol{\alpha}$-安定過程）**] 特性量が $(\gamma, 0, \nu)$ で，Lévy 密度がパラメータ A, $B \geq 0$ $(A + B > 0)$, $\alpha \in (0, 2)$ を用いて

$$\widetilde{\nu}(z) = \frac{A}{z^{1+\alpha}}\mathbf{1}_{\{z>0\}} + \frac{B}{z^{1+\alpha}}\mathbf{1}_{\{z<0\}}$$

と書ける Lévy 過程を**指数 $\boldsymbol{\alpha}$ の安定過程 (stable process with index $\boldsymbol{\alpha}$)**，または単に **$\boldsymbol{\alpha}$-安定過程**という．安定過程は無限活動型であるが，$\alpha \in (0, 1)$

---

[5] 確率過程 $X = (X_t)$ に対して，$(X_{t_1}, \ldots, X_{t_n})$ が n 次元正規分布に従うとき，X は **Gauss 過程 (Gaussian process)** という．

のとき有界変動型，$\alpha \in [1,2)$ のときは無限変動型になる．したがって，特に，$\alpha \in (0,1)$, $B = 0$ なら従属過程である．安定過程は増分に関する分布や密度関数は陽に書けないが，特性指数は以下のようになることが知られている：$\sigma \geq 0, \beta \in [-1,1], \mu \in \mathbb{R}$ をパラメータとして，

$$
\Psi_X(s) = \begin{cases} -\sigma^{\alpha}|s|^{\alpha}\left(1 - i\beta\operatorname{sgn}s\tan\dfrac{\pi\alpha}{2}\right) + i\mu s & (\alpha \neq 1) \\ -\sigma|s|\left(1 + i\beta\dfrac{2}{\pi}\operatorname{sgn}s\log|s|\right) + i\mu s & (\alpha = 1) \end{cases}.
$$

ただし，$\operatorname{sgn}s = \mathbf{1}_{\{s>0\}} - \mathbf{1}_{\{s<0\}}$ であり，これは**符号関数 (sign function)** といわれる．これらの表現から，しばしば，$X_1 \sim S_{\alpha}(\sigma, \beta, \mu)$ のように表される (Cont and Tankov [10])．各パラメータは，その性質から σ：スケール (scale) 母数，β：歪度 (skewness) 母数，μ：位置 (location) 母数などといわれる．(α, σ, β) と (γ, A, B) 間の関係は複雑だが，

$$
\beta = \frac{A-B}{A+B}, \quad \mu = \gamma + \int_{|z|>1} z\,\nu(\mathrm{d}z)
$$

となることが知られており，したがって，特に，

$$
\beta = 1 \iff B = 0, \qquad \beta = -1 \iff A = 0,
$$

である．また，$1 < \alpha < 2$ なら $\sigma^{\alpha} = -(A+B)\Gamma(-\alpha)\cos(\pi\alpha/2)$ などが知られている．

α-安定過程において形式的に $\alpha = 2$ とすると Ψ は Brown 運動の特性指数となることから，α-安定過程は Brown 運動の拡張と見ることもできる．

5.4 初期到達時刻と可測性

5.4.1 フィルトレーションの右連続性

[**定義 5.49**] 確率過程 $X = (X_t)_{t \geq 0}$ によって確率変数 τ^B を以下で定める：

$$
\tau^B := \inf\{t > 0 : X_t \in B\}, \quad B \in \mathcal{B}. \tag{5.32}
$$

ただし，$\inf \emptyset = \infty$ とする．これを B への**初期到達時刻 (first hitting time)** という．

特に，$d \in \mathbb{R}$ に対し，$B = (-\infty, d)$ に対する初期到達時刻

$$\tau_d := \inf\{t > 0 : X_t < d\} \tag{5.33}$$

を考えると，これは $\{X_t < d\}$ というイベントが起こる最初の時刻である．例えば，X を保険会社の資産過程とするとき，τ_0 は保険会社の "破産時刻" といわれ，保険数理ではきわめて重要な確率変数である．

数学的には，この τ_0 が $\mathbb{F}$-停止時刻となるのが望ましい．このとき，

$$\{\tau_0 \le t\}, \ \{\tau_0 > t\} \in \mathcal{F}_t$$

であるが，これは「時刻 t になったとき，その時点で会社が破産しているかどうかは既知である」ということに対応する．このとき，例えば τ_0 に対して任意抽出定理（定理 5.12）などが使えて技術的にも便利なことが多い．ところが，この問題は，一般にはそれほど簡単ではない．

X を観測するという状況における情報のモデルとして，もっとも自然なものは $\mathbb{F}^X := (\mathcal{F}_t^X)_{t \ge 0}$ であろう．例えば，時点 t まで X のパスを観測すれば，$\tau_0 < t$ となるかどうかはわかるので，

$$\{\tau_0 < t\} \in \mathcal{F}_t^X \tag{5.34}$$

である．ここで，X_t のパスを時刻 t まで観測したときちょうど $X_t(\omega) = 0$ となっていたとしよう．ここから時間を少し進めると，パスは正の方向に動くのか，負の方向に動くのか，あるいは 0 のままなのか不明である．したがって，一般には

$$\{\tau_0 \le t\} \notin \mathcal{F}_t^X$$

である．つまり，フィルトレーション $\mathbb{F}^X$ に関して，X は $\mathbb{F}^X$-適合であっても，それに関するイベント時刻 τ_0 は必ずしも $\mathbb{F}^X$-停止時刻とは**ならない**！

[**定義 5.50**] フィルトレーション $\mathbb{F} = (F_t)_{t \ge 0}$ が与えられたとき，

$$\mathcal{F}_{t+} := \bigcap_{\epsilon > 0} \mathcal{F}_{t+\epsilon}$$

と置く. このとき, 任意の $t \geq 0$ に対して

$$\mathcal{F}_{t_+} = \mathcal{F}_t$$

となるとき, $\mathbb{F}$ は**右連続 (right-continuous)** であるという.

$\mathbb{F}$ の右連続性を直観的にいうと, t までの情報 $\mathcal{F}_t$ によって"一瞬先 $(t+)$ は闇"ではない, ということになろう. 右連続なフィルトレーションに関して以下が成り立つ.

[定理 5.51]　D-確率過程 X が $\mathbb{F}$-適合とする. 任意の開集合 $B \in \mathcal{B}$ に対して, (5.32)で定義される τ^B は $(\mathcal{F}_{t+})_{t\geq0}$-停止時刻である. したがって, 特に $\mathbb{F}$ が右連続であれば τ^B は $\mathbb{F}$-停止時刻である.

証明　B が開集合で, X のパスが右連続であることから,

$$\{\tau^B < t\} = \bigcup_{q \in [0,t) \cap \mathbb{Q}} \{X_q \in B\}$$

X は $\mathbb{F}$-適合であるから, $\{X_q \in B\} \in \mathcal{F}_q$ が任意の $q > 0$ で成り立つ. したがって,

$$\{\tau^B \leq t\} = \bigcap_{n=1}^{\infty} \{\tau^B < t + n^{-1}\} \in \mathcal{F}_{t+}$$

となって, τ^B は $(\mathcal{F}_{t+})_{t\geq0}$-停止時刻である. ∎

さて, 上の定理から, X を観測するという状況下で情報のモデル（フィルトレーション）を作るとき, 一見自然とも思える $\mathbb{F}^X$ は好ましくないように思える. しかし, 次に述べる確率空間の"完備化"を行うことによって, $\mathbb{F}^X$ を自然に拡張し, 好ましい情報モデルを作ることができる.

5.4.2 確率空間の完備性と "usual conditions"？

[定義 5.52] 確率空間 $(\Omega, \mathcal{F}, \mathbb{P})$ が**完備 (complete)** であるとは，

$$A \subset N, \quad \mathbb{P}(N) = 0, \quad V_N \in \mathcal{F} \tag{5.35}$$

なる $A \subset \Omega$ に対して $A \in \mathcal{F}$ となることである．(5.35)をみたす A を $\mathbb{P}$**-零集合 (null set)** という．

　一般に $\mathcal{F}$ とは $\mathbb{P}$ で確率を測るのに都合のよい集合の集まりであったから，$B \in \mathcal{F}$ の部分集合 $A(\subset B)$ がいつでも $A \in \mathcal{F}$ となるとは限らない．しかし，「確率 0 の集合に含まれる事象はすべて確率 0 である」という自然な要請を定式化したのが完備性である．

　確率空間 $(\Omega, \mathcal{F}, \mathbb{P})$ が任意に与えられたとき，ある完備な確率空間 $(\Omega, \overline{\mathcal{F}}, \overline{\mathbb{P}})$ をとって，

$$\mathcal{F} \subset \overline{\mathcal{F}}, \quad \text{かつ}, \quad A \in \mathcal{F} \Rightarrow \mathbb{P}(A) = \overline{\mathbb{P}}(A)$$

が成り立つようにできる．これを確率空間の**完備化 (completion)** という．このような確率空間の完備化は常に可能であることが知られており[6]，その具体的方法は，Ω 上の全ての $\mathbb{P}$-零集合を，可測であるなしに関わらず集めて族 $\mathcal{N}$ を作り

$$\overline{\mathcal{F}} = \mathcal{F} \vee \mathcal{N} \tag{5.36}$$

として，この上に $\mathbb{P}$ を拡張すればよい．このような $\overline{\mathcal{F}}$ を $\mathcal{F}$ の**拡大 (augmentation)** という．

　確率空間の完備性は，さまざまな自然な要請を満足するために必要であり，例えば，以下のような結果がある．

[定理 5.53] X は確率空間 $(\Omega, \mathcal{F}, \mathbb{P})$ 上の $\mathbb{R}$-値確率変数とする．また，写像 $Y : \Omega \to \mathbb{R}$ に対して，$\{\omega \in \Omega : X(\omega) \neq Y(\omega)\}$ が $\mathbb{P}$-零集合とする[7]．このと

---

[6] 例えば，伊藤 [28, 定理 8.5 とその注 (p.48)] を参照．

[7] 一般には $\{X \neq Y\} \in \mathcal{F}$ とは限らないので，$\mathbb{P}(X \neq Y)$ が定義されるとは限らない．

224   第 5 章 確率過程

き，確率空間が完備ならば Y は確率変数である．

証明　任意の $a \in \mathbb{R}$ に対して $\{Y \le a\} \in \mathcal{F}$ を示せばよい．$A := \{Y \le a < X\} \cup \{X \le a < Y\}$ と置くと，$A \subset \{X \ne Y\} \subset N$ であるから，完備性より $A \in \mathcal{F}$．一方，$B := \{X \le a\} \in \mathcal{F}$ であるから，$\{Y \le a\} = (A \cap B^c) \cup (A^c \cap B) \in \mathcal{F}$. ∎

　フィルトレーションの完備化についても同様に定義する．

[定義 5.54]　完備確率空間 $(\Omega, \overline{\mathcal{F}}, \overline{\mathbb{P}})$ 上に定義されたフィルトレーション $\overline{\mathbb{F}} = (\overline{\mathcal{F}}_t)_{t \ge 0}$ が完備であるとは，$\overline{\mathcal{F}}_0$ がすべての $\mathbb{P}$-零集合を含むことである．

　完備で右連続なフィルトレーションを持つ確率空間が与えられたとき，(5.32) の初期到達時刻 τ^B について，以下のような一般的な結果が成り立つ．

[定理 5.55]　フィルター付き完備確率空間 $(\Omega, \overline{\mathcal{F}}, \mathbb{F}, \overline{\mathbb{P}})$ において，$\mathbb{F}$ は完備で右連続であるとする．また，X を $\mathbb{F}$-適合な D-確率過程とする．このとき，任意の Borel 集合 $B \in \mathcal{B}$ に対して，τ^B は $\mathbb{F}$-停止時刻である．

証明　例えば，Jacod and Shiryaev [29, 1c 節] を参照．∎

　実は，Lévy 過程に対してフィルトレーションの拡大を考えると，右連続性までも自然に導かれるという利点がある．

[定理 5.56]　完備確率空間 $(\Omega, \overline{\mathcal{F}}, \overline{\mathbb{P}})$ 上の Lévy 過程 $X = (X_t)_{t \ge 0}$ に対し，

$$\overline{\mathcal{F}}_t^X := \mathcal{F}_t^X \vee \mathcal{N} \tag{5.37}$$

によって完備なフィルトレーション $\overline{\mathbb{F}}^X = (\overline{\mathcal{F}}_t^X)_{t \ge 0}$ を作る．ただし，$\mathcal{N}$ は $\overline{\mathcal{F}}$ の全ての $\mathbb{P}$-零集合の族である．このとき，以下が成り立つ．

(1)　$\overline{\mathbb{F}}^X$ は右連続である．

(2)　任意の $t > s \ge 0$ に対して，$X_t - X_s$ は $\overline{\mathcal{F}}_s^X$ と独立である．

証明　(1) の証明：$\overline{\mathcal{F}}_t^X \subset \overline{\mathcal{F}}_{t+}^X$ に注意すると，題意を示すには，任意の有界可

測関数 Z に対して

$$\mathbb{E}[Z \,|\, \overline{\mathcal{F}}^X_{t+}] = \mathbb{E}[Z \,|\, \overline{\mathcal{F}}^X_t]$$

となれば十分である．なぜならば，もしこうであれば任意の $A \in \overline{\mathcal{F}}^X_{t+}$ に対して $\mathbf{1}_A = \mathbb{E}[\mathbf{1}_A \,|\, \overline{\mathcal{F}}^X_{t+}]$ が $\overline{\mathcal{F}}^X_t$ 可測になるので $A \in \overline{\mathcal{F}}^X_t$．すなわち $\overline{\mathcal{F}}^X_{t+} \subset \overline{\mathcal{F}}^X_t$ となるからである．一方，

$$\overline{\mathcal{F}}^X_t = \overline{\mathcal{F}}^X_{t+} = \bigcap_{n=1}^{\infty} \overline{\mathcal{F}}^X_{t+\frac{1}{n}}$$

であるから，結局，任意の $s_1, \ldots, s_n \geq 0$ と $u_1, \ldots, u_n \in \mathbb{R}$ に対して，

$$\mathbb{E}\left[e^{i \sum_j u_j X_{s_j}} \,\middle|\, \overline{\mathcal{F}}^X_{t+} \right] = \mathbb{E}\left[e^{i \sum_j u_j X_{s_j}} \,\middle|\, \overline{\mathcal{F}}^X_t \right]$$

が示されればよいが，これは帰納的に $z > v > t$ に対して

$$\mathbb{E}\left[e^{i(u_1 X_v + u_2 X_z)} \,\middle|\, \overline{\mathcal{F}}^X_{t+} \right] = \mathbb{E}\left[e^{i(u_1 X_v + u_2 X_z)} \,\middle|\, \overline{\mathcal{F}}^X_t \right] \tag{5.38}$$

を示すことと同値である．

さて，上記左辺を変形すると，

$$I_{t+} := \mathbb{E}\left[e^{i(u_1 X_v + u_2 X_z)} \,\middle|\, \overline{\mathcal{F}}^X_{t+} \right] = \lim_{w \downarrow t} \mathbb{E}\left[e^{i(u_1 X_v + u_2 X_z)} \,\middle|\, \overline{\mathcal{F}}^X_w \right]$$

$$= \lim_{w \downarrow t} \mathbb{E}\left[e^{iu_1 X_v} M_z \cdot \phi_{X_z}(u_2) \,\middle|\, \overline{\mathcal{F}}^X_w \right].$$

ただし，$M_t := \dfrac{e^{iu_2 X_t}}{\phi_{X_t}(u_2)}$ $(t \geq 0)$ である．これが $\overline{\mathbb{F}}$-マルチンゲールになることは容易にわかるので（問 5.57），マルチンゲール性より

$$I_{t+} = \lim_{w \downarrow t} \mathbb{E}\left[e^{iu_1 X_v} M_v \cdot \phi_{X_z}(u_2) \,\middle|\, \overline{\mathcal{F}}^X_w \right] = \lim_{w \downarrow t} \mathbb{E}\left[e^{iu_1 X_v} \phi_{X_{z-v}}(u_2) \,\middle|\, \overline{\mathcal{F}}^X_w \right].$$

以下同様の議論を繰り返すと，

$$I_{t+} = \lim_{w \downarrow t} e^{i(u_1+u_2)X_w} \phi_{X_{v-w}}(u_1 + u_2) \phi_{X_{z-v}}(u_2) = \mathbb{E}\left[e^{i(u_1 X_v + u_2 X_z)} \,\middle|\, \overline{\mathcal{F}}^X_t \right].$$

これで (5.38) が示され (1) の証明が終わる．

226   第 5 章 確率過程

(2) の証明：乗法族に関する定理 A.11 を用いる．Lévy 過程の独立増分性により $X_t - X_s$ と自然なフィルトレーション $\mathcal{F}_s^X$ とは独立である．また，$\mathbb{P}$-零集合は全ての事象と独立であるから，$\sigma(X_t - X_s)$ と $\mathcal{F}_s^X \cup \mathcal{N}$ は独立である．一方，集合族 $\mathcal{F}_s^X \cup \mathcal{N}$ は明らかに乗法族であるので，定理 A.11 により $\sigma(X_t - X_s)$ と $\sigma(\mathcal{F}_s^X \cup \mathcal{N}) = \overline{\mathcal{F}}_s^X$ は独立である． ∎

[問 5.57] X が定理 5.56 の Lévy 過程のとき，$u \in \mathbb{R}$ に対して，$M_t := \frac{e^{iuX_t}}{\phi_{X_t}(u)}$ $(t \geq 0)$ と置くと，確率過程 $M = (M_t)_{t \geq 0}$ は $\overline{\mathbb{F}}$-マルチンゲールになることを示せ．

$\overline{\mathcal{F}}_t^X$ の意味は，X の観測による情報 $\mathbb{F}^X$ に，確率法則 $\mathbb{P}$ の下では "ほとんど起こりそうもない"（確率 0 の）事象をあらかじめ情報として付け加えておくということであり，情報モデル $\mathbb{F}^X$ の拡張として自然なものであろう．

定理 5.55 と 5.56 を合わせると，任意の $B \in \mathcal{B}$ に対する Lévy 過程 X の初期到達時刻 τ^B は，自然な情報 $\overline{\mathbb{F}}^X$ に関して停止時刻になるのである．このような確率変数はさまざまな応用に頻繁に現れ，金融や保険の数理では特に重要であるが，先述のようにこれが停止時刻であったりなかったりすると議論が面倒になる．そこで，フィルター付き確率空間 $(\Omega, \mathcal{F}, \mathbb{F}, \mathbb{P})$ を考える際には，

$$\mathbb{F} \text{ の「完備性」} + \text{「右連続性」} = \text{``usual conditions''}（\textbf{通常条件}）$$

として，これらをいつも仮定しておけば τ^B は自然に $\mathcal{F}$-停止時刻になるのである．このほかにも通常条件があると細かい点で何かと好都合なことが多い．確率過程に関する論文にあたっていると，"filtered probability space with *usual conditions*" のような記述を頻繁に目にするかもしれないが，これは上記の二つの条件を指していると理解すればよい[8]．例えば，Lévy 過程 X を観測するような場合の確率モデルとしては，定理 5.56 から，

$$(\Omega, \overline{\mathcal{F}}, \overline{\mathbb{F}}^X, \mathbb{P})$$

というフィルター付き確率空間を考えるのが自然だが，この説明をわざわざ最

---

[8] "*usual hypotheses*" ともいわれる．例えば，Protter [45, 第 1 章] など．

初に記述するのは面倒なので，初めから通常条件を満たす $(\Omega, \mathcal{F}, \mathbb{F}, \mathbb{P})$ を与えてしまうのである．

　後で我々は Lévy 過程に基づく破産理論を扱うが，この際も最初から完備で右連続なフィルトレーション $\mathbb{F}$ が与えられているとする．定理 5.56, (2) に注意すると，Lévy 過程は以下を満たす確率過程として改めて定義しなおすことができる．

[**定義 5.58**]　通常条件を満たすフィルター付き確率空間 $(\Omega, \mathcal{F}, \mathbb{F}, \mathbb{P})$ に定義された $\mathbb{F}$-適合な確率過程 $X = (X_t)_{t \geq 0}$ が $\mathbb{F}$-**Lévy 過程**であるとは，以下の (1)-(4) を満たすことである．

(1)　$X_0 = 0 \ a.s.$

(2)　任意の $0 \leq s < t$ に対して，$X_t - X_s$ は $\mathcal{F}_s$ と独立であり，$X_t - X_s$ は X_{t-s} と同分布である（独立定常増分性）．

(3)　任意の $t \geq 0$ において X は確率連続である．

(4)　確率 1 で càdlàg なパスを持つ．

[**注意 5.59**]　上記定義と同様に，$\mathbb{F}$-Poisson 過程，$\mathbb{F}$-複合 Poisson 過程，あるいは $\mathbb{F}$-Brown 運動なども，独立増分性を「$X_t - X_s$ と $\mathcal{F}_s$ との独立性」に置き換えることで定義される．このとき，定理 5.21, 5.24, 5.28 は，自然なフィルトレーションを通常条件をみたす $\mathbb{F}$ に変更しても同様に成り立つ．

　以上のことから以下の定理が得られる．

[**定理 5.60**]　定義 5.58 の $\mathbb{F}$-Lévy 過程 X に対して，任意の Borel 集合 $B \in \mathcal{B}$ に対する初期到達時刻 τ^B は $\mathbb{F}$-停止時刻である．

　このことから，本書で扱うような初期到達時刻については，あまり深く考えずに $\mathbb{F}$-停止時刻であると思って読み進めていただければよい．

第 6 章

古典的破産理論：
Cramér-Lundberg 理論

Lundberg と Cramér によって創始・確立され
た破産理論は，保険会社の資産推移を確率過程と
してモデル化し破産確率を評価する．本章では，
シンプルなモデルの下で非常に美しく興味ある
結果をいくつも与えてくる古典的破産理論を概観
し，より高度な一般化への可能性を考察する．

6.1 Cramér-Lundberg モデルと破産確率

以後，特に断らない限り完備確率空間 $(\Omega, \mathcal{F}, \mathbb{P})$ が与えられているとする．

Lundberg らによる古典的モデルでは，保険会社への個々の**保険金請求（ク
レーム，claim）**は IID 確率変数とし，時刻 t までのクレーム回数を Poisson
過程 $N = (N_t)_{t \geq 0}$ を用いて表現する．

本章では，以下を仮定する．

・U_i $(i = 1, 2, \ldots)$ は i 番目のクレーム額を表す正値確率変数 $(U_i > 0\ a.s.)$ で

$$U_i \sim F_U, \quad \mathbb{E}[U_i] = \mu.$$

・$N_t \sim Po(\lambda t)$.

このとき，時刻 t における**累積クレーム額 (aggregate claim amount)** は以
下の複合 Poisson 過程で表される：

$$S_t = \sum_{i=1}^{N_t} U_i \sim CP(\lambda, F_U). \tag{6.1}$$

保険料収入が時間当たり一定値 $c > 0$ であると仮定し，初期資産を $u \geq 0$（定数）とすると，保険会社の資産過程 $X = (X_t)_{t \geq 0}$ は以下の式で記述される．

$$X_t = u + ct - S_t, \quad t \geq 0. \tag{6.2}$$

この資産モデルを **Cramér-Lundberg モデル**，あるいは**古典的リスクモデル** (classical risk model) と呼ぶ．本書では，簡単のため CL モデルなどと呼ぶことにする．また，保険会社の支出額に注目した確率過程を

$$R_t := u - X_t = S_t - ct \tag{6.3}$$

とし，R を**リスク過程** (risk process) と呼ぶ[1]．

[**定義 6.1（破産確率）**]　X を $X_0 = u$ a.s. を満たす資産過程とするとき，

$$\tau = \tau(u) := \inf\{t > 0 : X_t < 0\} \tag{6.4}$$

を X の**破産時刻** (time of ruin) という．本書ではしばしば $\tau := \tau(u)$ と u を省略して書く．また，$T > 0$ に対して，

$$\psi(u, T) := \mathbb{P}(\tau(u) \leq T)$$

を**有限時間破産確率** (finite-time ruin probability) という．特に

$$\psi(u) := \lim_{T \to \infty} \psi(u, T) = \mathbb{P}(\tau(u) < \infty)$$

を単に**破産確率** (ruin probability)，あるいは**無限時間破産確率** (ultimate ruin probability) と呼ぶ．

[**注意 6.2**]　以下では X により生成される自然なフィルトレーションの拡大 $\overline{\mathbb{F}}^X$ によって，$(\Omega, \mathcal{F}, \mathbb{P})$ 上のフィルトレーション $\mathcal{F}_t := \overline{\mathcal{F}}_t^X$ を定め，通常条件（5.4.2 項参照）を満たすフィルター付き確率空間

$$(\Omega, \mathcal{F}, \mathbb{F}, \mathbb{P}) \tag{6.5}$$

---

[1]　定義 2.4 の脚注も参照されたい．

230   第 6 章 古典的破産理論：Cramér-Lundberg 理論

を定めておく．これによって N は $\mathbb{F}$-Poisson 過程，S は $\mathbb{F}$-複合 Poisson 過程
となり，破産時刻 τ は $\mathbb{F}$-停止時刻である[2].

[注意 6.3]　破産確率 $\psi(u)$ は以下のようにも表せる．

$$\psi(u) = \mathbb{P}\left(\inf_{t>0} X_t < 0\right) = \mathbb{P}\left(\sup_{t>0} R_t > u\right) = \overline{F}_{R^*}(u).$$

ただし，$\overline{F}_{R^*}$ は確率変数 $R^* := \sup_{t>0} R_t$ の裾関数である．

　保険料 c を決めるには純保険料の他に付加保険料が必要であった（2.3.1 項）．
X におけるクレーム・リスクは $S = (S_t)_{t\geq 0}$ であるから，時刻 t までに徴収
すべき純保険料は $\mathbb{E}[S_t] = \lambda\mu t$ であり，したがって

$$c = (1+\theta)\lambda\mu$$

となる．θ は安全付加率であるが，これを $\theta > 0$ と定める必要性は次の定理に
よって明らかとなる．

[定理 6.4]　CL モデル (6.2) において，$c = (1+\theta)\lambda\mu$ とする．このとき，以
下が成り立つ．
(1)　任意の $\theta\,(\neq 0) \in \mathbb{R}$ に対して

$$\lim_{t\to\infty} \frac{X_t}{t} = \theta\lambda\mu \quad a.s.$$

(2)　$\theta > 0$ のとき，

$$\lim_{t\to\infty} X_t = \infty \quad a.s.$$

(3)　$\theta < 0$ のとき，

$$\lim_{t\to\infty} X_t = -\infty \quad a.s.$$

---

[2]　しかしながら，X が CL モデルのような複合 Poisson 型の場合には，τ は $\mathbb{F}^X$-停止時刻になる
（なぜか？）．したがって，上記のようなフィルトレーションの拡大をとる必要性は，実のところ
CL モデルではあまりないのだが，後述する拡散摂動モデルや Lévy 型モデルでは $\mathbb{F}^X$ は必ずしも
右連続にならないので，フィルトレーションの拡大は本質的になる．

証明 クレーム U_i は正値であるから S のパスは単調増加である．したがって，任意の $n \in \mathbb{N}$ と $h > 0$ と $t \in [nh, (n+1)h]$ に対して

$$S_{nh} \leq S_t \leq S_{(n+1)h} \quad a.s. \tag{6.6}$$

が成り立つ．次に，$h > 0$ を固定し，確率変数列 $\{S_{nh}\}_{n=0,1,\ldots}$ を考えると，

$$S_{nh} = [S_h - S_0] + [S_{2h} - S_h] + \cdots + [S_{nh} - S_{(n-1)h}].$$

S は独立定常増分過程であったので，上記は IID 列の n 個の和になっている．したがって，大数の強法則より，

$$\lim_{n \to \infty} \frac{S_{nh}}{n} = \mathbb{E}[S_h] = \lambda \mu h \quad a.s.$$

となる．不等式 (6.6) を用いると，

$$\liminf_{t \to \infty} \frac{S_t}{t} = \liminf_{n \to \infty} \inf_{t \in [nh, (n+1)h]} \frac{S_t}{t} \geq \frac{1}{h} \liminf_{n \to \infty} \frac{S_{nh}}{n} \cdot \frac{n}{n+1} = \lambda \mu.$$

同様に，

$$\limsup_{t \to \infty} \frac{S_t}{t} = \limsup_{n \to \infty} \sup_{t \in [nh, (n+1)h]} \frac{S_t}{t} \leq \frac{1}{h} \limsup_{n \to \infty} \frac{S_{(n+1)h}}{n+1} \cdot \frac{n+1}{n} = \lambda \mu.$$

結局，

$$\frac{S_t}{t} \to \lambda \mu \quad \Leftrightarrow \quad \frac{X_t}{t} = \frac{u}{t} + c - \frac{S_t}{t} \to \theta \lambda \mu.$$

(2), (3) については (1) から直ちに得られる． ∎

[注意 6.5] 定理 6.4 において，$\theta = 0$ のときは，

$$\liminf_{t \to \infty} X_t = -\infty, \quad かつ \quad \limsup_{t \to \infty} X_t = \infty \quad a.s.$$

となることが知られている．証明は少し複雑になるので省略するが，詳細は Asmussen [3, pp.224-225] を参照されたい．これらのことから以下がわかる：

$$\theta \leq 0 \quad \Rightarrow \quad \psi(u) = 1.$$

したがって，保険会社が（ほとんど）確実な破産を回避するためには

232　第 6 章　古典的破産理論：Cramér-Lundberg 理論

$$\theta > 0 \quad \Leftrightarrow \quad \mathbb{E}[X_1] > u \quad \Leftrightarrow \quad c > \mathbb{E}[S_1] \tag{6.7}$$

が必要である．この条件を**純益条件** (net profit condition)[3]という．

[定理 6.6]　CL モデル (6.2) が純益条件 (6.7) を満たすとする．さらに，**Lundberg 方程式** (**Lundberg equality**)

$$\ell(r) := \log \mathbb{E}\left[e^{r(X_1 - u)}\right] = 0 \tag{6.8}$$

が負の解 $r = -\gamma \ (< 0)$ を持つとする．このとき，

$$\psi(u) = \frac{e^{-\gamma u}}{\mathbb{E}[e^{-\gamma X_\tau} \mid \tau < \infty]}, \quad u \geq 0.$$

したがって，以下の **Lundberg 不等式** (**Lundberg inequality**) が成り立つ．

$$\psi(u) < e^{-\gamma u}, \quad u \geq 0.$$

この上界 $e^{-\gamma u}$ を **Lundberg 限界** (**Lundberg bound**) という．

[注意 6.7]　以前，注意 3.60 で調整係数について述べたが，Lundberg 方程式 (6.8) の負の解 $-\gamma$ に対して，正数 $\gamma > 0$ も**調整係数** (adjustment coefficient) といわれる．これらの類似性は後で明らかになる（注意 6.19）．

[注意 6.8]　CL モデルの定義より $\ell(r) = \lambda[m_U(-r) - 1] + cr$ であるので，調整係数 $\gamma > 0$ は（γ に関する）以下の方程式の**正の解**といってもよい．

$$\lambda[m_U(\gamma) - 1] - c\gamma = 0. \tag{6.9}$$

つまり，(6.8) では

$$m_U(\gamma) = \int_0^\infty e^{\gamma x} F_U(\mathrm{d}x) < \infty$$

という，いわゆる小規模災害の条件（注意 3.16）が暗に仮定されている．

---

[3]　英語では "positive loading" という用語もしばしば使われる．

古典論を扱った文献では(6.9)の形で調整係数を定義していることが多いが,後でリスクモデルを拡張したり,より一般の Gerber-Shiu 解析の際には(6.8)の形が普遍的で便利であり,こちらを記憶しておくのがよいであろう.

この定理の証明のために,補題を用意する.以下では(6.5)で定めたフィルトレーション$\mathbb{F}$を用いる.

[補題 6.9] $\gamma > 0$ を調整係数($-\gamma$ が(6.8)の解)とする.このとき,

$$Y_t := e^{-\gamma X_t}$$

で定まる確率過程 $Y = (Y_t)_{t \geq 0}$ は $\mathbb{F}$-マルチンゲールである.

証明 $X - u$ は $\mathbb{F}$-Lévy 過程であるから,任意の $s < t$ に対して $X_t - X_s$ は $\mathcal{F}_s$ と独立で,$X_{t-s} - u$ と同分布になる.そこで,定理 5.23, (3) を用いると,

$$\begin{aligned}
\mathbb{E}[Y_t Y_s^{-1} \,|\, \mathcal{F}_s] &= \mathbb{E}\left[e^{-\gamma(X_t - X_s)} \,\middle|\, \mathcal{F}_s \right] \\
&= \mathbb{E}\left[e^{-\gamma(X_{t-s} - u)} \right] \\
&= e^{(t-s)\ell(-\gamma)} = 1.
\end{aligned} \tag{6.10}$$

Y_s が $\mathcal{F}_s$-可測であることに注意すれば

$$Y_s^{-1} \mathbb{E}[Y_t \,|\, \mathcal{F}_s] = 1$$

となってマルチンゲール性が示される. ∎

定理 6.6 の証明 補題 6.9 より $Y_t = e^{-\gamma X_t}$ が $\mathbb{F}$-マルチンゲール,また破産時刻 τ が $\mathbb{F}$-停止時刻となることに注意する.任意の $T > 0$ に対して $\tau \wedge T$ は有界な停止時刻となるので,任意抽出定理(定理 5.12)を用いると,

$$e^{-\gamma u} = \mathbb{E}\left[e^{-\gamma X_{\tau \wedge T}} \right] = \mathbb{E}\left[e^{-\gamma X_\tau} \mathbf{1}_{\{\tau \leq T\}} \right] + \mathbb{E}\left[e^{-\gamma X_T} \mathbf{1}_{\{\tau > T\}} \right].$$

ここで $T \to \infty$ とすると,上記第 2 項については,$|e^{-\gamma X_T} \mathbf{1}_{\{\tau > T\}}| < 1$ であることと,定理 6.4 によって純益条件の下で $X_T \to \infty$ a.s. $(T \to \infty)$ となる

234　第 6 章　古典的破産理論：Cramér-Lundberg 理論

ことに注意すれば，有界収束定理により 0 に収束することがわかる．上記第 1 項には単調収束定理が使えて，

$$
\begin{aligned}
e^{-\gamma u} &= \lim_{T \to \infty} \mathbb{E}\left[e^{-\gamma X_\tau}\mathbf{1}_{\{\tau \le T\}}\right] \\
&= \mathbb{E}\left[e^{-\gamma X_\tau}\mathbf{1}_{\{\tau < \infty\}}\right] \\
&= \mathbb{P}(\tau < \infty)\mathbb{E}\left[e^{-\gamma X_\tau} \,\middle|\, \tau < \infty\right].
\end{aligned}
$$

あとは $e^{-\gamma X_\tau} > 1$ であることに注意して，

$$
\psi(u) = \frac{e^{-\gamma u}}{\mathbb{E}[e^{-\gamma X_\tau} \mid \tau < \infty]} < e^{-\gamma u}.
$$

これで証明が終わった． ∎

[注意 6.10]　補題 6.9 や定理 6.6 の証明では，複合 Poisson 過程であることは特に使っておらず，X の独立定常増分性を使っただけである．したがって，これらは X が一般の Lévy 過程の場合でも成り立つ結果である．

　さらに詳細な破産確率評価には以下の定理が有用である．

[定理 6.11]　CL モデル (6.2) が純益条件 (6.7) 満たすとする．このとき，破産確率 $\psi(u)$ は以下の不完全再生方程式を満たす：

$$
\psi(u) = \frac{1}{1+\theta}(\psi * F_I)(u) + \frac{1}{1+\theta}\overline{F}_I(u), \quad u \ge 0. \tag{6.11}
$$

ただし，

$$
F_I(x) = \frac{1}{\mu}\int_0^x \overline{F}_U(z)\,\mathrm{d}z. \tag{6.12}
$$

特に，$\psi(0) = (1+\theta)^{-1}$ である．

証明　Poisson 過程 N を，(5.15) の記号を用いて

$$
N_t = \sum_{k=1}^{\infty} \mathbf{1}_{\{T_k \le t\}}
$$

と表現し，特に $T_1 \sim Exp(\lambda)$ であることに注意しておく．

任意の $T > 0$ を固定して，以下の事象 $A, B, C \in \mathcal{F}$ を考える．

$$A = \{\omega \in \Omega : \tau < \infty, \ T_1 > T\},$$
$$B = \{\omega \in \Omega : \tau < \infty, \ T_1 < T, \ U_1 < u + cT_1\},$$
$$C = \{\omega \in \Omega : \tau < \infty, \ T_1 < T, \ U_1 > u + cT_1\}.$$

このとき，A, B, C は排反であるから，

$$\mathbb{P}(\tau < \infty) = \mathbb{P}(A) + \mathbb{P}(B) + \mathbb{P}(C).$$

ここで，

$$\begin{aligned}
\mathbb{P}(A) &= \mathbb{P}(T_1 > T)\mathbb{P}(\tau < \infty \,|\, T_1 > T) \\
&= \mathbb{P}(T_1 > T)\mathbb{P}(\tau < \infty \,|\, X_0 = u + cT) \\
&= e^{-\lambda T}\psi(u + cT).
\end{aligned}$$

また，T_1 と U_1 の独立性より $\mathbb{P}(U_1 \in \mathrm{d}y \,|\, T_1 = t) = \mathbb{P}(U_1 \in \mathrm{d}y)$，また，$T_1 \sim Exp(\lambda)$ であることより，$\mathbb{P}(T_1 \in \mathrm{d}t) = \lambda e^{-\lambda t}\,\mathrm{d}t$ となることに注意して，

$$\begin{aligned}
\mathbb{P}(B) &= \int_0^T \mathbb{P}(\tau < \infty, \ U_1 < u + cT_1 \,|\, T_1 = t)\,\mathbb{P}(T_1 \in \mathrm{d}t) \\
&= \int_0^T \left[\int_0^{u+ct} \mathbb{P}(\tau < \infty \,|\, X_0 = u + ct - y)\,\mathbb{P}(U_1 \in \mathrm{d}y) \right] \mathbb{P}(T_1 \in \mathrm{d}t) \\
&= \int_0^T \lambda e^{-\lambda t}\,\mathrm{d}t \int_0^{u+ct} \psi(u + ct - y)\,F_U(\mathrm{d}y).
\end{aligned}$$

さらに，$C = \{T_1 < T, \ U_1 > u + cT_1\}$ と書けることに注意して，

$$\begin{aligned}
\mathbb{P}(C) &= \int_0^T \mathbb{P}(U_1 > u + cT_1 \,|\, T_1 = t)\,\mathbb{P}(T_1 \in \mathrm{d}t) \\
&= \int_0^T \lambda e^{-\lambda t}\,\mathrm{d}t \int_{u+ct}^\infty F_U(\mathrm{d}y).
\end{aligned}$$

まとめると，任意の $T > 0$ に対して以下の等式が成り立つ．

236 第 6 章 古典的破産理論：Cramér-Lundberg 理論

$$
\psi(u) = e^{-\lambda T}\psi(u+cT) + \int_0^T \lambda e^{-\lambda t}\,\mathrm{d}t \int_0^{u+ct} \psi(u+ct-y)\,F_U(\mathrm{d}y)
$$

$$
+ \int_0^T \lambda e^{-\lambda t}\,\mathrm{d}t \int_{u+ct}^\infty F_U(\mathrm{d}y). \tag{6.13}
$$

この両辺で $T \downarrow 0$ とすれば，ψ の右連続性が示される．また，

$$
c \cdot \frac{\psi(u+cT)-\psi(u)}{cT} = \frac{1-e^{-\lambda T}}{T}\psi(u+cT)
$$

$$
- \frac{1}{T}\int_0^T \lambda e^{-\lambda t}\,\mathrm{d}t \int_0^{u+ct} \psi(u+ct-y)\,F_U(\mathrm{d}y)
$$

$$
- \frac{1}{T}\int_0^T \lambda e^{-\lambda t}\,\mathrm{d}t \int_{u+ct}^\infty F_U(\mathrm{d}y)
$$

として $T \downarrow 0$ とすれば，ψ の $x \geq 0$ における右微分 $\psi'_+(x)$ は以下の式となる．

$$
\psi'_+(x) = \frac{\lambda}{c}\psi(x) - \frac{\lambda}{c}\int_0^x \psi(x-y)\,F_U(\mathrm{d}y) - \frac{\lambda}{c}\overline{F}_U(x). \tag{6.14}
$$

ここで，$c = (1+\theta)\lambda\mu$ に注意して，x に関して $[0,u]$ で積分すると，

$$
\int_0^u \psi'_+(x)\,\mathrm{d}x = \psi(u) - \psi(0)
$$

$$
= \frac{\lambda}{c}\int_0^u \psi(x)\,\mathrm{d}x - \frac{\lambda}{c}\int_0^u \mathrm{d}x \int_0^x \psi(x-y)\,F_U(\mathrm{d}y) - \frac{1}{1+\theta}F_I(u)
$$

$$
= \frac{\lambda}{c}\int_0^u \psi(x)\,\mathrm{d}x - \frac{\lambda}{c}\int_0^u F_U(\mathrm{d}y)\int_0^{u-y}\psi(z)\,\mathrm{d}z - \frac{1}{1+\theta}F_I(u)
$$

$$
= \frac{\lambda}{c}\int_0^u \psi(z)\,\mathrm{d}z - \frac{\lambda}{c}\int_0^u \psi(z)\,\mathrm{d}z\int_0^{u-z} F_U(\mathrm{d}y) - \frac{1}{1+\theta}F_I(u)
$$

$$
= \frac{\lambda}{c}\int_0^u \overline{F}_U(u-z)\psi(z)\,\mathrm{d}z - \frac{1}{1+\theta}F_I(u)
$$

$$
= \frac{1}{1+\theta}\int_0^u \psi(u-z)\,F_I(\mathrm{d}z) - \frac{1}{1+\theta}F_I(u).
$$

ここで，$u \to \infty$ のとき $F_I(u) \to 1$, $\psi(u) \to 0$（ここで $\theta > 0$ を使っている）となることに注意すると

$$
\psi(0) = \frac{1}{1+\theta} \tag{6.15}
$$

を得る．したがって，

$$\psi(u) = \frac{1}{1+\theta} \int_0^u \psi(u-z)\, F_I(\mathrm{d}z) + \frac{1}{1+\theta}\overline{F}_I(u) \tag{6.16}$$

となって，題意の等式を得る． ∎

[注意 6.12] 上記の証明の議論は，最初のクレーム時点で条件を付けて，資産過程の独立増分性を利用して議論を更新 (renewal) するものであり，"renewal argument" などといわれ，リスク理論における常套手段とされる．そのため，この種の議論はしばしば省略されて結果のみが示される．また，この分野の文献の多くでは ψ の微分可能性が仮定された議論になっており，(6.14) のように，ψ は以下の**微分＝積分方程式** (integro-differential equation) を満たすと記述されることが多い：

$$\psi'(x) = \frac{\lambda}{c}\psi(x) - \frac{\lambda}{c}\int_0^x \psi(x-y)\, F_U(\mathrm{d}y) - \frac{\lambda}{c}\overline{F}_U(x).$$

多くの例では ψ が微分可能になるが，もちろん微分可能性には証明が必要である．上記の証明では，破産確率 ψ の微分可能性については何も仮定していない．

再生型方程式 (6.11) の両辺で Laplace(-Stieltjes) 変換をとることにより直ちに以下の公式を得る．

[系 6.13 （Laplace 変換公式)] 定理 6.11 の条件下で，$s \geq 0$ に対して以下が成り立つ．

$$\mathscr{L}_\psi(s) = \frac{\mathscr{L}_{\overline{F}_I}(s)}{1+\theta - \mathscr{L}_{F_I}(s)}, \quad \text{(Stieltjes 型)} \tag{6.17}$$

$$\mathscr{L}\psi(s) = \frac{\mu\mathscr{L}\overline{F}_I(s)}{\mu(1+\theta) - \mathscr{L}\overline{F}_U(s)}. \tag{6.18}$$

[問 6.14] 式 (6.18) をさらに計算して，

$$\mathscr{L}\psi(s) = \frac{1}{s} - \frac{\mu\theta}{s\mu(1+\theta) - 1 + m_U(-s)} \tag{6.19}$$

となることを示せ．

238　第 6 章　古典的破産理論：Cramér-Lundberg 理論

[例 6.15（指数クレーム）]　CL モデル (6.2) において，クレーム U_i の分布関数を $F(x) = 1 - e^{-x/\mu}$（平均 μ の指数分布）とする．このとき，

$$F_I(x) = 1 - e^{-x/\mu}$$

であり，$\overline{F}_I(u) = e^{-x/\mu}$.

以下のことに注意しておく：$K(u) = e^{-\kappa x}$（$x \geq 0$）と $s > 0$ に対して，

$$\mathscr{L}_K(s) = K(0) - \int_0^\infty \kappa e^{-(s+\kappa)x}\, \mathrm{d}x = \frac{s}{s+\kappa} \tag{6.20}$$

（注意 1.49 参照のこと）．これより，

$$\mathscr{L}_{F_I}(s) = 1 - \frac{s}{s + 1/\mu} = \frac{1/\mu}{s + 1/\mu},$$
$$\mathscr{L}_{\overline{F}_I}(s) = \frac{s}{s + 1/\mu}.$$

したがって，

$$\mathscr{L}_\psi(s) = \frac{\mathscr{L}_{\overline{F}_I}(s)}{1 + \theta - \mathscr{L}_{F_I}(s)} = \frac{1}{1+\theta} \frac{s}{s + \frac{\theta}{\mu(1+\theta)}}.$$

(6.20) により，この逆 Laplace-Stieltjes 変換 $\mathscr{L}_\psi^{-1}$ は指数関数であり，

$$\psi(u) = \frac{1}{1+\theta} \exp\left(-\frac{\theta}{\mu(1+\theta)}u\right), \quad u \geq 0$$

とわかる．

[定理 6.16（Pollaczek-Khinchin-Beekman 公式）]　定理 6.11 の仮定の下で，

$$\psi(u) = \frac{\theta}{1+\theta} \sum_{n=1}^\infty \left(\frac{1}{1+\theta}\right)^n \overline{F}_I^{*n}(u), \quad u \geq 0.$$

ただし，$\overline{F}_I^{*n} = 1 - F_I^{*n}$ である．

証明　$p := 1/(1+\theta)$ と置くと，Laplace 変換公式より

$$\mathscr{L}_\psi = \frac{p\mathscr{L}_{\overline{F}_I}}{1 - p\mathscr{L}_{F_I}(s)} = \frac{p}{1-p}\mathscr{L}_{\overline{F}_I} \cdot \frac{1-p}{1 - p\mathscr{L}_{F_I}}.$$

式 (2.17) を用いると，最後の項 $\frac{1-p}{1 - p\mathscr{L}_{F_I}}$ は複合幾何分布

$$\sum_{n=0}^{\infty} (1-p)p^n F_I^{*n}$$

に対する Laplace-Stieltjes 変換であるから，両辺の逆 Laplace-Stieltjes 変換をとることによって

$$\psi(u) = \frac{p}{1-p}\left[\overline{F}_I * \sum_{n=0}^{\infty}(1-p)p^n F_I^{*n}\right](u)$$

$$= \sum_{n=0}^{\infty} p^{n+1} F_I^{*n}(u) - \sum_{n=1}^{\infty} p^n F_I^{*n}(u)$$

$$= p - (1-p)\sum_{n=1}^{\infty} p^n F_I^{*n}(u)$$

$$= \sum_{n=1}^{\infty} (1-p)p^n \left[1 - F_I^{*n}(u)\right]$$

となって題意を得る． ∎

サープラス過程 X に対してそのリスク過程を

$$R_t = \sum_{i=1}^{N_t} U_i - ct$$

と置くと，破産確率は，

$$\psi(u) = \mathbb{P}\left(\inf_{t>0} X_t < 0\right) = \mathbb{P}\left(\sup_{t>0} R_t > u\right) = \overline{F}_{R^*}(u)$$

と書ける．ただし，$R^* := \sup_{t>0} R_t$ であり，F_{R^*} は確率変数 R^* の分布関数である．このとき，保険会社の存続確率を考えると定理 6.16 より

$$1 - \psi(u) = F_{R^*}(u) = \frac{\theta}{1+\theta}\sum_{n=0}^{\infty}\left(\frac{1}{1+\theta}\right)^n F_I^{*n}(u)$$

であり，これは(2.16)で見たような複合幾何分布になっている．したがって，この破産確率に対しても 3.3 節で考察したような Lundberg 近似が得られる．

[定理 6.17（小規模災害の下での近似）]　定理 6.6 で与えられた $\gamma > 0$ に対して，ある $\epsilon > 0$ が存在して $m_U(\gamma + \epsilon) < \infty$ となるならば，

$$\psi(u) \sim \frac{c - \lambda\mu}{\lambda m_U'(\gamma) - c} e^{-\gamma u}, \quad u \to \infty. \tag{6.21}$$

証明　複合幾何分布

$$F_{R^*}(u) = \frac{\theta}{1+\theta} \sum_{n=0}^{\infty} \left(\frac{1}{1+\theta}\right)^n F_I^{*n}(u)$$

に対して定理 3.59 を適用しよう．まず，定理 3.56 において，$p = \frac{1}{1+\theta}$，$U \sim F_I$ と見なせば調整係数 γ は

$$\int_0^{\infty} e^{\gamma z} F_I(\mathrm{d}z) = 1 + \theta. \tag{6.22}$$

を満たす．一般に，以下の積分が定義されるような $s \in \mathbb{R}$ に対して，

$$\int_0^{\infty} e^{sz} F_I(\mathrm{d}z) = \frac{1}{\mu} \int_0^{\infty} e^{sy} \overline{F}_U(y) \, \mathrm{d}y = \frac{m_U(s) - 1}{s\mu} \tag{6.23}$$

が成り立つから，$s = r$ でこれを評価すれば(6.22)により，

$$m_U(r) - 1 = r\mu(1+\theta) \quad \Leftrightarrow \quad \lambda(m_U(r) - 1) - cr = 0 \tag{6.24}$$

$$\Leftrightarrow \quad \log \mathbb{E}\left[e^{r(X_1 - u)}\right] = 0$$

となって，$r = \gamma$ であることがわかる．また，仮定より $m_{F_U}'(\gamma) < \infty$ であり，式(6.23)を $s = \gamma$ で微分して(6.24)を用いることによって，

$$\int_0^{\infty} z e^{\gamma z} F_I(\mathrm{d}z) = \frac{\gamma m_{F_U}'(\gamma) - (m_U(\gamma) - 1)}{\gamma^2 \mu}$$

$$= \frac{m_{F_U}'(\gamma)}{\gamma\mu} - \frac{c}{\gamma\lambda\mu}$$

となるが，ここで定理 3.59 を用いると，$u \to \infty$ のとき，

$$\psi(u) \sim \frac{\theta}{\gamma \cdot \int_0^\infty z e^{\gamma z} F_I(\mathrm{d}z)} e^{-\gamma u} = \frac{\theta \lambda \mu}{\lambda m'_{F_U}(\gamma) - c} e^{-\gamma u}$$

となるが，$c = (1 + \theta)\lambda\mu$ により題意を得る． ∎

[**問 6.18**]　上記の証明では破産確率 ψ が複合幾何表現を持つことを利用して定理 3.59 を用いたが，定理 3.59 の証明と同様に ψ の再生方程式 (6.11) に Key Renewal Theorem（定理 A.29）を直接適用することで定理 6.17 を示せ．

[**注意 6.19**]　上の証明の (6.22) よりわかるように，Lundberg 方程式の解として得られる $\gamma > 0$ は注意 3.60 で定義した意味での調整係数になっている．

　上記の Cramér 近似では $m'_{F_U}(\gamma) < \infty$ のような小規模災害の条件が仮定されていたが，3.3.2 項での議論と同様に，F_U に対する大規模災害の条件下では近似が大きくことなることに注意しなければならない．

　定理 3.64 では，F_S の複合幾何表現に対して，クレーム分布の劣指数性：$F_U \in \mathcal{S}$，が本質的であった．したがって，CL モデルの複合幾何表現

$$\psi(u) = \overline{F}_{R^*}(u), \quad F_{R^*}(u) := \frac{\theta}{1 + \theta} \sum_{n=0}^\infty \left(\frac{1}{1 + \theta}\right)^n F_I^{*n}(u)$$

では $F_I \in \mathcal{S}$ かどうかが本質的であり，もしそうであれば定理 3.64 から直ちに以下が得られる．

[**定理 6.20（大規模災害の下での近似）**]　CL モデル (6.2) が純益条件 (6.7) を満たすとする．さらに $F_I \in \mathcal{S}$ であれば，破産確率 ψ に対して以下の漸近近似が成り立つ．

$$\psi(u) \sim \theta^{-1} \overline{F}_I(u), \quad u \to \infty.$$

証明　定理 3.64 において $p = 1/(1 + \theta)$ とすれば，

$$\psi(u) \sim \frac{p}{1 - p} \overline{F}_I(u) = \theta^{-1} \overline{F}_I(u), \quad u \to \infty. \quad ∎$$

242　第6章　古典的破産理論：Cramér-Lundberg 理論

問題はいつ $F_I \in \mathcal{S}$ となるか，である．そこで以下では，$F_I \in \mathcal{S}$ となるための条件をいくつか与えておく．

[補題 6.21]　ある $\kappa > 1$ に対して $\overline{F}_U \in \mathcal{R}_{-\kappa}$ ならば $F_I \in \mathcal{S}$ である．

証明　補題 3.68（定理 3.67 の証明参照）によって
$$\int_0^x \overline{F}_U(y)\,\mathrm{d}y \in \mathcal{R}_{1-\kappa}.$$
したがって，$F_I \in \mathcal{R}_{-(\kappa-1)}$ であるが，$\kappa - 1 > 0$ なので，命題 3.33, (i) により $F_I \in \mathcal{S}$ である．∎

以下の定理は Klüppelberg [32] による．

[補題 6.22]　F_U のハザード関数を r_F，累積ハザード関数を h_F とする（定義 3.31 参照）．また，$r_F(x) \to 0\ (x \to \infty)$ とする．このとき，

・$\limsup\limits_{x \to \infty} x r_F(x) < \infty$ ならば $F_I \in \mathcal{S}$ である．

・$\limsup\limits_{x \to \infty} x r_F(x) = \infty$ のときは，以下の (a)-(d) のいずれかが成り立てば $F_I \in \mathcal{S}$ である．

(a)　$\limsup\limits_{x \to \infty} x r_F(x)/h_F(x) < 1$；

(b)　$\delta \in (0, 1)$ に対して，$r_F \in \mathcal{R}_{-\delta}$；

(c)　$\delta \in (0, 1)$ に対して，$h_F \in \mathcal{R}_\delta$，かつ $r_F(x)$ は十分大きな x に対して単調減少；

(d)　$r_F \in \mathcal{R}_0$, $r_F(x) \downarrow 0$ であって，かつ $h_F(x) - x r_F(x) \in \mathcal{R}_1$.

[注意 6.23]　実用上は補題 6.21 が使いやすいであろう．ここで，
$$\overline{F}_U \in \mathcal{S} \quad \not\Rightarrow \quad F_I \in \mathcal{S}$$
であることに注意が必要である．

[問 6.24] F_U が対数正規分布(3.16)のとき $F_I \in \mathcal{S}$ であることを示せ. また, F_U が Weibull 分布(3.19)で $\tau \in (0,1)$ ならば $F_I \in \mathcal{S}$ となることを示せ.

6.2 破産確率と梯子分布

破産確率の複合幾何表現

$$\psi(u) = \frac{\theta}{1+\theta} \sum_{n=1}^{\infty} \left(\frac{1}{1+\theta}\right)^n \overline{F_I^{*n}}(u)$$

に現れる分布 F_I は,

$$F_I(x) = \frac{1}{\mu} \int_0^x \overline{F}_U(z)\,\mathrm{d}z \tag{6.25}$$

の形から "integrated-tail distribution" などと呼ばれるが, しばしば, "ladder-height distribution" とも呼ばれることがある. これらには適当な日本語訳がないので, ここでは後者を「梯子(はしご)分布」と訳しておく. 本節では, F_I を梯子分布と呼ぶ理由について解説する.

6.2.1 なぜ破産確率は複合幾何分布なのか？

クレーム U_i $(i = 1, 2, \ldots)$ が起こる時刻を T_i とするとき,

$$W_i := T_i - T_{i-1}$$

と置くと W_i は**クレーム発生間隔 (inter-occurrence time)** である (ただし, $T_0 = 0$ とする). 今, クレーム件数 $N = (N_t)_{t \geq 0}$ は強度 λ の Poisson 過程であるから, W_i は指数分布 $Exp(\lambda)$ に従う IID 列である. ここで,

$$R_0 = 0, \quad R_n := \sum_{i=1}^{n} Y_i, \quad Y_i = U_i - cW_i$$

と置くと, これはリスク過程(6.3)とある意味同等である. CL モデル(6.2)で破産が起こるのは T_i $(i = 1, 2, \ldots)$ のいずれかの時点に限られるため, 破産時

刻 τ に対して $\tau = \inf\{n \in \mathbb{N} : R_n > u\}$ であり,以下が成り立つ:

$$\psi(u) = \mathbb{P}(R^* > u).$$

ただし,$R^* = \sup_{n \in \mathbb{N}} R_n$ である.この右辺の確率について考察しよう.

以下のような時刻列(確率変数列)$\{\nu_n^+\}_{n \in \mathbb{N}}$ を定義する.

$$\nu_0^+ = 0, \quad \nu_n^+ = \inf\{k > \nu_{n-1}^+ : R_k > R_{\nu_{n-1}^+}\}.$$

ただし,$\inf \emptyset = \infty$ とする.ν_n^+ は n 回目に直近までの最大値 $R_{\nu_{n-1}^+}$ を飛び越える時刻である.このとき,

$$Y_1^+ = R_{\nu_1^+}, \quad Y_n^+ := \begin{cases} R_{\nu_n^+} - R_{\nu_{n-1}^+} & (\nu_n^+ < \infty) \\ \infty & (その他) \end{cases}, \quad n \geq 2$$

と定める.$\{Y_k^+\}_{k \in \mathbb{N}}$ は直近の最大値を飛び越える幅であり,Y_k^+ を**第 k オーバーシュート (the kth overshoot)** という.$Y_k^+ < \infty$ なら最大値が更新されることを意味し,$Y_k^+ = \infty$ なら $k-1$ 番目以降の更新がないことを意味する.R_n は IID 列によるランダムウォークであり,時刻 ν_k^+ までとそれ以降とは独立であるから,オーバーシュートの列 $\{Y_k^+\}_{k \in \mathbb{N}}$ は IID である.そこで,

$$G^+(x) := \mathbb{P}(Y_1^+ \leq x)$$

と置くと,これは $(0, \infty]$ 上の不完全分布(A.2 節参照)を定める.実際,以下が成り立つ.

[補題 6.25] CL モデル (6.2) において,純利益条件 $\theta > 0$ の下で

$$\lim_{x \to \infty} G^+(x) = G^+(\infty) < 1.$$

証明 $G^+(\infty) = 1$ と仮定すると,Y_i は IID だから任意の k で $\mathbb{P}(Y_k^+ < \infty) = 1$,つまり確率 1 で何度でも最大値の更新が起こることになる.一方,$\mathbb{E}[Y_1] = \mu - c/\lambda = -\theta\mu < 0$ となるから,大数の法則より

$$R_n \to -\theta\mu < 0 \quad a.s., \quad n \to \infty.$$

したがって，十分大きな n に対しては常に $R_n < 0$ となっているが，$R_{\nu_1^+} > 0$ であったから，これは時刻 n_0 以降，最大値の更新が起こらないことを意味していて，これは仮定に反する．したがって，$G^+(\infty) < 1$ である．∎

最大値の更新が起こるとき，$R_{\nu_k^+}$ $(k = 1, 2, \ldots)$ の列は，各梯子間隔が $Y_k^+ (<\infty)$ であるような梯子を上っていく様子をイメージさせる．そこで，

$$G_0(x) := \mathbb{P}(Y_i^+ \le x \,|\, Y_i^+ < \infty) = G^+(x)/G^+(\infty) \tag{6.26}$$

としてオーバーシュートの確率分布を定め，これを**梯子分布 (ladder height distribution)** という．

さて，以上の記号を用いると

$$R^* = \sum_{i=1}^N Y_i^+, \quad N = \sup\{n : \nu_n^+ < \infty\} \tag{6.27}$$

と書ける．ここで，$p := G^+(\infty)$ と置くと，$\mathbb{P}(N = k) = (1-p)p^k$ であることは容易にわかるので，

$$\begin{aligned}
\mathbb{P}(R^* > u) &= \sum_{k=1}^\infty \mathbb{P}\left(\sum_{i=1}^N Y_i^+ > u \,\middle|\, N = k\right) \mathbb{P}(N = k)\\
&= \sum_{k=1}^\infty (1-p)p^k \overline{G_0^{*k}}(u)
\end{aligned}$$

となって，R^* は複合幾何分布に従うことがわかる．

6.2.2 Wiener-Hopf 因子分解

前項はオーバーシュート Y_i^+ について考えたが，同様に下向きの最小値更新幅 Y_i^- を以下のように考えることができる．

$$\nu_0^- = 0, \quad \nu_n^- = \inf\{k > \nu_{n-1}^- : R_k \le R_{\nu_{n-1}^-}\}$$

246 第6章 古典的破産理論：Cramér-Lundberg 理論

なる直近の最小値の更新時刻を使って，

$$Y_1^- = R_{\nu_1^-}, \quad Y_n^- := \begin{cases} R_{\nu_n^-} - R_{\nu_{n-1}^-} & (\nu_n^- < \infty) \\ -\infty & (\text{その他}) \end{cases}, \quad n \ge 2.$$

この Y_k^- を**第 k アンダーシュート (the kth undershoot)** という．そこで

$$G^-(x) = \mathbb{P}(Y_1^- \le x)$$

とすると，G^+ と同様な議論によって，分布 G^- が $[-\infty, 0)$ 上の不完全分布になることが示される．

次の定理は **Wiener-Hopf 因子分解 (Wiener-Hopf factorization)** として知られている．

[**定理 6.26**] Y_i の分布を F とするとき，以下の関係式が成り立つ：

$$F = G^+ + G^- - G^- * G^+. \tag{6.28}$$

これは以下の特性関数による表現と同値である．

$$\overline{\phi_F}(t) = \overline{\phi_{G^+}}(t) \cdot \overline{\phi_{G^-}}(t), \quad t \in \mathbb{R}. \tag{6.29}$$

ただし，$\overline{\phi_H}(t) := 1 - \int_{\mathbb{R}} e^{itz} H(\mathrm{d}z)$ である．

証明 例えば，Rolski *et al.* [47, 6.4 節] を参照せよ． ∎

これを利用して以下の結果が得られ，これが分布 F_I を "梯子分布" と呼ぶ所以である．

[**定理 6.27**] CL モデル (6.2) において，純利益条件 $\theta > 0$ の下で梯子分布 (6.26) は以下で与えられる．

$$G_0(x) = \frac{1}{\mu} \int_0^x \overline{F}_U(z) \, \mathrm{d}z \ (= F_I(x)).$$

特に，$p := G^+(\infty) = 1/(1 + \theta)$ である．

証明 補題 6.25 の証明で見たように $R_n \to -\theta\mu < 0 \ a.s.$ であるから，$\mathbb{P}(\nu_1^- < \infty) = 1$ となることに注意する．また，

$$\{\nu_1^- = k\} = A_k \cap \{S_k \le 0\}, \quad A_k = \bigcap_{j=1}^{k-1} \{S_j > 0\}$$

であることに注意しておく．ここで，$W_k \sim Exp(\lambda)$ であることと，(U_k, R_{k-1}) との独立性から，$x \ge 0$ に対して，

$$G^-(-x) = \mathbb{P}(R_{\nu_1^-} \le -x)$$
$$= \sum_{k=1}^{\infty} \mathbb{P}(cW_k \ge x + U_k + R_{k-1} \mid \{cW_k \ge U_k + R_{k-1} > 0\} \cap A_k)\, \mathbb{P}(\nu_1^- = k)$$
$$= \sum_{k=1}^{\infty} \mathbb{P}(cW_k > x)\mathbb{P}(\nu_1^- = k) = e^{-\lambda x/c} \sum_{k=1}^{\infty} \mathbb{P}(\nu_1^- = k) = e^{-\lambda x/c}. \tag{6.30}$$

また，定義より $G^-(x) = 1 \ (x > 0)$ である．したがって，

$$\overline{\phi_{G^-}}(t) = 1 - \int_{-\infty}^{0} e^{itz} \cdot \frac{\lambda}{c} e^{\lambda z/c}\,(\mathrm{d}z) = \frac{ct}{ct - i\lambda}.$$

さらに，$Y_i = U_i - cW_1 \sim F = cF_U * Exp(\lambda)$ に注意すると，$\phi_F(t) = \lambda\phi_U(t)/(\lambda + ict)$ がわかるので，これらと定理 6.26, (6.29) により

$$\phi_{G^+}(t) = 1 - \frac{1 - \lambda\phi_U(t)/(\lambda + ict)}{ct/(ct - i\lambda)} \tag{6.31}$$

であり，（天下り的だが）これは以下の特性関数になっている（問 6.29）：

$$G^+(x) = \frac{\lambda\mu}{c} - \frac{\lambda}{c} \int_x^{\infty} \overline{F}_U(z)\,\mathrm{d}z. \tag{6.32}$$

したがって，$p = G^+(\infty) = \lambda\mu/c = 1/(1 + \theta)$ がわかって結論の等式を得る．∎

[**注意 6.28**] $p = \mathbb{P}(\nu_1^+ < \infty) = \psi(0)$ であることに注意すると，$p = 1/(1 + \theta)$ は (6.15) と整合的である．

248　第6章　古典的破産理論：Cramér-Lundberg 理論

[問 6.29]

(1)　(6.30) の最初の等号を示せ.

(2)　(6.32) の G^+ に対して，ϕ_{G^+} が (6.31) のようになることを示せ.

6.3　拡散摂動モデル

CL モデル (6.2) を用いると，破産確率についてきれいな等式や級数表現，漸近近似などが可能となることがわかったが，実際の資産モデルの近似としては少しシンプルすぎるきらいがある. そこで本節では，CL モデルを少し拡張して，以下のような動的リスクモデルを考える.

$$X_t = u + ct + \sigma W_t - S_t. \tag{6.33}$$

ただし，$\sigma \geq 0$, W は標準 Brown 運動，$S \sim CP(\lambda, F_U)$ である. $\sigma = 0$ ならば CL モデルである. Brown 運動 W は $\overline{\mathbb{F}}^X$-マルチンゲールであり，σW によって予測不能な不確実性をモデル化していると解釈できる. あるいは，真の資産過程が CL モデルからずれていることを前提に，摂動項 σW を入れて "ずれ" の影響を解析する目的もある. この σW を**拡散項 (diffusion term)** といい，モデル (6.33) を**拡散摂動モデル (diffusion perturbation model)**，あるいは単に**拡散モデル**という.

6.3.1　摂動項の解釈1：クレーム以外の不確実性の近似

CL モデルでは保険料収入は時間に関して線形であり，毎時一定割合の保険料収入が前提となっていた. しかし，実際には契約者の増減があったり滞納があったりして，保険料収入のタイミングは不規則である. また，変額保険など株価などとリンクした保険を扱う際には運用損益をモデルに含めたいなどの要求もあるだろう. このように，実際の会社運営には様々な不確実性がある. しかし，それらを逐一モデル化するのは簡単ではないし，そのようなモデルがもしできたとしても，それは複雑すぎて後々の計算が困難になるであろう. そこで，クレーム以外の不確実性を全て "ノイズ" と見なし，それらを σW の

項に押し付けて近似することにより，計算の利便性を損なうことなくモデルを拡張しようとするのが拡散摂動モデルであり，リスク理論では Dufresne and Gerber [16] によって導入された．

　種々雑多なノイズを全て Brown 運動一つでモデル化してしまうのは少々乱暴にも見えるが，定理 5.30 で見たように，IID なノイズの和が多く集まれば一種の中心極限定理によってその極限に Brown 運動が現れるので，大規模な企業活動の下で様々な不確実性による累計損益を長期で観測すると，それは Brown 運動のパスのように見えるだろうというのが直観的な考え方である．

6.3.2　摂動項の解釈 2：CL モデルの拡散近似

　資産モデルの近似に Brown 運動を導入する理論的な根拠について考察してみよう．クレーム過程 (6.1) に対して $Var(U_1) = \sigma^2 < \infty$ とする．

$$S_n(t) := \frac{S_{nt} - \lambda\mu n t}{\sqrt{n}} \tag{6.34}$$

と置くと，中心極限定理の類似として，以下の収束が成り立つ．

[定理 6.30]　式 (6.34) で定義されるクレーム過程 S_n に対して，ある標準 Brown 運動 W が存在して，任意の固定された $t \geq 0$ に対して，

$$S_n(t) \to^d \sqrt{\lambda(\mu^2 + \sigma^2)} \cdot W_t, \quad n \to \infty.$$

証明　任意の $t \geq 0$ に対して，

$$S_{nt} = [S_t - S_0] + [S_{2t} - S_t] + \cdots + [S_{nt} - S_{(n-1)t}] =: \sum_{k=1}^n \widetilde{S}_k.$$

ただし，$\widetilde{S}_k = S_{kt} - S_{(k-1)t}$，のように書き直すと S の独立定常増分性により $\widetilde{S}_k, (k = 1, \ldots, n)$ は IID 確率変数列である．定理 5.23, (2) より

$$\mathbb{E}[\widetilde{S}_k] = 0, \quad Var(\widetilde{S}_k) = \lambda(\mu^2 + \sigma^2)t$$

より，中心極限定理（定理 1.103）を使うと，標準 Brown 運動が W_1　〜

$N(0,1)$ であることに注意して

$$\frac{S_n(t)}{\sqrt{\lambda(\mu^2+\sigma^2)t}} = \frac{\sum_{k=1}^n \widetilde{S}_k}{\sqrt{n}\sqrt{\lambda(\mu^2+\sigma^2)t}} \to^d W_1$$

と書ける．ここで，$W_t =^d \sqrt{t}\cdot W_1$ に注意して

$$\frac{S_n(t)}{\sqrt{\lambda(\mu^2+\sigma^2)}} \to^d W_t$$

を得る． ∎

定理 A.53 により，実は S_n は D_∞-値確率過程としても Brown 運動に収束することがわかる．

[**定理 6.31**] 定理 6.30 と同じ条件の下で，

$$S_n \to^d \sqrt{\lambda(\mu^2+\sigma^2)}\cdot W \quad \text{in } D_\infty, \quad n\to\infty.$$

したがって，複合 Poisson 過程はある意味で Brown 運動で近似できる．このことをもう少し詳しく考察するために，S_n と CL モデル (6.2) における資産過程 X との関係を見てみよう．

$$\widetilde{X}_n(t) := \frac{X_{nt}}{\sqrt{n}} = \frac{u}{\sqrt{n}} + \theta\lambda\mu\sqrt{n}t - S_n(t)$$

となり（$\theta>0$ は安全付加率），ここで $u=u_n, \theta=\theta_n$ として，

$$\frac{u_n}{\sqrt{n}} \to \widetilde{u} > 0 \quad \theta_n\sqrt{n} \to \widetilde{\theta} > 0, \quad n\to\infty$$

となるように，"大きな" 初期値 u_n，"小さな" 付加率 θ_n を選んだとすると，

$$\widetilde{X}_n \to^d \widetilde{X} := \widetilde{u} + \widetilde{\theta}\lambda\mu t + \widetilde{\sigma}\cdot W_t, \quad n\to\infty. \tag{6.35}$$

ただし，$\widetilde{\sigma}^2 = \lambda(\mu^2+\sigma^2)$ と書ける．つまり，資産過程 X を $[0,nt]$ ($n\to\infty$) という長い期間観測しながら，X のスケール（サイズ）を $1/\sqrt{n}$ で小さくしていくことにより，資産過程全体を遠くから眺めることをイメージしてみると，そのパスはあたかも（ドリフト付の）Brown 運動のように見えるという

ことであり，この極限のプロセス $\widetilde{X} = (\widetilde{X}_t)_{t \geq 0}$ による X の近似を**拡散近似 (diffusion approximation)** という．

これを直観的にいえば，頻繁に起こる小さなクレームと線形な保険料収入との上下運動を細かくすると Brown 運動のように見えるということになる．しかし，これはあくまで極限近似であって，大きなクレームも起こりうる実際の資産過程では必ずしも Brown 運動のみによる近似は適当でない．

それを示すために，4.3.2 項，図 4.5 で紹介したデンマークの火災保険クレームデータを元に，模擬的な資産過程を描いてみよう．図 6.1 は，CL モデルの仮定の下，初期値 $u = 700$，安全付加率を $\theta = 10\%$ と設定し，データから最尤推定したクレーム平均 $\widehat{\mu} = 3.385$ とクレーム件数の強度 $\widehat{\lambda} = 197$ によって

$$X_t = u + (1 + \theta)\widehat{\lambda}\widehat{\mu}t - \sum_{i=1}^{N_t} U_i$$

をプロットしたものである[4]．N_t, U_i には実際のデータを用いている．

図 6.1 の資産過程は完全に複合 Poisson 型のプロセスとして描いたものである．これを見ると，小さなクレームしか起こっていない期間は Brown 運動のように推移して見えるが，大きなクレームがあったところでは，パスが不連続的に大きく減少するため，Brown 運動では起こりえないパスに見えるだろう．この意味では，

・"小さな" クレームは Brown 運動で近似

・"大きな" クレームは複合 Poisson 過程で近似

という形が妥当に思える．この思想をモデル化したのが (6.33) のような拡散摂動モデルである．

6.3.3　破産確率評価

以下，資産過程として

---

[4] この設定では，この火災保険ポートフォリオは 11 年目に破産している．

第 6 章 古典的破産理論：Cramér-Lundberg 理論

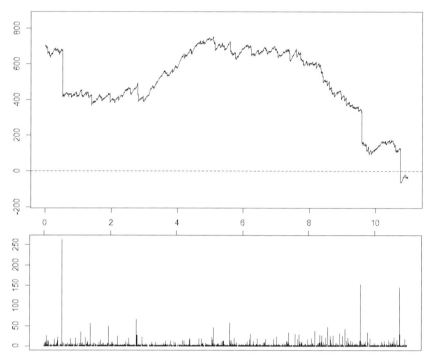

図 6.1 下図が図 4.5 の再掲．上図は，下図を元に書いた資産過程（CL モデル）．

$$X_t = u + ct + \sigma W_t - S_t, \quad S \sim CP(\lambda, F_U) \tag{6.36}$$

を考える．$\mu := \int_0^\infty x F_U(\mathrm{d}x) < \infty$ とする．注意 6.2 と同様に X によるフィルトレーションの拡大 $\mathbb{F} = (\mathcal{F}_t)_{t \geq 0}$ を考えて（定理 5.56 参照）通常条件 (usual conditions) を満たす確率空間 $(\Omega, \mathcal{F}, \mathbb{F}, \mathbb{P})$ を考える．このとき，X は $\mathbb{F}$-Lévy 過程であり，破産時刻

$$\tau := \inf\{t > 0 : X_t < 0\}$$

は $\mathbb{F}$-停止時刻になることに注意せよ（定理 5.60）．

また，$\mathbb{E}[W_t] \equiv 0$ であるから，純益条件は CL モデルと同じく

$$ct > \mathbb{E}[\sigma W_t + S_t] \quad \Leftrightarrow \quad c = (1+\theta)\lambda\mu, \quad \theta > 0$$

となることに注意しておく.

Lundberg 不等式

補題 6.9 や定理 6.6 の証明は一般に X が Lévy 過程のときにも成り立つものであった (注意 6.10). そこで, 拡散モデルに対する Lunberg 方程式 (6.8) を考えると,

$$\ell(r) = \lambda[m_U(-r) - 1] + cr + \frac{\sigma^2}{2}r^2 = 0 \tag{6.37}$$

となる. この負の解 $r = -\gamma$ に対して $\gamma > 0$ が調整係数となって Lunberg 不等式が得られる. これを定理としてまとめておく.

[定理 6.32 (Lundberg 不等式)] 拡散モデル (6.36) が純益条件 $\theta > 0$ を満たし, 以下の方程式が正の解 $r = \gamma$ (調整係数) を持つとする:

$$\ell(-r) = \lambda[m_U(r) - 1] - cr + \frac{\sigma^2}{2}r^2 = 0. \tag{6.38}$$

このとき, 破産確率 $\psi(u) = \mathbb{P}(\tau < \infty)$ に対して以下が成り立つ:

$$\psi(u) < e^{-\gamma u}, \quad u \geq 0.$$

[問 6.33] 十分大きな $r > 0$ で $m_U(r) < \infty$ であるならば, 純益条件 $\theta > 0$ の下で方程式 (6.37) の負の解が一意に存在することを示せ.

再生型方程式

拡散モデルの場合は σW の項のために, 破産の仕方が 2 通りある. 一つは CL モデルと同様に大きなクレームによって突然破産してしまう場合, もう一つは, σW の変動によって破産する場合である. これを式で表すと以下のように書ける.

$$\psi(u) = \psi_S(u) + \psi_W(u).$$

ただし, $\psi_S(u) = \mathbb{P}(\tau < \infty, X_\tau < 0), \psi_W(u) = \mathbb{P}(\tau < \infty, X_\tau = 0).$

CL モデルでは, たとえ $X_t = 0$ となったとしても次の瞬間には保険料 ct によって必ず資産が増加するので後者の ψ_W のような破産は起こらないが, 拡散モデル ($\sigma > 0$) の場合には, Brown 運動の細かい変動によって $X_t = 0$ の次の瞬間確率 1 で破産することが知られている[5]. したがって, $\psi(0) = 1$ ($\psi_S(0) = 0, \psi_W(0) = 1$) である. ψ_W は σW の連続的なパスによって "滑る (creep)" ように破産するところから, このような破産の仕方を **"creeping"** などといったりする. 基本的には定理 6.11 の証明と同様な議論 (renewal argument) によって, この ψ_S, ψ_W それぞれがある再生方程式を満たすことが示されるのだが, **存続確率 (survival probability)**

$$\overline{\psi}(u) := 1 - \psi(u) = \mathbb{P}(X_t \geq 0, \ \forall\, t > 0)$$

を考えると, 以下で見るように場合分けは不要である.

[**補題 6.34 (微分 = 積分方程式)**] 拡散モデル (6.36) に対して,

$$\frac{\sigma^2}{2}\overline{\psi}''(u) + c\overline{\psi}'(u) - \lambda\overline{\psi}(u) + \lambda \int_0^u \overline{\psi}(u - z)\, F_U(\mathrm{d}z) = 0. \qquad (6.39)$$

証明 定理 6.11 の証明と同様な "renewal argument" によるので, ここではやや直観的に概略のみ述べる. 任意の時刻 $t > 0$ をとり, $[0, t]$ においてクレームが起こらない場合と, $[t, t + h]$ ($h > 0$) にクレームが起こったとすると, 定理 5.17, (3) に注意して, $h \to 0$ の下で

$$\overline{\psi}(u) = (1 - \lambda h)\mathbb{E}\left[\overline{\psi}(u + ch + \sigma W_h)\right] + \lambda h \int_0^u \overline{\psi}(u - z)\, F_U(\mathrm{d}z) + o(h).$$

$$(6.40)$$

ここで, $\psi(u)$ が 2 階微分可能と仮定[6]して,

---

[5] Brown 運動の無限変動性による.

[6] 実はこの微分可能性は証明できる：Wang [61].

$$\mathbb{E}\left[\overline{\psi}(u + ch + \sigma W_h)\right]$$
$$= \overline{\psi}(u) + ch\overline{\psi}'(u) + \frac{1}{2}\overline{\psi}''(u)\left(c^2h^2 + \sigma^2\mathbb{E}\left[W_h^2\right]\right) + o(h)$$
$$= \overline{\psi}(u) + ch\overline{\psi}'(u) + \frac{\sigma^2}{2}h\overline{\psi}''(u) + o(h)$$

(これは厳密には**伊藤の公式**[7]を使って証明できる). これと (6.40) により,

$$\overline{\psi}(u) = \overline{\psi}(u) - \lambda h\overline{\psi}(u) + ch\overline{\psi}'(u) + \frac{\sigma^2}{2}h\overline{\psi}''(u) + \lambda h \int_0^u \overline{\psi}(u - z)\, F_U(\mathrm{d}z)$$
$$+ o(h)$$

であるから, 両辺を h で割って $h \to 0$ とすることで結論の等式を得る. ∎

この微分 = 積分方程式より再生方程式が得られる.

[定理 6.35] 拡散モデル (6.36) において $D := \sigma^2/2 > 0$ とする. また純益条件 $\theta > 0$ を仮定する. このとき, 破産確率 ψ は以下の不完全再生方程式を満たす.

$$\psi(u) = \frac{1}{1+\theta}\psi * G_D(u) + \frac{1}{1+\theta}H_D(u) + \overline{K}_D(u), \quad u \geq 0. \qquad (6.41)$$

ただし,

$$K_D(u) = 1 - e^{-\frac{c}{D}u}, \quad G_D(u) = K_D * F_I(u), \quad H_D(u) = K_D * \overline{F}_I(u)$$

であり, F_I は F_U に対する梯子分布 (6.25) である.

[注意 6.36] $\sigma^2 \to 0$ とするとき, $\overline{K}_D \to 0$ であり, このとき $K_D \to^d \Delta_0$ と見なすことができて,

$$G_D(u) = \int_0^u F_I(u - z)\, K_D(\mathrm{d}z) \to \int_0^u F_I(u - z)\, \Delta_0(\mathrm{d}z) = F_I(u)$$

となる. 同様に, $H_D(u) = K_D * \overline{F}_I(u) \to \overline{F}_I(u)$ である[8]. したがって,

---

[7] 例えば, Karatzas and Shreve [31] などを参照.

[8] ここでは直感的に説明しているが, F_U に関して適当な条件を与えて証明できる.

256 第 6 章 古典的破産理論：Cramér-Lundberg 理論

(6.41)は CL モデルに対する再生方程式(6.11)に収束しており，(6.41)は
(6.11)の拡張と見ることができる．

証明 方程式(6.39)を u に関して $[0, x]$ で積分すると，$\overline{\psi}(0) = 0$ に注意して

$$D\overline{\psi}'(x) + c\overline{\psi}(x) = D\overline{\psi}'(0) + \lambda \int_0^x \overline{\psi}(x - z)\overline{F_U}(z)\,\mathrm{d}z.$$

ここで，$x \to \infty$ として

$$\overline{\psi}'(0) = \frac{c - \lambda\mu}{D} = \frac{\theta}{1+\theta}\zeta, \quad \zeta := \frac{c}{D}.$$

これを用いると，

$$\overline{\psi}'(x) + \zeta\overline{\psi}(x) = \frac{\theta\zeta}{1+\theta} + \frac{\lambda}{D} \int_0^x \overline{\psi}(x - z)\overline{F_U}(z)\,\mathrm{d}z. \tag{6.42}$$

この両辺に $e^{\zeta x}$ を掛けて，x について $[0, u]$ で積分することにより

$$\overline{\psi}(u) = \frac{\theta}{1+\theta}K_D(u) + \frac{1}{1+\theta}\overline{\psi} * G_D(u), \quad u \geq 0 \tag{6.43}$$

を得る（問 6.37）．ここで，

$$\overline{\psi} * G_D(u) = (\Delta_0 - \psi) * G_D(u) = G_D(u) - \psi * G_D(u)$$

となることに注意すれば，

$$\psi(u) = \frac{1}{1+\theta}\psi * G_D(u) + \frac{1}{1+\theta}\left[K_D(u) - K_D * F_I(u)\right] + \overline{K}_D(u)$$

となって題意の等式を得る． ∎

[**問 6.37**] 式(6.42)から式(6.43)を導け．

　ψ の不完全再生方程式が得られれば，CL モデルの場合と全く同様にして，
以下のような Pollaczek-Khinchin 型公式（cf. 定理 6.16）や Cramér 近似など
の結果が得られる．

[**問 6.38**] 定理 6.35 の条件の下で以下を示せ．

(1) Pollaczek-Khinchin-Beekman 公式

$$\psi(u) = \frac{\theta}{1+\theta} \sum_{n=0}^{\infty} \left(\frac{1}{1+\theta}\right)^n \overline{F_I^{*n} * K_D^{*(n+1)}}, \quad u \geq 0.$$

(2) 方程式(6.38)に正の解 $r = \gamma > 0$ が存在して，ある $\epsilon > 0$ が存在して $m_U(\gamma + \epsilon) < \infty$ ならば

$$\psi(u) \sim \frac{c - \lambda\mu}{\lambda m_U'(\gamma) - c + 2\gamma D} e^{-\gamma u}, \quad u \to \infty.$$

6.4 有限時間破産確率

これまで無限時間破産確率に関する結果を見てきたが，保険会社の実際のリスク管理では，損害保険のように1年程度の短期的リスクの見積もりが必要であったり，生命保険のように10年や20年といった単位での長期的なリスク評価など，様々な有限時間でのリスク評価が必要となる．この意味で，実務的には，有限時間 $[0, T]$ 内での破産リスクを評価する必要があるであろう．そこで，本節では以下の有限時間破産確率：

$$\psi(u, T) := \mathbb{P}(\tau \leq T)$$

について調べよう．

一般に，$\psi(u, T)$ について $\psi(u)$ のときのようなきれいな関係式は成り立たないため，その計算や推定は $\psi(u)$ に比べ困難になる．本節では，$[0, T]$ における存続確率 $\overline{\psi}(u, T) := 1 - \psi(u, T)$ について知られているいくつかの結果を述べておく．

6.4.1 拡散近似の場合

式(6.35)のように CL モデルを近似して，Brown 運動のみによってサープラスを記述することを考える．

258　第 6 章　古典的破産理論：Cramér-Lundberg 理論

$$X_t = u + \mu t + \sigma W_t. \tag{6.44}$$

このとき，有限時間破産確率は陽に書くことができる．

[**定理 6.39**]　モデル (6.44) に対して，$\tau := \inf\{t > 0 : X_t < 0\}$ とするとき，

$$\overline{\psi}(u, T) = \Phi\left(\frac{u + \mu T}{\sigma\sqrt{T}}\right) - e^{-2\mu u/\sigma^2}\Phi\left(\frac{-u + \mu T}{\sigma\sqrt{T}}\right). \tag{6.45}$$

ただし，Φ は標準正規分布の分布関数である．特に，

$$f_\tau(T) := \frac{\mathrm{d}}{\mathrm{d}T}\mathbb{P}(\tau \leq T) = \frac{u}{\sqrt{2\pi\sigma^2 T^3}}\exp\left(-\frac{(u - \mu T)^2}{2\sigma^2 T}\right).$$

すなわち，τ は逆 Gauss 分布に従う．

　この定理は以下の手順で証明することができるので読者への演習とする．

[**問 6.40**]

(1)　補題 6.9 の証明を参考にして，Laplace 指数

$$\overline{\Psi}(s) := \log\mathbb{E}\left[e^{-s(X_t - u)}\right] = -\mu s + \frac{(\sigma s)^2}{2} \quad (s \geq 0)$$

に対し，$M_t := e^{-s(X_t - u) - t\overline{\Psi}(s)}$ が $\overline{\mathbb{F}}^X$-マルチンゲールになることを示せ．

(2)　定理 6.6 の証明を参考に，

$$e^{-su} = \mathbb{E}\left[e^{-\tau(\sigma^2 s^2/2 - \mu s)}\mathbf{1}_{\{\tau < \infty\}}\right], \quad s \geq 0$$

となることを示し，このことから以下の等式を結論せよ：

$$\mathbb{E}\left[e^{-s\tau}\mathbf{1}_{\{\tau < \infty\}}\right] = \exp\left(-\frac{\mu}{\sigma^2}\left(\mu + \sqrt{\mu^2 + 2\sigma^2 s}\right)\right). \tag{6.46}$$

(3)　等式 (6.46) の左辺が f_τ の Laplace 変換であることに注意して，

$$\int_0^\infty e^{-sx} \cdot \frac{u}{\sigma\sqrt{2\pi x^3}}\exp\left(-\frac{(u - \mu t)^2}{2\sigma^2 x}\right)\mathrm{d}x$$
$$= \exp\left(-\frac{\mu}{\sigma^2}\left(\mu + \sqrt{\mu^2 + 2\sigma^2 s}\right)\right)$$

となることを示せ．

(4) 等式(6.45)を結論せよ.

6.4.2 CL モデルの場合

CL モデルに対しては,以下の **Seal の公式 (Seal's formula)** が知られている.

[**定理 6.41**] CL モデル(6.2)に対して以下が成り立つ:

(1) T 時点までの累積クレーム額 $S_T = \sum_{i=1}^{N_T} U_i$ の分布 F_{S_T} に対して,

$$\overline{\psi}(0, T) = \frac{1}{cT} \int_0^{cT} F_{S_T}(z) \, dz.$$

(2) クレーム分布 F_U が有界な確率密度 f_U を持つとすると,任意の $t > 0$ に対して F_{S_t} も確率密度 f_{S_t} を持ち,

$$\overline{\psi}(u, T) = F_{S_T}(u + cT) - \int_0^T \frac{1}{s} \left(\int_0^{cs} F_{S_s}(z) \, dz \right) f_{S_{T-s}}(u + c(T - s)) \, ds.$$

証明 (1):

$$\begin{aligned}
\overline{\psi}(0, T) &= \mathbb{P}\left(\bigcap_{t \le T} \{X_t \ge 0\} \right) \\
&= \mathbb{E}\left[\mathbb{P}\left(\bigcap_{t \le T} \{S_t \le ct\} \,\middle|\, S_T \right) \right] = \mathbb{E}\left[\left(1 - \frac{S_T}{cT} \right)_+ \right] \qquad (6.47) \\
&= \int_0^{cT} \left(1 - \frac{z}{cT} \right) F_{S_T}(dz) = \frac{1}{cT} \int_0^{cT} F_{S_T(z)} \, dz.
\end{aligned}$$

(6.47)における等号は問 6.42 による.また,最後の等号は部分積分による.

(2):確率密度 f_U に対して,

$$F_{S_t}(x) = \mathbb{P}(N_t = 0) + \sum_{k=1}^{\infty} \mathbb{P}\left(\sum_{i=1}^{k} U_i \;\middle|\; N_t = k\right) \mathbb{P}(N_t = k)$$

$$= e^{-\lambda t} + \sum_{k=1}^{\infty} e^{-\lambda t} \frac{\lambda^k t^k}{k!} F_U^{*k}(x)$$

である．ここで両辺を x で微分すると，定理 1.89 によって $\sum_{k=1}^{\infty}$ と $\mathrm{d}/\mathrm{d}x$ の交換ができて，

$$f_{S_t}(x) = \sum_{k=1}^{\infty} e^{-\lambda t} \frac{\lambda^k t^k}{k!} f_U^{\star k}(x), \quad x > 0$$

となって F_{S_t} の確率密度は存在する（ここで定理 1.57 を使った）．また，任意の $T > 0$ に対して，

$$\mathbb{P}\left(S_T \le u + cT\right) = \mathbb{P}\left(S_T \le u + cT, \; \tau > T\right) + \mathbb{P}\left(S_T \le u + cT, \; \tau \le T\right)$$

と分けると，右辺第 1 項は $\overline{\psi}(u, T)$ であることに注意する．右辺第 2 項について，$\zeta := \sup\{t \in [0, T] : S_t - ct < u\}$ なるランダム時刻を考えると，

$$\mathbb{P}(\zeta \in [t, t + \mathrm{d}t]) = \mathbb{P}(S_t - ct \in [u, u + c\mathrm{d}t]) = f_{S_t}(u + ct) \cdot (c\mathrm{d}t)$$

となることに注意する．また，$\sup_{t \in (\zeta, T]}(S_t - ct) < u$ $a.s.$ であるから，"renewal argument" によって

$$\mathbb{P}\left(S_T \le u + cT, \; \tau \le T\right) = \int_0^T \overline{\psi}(0, T - t)\, \mathbb{P}(\zeta \in [t, t + \mathrm{d}t])$$

$$= c \int_0^T \overline{\psi}(0, T - t) f_{S_t}(u + ct)\, \mathrm{d}t$$

$$= c \int_0^T \overline{\psi}(0, s) f_{S_{T-s}}(u + c(T - s))\, \mathrm{d}s.$$

あとは (1) の結果を代入して題意の等式を得る． ∎

[**問 6.42**] 複合 Poisson 過程 S に対して，以下の等式を示せ．

$$\mathbb{P}\left(\bigcap_{t \le T}\{S_t \le ct\} \,\middle|\, S_T = x\right) = \left(1 - \frac{x}{cT}\right)_+.$$

6.5 破産確率の応用

破産確率は，保険会社が必要な初期備金や保険料を定めたり，あるいは再保険戦略を決める際などに基準として用るのが代表的な応用例である.

6.5.1 初期備金や安全付加率の決定

破産確率 ψ が安全付加率 $\theta > 0$ に依存していることを示すために $\psi_\theta(u)$ のように書いておこう.

会社として許容できる破産確率を $\epsilon \in (0,1)$ と決めておき，

$$\psi_\theta(u) \le \epsilon$$

となるように θ や初期備金 u を決めたいとする. ここで，θ や u を極めて大きくとっておけば，$\psi(u)$ はいくらでも小さくできるので，上記の不等式を満たすような (θ, u) は存在するが，θ が大きいと保険料が高くなり契約者数の減少につながる. また u は負債であり，大きすぎる θ, u は会社にとっての不利益である. そこで，例えば，初期備金 $u > 0$ が決まっているとき，

$$\theta_\epsilon = \inf\{\theta > 0 : \psi_\theta(u) \le \epsilon\}$$

のように付加率 θ_ϵ を決めたり，$\theta > 0$ が決まっているときには，

$$u_\epsilon = \inf\{u > 0 : \psi_\theta(u) \le \epsilon\}$$

などと備金を決めることが考えられる.

[例 6.43] CL モデルにおけるクレーム分布が $F_U \sim Exp(1/\mu)$ のとき，例 6.15 によって

$$\psi_\theta(u) = \frac{1}{1+\theta} \exp\left(-\frac{\theta}{\mu(1+\theta)}u\right) \le \epsilon \quad \Leftrightarrow \quad u \ge -\frac{\mu(1+\theta)}{\theta} \log \epsilon(1+\theta)$$

であるから，$\theta > 0$ が与えられれば，

$$u_\epsilon = -\frac{\mu(1+\theta)}{\theta} \log \epsilon(1+\theta)$$

である．また，

$$\psi_0(u) = 1, \quad \frac{\partial}{\partial \theta}\psi_\theta(u) = -\left[\frac{1}{(1+\theta)^2} + \frac{u}{\mu(1+\theta)^3}\right] \exp\left(-\frac{\theta}{\mu(1+\theta)}u\right) < 0$$

となることから，任意の $u > 0$ に対して $\psi_\theta(u) = \epsilon$ を満たす $\theta = \theta_\epsilon$ が一意に存在することがわかる．

[**例 6.44**]　一般に破産確率は陽な表現を持たないので，前述の例のように具体的に θ_ϵ や u_ϵ を求めるのは容易でないことが多い．そこでよく用いられるのは Cramér 近似などの漸近公式である．例えば，拡散モデル (6.33) に対して，問 6.38, (2) の結果を用いると，

$$\psi(u) \sim \frac{c - \lambda\mu}{\lambda m_U'(\gamma) - c + 2\gamma D} e^{-\gamma u} \le \epsilon.$$

この不等式を解いて

$$u_\epsilon \ge -\frac{1}{\gamma} \log \frac{\lambda m_U'(\gamma) - c + 2\gamma D}{\epsilon^{-1}(c - \lambda\mu)}.$$

CL モデルで大規模災害の条件を仮定すると，定理 6.20 の結果を用いて，

$$\psi(u) \sim \theta^{-1}\overline{F}_I(u) \le \epsilon$$

となるので，十分大きな $u > 0$ を与えたとき，

$$\theta_\epsilon \ge \epsilon^{-1}\overline{F}_I(u)$$

であり，また，ある程度小さな $\theta > 0$ を決めておいて，

$$u_\epsilon = \inf\{u > 0 : \overline{F}_I(u) \le \theta\epsilon\} = F_I^{-1}(1 - \theta\epsilon)$$

とできる．特に，この u_ϵ は分布 F_I に対する $(1 - \theta\epsilon)$-VaR にほかならない．

6.5 破産確率の応用　263

[**例 6.45**]　資産過程 $X = (X_t)_{t \geq 0}$, $X_0 = u$ が与えられたとき，リスク過程

$$R_t = u - X_t$$

を考えると，X の破産確率は

$$\psi(u) = \mathbb{P}\left(\inf_{t>0} X_t < 0\right) = \mathbb{P}(R^* > u), \quad R^* := \sup_{t>0} R_t$$

となるのであった．したがって，

$$u_\epsilon := \inf\{u > 0 : \psi(u) \leq \epsilon\}$$
$$= \inf\{u > 0 : F_{R^*}(u) \geq 1 - \epsilon\} = VaR_{1-\epsilon}(R^*)$$

となって，u_ϵ は R^* をリスクと見たときの $(1-\epsilon)$-VaR になっている.

6.5.2 再保険について

保険会社が購入する保険を**再保険** (reinsurance) という．一般に，保険料や初期備金をいくら大きくとっても破産確率を 0 にすることはできず，保険会社は常に破産のリスクを負っている．クレーム分布の裾が重ければ，1 回の大規模なクレームによって破産することもある．このようなクレームを補填するために保険会社は再保険会社に一定の**再保険料** (reinsurance premium) を支払い，クレームの一部，あるいは全部を負担してもらうのである．再保険を掛ける方を**出再会社** (cedent) といい，引き受ける方を**受再会社** (reinsurer) という.

代表的な再保険の型に以下のようなものがある．それぞれの再保険について，CL モデル (6.2) を元に説明しよう.

比例型再保険 (proportional reinsurance, quota share)

これは再保険の中でも最も基本的な形式で，発生したクレームを出再会社と受再会社とで $b : (1-b)$ $(0 < b < 1)$ の割合で負担するものである．したがって，出再会社の累積クレームは bS_t，受再会社では $(1-b)S_t$ となる．この割合 b を**保有率** (retention rate)，$(1-b)$ を**出再割合** (ceding rate) という.

これに対して出再会社は受再会社に再保険料を支払わねばならないが，も

ともとの保険料 c から $(1-b)c$ を支払うだけでなく，さらに付加的な保険料 $\pi_b > 0$ を支払う必要がある．もし受再会社がリスクプレミアムを $\pi_b = 0$ と設定してしまうと，出再会社が $b = 0$ とすることでリスクはそのまま受再会社に移転し，問題は何も解決しない．したがって，受再会社は再保険を引き受けるリスクに見合うだけの保険料を徴収せねばならない．この意味で π_b を**リスクプレミアム (risk premium)** という．

このとき，出再，受再会社のサープラス過程 X, Y は以下のようになる：

$$X_t = x + (bc - \pi_b)t - \sum_{i=1}^{N_t} bU_i, \tag{6.48}$$

$$Y_t = y + [(1-b)c + \pi_b]t - \sum_{i=1}^{N_t} (1-b)U_i. \tag{6.49}$$

もし保険会社にとってリスクの高すぎる保険があったとき，それを嫌って保有率 b を小さくしすぎるとリスクプレミアムの作用で $(bc - \pi_b) < b\lambda\mu$ となり，純益条件が成り立たなくなって出再会社は確率1で破産する．より具体的には，出再・受再会社の安全付加率をそれぞれ $\theta, \kappa > 0$ と置くと，

$$c = (1+\theta)\lambda\mu, \quad [(1-b)c + \pi_b] = (1-b)(1+\kappa)\lambda\mu$$

となるので，

$$\pi_b = (\kappa - \theta)(1-b)\lambda\mu > 0 \quad \Leftrightarrow \quad \kappa > \theta.$$

このとき，出再会社の純益条件 $(bc - \pi_b) > b\lambda\mu$ に上記の π_b の表現を代入すると，

$$1 - \frac{\theta}{\kappa} < b < 1 \tag{6.50}$$

を得る．したがって，$b \leq 1 - \theta/\kappa$ とすると出再会社の破産確率は1となる．

ストップ・ロス再保険 (stop-loss reinsurance)

受再会社がある一定の閾値 $K > 0$ を決め，累積クレーム額が K を超えたときその超過額 $(S_t - K)_+$ が出再会社に支払われる．K を出再会社の**保有額**

(ceding retention level) という. K はあらかじめ決められているので, 出再会社としては支払総額が確定しているという意味でソルベンシー・リスクを抑えるには最も適した再保険といえる. 出再, 受再会社のサープラス過程 X, Y はそれぞれ以下のようになる:

$$X_t = x + (c - c_K)t - (S_t \wedge K),$$
$$Y_t = y + c_K t - (S_t - K)_+.$$

c_K は再保険料で, K は出再・受再それぞれの純益条件

$$c - c_K > \lambda \left\{ \mathbb{E}\left[S_1 \mathbf{1}_{\{S_1 \le K\}}\right] + K \mathbb{P}(S_1 > K) \right\}, \quad c_K > \mathbb{E}[(S_1 - K)_+] \quad (6.51)$$

を満たすように設定される. 特に, $\mathbb{E}[(S_1 - K)_+]$ はこの再保険の純(再)保険料に相当し, **ストップ・ロス保険料** (stop-loss premium) といわれる.

超過損害額再保険 (excess-of-loss reinsurance)

受再会社がある一定の閾値 $D > 0$ を決め, 各個別クレーム額 U_i が D を超えたときその超過額 $(U_i - D)_+$ が出再会社に支払われる. D は**エクセスポイント** (excess point), あるいは受再会社の**免責額** (deductible) といわれる. 出再, 受再会社のサープラス過程 X, Y はそれぞれ以下のようになる:

$$X_t = x + (c - c_D)t - \sum_{i=1}^{N_t} (U_i \wedge D), \quad (6.52)$$

$$Y_t = y + c_D t - \sum_{i=1}^{N_t} (U_i - D)_+. \quad (6.53)$$

c_D は再保険料で, 安全付加率 $\kappa > 0$ によって $c_D = (1 + \kappa)\lambda \mathbb{E}[(U_i - D)_+]$ であり, D は出再会社の純益条件

$$c - c_D > \lambda \left\{ \mathbb{E}\left[U_1 \mathbf{1}_{\{U_1 \le D\}} + D \overline{F}_U(D)\right] \right\} \quad (6.54)$$

を満たすように設定される.

266   第6章　古典的破産理論：Cramér-Lundberg 理論

6.5.3　再保険戦略と破産確率

出再会社は "retention" に関わるパラメータ b, K, D などを決めねばならない．これらのとるべき範囲は前項のように純益条件から求められるが，より具体的に決定するためには何らかの基準が必要である．再保険の目的はクレームリスクを軽減し，営業の安定化を図ることであったから，出再会社の破産確率が小さくなるようにパラメータを決定するのが一つの自然なやり方であろう．そこで，本項ではこのようなパラメータの決定方法について具体的に考察する．以下，前項と同じ記号を用いる．

[例 6.46（比例型再保険）]　保有率 $b \in (0,1)$ の比例型再保険を購入したときの出再会社の破産確率 $\psi(u)$ を考えよう．一般には破産確率の陽な表現は求まらないが，サープラス(6.48)に対して，以下の Lundberg 限界が得られる：

$$\psi(u) < e^{-R_b u}.$$

ただし，R_b はサープラス(6.48)の調整係数であり，式(6.9)から，以下の方程式の正の解になっている：

$$\lambda[m_U(br) - 1] - [bc - \pi_b]r = 0. \tag{6.55}$$

一般に R_b が大きくなるほど破産確率は小さくなるので，前項で求めた b に関する条件(6.50)と合わせて

$$R_{b^*} := \sup_{b \in (1-\theta/\kappa, 1)} R_b$$

となる b^* を求めることが考えられる．ここではこの b^* を "最適比率" と呼ぶことにする．これについて次の定理が成り立つ．

[定理 6.47]　CL モデル(6.2)において保有率 $b \in (0,1)$ の比例型再保険を考え，$r^* := \sup\{r > 0 : m_U(r) < \infty\} > 0$ であると仮定する[9]．ただし，$\sup \emptyset = \infty$ とする．方程式

---

[9]　$r^* \neq 0$ という仮定である．

$$m'_U(r) = (1 + \kappa)\mu \tag{6.56}$$

が解 $r = \rho \in (0, r^*)$ を持つとするとこれは一意解であり，最適比率 b^* は以下で与えられる：

$$b^* = b_0 \wedge 1, \quad b_0 := \frac{(\kappa - \theta)\mu\rho}{(1 + \kappa)\mu\rho + 1 - m_U(\rho)}.$$

特に，$b^* = b_0 \, (< 1)$ のときは $R_{b^*} = \rho/b_0$ である．また，(6.56)が解を持たないときには $\rho = r^*$ とすればよい．

証明 まず次の補題は微積分の簡単な演習問題である（問 6.49）．

[補題 6.48] 方程式(6.55)から陰関数として決まる b の関数 $r = R_b$ は 2 階微分可能で単峰，すなわち，$R'_b = 0$ なる点 $b = \alpha$ が存在して，$R''_\alpha \leq 0$ である．

そこで，$\underline{b} = 1 - \theta/\kappa$ とし，α を $R_\alpha = \sup_{b \in (\underline{b}, 1)} R_b$ なる点とすると，関数

$$r(b) := b \cdot R_b, \quad b \in [\underline{b}, \alpha]$$

は狭義単調増加になることがわかる．実際，R_b の微分可能性と単峰性により

$$r'(b) = R_b + b \cdot R'_b > 0$$

である．したがって，関数 $r = r(b)$ は $(\underline{b}, \alpha)$ 内の任意の点の近傍で逆関数を持ち（逆関数定理）$b = b(r)$ と解けて，(6.55)から

$$\lambda \left[m_U(r(b)) - 1 \right] - [bc - \pi_b] \frac{r(b)}{b} = 0$$

$$\Leftrightarrow \quad m_U(r) - 1 + (\kappa - \theta)\mu \frac{r}{b(r)} - (1 + \kappa)\mu r = 0$$

$$\Leftrightarrow \quad b(r) = \frac{(\kappa - \theta)\mu r}{(1 + \kappa)\mu r + 1 - m_U(r)}.$$

よって，

$$R_b = R_{b(r)} = \frac{r}{b(r)} = \frac{(1 + \kappa)\mu r + 1 - m_U(r)}{(\kappa - \theta)\mu} =: g(r)$$

とおくと，$r \in (0, r^*)$ に対して

268　第 6 章　古典的破産理論：Cramér-Lundberg 理論

$$g'(r) = \frac{(1+\kappa)\mu - m_U'(r)}{(\kappa - \theta)\mu}, \quad g''(r) = -m_U''(r) < 0$$

となるので，$g'(\rho) = 0$ を満たす ρ は $g(r) = 0$ の一意な最大点であることがわかる．以上により，

$$\alpha = b(\rho) = b_0, \quad \rho = b_0 R_{b_0}$$

となって，b_0 が R_b の最大点になることがわかる．もし $b_0 > 1$ ならば，R_b の単峰性により R_b は $b = 1$ で最大値をとる．これで証明が終わった．∎

[問 6.49]　補題 6.48 を示せ．

[問 6.50]　上記の議論において，クレーム分布を $\Gamma(\alpha, \beta)$ とするとき，

$$b_0 = \frac{\alpha(\kappa - \theta)\left(1 - (1+\kappa)^{-1/(1+\alpha)}\right)}{\alpha\kappa + (1+\alpha)\left(1 - (1+\kappa)^{\alpha/(1+\alpha)}\right)}$$

となることを示せ．

[例 6.51（超過損害額再保険）]　エクセスポイント D に対する出再・受再会社のそれぞれのサープラス(6.52), (6.53)を考える．このとき，

$$c = (1+\theta)\lambda\mathbb{E}[U_1] = (1+\theta)\lambda\int_0^\infty z\,F_U(\mathrm{d}z),$$

$$c_D = (1+\kappa)\lambda\mathbb{E}\left[(U_1 - D)_+\right] = (1+\kappa)\lambda\int_D^\infty (z - D)\,F_U(\mathrm{d}z),$$

であり，純益条(6.54)は以下と同値である：

$$\frac{\kappa}{\theta} < \frac{\mathbb{E}[U_1]}{\mathbb{E}[(U_1 - D)_+]}.$$

ここで，より具体的に $U_i \sim Exp(1/\mu)$ とすると，純益条件は

$$0 < D < \mu\log\frac{\theta}{\kappa}$$

となり，出再会社の Lundberg 方程式 $\log\mathbb{E}\left[e^{r(X_t - x)}\right] = 0$ は

$$\lambda \mu r \left\{ \mathcal{E}\left(D\left(\mu^{-1}+r\right)\right) - \left[(1+\theta)(1-e^{-D/\mu}) - (\kappa-\theta)e^{-D/\mu}\right] \right\} = 0$$

となる．ただし，$\mathcal{E}$ は $\mathcal{E}(x) = (1-e^{-x})/x$ なる関数である．これは純益条件の下で負の一意解を持つことがわかっているから，0 でない解にマイナスの符号を付けることにより，調整係数 γ は以下のように求まる：

$$\gamma = \frac{1}{\mu} - \frac{1}{D}\mathcal{E}^{-1}\left((1+\theta)(1-e^{-D/\mu}) - (\kappa-\theta)e^{-D/\mu}\right).$$

これを D の関数 $\gamma = \gamma(D)$ と見て

$$\gamma(D^*) := \sup_{D \in (0, \mu \log \theta/\kappa)} \gamma(D)$$

なる D^* が最適なエクセスポイントを与える．

6.6 破産確率の推定

ここまで，古典的なサープラスモデルに対する破産確率の解析的な評価方法について見てきたが，破産確率は，クレーム件数の強度やクレーム分布など様々な未知パラメータに依存しており，それらを統計的に推定することなしに応用はありえない．しかし，それらのパラメータを推定するだけでは実用上は不十分である．なぜなら，破産確率は一般に級数的な表現でしか書けないため，仮にクレームの分布が特定されたとしてもその計算は容易ではないからである．このような問題への対処法として，本節では Cramér 近似に基づく破産確率近似式の推定と，ノンパラメトリックに破産確率自体を推定する手法を紹介する．

以下，本節を通してサープラス X は CL モデル (6.2) に従っているとする：

$$X_t = u + ct - \sum_{i=1}^{N_t} U_i, \quad N_t \sim Po(\lambda t),\ U_i\,(\text{IID}) \sim F.$$

ただし，N と $U_i\,(i=1,\ldots)$ は独立である．

270　第 6 章　古典的破産理論：Cramér-Lundberg 理論

6.6.1　CL モデルにおけるパラメータ推定

ある $T > 0$ に対して，サープラスのパス $X = (X_t)_{t \in [0,T]}$ が観測されたとしよう．このとき，我々が使用できるデータは

$$(N_t)_{t \in [0,T]}; \quad (U_1, \ldots, U_{N_T})$$

であり，このデータから λ と F を推測するのが我々の最初の目標である．

[定理 6.52]　$\widehat{\lambda} := N_T/T$ と置くと，これは λ に対する不偏・強一致・漸近正規推定量である．すなわち，$\mathbb{E}[\widehat{\lambda}] = \lambda$ であり，$T \to \infty$ のとき

$$\widehat{\lambda} \to \lambda \quad a.s., \quad \sqrt{T}(\widehat{\lambda} - \lambda) \to^d N(0, \lambda)$$

が成り立つ．

証明　不偏性は $\mathbb{E}[N_T] = \lambda T$ から明らか．強一致性については，定理 6.4, (1) で $u = c = 0, U_i \equiv 1$ とすればよい．

漸近正規性を示すために，$\sqrt{T}(\widehat{\lambda}_T - \lambda)$ の特性関数を計算する．Poisson 過程の性質：定理 5.21, (3) を使うと，

$$\mathbb{E}\left[e^{is\sqrt{T}(\widehat{\lambda}_T - \lambda)} \right] = \exp\left(\lambda T \left(e^{i\frac{s}{\sqrt{T}}} - \frac{is}{\sqrt{T}} - 1 \right) \right)$$
$$= \exp\left(\lambda \left[-\frac{s^2}{2} + O(1/\sqrt{T}) \right] \right)$$
$$= \exp\left(-\frac{\lambda s^2}{2} \right) \quad T \to \infty$$

となって，$N(0, \lambda)$ の特性関数に収束することがわかり，証明が終わる．　∎

クレーム分布 F の推定を一般化して，以下のような F の積分型汎関数の推定を考えよう．

$$F[g] := \int_0^\infty g(z) \, F(\mathrm{d}z). \tag{6.57}$$

ただし，g は右辺の積分が存在するような関数とする．例 4.10 と同様にして F を $(U_1, \ldots, U_{N_T})$ による経験分布で推定すると

$$\widehat{F}(x) := \frac{1}{N_T} \sum_{i=1}^{N_T} \mathbf{1}_{\{U_i \leq x\}}, \quad x \in \mathbb{R} \tag{6.58}$$

と書けるので，(6.57)の F を $\widehat{F}$ で置き換えて Stieltjes 積分することにより，

$$\widehat{F}[g] := \int_0^\infty g(z)\,\widehat{F}(\mathrm{d}z) = \frac{1}{N_T} \sum_{i=1}^{N_T} g(U_i). \tag{6.59}$$

[**定理 6.53**] $F[g^2] < \infty$ のとき，$\widehat{F}[g]$ は $F[g]$ に対する不偏・強一致・漸近正規推定量である．すなわち，$\mathbb{E}\left[\widehat{F}[g]\right] = F[g]$ であり，$T \to \infty$ のとき

$$\widehat{F}[g] \to F[g] \quad a.s., \qquad \sqrt{T}\left(\widehat{F}[g] - F[g]\right) \to^d N(0, \lambda^{-1}\nu^2)$$

が成り立つ．ただし，$\nu^2 := Var(g(U_1))$ である．

証明　不偏性：条件付き期待値を考えることにより

$$\mathbb{E}\left[\widehat{F}[g]\right] = \mathbb{E}\left[\mathbb{E}\left[\widehat{F}[g] \,\Big|\, N_T\right]\right] = \mathbb{E}\left[\frac{1}{N_T} \sum_{i=1}^{N_T} \mathbb{E}[g(U_i)]\right] = F[g]$$

となって明らかである．

　強一致性：$N = (N_t)_{t \geq 0}$ と $U = (U_i)_{i \in \mathbb{N}}$ が，それぞれ確率空間 $(\Omega_1, \mathcal{F}_1, \mathbb{P}_1)$, $(\Omega_2, \mathcal{F}_2, \mathbb{P}_2)$ 上に定義されているとする．N と U は独立であるから，この二つの確率過程は共に $(\Omega_1 \times \Omega_2, \mathcal{F}_1 \otimes \mathcal{F}_2, \mathbb{P}_1 \times \mathbb{P}_2)$ なる確率空間上に定義されていると考えることができる．ただし，$\mathcal{F}_1 \otimes \mathcal{F}_2 = \sigma(\{A_1 \times A_2 : A_1 \in \mathcal{F}_1, A_2 \in \mathcal{F}_2\})$ であり，$\mathbb{P}_1 \times \mathbb{P}_2$ は直積測度である．今，定理 6.52 より，ある $\mathbb{P}_1$-零集合 $\mathcal{N}_1$ が存在して，任意の $\omega_1 \in \Omega_1 \setminus \mathcal{N}_1 =: \overline{\Omega}_1$ に対して，

$$n_T := N_T(\omega_1) \to \infty, \quad T \to \infty$$

であるから，このような ω_1 を固定することにより，$\{n_T\}_{T>0}$ は発散する自然数列と見なすことができる．このとき，$(\Omega_2, \mathcal{F}_2, \mathbb{P}_2)$ 上の確率変数列

$$\frac{1}{n_T} \sum_{i=1}^{n_T} g(U_i(\omega_2)), \quad \omega_2 \in \Omega_2$$

は，大数の法則によって，ある $\mathbb{P}_2$-零集合 $\mathcal{N}_2$ が存在して，任意の $\omega_2 \in \Omega_2 \setminus \mathcal{N}_2 =: \overline{\Omega}_2$ に対して

$$\frac{1}{n_T} \sum_{i=1}^{n_T} g(U_i(\omega_2)) \to \mathbb{E}[g(U_i)], \quad T \to \infty.$$

以上により，任意の $\omega := (\omega_1, \omega_2) \in \overline{\Omega}_1 \times \overline{\Omega}_2$ に対して

$$\frac{1}{N_T(\omega_1)} \sum_{i=1}^{N_T(\omega_1)} g(U_i(\omega_2)) \to \mathbb{E}[g(U_i)], \quad T \to \infty$$

となり $\widehat{F}[g] \to F[g]$ $a.s.$ が示される.

漸近正規性：

$$\sqrt{T} \left(\widehat{F}[g] - F[g] \right) = \sqrt{\frac{T}{N_T}} \cdot \sqrt{N_T} \left(\widehat{F}[g] - F[g] \right)$$

とし，$\sqrt{\frac{T}{N_T}} \to \lambda^{-1/2}$ $a.s.$ に注意して

$$\sqrt{N_T} \left(\widehat{F}[g] - F[g] \right) \to^d N(0, \nu^2), \quad T \to \infty \qquad (6.60)$$

となることを示せば Slutsky の定理（定理 1.99）によって証明が終わる.

分布収束(6.60)を示すには，定理 6.52 の証明と同様に $\widehat{F}[g]$ の特性関数の収束を考えればよい.

$$G_T := \sqrt{N_T} \left(\widehat{F}[g] - F[g] \right) = \sqrt{N_T} \left(\frac{1}{N_T} \sum_{i=1}^{N_T} g(U_i) - \mathbb{E}[g(U_1)] \right)$$

と置くと，$|e^{isx}| \leq 1$ に注意して有界収束定理を使うと，$s \in \mathbb{R}$ に対して，

$$\lim_{T \to \infty} \phi_{G_T}(s) = \mathbb{E} \left[\lim_{T \to \infty} \mathbb{E} \left[e^{isG_T} \mid N_T \right] \right]$$

$$= \mathbb{E} \left[\lim_{T \to \infty} \mathbb{E} \left[\exp \left(is\sqrt{N_T} \left(\frac{1}{N_T} \sum_{i=1}^{N_T} g(U_i) - \mathbb{E}[g(U_1)] \right) \right) \mid N_T \right] \right]$$

とできる．N_T に関する条件付き期待値では N_T を定数と見なしてよく，また N_T と U_i は独立だから条件付き分布の下でも，$U \sim F$(IID) である．したがって，中心極限定理（定理 1.103）により，

$$\lim_{T \to \infty} \mathbb{E} \left[\exp \left(is\sqrt{N_T} \left(\frac{1}{N_T} \sum_{i=1}^{N_T} g(U_i) - \mathbb{E}[g(U_1)] \right) \right) \,\middle|\, N_T \right] = \mathbb{E} \left[e^{isZ_g} \right].$$

ただし，$Z_g \sim N(0, \nu^2)$ である．すなわち，

$$\lim_{T \to \infty} \phi_{G_T}(s) = \phi_{Z_g}(s)$$

となって (6.60) が得られる．以上により漸近正規性が示された． ∎

6.6.2 漸近公式の推定

大規模災害の条件下

破産確率を評価するには $u \to \infty$ のときの漸近近似が便利であった．大規模災害の条件下では定理 6.20 により

$$\psi(u) \sim \psi_H(u) := \theta^{-1} \overline{F}_I(u), \quad u \to \infty$$

であった．右辺の近似式 $\psi_H(u)$ を推定するには $F_I(u) = \mu^{-1} \int_0^u (1 - F(z)) \, \mathrm{d}z$ を推定すればよく，これは前項の推定量を用いて推定可能である．すなわち，μ, F をそれぞれ以下の推定量に置き換えればよい：

$$\widehat{\mu} = \frac{1}{N_T} \sum_{i=1}^{N_T} U_i, \quad \widehat{F}(z) = \frac{1}{N_T} \sum_{i=1}^{N_T} \mathbf{1}_{\{U_i \leq z\}}.$$

すると，

$$\begin{aligned}
\widehat{\psi}_H(u) &:= \theta^{-1} \left(1 - \frac{1}{\widehat{\mu}} \int_0^u (1 - \widehat{F}(z)) \, \mathrm{d}z \right) \\
&= \theta^{-1} \left(1 - \frac{1}{\widehat{\mu}} \sum_{i=1}^{N_T} \int_u^\infty \mathbf{1}_{\{U_i > z\}} \, \mathrm{d}z \right) = \frac{\sum_{i=1}^{N_T} (U_i \wedge u)}{\theta \sum_{i=1}^{N_T} U_i}
\end{aligned}$$

となる．

274　第 6 章　古典的破産理論：Cramér-Lundberg 理論

[定理 6.54]　$\mu < \infty$ とする．任意の $u > 0$ に対して，

$$\widehat{\psi}_H(u) \to \psi_H(u) \quad a.s., \quad T \to \infty.$$

証明

$$\widehat{\psi}_H(u) = \theta^{-1}\left(1 - \frac{1}{\widehat{\mu}}\int_0^u (1 - \widehat{F}(z))\,\mathrm{d}z\right)$$

において，定理 6.53 より $\widehat{\mu}, \widehat{F}$ はそれぞれ μ, F の強一致推定量であるから，有界収束定理によって

$$\lim_{T\to\infty}\widehat{\psi}_H(u) = \theta^{-1}\left(1 - \frac{1}{\mu}\int_0^u \lim_{T\to\infty}(1 - \widehat{F}(z))\,\mathrm{d}z\right)$$

$$= \theta^{-1}\left(1 - \frac{1}{\mu}\int_0^u \overline{F}(z)\,\mathrm{d}z\right) = \psi_H(u) \quad a.s. \quad∎$$

小規模災害の条件下

定理 6.17 と同じ条件の下で，

$$\psi(u) \sim \psi_L(u) := \frac{c - \lambda\mu}{\lambda m'_F(\gamma) - c}e^{-\gamma u}, \quad u \to \infty.$$

の右辺の推定のために，まず調整係数 $\gamma > 0$ の推定を考えよう．γ は方程式 (6.9) の正の解であったことに注意する．そこで，この方程式を，$k, s, x \in \mathbb{R}$ に対して $g_{k,s}(x) = x^k e^{sx}$ なる記号を用いて，

$$\widehat{\lambda}\left[\widehat{F}[g_{0,r}] - 1\right] - cr = 0$$

によって推定しよう．ただし，$\widehat{\lambda}$ は定理 6.52 のもので，$\widehat{F}[g]$ は (6.59) である．

以下の補題は補題 4.25 と全く同様に証明できる．

[補題 6.55]　ある $t_0 > \gamma$ と $\epsilon > 0$ に対して，$m_F(t_0 + \epsilon) < \infty$ とする．このとき，任意の $k \in \mathbb{N}$, $s \in [0, t_0]$ に対して $F[g_{k,s}] < \infty$ であり，

$$\sup_{s\in[0,t_0]}\left|\widehat{F}[g_{k,s}] - F[g_{k,s}]\right| \to^p 0.$$

証明 与えられた条件の下で $\widehat{F}[g_{k,s}]$ や $F[g_{k,s}]$ は $s \in [0, t_0]$ に関して連続である（問 6.57）．そこで，補題 4.25 の証明と同様にして，

$$I_k := \sup_{T>0} \mathbb{E}\left[\sup_{s\in[0,\gamma]}\left|\partial_s \widehat{F}[g_{k,s}]\right|\right] < \infty$$

を示せばよいが，

$$I_k \leq \sup_{T>0} \mathbb{E}\left[\frac{1}{N_T}\sum_{i=1}^{N_T}\mathbb{E}\left[U_i^k e^{sU_i}\,\middle|\,N_T\right]\right] < m_F(\gamma + \epsilon) < \infty$$

となって証明が終わる． ∎

定理 4.20 を用いれば，以下のようにして γ の一致推定量が得られる．

[定理 6.56] 補題 6.55 の条件を仮定する．このとき，方程式

$$\widehat{\lambda}\left[\widehat{F}[g_{0,r}] - 1\right] - cr = 0$$

に正の解 $r = \widehat{\gamma} \in [0, t_0]$ が存在すれば，それは γ の一致推定量である：

$$\widehat{\gamma} \to^p \gamma, \quad T \to \infty.$$

[問 6.57]

(1) 定理 6.55 の下で，s の関数 $\widehat{F}[g_{k,s}]$ や $F[g_{k,s}]$ は，ほとんど確実に $[0, t_0]$ 上連続であることを示せ．

(2) 定理 6.56 において，さらに $m_F(2t_0) < \infty$ まで仮定すれば，$\widehat{\gamma}$ は以下の漸近正規性を持つことを示せ：

$$\sqrt{T}(\widehat{\gamma} - \gamma) \to^d N(0, \lambda^{-1}\sigma_\gamma^2), \quad T \to \infty.$$

ただし，σ_γ^2 は定理 4.27 で与えた漸近分散と同じものである．

以上により $\psi_L(u)$ の推定量は以下のように構成できる：

276 第 6 章 古典的破産理論：Cramér-Lundberg 理論

$$\widehat{\psi}_L(u) = \frac{c - \widehat{\lambda}\widehat{\mu}}{\widehat{\lambda}\widehat{F}[g_{1,\widehat{\gamma}}] - c} e^{-\widehat{\gamma}u}.$$

[問 6.58]　補題 6.55 の条件の下で

$$\widehat{\psi}_L(u) \to^p \psi_L(u), \quad T \to \infty$$

となることを確認せよ.

6.6.3　破産確率のノンパラメトリック推定

定理 6.16 による破産確率の表現を以下のように変形する：

$$\psi(u) = (1-p) \sum_{k=1}^{\infty} p^k \overline{F_I^{*k}}(u) = p - (1-p) \sum_{k=1}^{\infty} p^k F_I^{*k}(u). \tag{6.61}$$

ただし, $p = 1/(1+\theta)$ で, $F_I(z) = \mu^{-1} \int_0^x \overline{F}(z)\,\mathrm{d}z$ である. これを推定するには, 梯子分布 F_I の畳み込み

$$F_I^{*k}(u) = \frac{1}{\mu^k} \int_0^\infty \cdots \int_0^\infty \mathbf{1}_{\{y_1 + \cdots + y_k \le u\}} \prod_{j=1}^{k} \overline{F}(y_j)\,\mathrm{d}y_1 \cdots \mathrm{d}y_k$$

の推定量が必要である. そこで以下のような関数を考えよう：

$$h_k(x_1, \ldots, x_k) = \frac{1}{\mu^k} \int_0^\infty \cdots \int_0^\infty \mathbf{1}_{\{y_1 + \cdots + y_k \le u\}} \prod_{j=1}^{k} \mathbf{1}_{\{x_j > y_j\}}\,\mathrm{d}y_1 \cdots \mathrm{d}y_k.$$

このとき,

$$\mathbb{E}[h_k(U_1, \ldots, U_k)] = F_I^{*k}(u)$$

より, 実は $h_k(U_1, \ldots, U_k)$ は $F_I^{*k}(u)$ の不偏推定量になっている. しかし, k が小さいときにはこの推定量では多くのデータが無駄になっている. そこで, 全てのデータを用いて,

$$U_{k,T} := \binom{N_T}{k}^{-1} \sum_{1 \le i_1 < \cdots < i_k \le N_T} h_k(U_{i_1}, \ldots, U_{i_k}), \quad k \le N_T$$

とすると，h は $x_1, \ldots, x_k$ の並び替えに関して対称な関数なので，これはやはり $F_I^{*k}(u)$ の不偏推定量である．

このようにして対称関数によって作られる不偏推定量は**カーネル関数 h_k による U-統計量** (**U-statistics**) と呼ばれ，標本平均や標本不偏分散などの経験推定量の拡張として統計学では重要である．U-統計量に関する詳細は van der Vaart [60, Chapter 12] などを参照されたい．

[**注意 6.59**] 標準的な U-統計量の理論ではカーネルは k に依存しないものを考えるが，ここでは k に依存するため，理論的な扱いは少し難しくなる．

さて，$U_{k,T}$ は $k = 1, \ldots, N_T$ までしか作れないので，これでは (6.61) のような無限級数を推定するには不十分に見える．このようなときの推定量構成の常套手段として，$m_T \to \infty \ (T \to \infty)$ となるような数列（または確率変数列）を用意しておき，$\sum_{k=1}^{\infty}$ を $\sum_{k=1}^{m_T}$ なる有限和で切断 (truncation) してしまうことである．すなわち，$\psi(u)$ を以下で推定する：

$$\widehat{\psi}_U(u) = p - (1-p) \sum_{k=1}^{m_T} p^k \cdot U_{T,k}.$$

実はこの推定量は漸近正規推定量になることが知られている．

[**定理 6.60**] 数列（または確率変数）m_T を，以下のようにとる：

$$\lim_{T \to \infty} \frac{\log N_T}{m_T} = 0 \quad a.s. \tag{6.62}$$

このとき，ある $\Sigma^2 > 0$ が存在して，任意の $u > 0$ に対して，

$$\sqrt{T}\left(\widehat{\psi}_U(u) - \psi(u)\right) \to^d N(0, \lambda^{-1}\Sigma^2), \quad T \to \infty.$$

証明 定理 6.53 の証明と同様に，N_T を定数と見なしたとき，

$$\sqrt{N_T}\left(\widehat{\psi}_U(u) - \psi(u)\right) \to^d N(0, \Sigma^2)$$

となることの証明は Croux and Veraverbeke [12] にあるが，詳細を述べるにはU-統計量に関して準備が必要になるので本書では省略する．あとは，

$$\sqrt{T}\left(\widehat{\psi}_U(u) - \psi(u)\right) = \sqrt{\widehat{\lambda}^{-1}}\sqrt{N_T}\left(\widehat{\psi}_U(u) - \psi(u)\right)$$

と定理 6.52 により結論が得られる．

漸近分散 Σ^2 の具体的な表示も得られるがかなり複雑であるので，ここでは省略した．詳しくは [12] の主定理を参照されたい． ∎

[注意 6.61]

・(6.62)における m_T のとり方は，結局 $m_T = N_T$ でよい．

・推定量 $U_{k,T}$ を作るには，h_k に含まれる k 重積分を計算せねばならない：

$$I_k := \int_0^{x_1} \cdots \int_0^{x_k} \mathbf{1}_{\{y_1 + \cdots + y_k \le u\}}\, \mathrm{d}y_1 \cdots \mathrm{d}y_k.$$

原理的にはこれは陽に計算できるが，単純な形でないので実用上はまだ工夫の余地がある．

6.6.4 Fourier 推定法（FFT 法）

最後に，系 6.13 で述べた破産確率の Laplace 変換を利用した推定法を紹介しておく．この手法はシンプルで高速に計算できるため実践的な推定法の一つであるが，理論的正当化は難解になるので，本書ではその手続きのみ述べるにとどめる．

問 6.14，(6.19)式によると

$$\mathscr{L}\psi(s) = \frac{1}{s} - \frac{\mu\theta}{s\mu(1+\theta) - 1 + m_U(-s)}, \quad s \ge 0$$

であった．ここで，便宜上

$$\widetilde{\psi}(u) = \psi(u)\mathbf{1}_{\{u \ge 0\}}$$

なる関数を定義しておくと，上記 Laplace 変換は以下のように書ける．

$$\int_{\mathbb{R}} e^{-sx}\widetilde{\psi}(x)\,\mathrm{d}x = \frac{1}{s} - \frac{\mu\theta}{s\mu(1+\theta) - 1 + m_U(-s)}, \quad s \geq 0$$

今，ある $\epsilon > 0$ で $m_U(\epsilon) < \infty$ を仮定しておくと，定理 1.44, (4) と同様に，上記に $s = -it$ $(t \in \mathbb{R})$ を代入することで $\widetilde{\psi}$ の Fourier 変換が得られる：

$$\int_{\mathbb{R}} e^{itx}\widetilde{\psi}(x)\,\mathrm{d}x = \frac{i}{t} + \frac{\mu\theta}{it\mu(1+\theta) + 1 - \phi_U(t)} =: Q(t), \quad t \in \mathbb{R}.$$

このとき，次のことが示される．

[**問 6.62**]　ある定数 $C > 0$ が存在して以下が成り立つ：

$$|Q(t)| \leq \frac{C}{1 + |t|}, \quad t \in \mathbb{R}.$$

したがって，Q は 2 乗可積分：$\int_{\mathbb{R}} Q^2(t)\,\mathrm{d}t < \infty$ であり，Fourier 変換の標準的理論によって，Q の逆 Fourier 変換をとることで $\widetilde{\psi}$ が得られる：

$$\psi(u) = \frac{1}{2\pi}\int_{\mathbb{R}} e^{-iut}Q(t)\,\mathrm{d}t, \quad u > 0.$$

このような Fourier 変換を数値的に計算するには積分の離散化が便利である．すなわち，十分大きな $A > 0$ をとり，

$$\psi(u) \approx \frac{1}{2\pi}\int_{-A}^{A} e^{-iut}Q(t)\,\mathrm{d}t \approx \frac{A}{\pi N}\sum_{k=0}^{N-1} w_k Q(t_k)e^{-iut_k}.$$

ただし，$t_k = -A + k\Delta$, $\Delta = 2A/(N-1)$．また，$w_0 = w_{N-1} = 1/2$ で，その他は $w_k = 1$ である．実際の計算では Δ を小さくするために，N を十分大きくとる必要がある．

次に，$Q(t)$ を推定するには以下のようにすればよい．

$$\widehat{Q}(t) = \frac{i}{t} + \frac{\widehat{\mu}\theta}{it\widehat{\mu}(1+\theta) + 1 - \widehat{\phi}_U(t)}.$$

ただし，

$$\widehat{\mu} = \frac{1}{N_T} \sum_{i=1}^{N_T} U_i, \quad \widehat{\phi}_U(t) = \frac{1}{N_T} \sum_{i=1}^{N_T} e^{itU_i}$$

である．定理 6.53 よりこれは $Q(t)$ の強一致推定量である．以上により，ψ を以下で推定する：

$$\widehat{\psi}_F(u) := \frac{A}{\pi N} \sum_{k=0}^{N-1} w_k \widehat{Q}(t_k) e^{-iut_k}. \tag{6.63}$$

これを高速に計算するために，以下に説明する FFT という手法を用いる．

[**注意 6.63**] この推定量は A を固定している限り一致推定量にはならない．一致性を達成するには，前項(6.62)の m_T と同様に，$A_T \to \infty$ となる適当な列をとる必要がある．

高速 Fourier 変換 (FFT)

以下で定義される線形変換 $\boldsymbol{f} := (f_0, f_1, \ldots, f_{N-1}) \to \boldsymbol{F} := (F_0, F_1, \ldots, F_{N-1})$ を $\boldsymbol{f}$ の**離散 Fourier 変換** (discrete Fourier transform) という：

$$F_n = \sum_{k=0}^{N-1} f_k e^{-2\pi i nk/N}, \quad n = 0, 1, \ldots, N-1.$$

ここで，各 F_n の計算を "普通" のアルゴリズムで計算機上に実装するとき，和の中の N 個の項を計算しながらそれらを次々に加えていくという N 回の操作が必要で，都合 N^2 の計算負荷がかかり，N が大きいときに多大な時間を費やすことになる．Cooley and Tukey [11] らは，$N = 2^K$ という形で N を与えたときに，その計算負荷を $O(N \log N)$ にする高速アルゴリズムを開発した．この計算アルゴリズムを**高速 Fourier 変換** (fast Fourier transform, **FFT**) という．

FFT のアルゴリズムは，MATLAB，Mathematica，統計言語 R などに組み込み関数として入っており，例えば R では fft という関数を利用することができる．与えられたベクトル $\boldsymbol{f}$ に対して fft($\boldsymbol{f}$) とすることで離散 Fourier

変換 F が計算できる.

FFT による $\widehat{\psi}_F$ の計算

このFFTを用いて(6.63)を求めることを考えよう. 今, 十分大きな $A > 0$ に対し, ある $u \in (0, A)$ をとって(6.63)を計算したいとする. A が大きいとき, $N\Delta = 2A \cdot \frac{N}{N-1}$ も大きいことに注意しておく. このとき, 任意の $\epsilon > 0$ に対して A を十分大きくとることで, ある $n > 0$ が存在して,

$$|u - nh| < \epsilon, \quad h = \frac{2\pi}{N\Delta}$$

とできることに注意する. そこで, $\widetilde{\psi}_F(u)$ の代わりに $u_n = nh$ を用いて $\widetilde{\psi}_F(u_n)$ を評価することを考えると,

$$\widehat{\psi}_F(u_n) = \sum_{k=0}^{N-1} f_k e^{-2\pi i nk/N}, \quad f_k := \frac{A}{\pi N} e^{iu_n A} \cdot w_k \widehat{Q}(t_k) \tag{6.64}$$

となって, まさに f の離散Fourier変換を計算することに帰着されるのである. $N = 2^K$ ととることによってFFTアルゴリズムが使える形になる.

第 7 章

現代的破産理論：
Gerber-Shiu 解析

保険数理の歴史において，破産確率の評価は長らく最も関心の高いトピックであったが，近年，破産確率を拡張した Gerber-Shiu 関数や，Lévy 過程を用いた資産モデルなどが議論されるようになり破産理論の可能性が飛躍的に高まった．これ以後の破産理論を現代的破産理論と位置付け，それらの理論の概要と応用について解説する．

7.1　Gerber-Shiu 関数

累積クレーム過程 S に対して，一定の保険料率 c を仮定したサープラス

$$X_t = u + ct - S_t$$

を考えよう．古典的破産理論では破産時刻 $\tau = \tau(u) = \inf\{t > 0 : X_t < 0\}$ に関する分布

$$\psi(u, T) = \mathbb{P}(\tau(u) \le T), \quad T \in (0, \infty]$$

の解析に主眼が置かれ，これのみが研究の中心課題とされていた時期があり，20 世紀のリスク理論研究はある意味停滞期であったといえるかもしれない．このような時期に，保険数理で著名な 2 人の研究者，H. U. Gerber 博士[1]と E. S. W. Shiu 博士[2]が "On the time value of ruin" のタイトルで 1998 年に発表した論文 Gerber and Shiu [24] は，リスク理論の分野に新風を吹き込んだ．

---

[1]　ローザンヌ大学（Universié de Lausanne，スイス）名誉教授.
[2]　アイオワ大学（The University of Iowa，米国）教授.

彼らは，破産した保険会社に対する罰則（ペナルティ）を考える際，その罰則が**破産直前サープラス (surplus prior to ruin)** $X_{\tau-}$ と**破産時損害額 (deficit at ruin)** $|X_\tau|$ に依存するべきとし，$w : \mathbb{R}_+^2 \to \mathbb{R}$ なる関数を用いて $w(X_{\tau-}, |X_\tau|)$ で罰則を与え，それを金利 $\delta \geq 0$ で割り引いた期待現在価値

$$\phi(u) = \mathbb{E}\left[e^{-\delta\tau}w(X_{\tau-}, |X_\tau|)\mathbf{1}_{\{\tau<\infty\}}\right]$$

による罰則の評価を提案した．ここで，$u > 0$ は初期サープラスである．この関数はその定義から**期待割引罰則関数 (expected discounted penalty function)** といわれるが，しばしば先駆者の2人の名前をとって **Gerber-Shiu 関数**ともいわれる．

Gerber-Shiu 関数は罰則 w を変えることにより様々な破産リスクを表現することができて便利である．以下に代表的な例を挙げておこう．

[**例 7.1**]
・$\delta = 0$, $w(s,t) \equiv 1$ のとき，$\phi(u) = \psi(u)$（破産確率）．
・$\delta = 0$, $w(s,t) = I_{(-\infty,x]\times(-\infty,y]}(s,t)$ のとき，

$$\phi(u; x, y) = \mathbb{P}(X_{\tau-} \leq x, |X_\tau| \leq y, \tau < \infty)$$

は確率ベクトル $(X_{\tau-}, |X_\tau|)$ に対する同時（不完全）分布関数を表す．古典的なリスク理論では，これらの解析が主流であった．

[**例 7.2**]　$\delta \geq 0$, $w(s,t) = e^{-\alpha s - \beta t}$ $(\alpha, \beta \geq 0)$ のとき，

$$\phi(u; \alpha, \beta) = \mathbb{E}\left[e^{-\delta\tau - \alpha X_{\tau-} - \beta|X_\tau|}\mathbf{1}_{\{\tau<\infty\}}\right] \quad (\leq 1)$$

は確率ベクトル $(\tau, X_{\tau-}, |X_\tau|)$ に対する積率母関数となり，したがって，これら三つの変数に対する分布の解析が可能となる．

[**例 7.3**]　$\delta = 0$, $w(s,t) = \mathbf{1}_{(-\infty,x]}(s+t)$ のとき，$Z = X_{\tau-} + |X_\tau|$ とおくと

$$\phi(u; x) = \mathbb{P}(Z \leq x, \tau < \infty)$$

となって破産を引き起こすクレーム額 Z に対する分布を表現できるので,

$$F_{Z\,|\,\tau}(x) := \phi(u;x)/\psi(u) = \mathbb{P}(Z \le x \,|\, \tau < \infty)$$

などとして, $VaR_\alpha(Z) = F_{Z\,|\,\tau}^{-1}(\alpha)$ を追加備金とすることが考えられる. Z のリスクをその積率などで測りたいときは, $\delta = 0,\ w(s,t) = (s+t)^k\ (k \in \mathbb{N})$ とすれば

$$\phi(u) = \mathbb{E}\left[Z^k \mathbf{1}_{\{\tau<\infty\}}\right]$$

によって Z の k 次モーメントを求めることができる.

[**例 7.4**]   有限時間破産確率 $\psi(u,T) = \mathbb{P}(\tau \le T)$ と,罰則関数を $w(x,y) \equiv 1$ としたときの Gerber-Shiu 関数の間には以下のような関係がある.

$$
\begin{aligned}
\phi_\delta(u) &:= \mathbb{E}[e^{-\delta\tau}\mathbf{1}_{\{\tau<\infty\}}] \\
&= \int_0^\infty e^{-\delta s}\psi(u,\mathrm{d}s) = \delta \int_0^\infty e^{-\delta s}\psi(u,s)\,\mathrm{d}s \\
&= (\mathscr{L}\psi(u,\cdot))(\delta), \quad \delta \ge 0.
\end{aligned}
$$

したがって,上記のような Gerber-Shiu 関数が求まれば,その Laplace 逆変換をとることによって,

$$\psi(u,T) = (\mathscr{L}^{-1}\phi_\cdot(u))(T)$$

のように,原理的には $\psi(u,T)$ を求めることが可能である.

このように,Gerber-Shiu 関数を考えると,破産理論で従来問題であった破産確率や損害額 $|X_\tau|$ の分布らの一般化として,多くの破産関連リスクを扱うことが可能になる.

[**注意 7.5**]   Gerber-Shiu 関数はもともと破産保険会社への罰則という観点から考えられたという経緯はあるが,実際の応用法としては上記のようにリスク管理のツールという文脈で研究されており,保険数理のみでなく,近年のファイナンス理論やリスク尺度との関連についても盛んに議論されている. そのた

め，w に対して「罰則（ペナルティ）」という用語を使うのは適当でない，という批判もある．

7.2 古典モデルによる考察

本節ではサープラス過程として C-L モデルを考える．すなわち，

$$X_t = u + ct - \sum_{i=1}^{N_t} U_i \tag{7.1}$$

なるサープラス過程に対して，$N_t \sim Po(\lambda t)$, $U_i \sim F_U$ で $\mu = \mathbb{E}[U_1] < \infty$ とする．このとき，破産確率に対する定理 6.11 と同様に，Gerber-Shiu 関数 ϕ に対する不完全再生方程式が導かれる．

[**定理 7.6**]　CL モデル (7.1) が純益条件 (6.7) を満たすとする．すなわち，ある $\theta > 0$ に対して，$c = (1+\theta)\lambda\mu$ と書けるとする．このとき，

$$\phi(u) = (\phi * G_\rho)(u) + H_\rho(u), \quad u \geq 0. \tag{7.2}$$

ただし，

$$G_\rho(u) = \frac{1}{1+\theta} \int_0^u \left[\frac{1}{\mu} \int_y^\infty e^{-\rho(z-y)} F_U(\mathrm{d}z) \right] \mathrm{d}y,$$

$$H_\rho(u) = \frac{1}{1+\theta} \int_u^\infty e^{-\rho(y-u)} \left[\frac{1}{\mu} \int_y^\infty w(y, z-y) F_U(\mathrm{d}z) \right] \mathrm{d}y$$

であり，ρ は以下の方程式の正の解である：

$$\log \mathbb{E}\left[e^{r(X_1 - u)} \right] = \delta. \tag{7.3}$$

[**注意 7.7**]　G_ρ は，$G_\rho(\infty) < 1$ を満たすので，不完全分布になっている．したがって，式 (7.2) は不完全再生方程式である．また，G_ρ は定義より微分可能であるから，

$$g_\rho(u) := G'_\rho(u) = \frac{1}{\mu(1+\theta)} \int_u^\infty e^{-\rho(z-u)} F_U(dz)$$

を用いて，以下の再生型方程式を考えてもよい．

$$\phi(u) = (\phi \star g_\rho)(u) + H_\rho(u), \quad u \geq 0. \tag{7.4}$$

Gerber-Shiu 関数の解析では，こちらを使う方が計算しやすいことが多い．

[注意 7.8]　方程式(7.3)は，$\delta = 0$ のとき，Lundberg 方程式(6.8)となることから**一般化 Lundberg 方程式 (generalized Lundberg equation)** といわれ，この正の解 ρ は **Lundberg 指数 (Lundberg exponent)** といわれる．CL-モデル(7.1)の場合にこれを書き下すと，

$$\lambda[m_U(-r) - 1] + cr = \delta. \tag{7.5}$$

$\delta > 0$ のとき，この方程式は正の解 $r = \rho > 0$ を持つことが簡単な計算で確認できる．特に，$\delta = 0$ のとき $\rho = 0$ であり，このとき，$G_0 = F_I = \overline{H}_0$ となって再生方程式(7.2)は破産確率の再生方程式(6.11)に帰着することがわかる．

証明　定理 6.11 の証明と同様に "renewal argument" による．すなわち，任意の $T > 0$ に対して，(A) $[0, T]$ でのクレームなし；(B) $[0, T]$ で 1 回クレームが起こるが破産しない；(C) $[0, T]$ での 1 回クレームによって破産する，という三つの場合分けにより以下を得る：

$$\begin{aligned}
\phi(u) = {}& e^{-\lambda t} e^{-\delta T} \phi(u + cT) \\
& + \int_0^T \lambda e^{-\lambda t}\, dt \cdot e^{-\delta t} \int_0^{u+ct} \phi(u + ct - y)\, F_U(dy) \\
& + \int_0^T \lambda e^{-\lambda t}\, dt \cdot e^{-\delta t} \int_{u+ct}^\infty w(u + ct, y - (u + ct))\, F_U(dy).
\end{aligned}$$

これは，破産確率の場合の式(6.13)の拡張版になっており，そこでの議論と同様に，

$$\phi'_+(u) := \lim_{T \downarrow 0} \frac{\phi(u + cT) - \phi(u)}{cT}$$

を考えることにより ϕ の右微分可能性がわかり，(6.14)と同様な以下の微分
＝積分方程式が得られる：

$$c\phi'_+(u) + \lambda \int_0^u \phi(u-z)\, F_U(\mathrm{d}z) - (\lambda+\delta)\phi(u) + \lambda\alpha(u) = 0. \qquad (7.6)$$

ただし，$\alpha(u) := \int_u^\infty w(u, z-u)\, F_U(\mathrm{d}z)$．ここで，両辺に $e^{-\rho u}$ を掛けて，
$\phi_\rho(u) := e^{-\rho u}\phi(u)$ と置くと，

$$c\phi'_{\rho+}(u) = (\delta + \lambda - c\rho)\phi_\rho(u) - \lambda \int_0^u \phi_\rho(u-z)e^{-\rho u}\, F_U(\mathrm{d}z) - \lambda e^{-\rho u}\alpha(u)$$

$$= \lambda m_U(-\rho)\phi_\rho(u) - \lambda \int_0^u \phi_\rho(u-z)e^{-\rho u}\, F_U(\mathrm{d}z) - \lambda e^{-\rho u}\alpha(u).$$

最後の等号で，等式(7.5)を使った．両辺を u について $[0,x]$ で積分し，(破産
確率のときと同様にして)

$$\phi_\rho(0) = \frac{1}{(1+\theta)\mu} \int_0^\infty e^{-\rho z}\alpha(z)\, \mathrm{d}z \qquad (7.7)$$

となることに注意して整理すると，

$$\phi_\rho(u) = \frac{1}{1+\theta}\left\{ \int_0^u \phi_\rho(y)\left[\frac{1}{\mu}\int_{u-y}^\infty e^{-\rho z}\, F_U(\mathrm{d}z)\right]\mathrm{d}y + \frac{1}{\mu}\int_u^\infty e^{-\rho z}\alpha(z)\, \mathrm{d}z\right\}.$$

あとは両辺に $e^{\rho u}$ を掛ければ，題意の再生方程式が得られる． ∎

[**問 7.9**] 式(7.6)，(7.7)を導出せよ．

　再生型方程式(7.4)の両辺で（Stieltjes 型でない）Laplace 変換をとること
によって以下の公式を得る．

[**定理 7.10（Laplace 変換公式）**] 定理 7.6 と同じ条件の下で，ϕ の Laplace
変換は以下で与えられる：

$$\mathscr{L}\phi(s) = \frac{\mathscr{L}H_\rho(s)}{1 - \mathscr{L}g_\rho(s)}, \quad s \geq 0.$$

ただし，

288 　第 7 章　現代的破産理論：Gerber-Shiu 解析

$$\mathscr{L}g_\rho(s) = \frac{\lambda}{c(\rho - s)}\left[m_U(-s) - m_U(-\rho)\right], \tag{7.8}$$

$$\mathscr{L}H_\rho(s) = \frac{\lambda}{c(\rho - s)}\int_0^\infty\int_y^\infty (e^{-s(z-y)} - e^{-\rho(z-y)})w(z-y, y)\,F_U(\mathrm{d}z)\mathrm{d}y. \tag{7.9}$$

[問 7.11]

(1)　定理 7.10 を証明せよ.

(2)　罰則関数が $w(x, y) \equiv 1$ のとき,

$$\mathscr{L}\phi(s) = \frac{\lambda\rho\left[1 - m_U(-s)\right] + s(\delta - c\rho)}{s\rho\left\{\lambda\left[1 - m_U(-s)\right] + \delta - cs\right\}}$$

　　となることを示せ.

[例 7.12（破産時損害分布）]　破産時損害額 $|X_\tau|$ の分布を調べるために，以下のような関数を考える.

$$\Psi(u, v) := \mathbb{P}(|U_\tau| > v, \tau(u) < \infty), \quad u, v \geq 0.$$

これは，Gerber-Shiu 関数において

$$\delta = 0, \quad w(x, y) = \mathbf{1}_{\{y > v\}}$$

と置いたものに相当する．以下，$\Psi(u, v) = \Psi_v(u)$ と書くと，式 (7.4) から，

$$\Psi_v(u) = \frac{\lambda}{c}(\Psi_v \star \overline{F}_U)(u) + \frac{\lambda}{c}G_v(u).$$

ただし，$G_v(u) := \int_{u+v}^\infty \overline{F}_U(z)\,\mathrm{d}z$ となる．また，定理 7.10 により，Laplace 変換は

$$\mathscr{L}\Psi_v(s) = \int_0^\infty e^{-su}\Psi_v(u)\,\mathrm{d}u = \frac{\frac{\lambda}{c}\mathscr{L}G_v(s)}{1 - \frac{\lambda}{c}\mathscr{L}\overline{F}_U(s)}.$$

　ここで，平均 μ の指数クレーム

$$F_U(x) = 1 - e^{-x/\mu}, \quad x \geq 0$$

の場合を考えると，以下の表現を得る：

$$\mathscr{L}\Psi_v(s) = \frac{\frac{\lambda}{cs}\left(\mu - \frac{e^{sv}}{s+1/\mu}\right)}{1 - \frac{\lambda}{c}\frac{1}{s+1/\mu}}. \tag{7.10}$$

この逆 Laplace 変換を求めるために次の変形を考える：純益条件 $(c > \lambda\mu)$ の下で

$$b := \frac{1}{2}\left(\frac{1}{\mu} - \frac{\lambda}{c}\right) > 0$$

となることに注意して，

$$\mathscr{L}\Psi_v(s) = \frac{\lambda\mu}{c}\left[\frac{s+b}{s^2+2bs} + \left(b + \frac{\lambda}{c}\frac{1}{s^2+2bs}\right)\right] - \frac{\lambda}{c}\frac{e^{sv}}{s^2+2bs}.$$

また，右辺の最後の項に関して，

$$\frac{e^{sv}}{s^2+2bs} = \left(\frac{2b-1/\mu}{s+2b} - 1\right)\mathscr{L}G_v(s) + \mu\frac{s+b}{s^2+2bs} - (\mu b - 1)\frac{1}{s^2+2bs}.$$

ここで，一般的な「(逆) Laplace 変換表」を参照すれば，以下の逆 Laplace 変換を見つけることができるだろう：

$$\mathscr{L}^{-1}\left[\frac{s+b}{s^2+2bs}\right](u) = e^{-bu}\cosh bu =: A(u);$$

$$\mathscr{L}^{-1}\left[\frac{1}{s^2+2bs}\right](u) = b^{-1}e^{-bu}\sinh bu =: B(u);$$

$$\mathscr{L}^{-1}\left[\frac{1}{s+2b}\right](u) = e^{-2bu} =: C(u);$$

$$\mathscr{L}^{-1}[1](u) = \delta_0(u).$$

これらを用いると，命題 1.58, (1) の関係式を利用して

$$\Psi_v(u) = \frac{\lambda\mu}{c}\left[A(u) + \left(b + \frac{\lambda}{c}B(u)\right)\right]$$
$$-\frac{\lambda}{c}\left[\left(2b - \frac{1}{\mu}\right)C \star G_v(u) - G_v(0)\right]$$
$$+\frac{\lambda}{c}\left[\mu B(u) - (\mu b - 1)A(u)\right]$$
$$= \frac{\lambda\mu}{c}\left[e^{-bu}\cosh bu + \left(1 + \frac{\lambda}{cb}\right)e^{-bu}\sinh bu\right]$$
$$-\frac{\lambda}{c}\left[(\mu - \frac{1}{2b} - \frac{1}{\mu}e^{-v/\mu})e^{-2bu} + \frac{1}{2b}\right]$$
$$= \frac{1}{1+\theta}\exp\left(-\frac{\theta}{\mu(1+\theta)}u - \frac{1}{\mu}v\right), \quad u, v \geq 0.$$

特に，$v = 0$ のときは

$$\Psi_0(u) = \psi(u) = \frac{1}{1+\theta}\exp\left(-\frac{\theta}{\mu(1+\theta)}u\right), \quad u \geq 0$$

となって，例 6.15 の結果と一致することが確認できる．

小規模災害の条件下での近似公式

[定理 7.13（Cramér 型近似：小規模災害の条件下）]　定理 7.6 と同じ条件を仮定し，さらに一般化 Lundberg 方程式(7.3)が負の解 $r = -\gamma_\delta < 0$ を持つとし，ある $\epsilon > 0$ が存在して $m_U(\gamma_\delta + \epsilon) < \infty$ となるとする．このとき，$u \to \infty$ の下で

$$\phi(u) \sim \frac{\lambda \int_0^\infty \int_y^\infty (e^{-s(z-y)} - e^{-\rho(z-y)})w(z-y, y)\, F_U(\mathrm{d}z)\mathrm{d}y}{\lambda m_U'(\gamma_\delta) - c}e^{-\gamma_\delta u}.$$

証明　再生方程式(7.2)をの両辺に $e^{\gamma_d u}$ を掛けて，$\widetilde{\phi}(u) := e^{\gamma_\delta u}\phi(u)$ と書き，確率密度 $e^{\gamma_\delta x}g_\rho(x)$ を持つ分布を $\widetilde{G}$ と書けば

$$\widetilde{\phi}(u) = \int_0^u \widetilde{\phi}(u - x)\,\widetilde{G}(\mathrm{d}x) + e^{\gamma_\delta u}H_\rho(u) \tag{7.11}$$

となるが，これは $\widetilde{\phi}$ の再生方程式になる．実際，$\widetilde{G} = 1$ となることが以下

のように確認できる：定数 ρ は一般化 Lundberg 方程式(7.5)の解であるから，$\mathscr{L}g_\rho$ の表現(7.8)は以下を満たす：

$$\mathscr{L}g_\rho(s) - 1 = \frac{\lambda\left[1 - m_U(-s)\right] + \delta - cs}{c(\rho - s)}.$$

したがって，定数 γ_δ は以下の等式を満たす：

$$\mathscr{L}g_\rho(-\gamma_\delta) = 1 \quad \Leftrightarrow \quad \int_0^\infty e^{\gamma_\delta x} g_\rho(x)\,\mathrm{d}x = \widetilde{G}(\infty) = 1. \tag{7.12}$$

また，補題 A.28 により，$e^{\gamma_\delta u}H_\rho(u)$ が $[0, \infty)$ において直接 Riemann 可積分であることも確認できる．以上により，$\widetilde{\phi}$ に対して Key Renewal Theorem（定理 A.29）が使えて，

$$\lim_{u \to \infty} e^{\gamma_\delta u}\phi(u) = \frac{\mathscr{L}H_\rho(-\gamma_\delta)}{\int_0^\infty x\widetilde{G}(\mathrm{d}x)}.$$

最後の式の分母を計算すると，

$$\int_0^\infty x\widetilde{G}(\mathrm{d}x) = -(\mathscr{L}g_\rho)'(s)\big|_{s=-\gamma_\delta} = \frac{1}{\rho + \gamma_\delta}\left[1 + \frac{\lambda}{c}m_U'(\gamma_\delta)\right]$$

となることと，式(7.9)から題意の式を得る． ∎

[**注意 7.14**]　G_ρ から派生する以下の関数

$$F(u) := (1 + \theta)G_\rho(u) = \int_0^u \left[\frac{1}{\mu}\int_y^\infty e^{-\rho(z-y)}F_U(\mathrm{d}z)\right]\mathrm{d}y$$

は不完全分布関数になるので（特に，$\rho = 0$ のときは $F = F_I$），式(7.12)に注意すると，不完全分布 F は以下の等式を満たす：

$$m_F(\gamma_\delta) = \frac{1}{p}, \quad p = \frac{1}{1 + \theta}.$$

これは定理 3.56, (3.43)の拡張になっている．この意味で，一般化 Lundberg 方程式の負の解の絶対値 $\gamma_\delta > 0$ も**調整係数**と呼ぶ．このように Gerber-Shiu 解析では，一般化 Lundberg 方程式における正負二つの解が共に重要な定数になっている．

292　第 7 章　現代的破産理論：Gerber-Shiu 解析

[問 7.15]　CL-モデル (7.1) において，平均 μ の指数クレームの場合：

$$F_U(x) = 1 - e^{x/\mu}, \quad x \geq 0$$

を考え，純益条件：$c > \lambda\mu$，を仮定する．このとき，以下の問に答えよ．

(1)　一般化 Lundberg 方程式 (7.3) が

$$\delta + \lambda - cr = \frac{\lambda}{1 + \mu r}$$

で与えられることを示し，したがって，

$$\rho = \frac{\lambda + \delta - c/\mu + \sqrt{(c/\mu - \delta - \lambda)^2 + 4c\delta/\mu}}{2c}$$

となることを示せ．特に，$\delta = 0$ のとき，$\rho = 0$ となることを確認せよ．

(2)　罰則関数が $w(x, y) \equiv 1$ の Gerber-Shiu 関数 ϕ_δ に対して

$$\phi_\delta(u) := \mathbb{E}\left[e^{-\delta\tau}\mathbf{1}_{\{\tau < \infty\}}\right] = \frac{\lambda\mu}{c(\rho\mu + 1)}e^{-\gamma_\delta u}$$

と書けることを示せ．ただし，$\gamma_\delta > 0$ は調整係数である．

(3)　(2) の場合，

$$\phi_\delta(u) \sim \frac{1 + \mu\gamma_\delta}{\lambda - c(1 + \mu\gamma_\delta)}\left(\gamma_\delta^{-1} + \rho^{-1}\right)e^{-\gamma_\delta u}, \quad u \to \infty$$

となることを示せ．

大規模災害の条件下での近似公式

　一般の Gerber-Shiu 関数に対して，大規模災害の条件下の漸近近似とそのための十分条件を与えるのは簡単ではないので，ここでは罰則関数が $w(x, y) \equiv 1$ の特別な場合

$$\phi_\delta(u) := \mathbb{E}\left[e^{-\delta\tau}\mathbf{1}_{\{\tau < \infty\}}\right], \quad \delta > 0$$

に対してのみ，その漸近近似とその十分条件を与えてみよう．例 7.4 で述べたようにこの ϕ_δ は有限時間破産確率と関連が深い．

　まずはこの場合の Ploaczek-Khinchin 型公式を具体的に与える．

[**系 7.16**]　定理 7.6 と同じ条件の下で,

$$\phi_\delta(u) = \sum_{k=1}^{\infty} (1-q)q^n \overline{K_\delta^{*k}}(u), \quad u \geq 0.$$

ただし,

$$q = 1 - \frac{\delta}{c\rho}, \quad \overline{K_\delta}(x) = \frac{e^{\rho x}}{q} \int_x^{\infty} e^{-\rho x} \overline{F}_U(z) \, dz.$$

証明　定理 6.16 と同様に, Laplace 変換公式（定理 7.10）の等比級数表現から以下の式が導出できる:

$$\phi_\delta(u) = \sum_{k=1}^{\infty} (1-q)q^n \overline{K_\delta^{*k}}(u), \quad u \geq 0.$$

ただし,

$$q = \frac{\mathscr{L}\overline{F}_U(\rho)}{(1+\theta)\mu}, \quad \overline{K_\delta}(x) = \frac{e^{\rho x} \int_x^{\infty} e^{-\rho x} \overline{F}_U(z) \, dz}{\mathscr{L}\overline{F}_U(\rho)}.$$

この q, K_δ を具体的に計算しよう. $\delta > 0$ のとき, $\rho > 0$ となることに注意して, 部分積分によって

$$\mathscr{L}\overline{F}_U(\rho) = \frac{1}{\rho}[1 - m_U(-\rho)] = \frac{c\rho - \delta}{\lambda\rho}.$$

ここで, 式 (7.5) より $\lambda m_U(-\rho) = \lambda + \delta - c\rho$ となることを使った. したがって,

$$q = \frac{\mathscr{L}\overline{F}_U(\rho)}{(1+\theta)\mu} = \frac{\lambda m_U(-\rho)}{c} = \frac{c\rho - \delta}{c\rho}.$$

$$\overline{K_\delta}(x) = \frac{e^{\rho x} \int_x^{\infty} e^{-\rho x} \overline{F}_U(z) \, dz}{\mathscr{L}\overline{F}_U(\rho)} = \frac{\lambda\rho}{c\rho - \delta} e^{\rho x} \int_x^{\infty} e^{-\rho x} \overline{F}_U(z) \, dz.$$

となって結論を得る. ∎

[**注意 7.17**]　$\delta \to 0$ のとき $\rho \to 0$ となることに注意すれば, (7.5) から

294 第7章 現代的破産理論：Gerber-Shiu 解析

$$\frac{\delta}{c\rho} = 1 - \lambda \int_0^\infty \frac{1 - e^{-\rho z}}{\rho} F_U(\mathrm{d}z)$$

$$\to 1 - \frac{\lambda\mu}{c} = \frac{\theta}{1+\theta}, \quad \delta \to 0 \quad \text{(Lebesgue 収束定理)}.$$

したがって，系 7.16 で $\delta \to 0$ とすることによって定理 6.16 が得られる．

　上記の級数表現を利用して以下を得る．

[定理 7.18（大規模災害の条件下での漸近近似）]　CL モデル(7.1)が純益条件
(6.7)を満たすとし，$F_U \in \mathcal{S}$ とする．このとき，

$$\phi_\delta(u) \sim \frac{\lambda}{\delta}\overline{F}_U(u), \quad u \to \infty.$$

証明　証明は定理 6.20 と同様であり，系 7.16 で述べた ϕ に対する Pollaczek-Khinchin 型公式：

$$\phi_\delta(u) = \sum_{k=1}^\infty (1-q)q^n \overline{K_\delta^{*k}}(u), \quad q = 1 - \frac{\delta}{c\rho}.$$

において，

$$\overline{K_\delta}(x) = \frac{\lambda\rho}{c\rho - \delta} \int_0^\infty e^{-\rho y}\overline{F}_U(x+y)\,\mathrm{d}y$$

$$= \frac{\lambda}{c\rho - \delta}\left(\overline{F}_U(x) + \int_0^\infty e^{-\rho y}\,\mathrm{d}\overline{F}_U(x+y)\right) \tag{7.13}$$

と書けることに注意する．ここで，任意の $M > 0$ に対して，

$$\left| \frac{1}{\overline{F}_U(x)} \int_0^\infty e^{-\rho y} \, \mathrm{d}\overline{F}_U(x+y) \right|$$

$$= \frac{1}{\overline{F}_U(x)} \int_0^M e^{-\rho y} \, \mathrm{d}\left(-\overline{F}_U(x+y)\right) + \frac{1}{\overline{F}_U(x)} \int_M^\infty e^{-\rho y} \, \mathrm{d}\left(-\overline{F}_U(x+y)\right)$$

$$\leq \frac{1}{\overline{F}_U(x)} \int_0^M \, \mathrm{d}\left(-\overline{F}_U(x+y)\right) + \frac{e^{-\rho M}}{\overline{F}_U(x)} \int_M^\infty \, \mathrm{d}\left(-\overline{F}_U(x+y)\right)$$

$$\leq 1 - \frac{\overline{F}_U(x+M)}{\overline{F}_U(x)} + e^{-\rho M} \qquad (7.14)$$

であり，分布族間の関係(3.26)に注意すると $\mathcal{F}_U \in \mathcal{S} \subset \mathcal{L}$（裾の長い分布，定義 3.21）であるから，

$$\lim_{x \to \infty} \frac{\overline{F}_U(x+M)}{\overline{F}_U(x)} = 1.$$

すなわち，(7.14)において $M \to \infty, x \to \infty$ とすることにより，

$$\limsup_{x \to \infty} \left| \frac{1}{\overline{F}_U(x)} \int_0^\infty e^{-\rho y} \, \mathrm{d}\overline{F}_U(x+y) \right| = 0$$

を得る．したがって，(7.13)と合わせて

$$\overline{K_\delta}(x) = \frac{\lambda}{c\rho - \delta} \overline{F}_U(x)[1 + o(1)], \quad x \to \infty.$$

今，$F_U \in \mathcal{S}$ であるから，命題 3.34 によって $K_\delta \in \mathcal{S}$ がわかる．
あとは定理 3.64 と同様にして

$$\phi_\delta(u) \sim \frac{q}{1-q} \overline{K_\delta}(u) = \frac{c\rho - \delta}{\delta} \overline{K_\delta}(u)$$

$$\sim \frac{c\rho - \delta}{\delta} \cdot \frac{\lambda}{c\rho - \delta} \overline{F}_U(u) = \frac{\lambda}{\delta} \overline{F}_U(u), \quad u \to \infty. \qquad \blacksquare$$

[例 7.19] クレーム分布が以下のような Pareto 分布で与えられるとする：

$$F_U(x) = 1 - \left(\frac{1}{1+x} \right)^\alpha, \quad x \geq 0.$$

例 3.38 でも述べたとおり，これは劣指数分布：$F_U \in \mathcal{S}$ である．このとき，

$$\phi_\delta(u) \sim \frac{\lambda}{\delta(1+u)^\alpha}, \quad u \to \infty.$$

[例 7.20] クレーム分布が以下のような Weibull 分布で与えられるとする：

$$F_U(x) = 1 - e^{-x^\tau}, \quad x \geq 0.$$

例 3.39 により $F_U \in \mathcal{S}$ であり，

$$\phi_\delta(u) \sim \frac{\lambda}{\delta e^{x^\tau}}, \quad u \to \infty.$$

7.3 一般化リスクモデル

7.3.1 Lévy 保険リスクモデル

6.3 節では，古典的な CL モデルをいくつかの観点から拡張し，保険ポートフォリオのより自然な近似を目指した拡散摂動モデル (6.33) を紹介した：

$$X_t = u + ct + \sigma W_t - \sum_{i=1}^{N_t} U_i.$$

このサープラス過程 X に対して，$X - u$ は 5.3.4 項で述べた Lévy 過程の特殊な場合（有限活動型）である．そこで，現代のリスク理論ではこのようなモデルをさらに拡張して，特性量 $(\alpha_1, \sigma^2, \nu_Z)$ を持つような Lévy 過程 $Z = (Z_t)_{t \geq 0}$ を用いて

$$X_t = u + ct + Z_t$$

として議論されることが多い．特に，拡散摂動モデルは，

$$\alpha_1 = \lambda \int_{|z| \leq 1} z \, F_U(dz), \quad \sigma^2 = \sigma^2, \quad \nu_Z(dz) = \lambda \cdot F_U(dz)$$

の場合に相当する（例 5.44 を参照）．

定理 5.40 によると，Lévy 過程 X は以下のように分解される：

$$X_t = u + (c + \alpha_\epsilon)t + \sigma W_t + \int_0^t \int_{|z| \leq \epsilon} z\, \widetilde{N}(\mathrm{d}s, \mathrm{d}z) + \int_0^t \int_{|z| > \epsilon} z\, N(\mathrm{d}s, \mathrm{d}z).$$

ただし，W はランダム測度 N と独立な標準 Brown 運動で，$\widetilde{N}(\mathrm{d}t, \mathrm{d}z) = N(\mathrm{d}t, \mathrm{d}z) - \nu_Z(\mathrm{d}z)\,\mathrm{d}t$ である．t の線形項は保険料収入を表すと解釈するので $\alpha_\epsilon = 0$ となる Z を選んでおく．また，このプロセスは一般に，正負両方のジャンプを持つが，保険サープラスのモデルとして Lévy 過程を用いる場合には，ジャンプの主因はクレーム（負のジャンプ）であると考え，Z を**ジャンプが負の Lévy 過程** (**spectrally negative Lévy process**) に制限することが多い．すなわち，Lévy 測度 ν_Z に以下の条件を課す：

$$\nu_Z((0, \infty)) = 0.$$

これにより，以下のようなサープラスモデルを考えることができる：

$$X_t = u + ct + \sigma W_t + Z_t^\epsilon. \tag{7.15}$$

ただし，

$$Z_t^\epsilon := \int_0^t \int_{-\epsilon \leq z < 0} z\, \widetilde{N}(\mathrm{d}s, \mathrm{d}z) + \int_0^t \int_{z < -\epsilon} z\, N(\mathrm{d}s, \mathrm{d}z). \tag{7.16}$$

このようなサープラスモデルを **Lévy 保険リスクモデル** (**Lévy insurance risk model**) という．Z^ϵ の第 2 項目は複合 Poisson 過程であり（定理 5.40），この項が "ある程度大きな"（サイズ（絶対値）が ϵ より大きな）クレームを表現する．また，第 1 項目では "小さな" ジャンプが無限回起こりうるのであった（無限活動型：$\nu(\mathbb{R}_0) = \infty$，の場合）．実際のサープラスではクレームが無限回起こるわけではないので，この無限回ジャンプの解釈の仕方は難しいが，頻繁に起こる "小さな" クレームや，種々雑多な細かいランダムな支出を近似するものと解釈される．また，このような支出とは無関係（独立）に起こるようなランダムネスは σW によって表現する．

[**注意 7.21**]　Z^ϵ の第 1 項をどれくらい小さなクレームの近似にあてるかはモデル設定の範疇である．したがって，$\epsilon > 0$ のとり方もモデルの設定者が決めなければならないことに注意がいる．例えば，免責額 $d > 0$ が設定されてい

298　第 7 章　現代的破産理論：Gerber-Shiu 解析

るような場合には，$\epsilon = d$ として，Z_ϵ の第 1 項はクレーム以外のランダムネスのモデルにあてればよい.

　$L^\epsilon := -Z^\epsilon$ としてジャンプが正の **Lévy 過程** (**spectrally positive Lévy process**) を考えると，L^ϵ は累積クレーム過程を表すことになり，

$$X_t = u + ct + \sigma W_t - L_t^\epsilon \tag{7.17}$$

と書けば CL モデルや拡散摂動モデルの自然な拡張に見えるだろう．このとき，L^ϵ の Lévy 測度は

$$\nu_L(\mathrm{d}z) = -\nu_Z(-\mathrm{d}z)$$

と書けるが，このことは，以下のように特性指数を Lévy-Khinchin 公式（定理 5.38）と比較して確認できる：

$$\begin{aligned}
\log \mathbb{E}\left[e^{isL_1^\epsilon}\right] &= \log \mathbb{E}\left[e^{i(-s)Z_1^\epsilon}\right] \\
&= \int_{-\infty}^0 \left(e^{-isz} - 1 + isz\mathbf{1}_{\{z > -\epsilon\}}\right) \nu_Z(\mathrm{d}z) \\
&= \int_0^\infty \left(e^{isy} - 1 - isy\mathbf{1}_{\{y \le \epsilon\}}\right) \left[-\nu_Z(-\mathrm{d}y)\right].
\end{aligned}$$

特に，

$$\int_0^1 z\,\nu_L(\mathrm{d}z) < \infty \quad \text{（有界変動型）}$$

であれば $\epsilon = 0$ としてもよく（注意 5.43），このとき

$$L_t^0 = \int_0^t \int_0^\infty zN(\mathrm{d}s, \mathrm{d}z)$$

は例 5.45 で述べた従属過程になり，無限回のクレームを含む累積クレーム過程のモデルとなる．さらに，$\lambda := \nu_L(\mathbb{R}_0) < \infty$（有限活動型）なる制限を付けると，$L^0$ は複合 Poisson 過程 $CP(\lambda, \lambda^{-1}\nu)$ となり，(7.17)は拡散摂動モデルである.

7.3.2 Lévy モデルの意義

このようなモデルの一般化にどれほどの意味があるのか，という点については研究者によって議論の分かれるところである．応用数学の研究において，数学的な興味だけでモデルを拡張するということは往々にしてある．しかしながら，本拡張には実用的な意味もある．

確率過程として表される現象を統計的に予測するとき，将来の予測誤差の観点から**統計的モデル選択** (**statistical model selection**) を行うと[3]，できるだけ真実に近いモデルよりも，ある程度シンプルな近似モデルが選択されうるということが統計学の一般論としてある．例えば，重回帰モデルの説明変数の次元 p を選ぶとき，予測誤差の意味では，真の p よりも小さな p を選ぶ方がよいという結論がしばしば得られるであろう．このように，現実に近づけようと複雑なモデルを使えば使うほど，必要以上に誤差を取り込み将来予測の誤差を大きくすることがありうるのである．しかし，単純すぎるモデルでは現実を反映しない．そこで，その中間的なモデルが好まれるのである．

破産理論において，サープラスモデルは将来の破産とそのリスク量を予測するためのモデルである．その意味では，CL モデルは単純すぎている．一方，Lévy モデルは必ずしも現実に近いとはいえないかもしれないが，CL モデルより少し複雑な中間的モデルといえよう．実際のモデル選択の手続きとしては，複数の Lévy モデルの候補の中から，クレームなどのデータを元にして統計的に"最適"なモデルを選択することになるので，Lévy モデルの良し悪しはデータに依存するが，拡散項や無限回ジャンプの項などが予測誤差の改善に寄与する可能性がある．

このような統計的観点と同時に，数学的な解析やシミュレーションを行う上での技術的な利便性もモデル選択の上でのポイントになりうる．この点，Lévy モデルは独立定常増分性などのよい性質を持ち，この後の項で見るように，各種公式の導出や計算の実行可能性という意味で利便性の高いモデルといえ，またパスのシミュレーション技術もある程度整備されている．この意味でも Lévy 過程への拡張は意味のある一般化の方向性といえよう．

---

[3] 例えば，小西・北川 [33] などを参照のこと．

300 第7章 現代的破産理論：Gerber-Shiu 解析

さらに，この Lévy 過程は，ファイナンスの分野で株価過程や企業価値の
モデルとして近年標準的に用いられるものとなっており，信用リスク解析
(credit risk analysis) の分野では企業価値過程 (firm value process) のモデ
リングにジャンプが負の Lévy 過程が用いられたり (Schoutens and Cariboni
[54])，株価に対するモデリングでは，実データ解析によって無限活動型モデ
ルが統計的に支持される (Carr *et al.* [9]) など，金融実務上のモデルとしての
ポテンシャルもある．Lévy 過程に基づく破産理論は，このようなファイナン
スと保険にまたがる境界領域における解析的テクニックを与えてくれるものと
して，汎用性の高いものといえ，Lévy 過程へのモデル拡張は様々な利点・可
能性を秘めているといえる．

Lévy 保険リスクを用いた Gerber-Shiu 解析は Kyprianou [37] に詳しく，
同著者による Lévy 過程の成書 [36] の増補版 [38] にも触れられている．本章
の内容をより深く知りたい読者はこれらを参照されるとよいであろう．

7.3.3 調整係数と Esscher 変換

以下，Lévy 保険リスクモデル(7.17)を考える：

$$X_t = u + ct + \sigma W_t - L_t. \tag{7.18}$$

ただし，$\epsilon \geq 0$ は固定されているとし，単に $L := L^\epsilon$ と書く．また，Lévy 測
度を $\nu := \nu_L$ と書く．すなわち，L の特性指数は

$$\Psi_L(s) = \int_0^\infty \left(e^{isz} - 1 - isz \mathbf{1}_{\{z \leq \epsilon\}} \right) \nu(\mathrm{d}z)$$

である．また，フィルトレーション $\mathbb{F}$ は注意 6.2 と同様に X から生成される
自然なフィルトレーションの拡大にとる．これにより，X は $\mathbb{F}$-Lévy 過程とな
り，破産時刻 $\tau = \inf\{t > 0 : X_t < 0\}$ は $\mathbb{F}$-停止時刻である．

Lévy 過程 $X - u$ に対する **Lundberg 方程式**を (6.8) と同様に定め，その負
解 $-\gamma$ が存在すると仮定する：$\log \mathbb{E}\left[e^{\gamma(X_1 - u)} \right] = 0$．$X - u$ の Laplace 指数
(5.31) を用いると，この Lundberg 方程式は次のように書ける：

$$\Phi_{X-u}(\gamma) = 0. \tag{7.19}$$

特性量を用いて具体的に書くと以下のようになる.

$$-c\gamma + \frac{\sigma^2}{2}\gamma^2 + \int_0^\infty \left(e^{\gamma z} - 1 - \gamma z \mathbf{1}_{\{z \le \epsilon\}}\right) \nu(\mathrm{d}z) = 0. \tag{7.20}$$

特に $L = (L_t)_{t \ge 0}$ が複合 Poisson 過程のとき,$\epsilon = 0$ とすれば (6.38) と同じ式が得られることに注意しておく.そこで,この方程式の正の解 $\gamma > 0$ を X に対する**調整係数**と呼ぶことにする.

[**問 7.22**] Lévy 保険リスクモデル (7.18) について以下を示せ.
(1) 純益条件 $\mathbb{E}[X_1] > u$ は次と同値:$c > \int_\epsilon^\infty z\,\nu(\mathrm{d}z)$.
(2) 任意の $r > 0$ に対して

$$\int_1^\infty e^{rz}\,\nu(\mathrm{d}z) < \infty$$

が成り立つならば,調整係数 $\gamma > 0$ が一意に存在する.

Lévy 保険リスク X のリスク過程 $R := u - X$ に対して,以下のような測度変換を考える:

$$\mathbb{P}_t^{(r)}(\mathrm{d}\omega) := \frac{e^{rR_t}}{\mathbb{E}\left[e^{rR_t}\right]}\mathbb{P}(\mathrm{d}\omega), \quad r > 0.$$

これは,(2.5) で与えた測度変換と同様で,t 時点でのリスク R_t による Esscher 変換であり,一種のリスク調整済み確率である.

[**補題 7.23**] Lévy 保険リスクモデル (7.18) の X に対する調整係数 $\gamma > 0$ が存在するとき,$\mathbb{P}$ と同値な $(\Omega, \mathcal{F})$ 上の確率測度 $\mathbb{P}^*$ が一意に存在して,

$$\mathbb{P}^*(A) = \mathbb{P}_t^{(\gamma)}(A), \quad A \in \mathcal{F}_t \tag{7.21}$$

が成り立つ.

証明 調整係数 $\gamma > 0$ を用いて確率過程 $M = (M_t)_{t \ge 0}$ を

$$M_t := e^{\gamma R_t} = e^{-\gamma(X_t - u)} \tag{7.22}$$

と定めると,

302 第 7 章 現代的破産理論：Gerber-Shiu 解析

$$\mathbb{P}_t^{(\gamma)}(A) = \mathbb{E}\left[M_t \mathbf{1}_A\right], \quad A \in \mathcal{F}_t \tag{7.23}$$

と書ける．ここで，補題 6.9 が Lévy 過程 $X - u$ に対しても成り立つ（注意6.10）ことに注意すると，M は正値 $\mathbb{F}$-マルチンゲールで，任意の $t \geq 0$ に対して $\mathbb{E}[M_t] = 1$ を満たすことがわかる．したがって，A.1.4 項，定理 A.19 によって，(7.21)を満たす $\mathbb{P}^*$ が一意に存在する．また，$\mathbb{P}$ との同値性は(7.21)と $\mathbb{P}_t^{(r)}$ の定義より明らかである．∎

[**定義 7.24**] 式(7.21)の確率測度 $\mathbb{P}^*$ を，リスク過程 R による $\mathbb{P}$ の **Esscher変換**という．また，性質(7.23)などから，$\mathbb{P}^*$ は $\mathbb{P}$ の**同値マルチンゲール測度**(**equivalent martingale measure**) という．

　新しい確率測度 $\mathbb{P}^*$ の下で，リスクモデル X はどのような確率過程になるだろうか．以下の補題が重要である．以下，$\mathbb{P}^*$ による期待値を $\mathbb{E}^*$ と書く．

[**補題 7.25**] リスクモデル(7.18)に対する調整係数 $\gamma > 0$ が存在するとき，リスク過程 $R := u - X$ は，$\mathbb{P}^*$ の下でまた Lévy 過程であり，その特性量は $(\alpha_\epsilon^*, \sigma^2, \nu^*)$ である．ただし，

$$\alpha_\epsilon^* = -c + \gamma\sigma^2 + \int_0^\epsilon z(e^{\gamma z} - 1)\,\nu(\mathrm{d}z), \quad \nu^*(\mathrm{d}z) = e^{\gamma z}\nu(\mathrm{d}z).$$

証明 式(7.22)で与えた M のマルチンゲール性によって，X が $\mathbb{P}^*$ の下でも独立定常増分過程であることがわかる（問 7.26）．また，$\mathbb{P}$ と $\mathbb{P}^*$ の同値性により，$\mathbb{P}^*$ の下での X の確率連続性もわかる．そこでここでは，$\mathbb{P}^*$ の下での $-R = X - u$ の Laplace 指数(5.31)：$\Phi_{-R}(v) = \log\mathbb{E}^*\left[e^{vR_1}\right]$ を計算して特性量を求めよう．

　$\mathbb{P}^*$ の性質(7.23)と関係式(7.20)を用いて，

$$
\begin{aligned}
\Phi_{-R}(v) &= \log \mathbb{E}\left[e^{vR_1} M_1 \right] = \log \mathbb{E}\left[e^{-(v+\gamma)(c+\sigma W_1 - L_1)} \right] \\
&= -(v+\gamma)c + \frac{\sigma^2}{2}(v+\gamma)^2 \\
&\quad + \int_0^\infty \left(e^{(v+\gamma)z} - 1 - (v+\gamma)z\mathbf{1}_{\{z\le\epsilon\}} \right) \nu(\mathrm{d}z) \\
&= (-c+\gamma\sigma^2)v + \frac{\sigma^2}{2}v^2 - \int_0^\infty \left(e^{\gamma z} - 1 - \gamma z\mathbf{1}_{\{z\le\epsilon\}} \right) \nu(\mathrm{d}z) \\
&\quad + \int_0^\infty \left(e^{(v+\gamma)z} - 1 - (v+\gamma)z\mathbf{1}_{\{z\le\epsilon\}} \right) \nu(\mathrm{d}z) \\
&= (-c+\gamma\sigma^2)v + \frac{\sigma^2}{2}v^2 + \int_0^\infty \left(e^{vz} - 1 - ve^{-\gamma z}z\mathbf{1}_{\{z\le\epsilon\}} \right) e^{\gamma z}\nu(\mathrm{d}z) \\
&= \left[-c + \gamma\sigma^2 + \int_0^\infty z(e^{\gamma z}-1)\mathbf{1}_{\{z\le\epsilon\}}\,\nu(\mathrm{d}z) \right] v + \frac{\sigma^2}{2}v^2 \\
&\quad + \int_0^\infty \left(e^{vz} - 1 - vz\mathbf{1}_{\{z\le\epsilon\}} \right) e^{\gamma z}\nu(\mathrm{d}z).
\end{aligned}
$$

この Laplace 指数が任意の $v \in (-\infty, \gamma]$ に対して存在することに注意すると，定理 1.44, (4) と同様に $v = is$ を代入できて，

$$
\begin{aligned}
\log \mathbb{E}^*\left[e^{isR_1} \right] &= i\left[-c + \gamma\sigma^2 + \int_0^\epsilon z(e^{\gamma z}-1)\,\nu(\mathrm{d}z) \right] s - \frac{\sigma^2}{2}s^2 \\
&\quad + \int_0^\infty \left(e^{isz} - 1 - isz\mathbf{1}_{\{z\le\epsilon\}} \right) e^{\gamma z}\nu(\mathrm{d}z).
\end{aligned}
$$

これと Lévy-Khinchine 公式（定理 5.38）を比較して結論を得る． ∎

[問 7.26] 補題 7.25 の過程の下で，$0 \le v \le u \le s \le t$ に対して

$$
\begin{aligned}
&\mathbb{E}^*\left[e^{i\theta_1(X_t - X_s) + i\theta_2(X_u - X_v)} \right] \\
&= e^{[\Psi_X(\theta_1 - i\gamma) - \Psi_X(-i\gamma)](t-s)} \cdot e^{[\Psi_X(\theta_2 - i\gamma) - \Psi_X(-i\gamma)](u-v)}
\end{aligned}
$$

を示すことにより，X が $\mathbb{P}^*$ の下で独立定常増分を持つことを結論せよ．

7.3.4 破産確率評価

以下では，リスクモデル (7.18) において

$$\int_0^\infty z\,\nu(\mathrm{d}z) < \infty \qquad (7.24)$$

の条件を仮定することにより，L を従属過程 L^0 に制限する．すなわち，

$$\begin{aligned} X_t &= u + ct + \sigma W_t - L_t^0 \\ &= u + ct + \sigma W_t - \int_0^t \int_0^\infty z\,N(\mathrm{d}s, \mathrm{d}z) \end{aligned} \qquad (7.25)$$

とする．このとき，式(5.26)により，純益条件は

$$\mathbb{E}[X_1 - u] = c - \int_0^\infty z\,\nu(\mathrm{d}z) > 0. \qquad (7.26)$$

このリスクモデルの破産時刻を

$$\tau = \inf\{t > 0 : X_t < 0\}$$

とし，無限時間と有限時間破産確率

$$\psi(u) = \mathbb{P}(\tau < \infty), \quad \psi(u, T) = \mathbb{P}(\tau \le T)$$

について考察しよう．

無限時間破産確率

前項で Esscher 変換に基づく新しい確率測度 $\mathbb{P}^*$ を導入した．実は $\mathbb{P}^*$ は，次の補題の意味で $\mathbb{P}$ よりもリスク過程 $R = X - u$ をより危険なものと見なす一種のリスク調整済み確率[4]である．

[**補題 7.27**]　リスクモデル(7.25)において，調整係数 $\gamma > 0$ が存在するとき，

$$\mathbb{P}^*(\tau < \infty) = 1$$

が成り立つ．すなわち，X は $\mathbb{P}^*$ の下でほとんど確実に破産する．

証明　L は従属過程であるから，そのパスは $\mathbb{P}$ の下でほとんど確実に単調増

---

[4]　2.3.2 項，「Esscher 原理」などを参照．

加である．したがって，$\mathbb{P}^*$ の下でもそうである（$\mathbb{P} \sim \mathbb{P}^*$ による：A.1.1 項）．このとき，$\mathbb{P}^*$ の下で定理 6.4 の証明と全く同様の議論により，X に対して以下が成り立つ：

$$\mathbb{P}^* \left(\lim_{t \to \infty} \frac{X_t}{t} = \mathbb{E}^*[X_1 - u] \right) = 1. \tag{7.27}$$

一方，式 (5.26) と補題 7.25（で $\epsilon = 0$ としたもの）に注意して

$$\mathbb{E}^*[X_1 - u] = -\mathbb{E}^*[R_1] = c - \gamma\sigma^2 - \int_0^\infty z e^{\gamma z}\, \nu(\mathrm{d}z).$$

ここで，関数

$$\ell(r) := -cr + \frac{\sigma^2}{2}r^2 + \int_0^\infty (e^{rz} - 1)\, \nu(\mathrm{d}z)$$

を考えると，$r < \gamma$ に対して，$\ell'(r) = -c + \sigma^2 r + \int_0^\infty z e^{rz}\, \nu(\mathrm{d}z)$ である．今，$\ell(0) = \ell(\gamma) = 0$，かつ，純益条件 (7.26) により，$\ell'(0) = -c + \int_0^\infty z\, \nu(\mathrm{d}z) < 0$ が成り立つので，調整係数 $\gamma > 0$ が存在することから $\ell'(\gamma) > 0$ が必要である．したがって，

$$\ell'(\gamma) > 0 \quad \Leftrightarrow \quad c - \int_0^\infty z e^{\gamma z}\, \nu(\mathrm{d}z) < \sigma^2\gamma.$$

このことから，

$$\mathbb{E}^*[X_1 - u] = c - \gamma\sigma^2 - \int_0^\infty z e^{\gamma z}\, \nu(\mathrm{d}z) < \gamma\sigma^2 - \gamma\sigma^2 = 0$$

を得る．これと (7.27) により，

$$1 \geq \mathbb{P}^*(\tau < \infty) \geq \mathbb{P}^* \left(\lim_{t \to \infty} X_t = -\infty \right) = 1$$

となって題意が示された． ∎

[定理 7.28] X が調整係数 $\gamma > 0$ を持つとする．このとき，無限時間破産確率について以下が成り立つ．

$$\psi(u) = \mathbb{E}^* \left[e^{\gamma X_\tau} \right] e^{-\gamma u}, \quad u \geq 0.$$

特に，$X_\tau < 0$ $a.s.$ に注意すると Lundberg 不等式 $\psi(u) < e^{-\gamma u}$ を得る．

証明 まず，(7.22)で与えられたマルチンゲール M に対して $M^{-1} := (M_t^{-1})_{0 \le t \le T}$ が $\mathbb{P}^*$ の下で $\mathbb{F}$-マルチンゲールになっていることを示す：

$$\mathbb{E}^* \left[M_t^{-1} \,\middle|\, \mathcal{F}_s \right] = M_s^{-1}, \quad s < t \le T. \tag{7.28}$$

これを示すには，条件付き期待値の定義から，任意の $A \in \mathcal{F}_s$ に対して，

$$\mathbb{E}^* \left[M_t^{-1} \mathbf{1}_A \right] = \mathbb{E}^* \left[M_s^{-1} \mathbf{1}_A \right]$$

であることを示せばよいが，右辺は $\mathbb{E}^*$ の定義から $\mathbb{P}(A)$ であり，また左辺についても，定理 A.20, (1) と M のマルチンゲール性，$\mathbb{E}[M_t] \equiv 1$ となることに注意して，

$$\mathbb{E}^* \left[M_t^{-1} \mathbf{1}_A \right] = \mathbb{E} \left[M_T \cdot M_t^{-1} \mathbf{1}_A \right] = \mathbb{E} \left[e^{-\gamma(X_T - X_t)} \mathbf{1}_A \right]$$

$$= \mathbb{E} \left[\mathbb{E}[e^{-\gamma(X_T - X_t)} \,|\, \mathcal{F}_t] \mathbf{1}_A \right] = \mathbb{E} \left[\mathbb{E}[M_{T-t}] \mathbf{1}_A \right] = \mathbb{P}(A).$$

となって(7.28)が示される．そこで，新たに

$$\mathbb{P}^\star(A) = \mathbb{E}^* \left[M_t^{-1} \mathbf{1}_A \right], \quad A \in \mathcal{F}_t$$

のような確率測度を作ると，$\mathbb{E}^*$ の定義より

$$\mathbb{P}^\star(A) = \mathbb{E}^* \left[M_t^{-1} \mathbf{1}_A \right] = \mathbb{E}^* \left[M_t M_t^{-1} \mathbf{1}_A \right] = \mathbb{P}(A), \quad A \in \mathcal{F}_t$$

であり，ここで定理 A.20, (2) を用いると

$$\mathbb{P}^\star(\tau < \infty) = \mathbb{E}^* \left[M_\tau^{-1} \mathbf{1}_{\{\tau < \infty\}} \right] = \mathbb{P}(\tau < \infty).$$

さらに補題 7.27 によって

$$\mathbb{P}(\tau < \infty) = \mathbb{E}^* \left[M_\tau^{-1} \right] = \mathbb{E}^* \left[e^{\gamma(X_\tau - u)} \right]$$

となって結論が得られる． ∎

重点サンプリングによる破産確率の計算

定理 6.6 の証明の最後に出てきた表現に注意すると，

$$\psi(u) = \frac{e^{-\gamma u}}{\mathbb{E}[e^{-\gamma X_\tau} \,|\, \tau < \infty]} = \mathbb{E}^* \left[e^{\gamma X_\tau} \right] e^{-\gamma u}$$

である. ここで, $e^{-\gamma u}$ の係数をモンテカルロ・シミュレーションによって計算するには, 上記の右辺の表現を用いるのが便利である.

今, Lévy 過程 X のパスを N 本発生させるとし, $\mathbb{P}$ の下でのパスを $X^{(i)}$, $i = 1, 2, \ldots, N$, それぞれの破産時刻を $\tau^{(i)}$ と書き, 同様に $\mathbb{P}^*$ のもとでのそれを $X^{(i*)}, \tau^{(i*)}, i = 1, 2, \ldots, N$ と書くことにしよう.

左辺の $\mathbb{E}[e^{-\gamma X_\tau} \,|\, \tau < \infty]$ を計算する場合, パスは $\mathbb{P}$ の下で発生させ, そのうち破産が起こったもの:$\tau^{(i)} < \infty$ となったパス $X^{(i_1)}, \ldots, X^{(i_B)}$, を選び,

$$\mathbb{E}[e^{-\gamma X_\tau} \,|\, \tau < \infty] \approx \frac{1}{B} \sum_{k=1}^{B} \exp\left(-\gamma X_{\tau^{(i_k)}}^{(i_k)} \right)$$

として計算することになる. 大数の法則により, これは B が大きくなるほど左辺の期待値に近づいていくが, 事象 $\{\tau < \infty\}$ は一般に非常に希な事象であり, 例えば $\mathbb{P}(\tau < \infty) = \epsilon \ll 1$ となるような場合を考えているなら, N を大きくしても $B \approx \epsilon N$ ほどであり, B を大きくするには膨大な大きさの N が必要となり時間がかかる.

ところが, 右辺の $\mathbb{E}^* \left[e^{\gamma X_\tau} \right]$ を用いて, $\mathbb{P}^*$ の下での Lévy 過程 X のパスを考えると, 補題 7.27 によって, 発生させた N 本の (ほとんど) 全てのパスで破産が発生するので,

$$\mathbb{E}^* \left[e^{\gamma X_\tau} \right] \approx \frac{1}{N} \sum_{i=1}^{N} \exp\left(\gamma X_{\tau^{(i*)}}^{(i*)} \right)$$

とすることができて, より短い時間計算できるのである.

このように測度変換によって, 起こりうるイベントの確率を高めてシミュレーションすることを**重点サンプリング (importance sampling)** といい, モンテカルロ法ではよく用いられる手法である.

有限時間破産確率

次に有限時間の破産確率を考えよう. 6.4 節において, CL モデルの場合に

308　第 7 章　現代的破産理論：Gerber-Shiu 解析

$$\psi(u,T) = \mathbb{P}(\tau \leq T)$$

を考察し，Seal の公式（定理 6.41）を得た．ここでは，従属過程 $L = L^0$ を用いたリスクモデル(7.25)において $\sigma = 0$ となるものに制限して，同様の公式の導出を目指す．すなわち，以下のようなサープラス過程を考える．

$$X_t = u + ct - L_t. \tag{7.29}$$

ただし，$L_t = \int_0^t \int_0^\infty z\, N(\mathrm{d}s, \mathrm{d}z)$ であり，L の Lévy 測度を ν とする．このとき，リスク過程は

$$R_t := u - X_t = L_t - ct$$

であり，有限時間破産確率は次のように書ける．

$$\psi(u,T) = \mathbb{P}\left(\sup_{t \leq T} R_t > u\right).$$

　まず，リスク過程 R を複合 Poisson 型の確率過程で近似することを考える．

[補題 7.29]　確率過程の列 $R^{(n)}$ を

$$R_t^{(n)} = \int_0^t \int_{|z| \geq 1/n} z\, N(\mathrm{d}s, \mathrm{d}z) - ct, \quad n \in \mathbb{N}$$

によって定め，$u, T > 0$ に対して，

$$\psi_n(u,T) = \mathbb{P}\left(\sup_{t \leq T} R_t^{(n)} > u\right)$$

と置く．このとき，$\psi(\cdot, T)$ の全ての連続点において，

$$\lim_{n \to \infty} \psi_n(u,T) = \psi(u,T).$$

証明　各 $n \in \mathbb{N}$ に対して，確率過程 $R^{(n)}$ は Lévy 過程であり，その特性量は，$\nu_n(\mathrm{d}z) = \mathbf{1}_{\{z \geq 1/n\}}\nu(\mathrm{d}z)$ に対して，

$$\left(\int_0^1 z\, \nu_n(\mathrm{d}z) - c, 0, \nu_n\right)$$

と書ける. このとき, Lévy 測度の性質: $\int_{|z|\leq 1} z^2\,\nu(\mathrm{d}z) < \infty$, に注意すると, $f(x) = o(x^2)\ (x \to 0)$ なる任意の有界連続関数 f に対して,

$$\int_{\mathbb{R}} f(z)\,\nu_n(\mathrm{d}z) = \int_{1/n}^{\infty} f(z)\,\nu(\mathrm{d}z) \to \int_{\mathbb{R}} f(z)\,\nu(\mathrm{d}z), \quad n \to \infty$$

であり, また, $\int_0^1 z\,\nu_n(\mathrm{d}z) \to \int_0^1 z\,\nu(\mathrm{d}z) < \infty$ である. したがって, 定理 A.54 の (2)⇔(3) により, 任意の $T > 0$ に対して,

$$R^{(n)} \to^d R \quad \text{in } D_T, \quad n \to \infty. \tag{7.30}$$

ここで, 定理 A.56, (2) と定理 A.55 を用いると,

$$\sup_{t \leq T} R_t^{(n)} = -\inf_{t \leq T}(-R_t^{(n)}) \to^d -\inf_{t \leq T}(-R_t) = \sup_{t \leq T} R_t$$

であり, 分布収束の同値条件 (補題(1.94), (2)) によって

$$\psi_n(u, T) \to \psi(u, T)$$

が, $\psi(\cdot, T)$ の全ての連続点において成り立つ. ∎

[定理 7.30] リスクモデル(7.29)において, L は Lévy 密度 $\widetilde{\nu}$ を持ち:

$$\nu(\mathrm{d}z) = \widetilde{\nu}(z)\,\mathrm{d}z,$$

さらに, $\widetilde{\nu}$ は $(0, \infty)$ 上連続とする. また, L_t の分布関数を F_t とする. このとき, 有限時間存続確率 $\overline{\psi}(u, T) := 1 - \psi(u, T)$ に対して以下が成り立つ.

(1)
$$\overline{\psi}(0, T) = \frac{1}{cT} \int_0^{cT} F_T(z)\,\mathrm{d}z.$$

(2) 各 $t \in [0, T]$ に対して, $F_t \in C^1(\mathbb{R}_+)$ であれば,

$$\overline{\psi}(u, T) = F_T(u + cT) - \int_0^T \frac{1}{s}\left(\int_0^{cs} F_s(z)\,\mathrm{d}z\right) f_{T-s}(u + c(T-s))\,\mathrm{d}s.$$

ただし, $f_t(x) = \frac{\partial}{\partial x} F_t(x)$ である.

証明 以下, 補題 7.29 の記号を用いる.

310 第 7 章 現代的破産理論：Gerber-Shiu 解析

(1) の証明：$R^{(n)}$ は複合 Poisson 型の Lévy 過程であり，仮定からそのジャンプの密度関数は $\mathbf{1}_{\{z \geq 1/n\}} \widetilde{\nu}$ となり，各 n ごとに有界である．したがって，定理 6.41, (2) を使うことができて，$\psi_n(u, T)$ は $u > 0$ に関して連続であることが（有界収束定理によって）示される．しかも，$\psi_n(u, T)$ は一様有界であるから，補題 7.29 による $\psi_n(u, T)$ の収束は $u \in (0, \infty)$ において一様である．したがって，その極限関数である $\psi(u, T)$ も $u > 0$ に関して連続であり，結局，今は任意の $T > 0$ に関して，

$$\lim_{n \to \infty} \sup_{u > 0} |\psi_n(u, T) - \psi(u, T)| = 0 \tag{7.31}$$

が成り立っている．したがって，ある $u_n \to 0$ なる正数列が存在して，

$$|\psi_n(u_n, T) - \psi(u_n, T)| \to 0, \quad n \to \infty$$

とできるので，任意の $\epsilon > 0$ に対して，n を十分大きくとれば

$$|\psi_n(0, T) - \psi(0, T)| \leq |\psi_n(0, T) - \psi_n(u_n, T)|$$
$$|\psi_n(u_n, T) - \psi(u_n, T)| + |\psi(u_n, T) - \psi(0, T)| < \epsilon \tag{7.32}$$

とできる．実際，右辺第 1 項は ψ_n の連続性，第 2 項は ψ_n の一様収束，第 3 項は ψ の連続性を用いればよい．一方，$R^{(n)}$ におけるジャンプ項

$$L_t^{(n)} := \int_0^t \int_{1/n}^\infty z \, N(\mathrm{d}s, \mathrm{d}z)$$

の分布関数を $F_t^{(n)}$ と書くと，定理 6.41, (1) により，

$$\overline{\psi}_n(0, T) = \frac{1}{cT} \int_0^{cT} F_T^{(n)}(z) \, \mathrm{d}z \tag{7.33}$$

となるが，補題 7.29 の証明の中で示した(7.30)によって，任意の $t > 0$ に対して，

$$L_t^{(n)} \to^d L_t, \quad n \to \infty$$

であり，L_t の分布関数 F_t が連続であることから

$$\sup_{x \in \mathbb{R}} |F_t^{(n)}(x) - F_t(x)| \to 0.$$

したがって，(7.33) の両辺で $n \to \infty$ とすることにより，(7.32) と有界収束定理によって (1) の結果を得る.

(2) の証明：まず，

$$F_T(u + cT) = \overline{\psi}(u, T) + \mathbb{P}\left(L_T \le u + cT, \ \tau \le T\right)$$

に注意する．右辺第 2 項について，L は有界変動な Lévy 過程であるので，定理 6.41, (2) の証明で用いた renewal argument が同様に使えて，

$$\mathbb{P}\left(L_T \le u + cT, \ \tau \le T\right) = c \int_0^T \overline{\psi}(0, s) f_{T-s}(u + c(T - s)) \, \mathrm{d}s.$$

あとは (1) の結果を代入して題意の等式を得る. ∎

[例 7.31 (ガンマ過程)] 例 5.46 で述べたガンマ過程は，周辺分布が以下のようにガンマ分布となる Lévy 過程（従属過程）であった：$\alpha, \beta > 0$ に対して，

$$X_t \sim \Gamma(\alpha t, \beta), \quad t > 0.$$

特に，X の Lévy 密度

$$\widetilde{\nu}(z) = \frac{\alpha e^{-\beta z}}{z} \mathbf{1}_{\{z > 0\}}$$

は $(0, \infty)$ 上連続であり，$x > 0$ に対して

$$F_t(x) := \mathbb{P}(X_t \le x) = \int_0^x f_t(z) \, \mathrm{d}z,$$
$$f_t(x) = \frac{\beta^\alpha}{\Gamma(\alpha)} x^{\alpha - 1} e^{-\beta x}$$

となるので，この X は定理 7.30 の仮定を満たしており，(2) を用いて有限時間破産確率を計算できる．ただし，積分は陽には計算できないので，最終的には数値計算に頼らねばならない.

[例 7.32 (逆 Gauss 過程)] 例 5.47 で述べた逆 Gauss 過程は以下のような

周辺密度を持つ従属過程であった：

$$f_t(x) = \frac{\alpha t}{\sqrt{2\pi x^3}} \exp\left(-\frac{1}{2x}(\beta x - \alpha t)^2\right) \mathbf{1}_{\{x>0\}}.$$

また，Lévy 密度は

$$\widetilde{\nu}(z) = \frac{\alpha}{\sqrt{2\pi x^3}} e^{-\beta^2 x/2} \mathbf{1}_{\{x>0\}}$$

であり，定理 7.30 の仮定を満たす．

7.4 一般化リスクと Gerber-Shiu 関数

7.4.1 再生型方程式

一般化リスクモデルを用いた Gerber-Shiu 関数についても，CL モデルの場合と同様な再生方程式を満たすことが知られている．この結果の証明は複雑で Lévy 過程に関してさらに多くの準備を必要とするので，ここでは，適宜文献を挙げながら，結果といくつかの注意点を述べるにとどめる．

以下では，(7.17)と同様の Lévy 型リスクモデルを考えよう：

$$X_t = u + ct + \sigma W_t - L_t. \tag{7.34}$$

ただし，L は従属過程とし，その Lévy 測度 ν は

$$\int_0^\infty z\,\nu(\mathrm{d}z) < \infty$$

を満たすとする．このとき，安全付加率を $\theta > 0$（純益条件）とすると，

$$c = (1+\theta)\int_0^\infty z\,\nu(\mathrm{d}z).$$

また，一般化 Lundberg 方程式（注意 7.8 と(7.20)を参照）は

$$\log \mathbb{E}\left[e^{r(X_1 - u)}\right] = \delta$$
$$\Leftrightarrow \quad -cr + \frac{\sigma^2}{2}r^2 + \int_0^\infty (e^{rz} - 1)\,\nu(\mathrm{d}z) = \delta. \tag{7.35}$$

となることに注意しておく.

このサープラスモデルに対して，Gerber-Shiu 関数

$$\phi(u) = \mathbb{E}\left[e^{-\delta\tau} w(X_{\tau-}, |X_\tau|)\mathbf{1}_{\{\tau<\infty\}}\right]$$

を考える．このとき，以下が成り立つ.

[定理 7.33]　Gerber-Shiu 関数 ϕ における罰則関数 w を有界とするとき，純益条件 $\theta > 0$ の下で以下が成り立つ.

$$\phi(u) = \phi \star \widetilde{g}_\rho(u) + \left[\widetilde{H}_\rho(u) + w(0,0)e^{-\rho u}\int_u^\infty k(y)\,\mathrm{d}y\right].$$

ここに，$k(y) := cD^{-1}e^{-cD^{-1}y}$; $D := \sigma^2/2$;

$$\widetilde{g}_\rho(u) := \frac{1}{c}\int_0^u e^{-\rho(u-s)}k(u-s)\left[\int_s^\infty e^{-\rho(z-s)}\nu(\mathrm{d}z)\right]\mathrm{d}s;$$

$$\widetilde{H}_\rho(u) := \frac{1}{c}\int_0^u e^{-\rho(u-s)}k(u-s)\left[\int_s^\infty e^{-\rho(z-s)}K_\nu(z)\,\mathrm{d}z\right]\mathrm{d}s;$$

$$K_\nu(z) := \int_z^\infty w(z, y-z)\,\nu(\mathrm{d}y).$$

ρ は以下の Lundberg 方程式 (7.35) の非負の解である

証明　Biffis and Morales [7, Theorem 4.1 (Corollary 4.1)] を参照.　∎

この定理の証明はここでは述べないが，これを納得するために，リスクモデルが古典モデルの場合を考え，それが以前得られた定理 7.6 と一致するかどうかを検証してみよう.

各パラメータを，

$$\sigma = 0;\quad \lambda := \int_0^\infty \nu(\mathrm{d}z) < \infty;\quad \nu(\mathrm{d}z) = \lambda F_U(\mathrm{d}z);\quad \mu := \int_0^\infty z\,F_U(\mathrm{d}z)$$

のように置くと，古典モデル (7.1) が得られる．ここで，$\sigma = 0$ $(D = 0)$ のときは関数 k（平均 D/c の指数分布の密度関数）が定義されないが，形式的に

$$\lim_{\sigma\to 0} k(z) = \delta_0(z)$$

と見なすことにする．このことは，$\sigma \to 0$ のとき，$\int_0^\infty k(z)\,\mathrm{d}z = 1$ を満たしながら平均が $\int_0^\infty zk(z)\,\mathrm{d}z = D/c \to 0$ となることと，δ_0 の定義（(1.8) 参照）を比べて理解されたい．このように見なすと，関数 g に対しては形式的に，

$$\int_0^x g(s)k(x-s)\,\mathrm{d}s = \int_0^x g(x-y)k(y)\,\mathrm{d}y = g(x)$$

などと計算できて，結局

$$\widetilde{g}_\rho(x) = \frac{1}{c}\int_x^\infty e^{-\rho(z-x)}\,\nu(\mathrm{d}z) = \frac{1}{(1+\theta)\mu}\int_x^\infty e^{-\rho(z-x)}\,F_U(\mathrm{d}z),$$

$$\widetilde{H}_\rho(x) = \frac{1}{c}\int_x^\infty e^{-\rho(z-x)}K_\nu(z)\,\mathrm{d}z$$

$$= \frac{1}{(1+\theta)\mu}\int_x^\infty e^{-\rho(z-x)}\left[\int_z^\infty w(z, y-z)\,\nu(\mathrm{d}y)\right]\mathrm{d}z$$

となって (7.4) に一致する．特に，$\widetilde{G}_\rho(x) := \int_0^x \widetilde{g}_\rho(y)\,\mathrm{d}y$ と置けば，

$$\phi(u) = \phi * \widetilde{G}_\rho(u) + \widetilde{H}_\rho(u)$$

となって，定理 7.6 の結果に一致する．

[注意 7.34（Dickson-Hipp 作用素）] $\widetilde{g}_\rho$ や $\widetilde{H}_\rho$ の表記を簡潔にするために次のような作用素が用いられることがある：$s \geq 0$ に対して，

$$\mathcal{T}_s f(x) := \int_x^\infty e^{-s(y-x)}f(y)\,\mathrm{d}y;$$

$$\mathcal{E}_s f(x) := \int_0^x e^{s(y-x)}f(y)\,\mathrm{d}y.$$

定理 7.33 において，特に Lévy 測度 ν が Lebesgue 測度に関して密度関数を持つとし，$\nu(\mathrm{d}z) = \widetilde{\nu}(z)\,\mathrm{d}z$ と書くことにすると，

$$\widetilde{g}_\rho = D^{-1}\mathcal{E}_\beta \mathcal{T}_\rho \widetilde{\nu}, \quad \widetilde{H}_\rho = D^{-1}\mathcal{E}_\beta \mathcal{T}_\rho K_\nu. \tag{7.36}$$

と書ける．ただし，$\beta = cD^{-1} + \rho$ である．

作用素 $\mathcal{T}_s$ は，特に **Dickson-Hipp 作用素**（Dickson and Hipp [15] 参照）といわれる．$\mathcal{T}_s$ や $\mathcal{E}_s$ の間には様々な関係式が知られているが，例えば

$$(s+t)\mathcal{T}_t\mathcal{E}_s f = \mathcal{E}_s f + \mathcal{T}_t f$$

のような関係式が成り立つ. その他の性質は Feng and Shimizu [22, Appendix] を参照されたい.

[**問 7.35**] 等式(7.36)を示せ.

[**系 7.36**] 定理 7.33 において, $\delta = 0, w \equiv 1$ とする. このとき, $\rho = 0$ となり, 一般化リスクモデル(7.34)の下での破産確率

$$\psi(u) = \mathbb{P}\left(\inf_{t>0} X_t < 0\right)$$

に対する再生方程式が以下のように得られる:

$$\psi(u) = \psi * \widetilde{G}_0(u) + \left[\widetilde{H}_0(u) + e^{-cD^{-1}u}\right].$$

ここに,

$$\widetilde{G}_0(u) = \frac{1}{c}\int_0^u \mathrm{d}x \int_0^x k(x-s)\nu((s,\infty))\,\mathrm{d}s;$$
$$\widetilde{H}_0(u) = \frac{1}{c}\int_0^u k(u-s)\,\mathrm{d}s \int_s^\infty \nu((z,\infty))\,\mathrm{d}z$$

である. 特に, 複合 Poisson 型クレーム:$\nu(\mathrm{d}z) = \lambda F_U(\mathrm{d}z)$, のときには, 上記は定理 6.35, (6.41)の結果に一致することが容易に確認できる. また, $D = 0$ のときは $e^{-cD^{-1}} = 0$ と解釈する. 特に, 古典的リスクモデルならば,

$$\widetilde{G}_0(x) = \frac{1}{1+\theta}F_I(x), \quad \widetilde{H}_0(x) = \frac{1}{1+\theta}\overline{F}_I(x)$$

となり定理 6.11 の結果に一致する. ただし, F_I は(6.25)の梯子分布である.

[**注意 7.37**] 上記定理の証明に挙げた文献 [7] を読む際, その結果には少し注意が必要である. 当該論文では, 拡散項 W の部分を以下の Z に拡張して議論を展開している:

$$Z_t = \sigma W_t - J_t.$$

ただし，J はジャンプが正の Lévy 過程で，そのジャンプ計数測度を N_J，Lévy 測度を ν_J と書くとき，

$$J_t = \int_0^t \int_{|z|>0} z \widetilde{N}_J(\mathrm{d}s, \mathrm{d}z),$$

ただし，ν_J は $\widetilde{N}_J(\mathrm{d}s, \mathrm{d}z) = N_J(\mathrm{d}s, \mathrm{d}z) - \nu_J(\mathrm{d}z)\mathrm{d}s$ と書けて，さらに

$$\int_0^1 z\,\nu_J(\mathrm{d}z) = \infty \tag{7.37}$$

を満たすものである．すなわち，J は無限変動型の Lévy 過程である．

しかしながら，この拡張された結果については，実は**問題がある**ことがわかっている．実際，J の Laplace 指数(5.31)を Φ_J と書くとき，[7] は以下のように Laplace 変換を通して定義される関数 G_ρ の存在を仮定し，それを用いている:

$$\int_0^\infty e^{-\xi x} G_\rho(x)\,\mathrm{d}x = \frac{\Phi_J(\xi) - \Phi_J(\rho)}{\rho - \xi}, \quad \xi \geq 0.$$

ところが，このような関数 G_ρ は存在しないことが知られている; Feng and Shimizu [22, Lemma 3.1]．したがって，定理 7.33 のような結果を得るには，J のような無限変動型のノイズを**含めることはできない**！

[**注意 7.38**] Biffis and Morales [7] では破産直前までのサープラスの最小値が資産リスクをよく反映する量と考えて，これを罰則に含める形の拡張を提案している．すなわち，$\underline{X}_t = \inf_{s \leq t} X_s$ と関数 $\varpi : \mathbb{R}^3 \to \mathbb{R}$ に対して，

$$\overline{\phi}(u) = \mathbb{E}\left[e^{-\delta\tau}\varpi(X_{\tau-}, X_\tau, \underline{X}_{\tau-})\mathbf{1}_{\{\tau<\infty\}}\right], \quad u \geq 0 \tag{7.38}$$

として破産リスクを定義し，一般化リスクモデルの下で $\overline{\phi}$ の再生方程式を導出している[5]．

---

[5] 注意 7.37 があるので，リスクモデルについては(7.34)を考えねばならない．

7.4.2 一般化 Gerber-Shiu 関数

Gerber-Shiu 関数の一つの拡張に(7.38)があるが，もっと一般にサープラスのパス依存性を考えることもできる.

Feng and Shimizu [22] は，サープラス(7.34)が破産するまでのパスすべてに依存する形の一般化を与えている. ここでは破産時刻を少し拡張し，以下のように定義する：ある定数 $d \in \mathbb{R}$ に対して，

$$\tau_d := \inf\{t > 0 : X_t < d\}.$$

特に，通常の破産時刻 τ に対しては $\tau = \tau_0$ である. これに対して以下のような関数 $\underline{\phi}$ を考える：$\ell : \mathbb{R} \to \mathbb{R}$ に対して，

$$\underline{\phi}(u) = \mathbb{E}\left[\int_0^{\tau_d} e^{-\delta t}\ell(X_t)\,\mathrm{d}t\right], \quad u \geq d. \tag{7.39}$$

これは，破産するまでのサープラス各時点でのリスク量（罰則）を $\ell(X_t)$ とし，これを金利 δ で割り引いて現在価値に直したものを破産時刻まで足しあげたもので，期待割引罰則関数の一種といえる. この関数で，

$$\ell(x) = w(0,0)\Delta_0(x) + \int_x^\infty w(x, z-x)\,\nu(\mathrm{d}z)$$

と置くと，$\underline{\phi}$ は通常の Gerber-Shiu 関数 ϕ に一致する. この意味で $\underline{\phi}$ は**一般化 Gerber-Shiu 関数** (generalized Gerber-Shiu function) といわれる. $\underline{\phi}$ も一般化リスクモデル(7.34)といくつかの正則条件の下で，以下の再生型方程式を満たすことが証明できる：

$$\underline{\phi}(u) = \int_0^{u-d} \underline{\phi}(u-y)g(y)\,\mathrm{d}y + h(u), \quad u \geq d.$$

ここで，Dickson-Hipp 作用素など（注意 7.34）を用いると，

$$g(y) = \begin{cases} D^{-1}\mathcal{E}_\beta\mathcal{T}_\rho\widetilde{\nu}(y), & D > 0 \\ c^{-1}\mathcal{T}_\rho\widetilde{\nu}(y), & D = 0 \end{cases},$$

$$h(x) = \begin{cases} D^{-1}\mathcal{E}_\beta\mathcal{T}_\rho\ell(x) + \left[\underline{\phi}(d) - 2\sigma^{-2}\mathcal{E}_\beta\mathcal{T}_\rho\ell(d)\right]e^{-\beta(x-d)}, & D > 0 \\ c^{-1}\mathcal{T}_\rho\ell(x), & D = 0 \end{cases}.$$

このような再生型方程式が得られれば，通常の Gerber-Shiu 関数での議論と同

318　第 7 章　現代的破産理論：Gerber-Shiu 解析

様にして，Laplace 変換公式や Pollaczek-Khinchin-Beekman 公式，Cramér 近似などの公式が得られる．詳細は [22] を参照されたい．

　このような一般化 Gerber-Shiu 関数は，後述する配当戦略や資本注入問題など，また信用リスク評価などのファイナンスの問題への応用もあって実務上も重要であり，今後の研究・発展が期待される．

7.4.3　有限時間 Gerber-Shiu 関数

　破産確率で有限時間版を考えたのと同様に，**有限時間 Gerber-Shiu 関数 (finite-time Gerber-Shiu function)** を考えることもできて，こちらも応用上は重要である．

　もっとも単純な有限時間化は，有限時間破産確率にならって以下のように定義することであろう：$w : \mathbb{R}^2 \to \mathbb{R}$ に対して，

$$\phi_w^\delta(u, T) := \mathbb{E}\left[e^{-\delta\tau}w(X_{\tau-}, X_\tau)\mathbf{1}_{\{\tau \le T\}}\right], \quad u, T > 0. \tag{7.40}$$

今，金利 δ や罰則関数 w の部分を明示的に表現するため ϕ の添え字に δ や w を付してある．また，もともと $|X_\tau|$ の関数としていたところを，絶対値を外して w の定義域を拡張しておく．同様に無限時間版は

$$\phi_w^\delta(u) = \phi_w^\delta(u, \infty)$$

としておく．このような有限時間版では，破産確率のときと同様に再生方程式などのきれいな等式は期待できない．しかし，有限時間版と無限時間版の間には次のような関係がある．

[定理 7.39]　各 $u > 0$ に対して，$\phi_w^\delta(u, T)$ の T に関する Laplace 変換は以下を満たす：

$$\mathscr{L}\phi_w^\delta(u, \cdot)(\theta) = \frac{1}{\theta}\phi_w^{\delta+\theta}(u), \quad \theta > 0.$$

証明　簡単のため，各 $u > 0$ に対して，確率ベクトル $(X_{\tau-}, |X_\tau|, \tau)$ の分布が確率密度関数 $f_u(x, y, s)$ を持つと仮定する．このとき，

$$\phi_w^\delta(u,t) = \int_{\mathbb{R}_+^2} \left(\int_0^t e^{-\delta s} w(x,y) f_u(x,y,s) \, \mathrm{d}s \right) \mathrm{d}x\mathrm{d}y$$

と書けることに注意すると，

$$
\begin{aligned}
\mathscr{L}\phi_w^\delta(u,\cdot)(\theta) &= \int_0^\infty e^{-\theta t} \phi_w^\delta(u,t) \, \mathrm{d}t \\
&= \iint_{\mathbb{R}_+^2} w(x,y) \, \mathrm{d}x\mathrm{d}y \int_0^\infty \left(\int_0^t e^{-\theta t - \delta s} f_u(x,y,s) \, \mathrm{d}s \right) \mathrm{d}t \\
&= \iint_{\mathbb{R}_+^2} w(x,y) \, \mathrm{d}x\mathrm{d}y \int_0^\infty e^{-\delta s} f_u(x,y,s) \left(\int_s^\infty e^{-\theta t} \, \mathrm{d}t \right) \mathrm{d}s \\
&= \frac{1}{\theta} \iiint_{\mathbb{R}_+^3} e^{-(\delta+\theta)s} w(x,y) f_u(x,y,s) \, \mathrm{d}x\mathrm{d}y\mathrm{d}s \\
&= \frac{1}{\theta} \phi_w^{\delta+\theta}(u).
\end{aligned}
$$
■

この定理から，無限時間 Gerber-Shiu 関数が求まれば，その逆 Laplace 変換によって有限時間 Gerber-Shiu 関数を得ることができることがわかる．このような有限時間 Gerber-Shiu 関数の数値的計算法についての詳細は，Kuznetsov and Morales [35] を参照のこと．

この有限時間 Gerber-Shiu 関数は事象 $\{\tau < T\}$ の上でだけリスクを評価するものであるから，$[0,T]$ 内で破産が起こらなかった場合の資産リスクについては何も教えてくれない．そこで，Gerber-Shiu 関数の単純な拡張ではなく，有限時間内での資産リスクについてもう少し詳しく考えてみよう．

時刻 $T > 0$ までに破産が起こらなかった場合のリスクの現在価値を，満期時点での資産価値 X_T を用いて $e^{-\delta T} w(X_T)$ と表すことにする．w は適当な罰則関数と見なせばよい．このとき，もし T までに破産が起こったとすると，破産時のリスクの現在価値は $e^{-\delta \tau} w(X_\tau)$ であり，結局，$[0,T]$ における資産リスクの現在価値は

$$L_T =: e^{-\delta(\tau \wedge T)} w(X_{\tau \wedge T})$$

と書ける．これを割引罰則と見なせば，期待割引罰則関数は

$$\mathbb{E}[L_T] = \mathbb{E}\left[e^{-\delta(\tau \wedge T)} w(X_{\tau \wedge T})\right]$$

となる．そこで，罰則関数を少し拡張すれば次のような有限時間 Gerber-Shiu 関数が自然に想起されるであろう：

$$\widetilde{\phi}_w^{\delta}(u, T) = \mathbb{E}\left[e^{-\delta(\tau \wedge T)} w(X_{(\tau \wedge T)-}, X_{\tau \wedge T})\right]. \tag{7.41}$$

このように $w(x, y)$ の第2変数 y の部分に $|X_{\tau \wedge T}|$ を用いないことによって，「$y < 0$ なら高リスク」，「$y > 0$ なら低リスク」というような区別が容易になり，これが絶対値を外して一般化しておいた効果である．

[例 7.40]　以下のような罰則関数 w を考える：

$$w(x, y) = -2y\mathbf{1}_{\{y < 0\}} - \frac{1}{2}y\mathbf{1}_{\{y \geq 0\}}.$$

このとき，

$$w\left(X_{(\tau_u \wedge T)-}, X_{\tau_u \wedge T}\right) = \begin{cases} 2|X_{\tau_u}| \, (> 0) & \tau_u \leq T \\ -\frac{1}{2}X_T \, (\leq 0) & \tau_u > T \end{cases}.$$

この罰則の意味は，破産すればその損害額 $|X_\tau|$ に対して2倍に相当する正の罰則を付けて正のリスク（危険）と捉え，破産しない場合には，満期における資産額の $1/2$ を保険会社の“安全度”と見なし，負のリスク（安全）と捉えることを意味している．

(7.41)と(7.40)の関係は

$$\widetilde{\phi}_w^{\delta}(u, T) = \phi_w^{\delta}(u, T) + \mathbb{E}\left[e^{-\delta T} w(X_{T-}, X_T)\mathbf{1}_{\{\tau > T\}}\right]$$

となっており，$\phi_w^{\delta}(u, T)$ では測れないような「破産事象が起こらなかった場合のリスク」を右辺第2項で評価している．

[定理 7.41]　各 $u > 0$ に対して，$\widetilde{\phi}_\delta(u, T)$ の T に関する Laplace 変換は以下を満たす：

$$\mathscr{L}\widetilde{\phi}_w^{\delta}(u,\cdot)(\theta) = \frac{1}{\theta}\left[\underline{\phi}_{\ell}^{\delta+\theta}(u) + \phi_w^{\delta+\theta}(u)\right], \quad \theta > 0.$$

ただし，$\underline{\phi}_{\ell}^{\delta}$ は (7.39) で与えた一般化 Gerber-Shiu 関数，$\ell(x) = w(x,x)$ である．

証明 以下，$\theta > 0$ に対して，サープラス X と独立な確率変数 $e_{\theta} \sim Exp(\theta)$ を考える．

$$\mathscr{L}\widetilde{\phi}_w^{\delta}(u,\cdot)(\theta) = \frac{1}{\theta}\mathbb{E}\left[\widetilde{\phi}_w^{\delta}(u,e_{\theta})\right] = \frac{1}{\theta}\mathbb{E}\left[e^{-\delta(\tau \wedge e_{\theta})}w(X_{(\tau \wedge e_{\theta})-}, X_{\tau \wedge e_{\theta}})\right]$$

となることに注意すると，

$$\begin{aligned}
\theta\mathscr{L}\widetilde{\phi}_w^{\delta}(u,\cdot)(\theta) &= \mathbb{E}\left[e^{-\delta e_{\theta}}w(X_{e_{\theta}-}, X_{e_{\theta}})\mathbf{1}_{\{e_{\theta} \leq \tau\}}\right] \\
&\quad + \mathbb{E}\left[e^{-\delta\tau}w(X_{\tau-}, X_{\tau})\mathbf{1}_{\{e_{\theta} > \tau\}}\right] \\
&= \mathbb{E}\left[\int_0^{\tau} e^{-\delta t}w(X_{t-}, X_t) \cdot \theta e^{-\theta t}\,\mathrm{d}t\right] \\
&\quad + \mathbb{E}\left[e^{-(\delta+\theta)\tau}w(X_{\tau-}, X_{\tau})\right] \\
&= \mathbb{E}\left[\int_0^{\tau} e^{-\delta t}w(X_t, X_t) \cdot \theta e^{-\theta t}\,\mathrm{d}t\right] + \phi_w^{\delta+\theta}(u) \\
&= \underline{\phi}_v^{\delta+\theta}(u) + \phi_w^{\delta+\theta}(u).
\end{aligned}$$
∎

このように，無限時間の一般化 Gerber-Shiu 関数を計算できれば，逆 Laplace 変換により原理的には $\widetilde{\phi}_w^{\delta}$ の計算が可能となる．

この $\widetilde{\phi}_w^{\delta}$ を用いて

$$GS_{\epsilon}^u = \inf\{z \in \mathbb{R} : \widetilde{\phi}_w^{\delta}(u+z, T) < \epsilon\} \tag{7.42}$$

などとすると，GS_{ϵ}^u は「初期資産 u を持つ保険会社が $[0,T]$ 内の "Gerber-Shiu リスク" を高々 $\epsilon > 0$ 以下にするために追加すべき最小資本」と解釈でき，これは VaR 型のリスク尺度として用いることができる (Shimizu and Tanaka [57])．

322 第 7 章 現代的破産理論：Gerber-Shiu 解析

7.5 Gerber-Shiu 関数の応用

7.5.1 配 当 戦 略

保険の種類によっては，徴収した保険料を市場で運用し，その運用実績に応じて保険契約者に対し配当金 (dividend) を支払うことがある．もっともシンプルな配当法は，その保険のポートフォリオ（資産額）が一定の閾値を超えた場合，その超過額を契約者に配当するというもので，**閾値戦略 (barrier strategy)** などと呼ばれる．例えば，古典的リスクモデル

$$X_t = u + ct - \sum_{i=1}^{N_t} U_i$$

に対して，閾値 $b\,(> u)$ を超えたときに配当率 α で契約者に配当する場合，連続する二つのクレームの間で

$$dX_t = \begin{cases} (c - \alpha)\,dt & (X_t \geq b) \\ c\,dt & (X_t < b) \end{cases}$$

なる微分方程式を満たすようにサープラスが変化する．特に，保険料を全額配当に回す場合は $\alpha = c$ である．このとき，保険会社が破産するまでに支払われる配当金の累積額の期待現在価値 $V(u, b)$ は

$$V(u, b) = \mathbb{E}\left[\int_0^\tau e^{-\delta\tau} \ell_b(X_t)\,dt\right], \quad \ell_b(x) = \alpha\mathbf{1}_{\{x \geq b\}}$$

となり，これは一般化 Gerber-Shiu 関数(7.39)の範疇である．Gerber and Shiu [24] は，破産確率 $\psi(u) = \mathbb{P}(\tau < \infty)$ を用いて，次のような表現を与えている：

$$V(u, b) = \frac{e^{\rho u} - \psi(u)}{\rho e^{\rho b} - \psi'(b)}, \quad 0 \leq u \leq b.$$

ここに，ρ は Lundberg 指数（注意 7.8）である．

保険契約者にとっては配当金はなるべく高額であるほうがよく，各 $u > 0$ に対して，

$$V(u, b^*) = \sup_{b:\, b \geq u} V(u, b)$$

を満たす b^* は**最適配当額 (optimal dividend)** といわれる.

一般化リスクモデルに対する $V(u,b)$ の解析については Feng and Shimizu [22] を参照されたい.

7.5.2 資本注入

多額の保険金支払いにより保険ポートフォリオが破綻したとき,新たに資本を追加することにより保険金支払備金を維持することを**資本注入 (capital injection)** という. サープラス $X = (X_t)_{t \geq 0}$ に対して破産時刻を τ とするとき,最初の破産のときに損害額 $|X_\tau|$ を資本注入することにより資産を 0 に戻すことができ,再び保険料収入により保険金支払いに備えることができる. このような資本の注入額を見積もるために,

$$f^Z(u) := \mathbb{E}\left[\int_0^\tau e^{-\delta t}\, \mathrm{d}Z_t \right]$$

なる関数を考える. ここで,$Z = (Z_t)_{t \geq 0}$ は資本注入の累積額を表す確率過程であり,$X_t + Z_t \geq 0$ を満たすようなものである. これは資本の累積注入額の現在価値の期待値であり,これが小さいほど安全なサープラスであることを示す.

もちろん,このような補填は無制限にはできないので,これを小さくするように保険料収入や保険契約者を選別する必要があるであろう. そこで,

$$f(u) := \inf_Z f^Z(u)$$

なる関数を求め,これを一種の“リスク尺度”として用いることができる (Eisenberg and Schmidli [17]).

上で述べたように,最初の注入額は $|X_\tau|$ でありこれによって資金は 0 に戻る. したがって,最初の資本注入以降の "renewal argument"(注意 6.12 参照)によって

$$f(x) = \mathbb{E}\left[e^{-\delta \tau} \left(f(0) + |X_\tau| \right) \mathbf{1}_{\{\tau < \infty\}} \right]$$

324　第 7 章　現代的破産理論：Gerber-Shiu 解析

なる等式を満たすことは容易にわかるであろう．詳細は省くが，定数 $f(0)$ は
陽に求めることができるので (Schmidli [49])，

$$f(x) = f(0)\mathbb{E}\left[e^{-\delta\tau}\mathbf{1}_{\{\tau<\infty\}}\right] + \mathbb{E}\left[e^{-\delta\tau}|X_\tau|\mathbf{1}_{\{\tau<\infty\}}\right]$$

となって，結局，Gerber-Shiu 関数の計算に帰着することがわかる．

7.5.3　信用リスクへの応用

　ファイナンスでは，保持する債権などの発行元や取引相手が**デフォルト**
(**default**) するリスクを総称して**信用リスク** (**credit risks**) という．ここで
「デフォルト」の定義は文脈によって様々であり一意的に定義できるものでは
ないが，一つの考え方として，ある種の企業価値を確率過程 $V = (V_t)_{t\geq 0}$ と
表すことができたとして，この価値が一定のレベル $b \in \mathbb{R}$ を下回るときをデ
フォルトと定義することがある．すなわち，

$$T_b := \inf\{t > 0 : V_t < b\}$$

が "デフォルト時刻" となる．このようなデフォルトモデルは**構造モデル**
(**structural model**) といわれる．

　応用上 V としてその会社の株価などがしばしば用いられるが，代表的な株
価モデルとして次の**幾何 Lévy 過程** (**geometric Lévy process**) がある：

$$V_t = V_0 \exp(ct + \sigma W_t - L_t). \tag{7.43}$$

ただし，$c > 0$，W は Wiener 過程，L は従属過程である[6]．そこで，$X_t :=
\log V_t$, $d := \log b$ と置くと

$$T_b = \inf\{t > 0 : X_t < d\} = \tau_d.$$

これは 7.4.2 項で述べた一般化 Gerber-Shiu 関数での破産時刻になる．

　ここで，信用リスク解析と Gerber-Shiu 関数との関連を示す例を一つ紹介
しておこう．今，額面金額 1，満期 T の社債を保持しているとし，その会社

---

[6]　7.3.2 項でも述べたように，信用リスク解析では L を従属過程とすることが多いようである．

の企業価値が(7.43)で表されていると仮定する．このとき，この会社の**デフォルト確率 (probability of default)** は

$$\psi(u, T) = \mathbb{P}(\tau_d \le T), \quad u := \log V_0$$

であり，もし満期が来るまでにデフォルトすると，社債の額面に対して割合 $R \in (0, 1)$ のみが回収されるとする．一般には R はデフォルトしたときの企業価値に応じて支払われるため，

$$R = R(X_{\tau_d})$$

のように，X_{τ_d} の関数として表されていると仮定するのは自然であろう．このような信用リスクにさらされているとき，次のような (a), (b) 間の契約を**クレジット・デフォルト・スワップ (credit default swap, CDS)** という：

(a) 社債保持者は回収不能額 $1 - R(X_{\tau_d})$ に対して"保険"を掛け，定期的にプレミアム（料率 p）を (b) に支払う．

(b) プレミアムを受け取る代わりに，デフォルト時に回収不能額 $1 - R(X_{\tau_d})$ を (a) に支払う．

上記の"保険"を**プロテクション (protection)** といい，(a) を**プロテクションの買手 (protection buyer)**，(b) を**プロテクションの売手 (protection seller)** という．このような CDS の公平な価格 p はどのように求められるべきであろうか．

　自然な考え方は，(a) が支払うプレミアムの総額の現在価値 PV_{fee} と，(b) が支払う回収不能額の現在価値 PV_{loss} が等しくなるように p を決定することであろう．そこで，金利が $\delta > 0$ で一定と仮定すると，

$$PV_{fee} = \mathbb{E}\left[\int_0^{\tau_d \wedge T} pe^{-\delta s}\, \mathrm{d}s\right],$$
$$PV_{loss} = \mathbb{E}\left[e^{-\delta \tau_d}\left(1 - R(X_{\tau_d})\right)\mathbf{1}_{\{\tau_d \le T\}}\right].$$

したがって，

$$PV_{fee} = PV_{loss} \quad \Leftrightarrow \quad p = \frac{\mathbb{E}\left[e^{-\delta \tau_d}\left(1 - R(X_{\tau_d})\right)\mathbf{1}_{\{\tau_d \le T\}}\right]}{\delta^{-1}\mathbb{E}\left[1 - e^{-\delta(\tau_d \wedge T)}\right]}$$

を得る．このとき，p の分子は (7.40) 型の有限時間 Gerber-Shiu 関数であり，分母は (7.41) 型の有限時間 Gerber-Shiu 関数になっている．

付　録

補　足　事　項

A.1　測度と期待値に関する補足事項

A.1.1　測度の絶対連続性

可測空間 $(\mathcal{X}, \mathcal{F})$ 上に定義された二つの測度 μ, ν を考える.

[定義 A.1]

・測度 μ が ν に関して**絶対連続** (absolutely continuous) であるとは,

$$\nu(A) = 0 \quad \Rightarrow \quad \mu(A) = 0$$

となることであり, これを $\mu \ll \nu$ のように表す.

・$\mu \ll \nu$, かつ, $\mu \gg \nu$ となるとき, μ と ν は**同等** (equivalent) であるといい, $\mu \sim \nu$ と表す.

・ある $N \in \mathcal{F}$ で, $\mu(N) = 0$ なるものが存在して, 全ての $A \subset \mathcal{X} \setminus N$ に対して $\nu(A) = 0$ となるとき, μ は ν に関して (ν は μ に関して) **特異** (singular) であるという. 特に, ν が確率測度のときは, $\nu(N) = 1$ である.

二つの確率 $\mathbb{P}, \mathbb{Q}$ を考えたとき, $\mathbb{P} \sim \mathbb{Q}$ であれば

$$\mathbb{P}(A) = 1 \quad \Leftrightarrow \quad \mathbb{Q}(A) = 1.$$

これは，ある事象が $\mathbb{P}$ に関してほとんど確実に成り立つならば，$\mathbb{Q}$ の下でもほとんど確実に成り立つことを意味しており，例えば $\mathbb{P}$ の世界で概収束する確率変数列があったとき，$A = \{\omega \in \Omega : X_n(\omega) \to X(\omega)\}$ と置くと，確率を変更した $\mathbb{Q}$ の世界でも同じところに概収束することがわかる：

$$X_n \to X \quad \mathbb{P}\text{-}a.s. \quad \Leftrightarrow \quad X_n \to X \quad \mathbb{Q}\text{-}a.s.$$

[**問 A.2**]　二つの確率 $\mathbb{P} \sim \mathbb{Q}$ と確率変数列 X_n, X に対して，$n \to \infty$ のとき，

$$X_n \xrightarrow{\mathbb{P}} X \quad \Leftrightarrow \quad X_n \xrightarrow{\mathbb{Q}} X$$

となることを示せ．ただし，$\xrightarrow{\mathbb{P}}$ は確率 $\mathbb{P}$ の下での確率収束を表す．

[**定理 A.3（Radon-Nikodym の定理）**]　可測空間 $(\mathcal{X}, \mathcal{F})$ 上の測度 μ, ν が $\mu \ll \nu$ を満たすとする．このとき，$(\mathcal{X}, \mathcal{F}, \nu)$ 上に可積分関数 f が存在して，

$$\mu(A) = \int_A f(x)\,\nu(\mathrm{d}x)$$

と書ける．このことを記号的に

$$\mathrm{d}\mu = f \cdot \mathrm{d}\nu, \quad \text{あるいは，} \quad f = \frac{\mathrm{d}\mu}{\mathrm{d}\nu}$$

のように書き，f を μ の ν に関する **Radon-Nikodym 微分** (**Radon-Nikodym derivative**) という．

　この f は次の意味で一意である：別の Radon-Nikodym 微分 g が存在すれば，

$$f = g \quad \nu\text{-}a.e. \quad \Leftrightarrow \quad \nu(\{x \in \mathcal{X} : f(x) = g(x)\}) = 0.$$

A.1.2　さまざまな集合族の性質

　σ-加法族と関連が強いいくつかの集合族とそれらの性質をまとめておく．

A.1 測度と期待値に関する補足事項　329

[**定義 A.4（単調族）**]　Ω の部分集合族 $\mathcal{M}$ が**単調族** (monotone class) であるとは，$\{A_n\}_{n\in\mathbb{N}} \subset \mathcal{M}$ が単調増加，または単調減少のときに

$$\lim_{n\to\infty} A_n \in \mathcal{M}$$

が成り立つことである．

[**補題 A.5（単調族定理）**]　Ω の任意の部分集合族 $\mathcal{G}$ に対して，$\mathcal{G}$ を含む（包含関係の意味で）最小の単調族 $m(\mathcal{G})$ が存在する．特に，$\mathcal{G}$ が有限加法的であれば，

$$m(\mathcal{G}) = \sigma(\mathcal{G}).$$

[**定義 A.6（乗法族，π-族）**]　Ω の部分集合族 Π が**乗法族**，あるいは **π-族** (π-system) であるとは，任意の $A, B \in \Pi$ に対して $A \cap B \in \Pi$ となることである．

[**定義 A.7（λ-族）**]　Ω の部分集合族 $\mathcal{L}$ が **λ-族** (λ-system) であるとは，次の (1)–(3) の条件を満たすことである：

(1)　$\Omega \in \Lambda$；

(2)　$A_1, A_2 \in \Lambda$ が $A_1 \subset A_2$ ならば，$A_2 \setminus A_1 \in \Lambda$；

(3)　$\{A_n\}_{n\in\mathbb{N}} \subset \Lambda,\ A_i \cap A_j = \emptyset\ (i \neq j)$ ならば，$\displaystyle\bigcup_{n=1}^{\infty} A_n \in \Lambda.$

[**補題 A.8（π-λ 定理）**]　Ω 上の π-族 Π と λ-族 Λ に対して以下が成り立つ：

$$\Pi \subset \Lambda \quad \Rightarrow \quad \sigma(\Pi) \subset \Lambda.$$

[**定義 A.9（Dynkin 族）**]　Ω の部分集合族 $\mathcal{D}$ が **Dynkin 族**，あるいは **d-族** (d-system) であるとは，次の (1)–(3) の条件を満たすことである：

(1)　$\Omega \in \mathcal{D}$；

330   付録 補足事項

(2) $A_1, A_2 \in \Lambda$ が $A_1 \subset A_2$ ならば, $A_2 \setminus A_1 \in \mathcal{D}$；

(3) 単調増加な $\{A_n\}_{n \in \mathbb{N}} \subset \mathcal{D}$ に対して, $\displaystyle\bigcup_{n=1}^{\infty} A_n \in \Lambda$.

[**補題 A.10**] Ω の部分集合族 $\mathcal{F}$ に対して, 次の (1)-(3) は同値である：

(1) $\mathcal{F}$ は σ-加法族である.

(2) $\mathcal{F}$ は λ-族, かつ π-族である.

(3) $\mathcal{F}$ は d-族, かつ π-族である.

[**定理 A.11**]   確率空間 $(\Omega, \mathcal{F}, \mathbb{P})$ において, $\mathcal{F}$ の部分集合族 $\mathcal{A}_1, \dots, \mathcal{A}_n$ が互いに独立で, さらに $\mathcal{A}_1, \dots, \mathcal{A}_n$ が π-族であれば, $\sigma(\mathcal{A}_1), \dots, \sigma(\mathcal{A}_n)$ も互いに独立である.

証明   各 $\mathcal{A}_i$ に Ω を加えて $\mathcal{A}_i'$ を作ってもこれは π-族であることに注意する. 各 $i = 2, 3, \dots, n$ に対して $E_i \in \mathcal{A}_i$ を固定し, 以下のように集合族 Λ を作る：

$$\Lambda = \left\{ E_1 \in \mathcal{F} : \mathbb{P}\left(\bigcap_{i=1}^{n} E_i \right) = \prod_{i=1}^{n} \mathbb{P}(E_i) \right\}.$$

このとき, $\mathcal{A}_1, \dots, \mathcal{A}_n$ の独立性から $\mathcal{A}_1 \subset \Lambda$ であり, Λ が λ-族になることは容易にわかる. したがって, π-λ 定理により

$$\sigma(\mathcal{A}_1) \subset \Lambda$$

であり, Λ の作り方から $\sigma(\mathcal{A}_1), \mathcal{A}_2, \dots, \mathcal{A}_n$ は独立である. あとは帰納法により結論が得られる. ∎

A.1.3 期待値に関する種々の不等式

以下, 期待値に関する有用な不等式を挙げておく.

[**定理 A.12（Markov の不等式）**]   非負値関数 $f : \mathbb{R} \rightarrow \mathbb{R}_+$ に対して

$\mathbb{E}[f(X)] < \infty$ とする．このとき，

$$\mathbb{P}(f(X) \geq \epsilon) \leq \frac{\mathbb{E}[f(X)]}{\epsilon}. \tag{A.1}$$

特に，$f(x) = x^2$ とし，X を $X - \mathbb{E}[X]$ で，また ϵ を ϵ^2 に置き換えると

$$\mathbb{P}(|X - \mathbb{E}[X]| \geq \epsilon) \leq \frac{\mathbb{V}(X)}{\epsilon^2}. \tag{A.2}$$

これを **Chebyshev の不等式**という．

[**定理 A.13（Jensen の不等式）**]　関数 $f : \mathbb{R} \rightarrow \mathbb{R}$ を凸関数とし，$\mathbb{E}[X]$，$\mathbb{E}[f(X)] < \infty$ とする．このとき，

$$f(\mathbb{E}[X]) \leq \mathbb{E}[f(X)]. \tag{A.3}$$

f が狭義の凸関数ならば，等号成立は X が定数のときに限る．ただし，g が**凸関数 (convex function)** であるとは，任意の $x, y \in \mathbb{R}$, $\theta \in (0, 1)$ に対し，

$$g(\theta x + (1 - \theta)y) \leq \theta g(x) + (1 - \theta)g(y)$$

となることであり，狭義の凸関数とは上記で等号が成り立たない g のことである．

[**定理 A.14（Hölder の不等式）**]　実数 p, q が $p > 1$, $p^{-1} + q^{-1} = 1$ を満たすとし，$\mathbb{E}|X|^p + E|Y|^q < \infty$ とする．このとき，

$$\mathbb{E}|XY| \leq (\mathbb{E}|X|^p)^{1/p} (\mathbb{E}|Y|^q)^{1/q}. \tag{A.4}$$

特に，$p = q = 2$ のとき，

$$(\mathbb{E}|XY|)^2 \leq \mathbb{E}[X^2]\mathbb{E}[Y^2]$$

が成り立つが，これを **Cauchy-Schwarz の不等式**という．

[**問 A.15**]　実数 $0 < p < q$ に対して，$\mathbb{E}|X|^q < \infty$ とする．このとき，
(1)　任意の $\delta \in (0, q]$ に対して，$\mathbb{E}|X|^\delta < \infty$ を示せ．

332 付録 補足事項

(2) Jensen の不等式を利用して，以下の不等式を示せ．

$$(\mathbb{E}|X|^p)^{1/p} \le (\mathbb{E}|X|^q)^{1/q}. \tag{A.5}$$

これを **Lyapnov の不等式**という．

[**問 A.16**] 実数 $r > 1$ に対して，$\mathbb{E}|X|^r + E|Y|^r < \infty$ とする．
(1) 以下の不等式を示せ．

$$\mathbb{E}|X+Y|^r \le \mathbb{E}\left[|X||X+Y|^{r-1}\right] + \mathbb{E}\left[|Y||X+Y|^{r-1}\right]$$

(2) (1) に Hölder の不等式を用いることにより

$$(\mathbb{E}|X+Y|^r)^{1/r} \le (\mathbb{E}|X|^r)^{1/r} + (\mathbb{E}|Y|^r)^{1/r} \tag{A.6}$$

となることを示せ．この不等式を **Minkovski の不等式**という．

[**問 A.17**] $p \in (0, \infty]$ に対して，$\|X\|_p < \infty$ となるような確率変数全体を L^p と書く．ただし，

$$\|X\|_p := \begin{cases} (\mathbb{E}|X|^p)^{1/p} & (0 < p < \infty) \\ \inf\{c \ge 0 : \mathbb{P}(|X| > c) = 0\} & (p = \infty) \end{cases}$$

である．このような確率変数の集合 L^p を **L^p-空間** (**L^p-space**) という．これに関して以下のことを示せ．
(1) Lyapnov の不等式により

$$0 < p < q < \infty \quad \Rightarrow \quad L^q \subset L^p.$$

(2) $\|\cdot\|$ は L^p 上のノルムになる（これを **L^p-ノルム** (**L^p-norm**) という）．
(3) 各 $X \in L^\infty$ に対して，ある $\mathbb{P}$-零集合 $\mathcal{N} \in \mathcal{F}$ が存在して

$$\sup_{\omega \in \Omega \setminus \mathcal{N}} |X(\omega)| < \infty$$

（このような $X \in L^\infty$ は**本質的に有界** (**essentially bounded**) であるといわれ，上記の左辺を ess.sup$|X|$ のように表すことがある）．

(4) L^p-空間はノルム $\|\cdot\|_p$ によって完備となる（Banach 空間）．すなわち，$\|\cdot\|_p$ に関する Cauchy 列は，ある L^p の元に収束する．

A.1.4 マルチンゲールによる測度変換

$\mathbb{R}_+$ から $\mathbb{R}$ への写像全体を Ω とし，Ω に以下のようにしてフィルトレーションを入れる：与えられた $t \geq 0$ に対して，

$$\mathcal{F}_t := \sigma\left(\mathcal{C}_{t_1,\ldots,t_n}(B_1,\ldots,B_n) : t_1 \leq \cdots \leq t_n \leq t,\ B_1,\ldots,B_n \in \mathcal{B},\ n \in \mathbb{N}\right).$$

ただし，$\mathcal{C}_{t_1,\ldots,t_n}(B_1,\ldots,B_n) = \{\omega \in \Omega : \omega(t_k) \in B_k,\ k = 1,\ldots,n\}$ であり，このような集合を**筒集合** (cylinder set) という．以下，$\mathcal{F} := \bigvee_{t \geq 0} \mathcal{F}_t$ とする．

次の定理は，ある n 次元分布が与えられたとき，それを有限次元分布（定義 A.31 参照）として持つような $(\Omega, \mathcal{F})$ 上の確率分布の存在を保証するための定理で **Kolomogorov の拡張定理** (Kolmogorov's extension theorem) としてよく知られている．

[**定理 A.18（Kolmogorov の拡張定理）**] 任意の $n \in \mathbb{N}$ と実数列 $t_1 \leq \cdots \leq t_n$ に対して，$(\mathbb{R}^n, \mathcal{B}_n)$ 上の確率測度 $P_{t_1,\ldots,t_n}$ が与えられており，それらが以下の**整合性条件** (consistency condition) を満たすとする：任意の $t_1 \leq \cdots \leq t_{n+1}$ と $B_1,\ldots,B_n \in \mathcal{B}$ に対して

$$P_{t_1,\ldots,t_{n+1}}(B_1 \times \cdots \times B_n \times \mathbb{R}) = P_{t_1,\ldots,t_n}(B_1 \times \cdots \times B_n). \tag{A.7}$$

このとき，$(\Omega, \mathcal{F})$ 上にある確率測度 $\mathbb{Q}$ で

$$\mathbb{Q}(\mathcal{C}_{t_1,\ldots,t_n}(B_1,\ldots,B_n)) = P_{t_1,\ldots,t_n}(B_1 \times \cdots \times B_n)$$

となるようなものが一意に存在する．

$M = (M_t)_{t \geq 0}$ を $(\Omega, \mathcal{F}, \mathbb{P})$ 上の確率過程とし，$M_t(\omega) = \omega(t)$ のような "自然な確率過程"（注意 A.33）を考えると，上記のフィルトレーション $\mathcal{F}_t$ の作り方は M から生成される自然なフィルトレーションである．今，この M が

$\mathbb{F}$-マルチンゲールであったとしよう．保険数理や数理ファイナンスでは，様々な理由からしばしばマルチンゲールを用いた以下のような確率の変換 $\mathbb{P} \to \mathbb{P}_t^*$ が行われる．

$$\mathbb{P}_t^*(A) := \mathbb{E}\left[M_t \mathbf{1}_A\right] = \int_A M_t(\omega)\,\mathbb{P}(\mathrm{d}\omega), \quad \forall\,A \in \mathcal{F}_t. \tag{A.8}$$

これを微分形で書くと $\mathrm{d}\mathbb{P}_t^* = M_t\mathrm{d}\mathbb{P}$ と書ける．ここで，M が非負値マルチンゲールで $\mathbb{E}[M_0] = 1$ を満たせば $\mathbb{P}_t^*$ は $\mathcal{F}_t$ 上の確率測度である．このことは，

$$\mathbb{P}_t^*(\Omega) = \mathbb{E}[M_t] = \mathbb{E}[\mathbb{E}[M_t \mid \mathcal{F}_0]] = \mathbb{E}[M_0] = 1$$

となることから明らかであろう．この $\mathbb{P}_t^*$ は $t \geq 0$ によって変化しうるが，Kolmogorov の拡張定理を用いると次のことが示される．

[定理 A.19]　$M = (M_t)_{t\geq 0}$ は非負値 $\mathbb{F}$-マルチンゲールで $\mathbb{E}[M_0] = 1$ を満たすとし，$\mathbb{P}_t^*$ を (A.8) で定まる確率とする．このとき，$(\Omega, \mathcal{F})$ 上の確率測度 $\mathbb{P}^*$ で，以下を満たすものが一意に存在する[1]

$$\mathbb{P}^*(A) = \mathbb{P}_t^*(A), \quad A \in \mathcal{F}_t.$$

証明　定理 A.18 と同じ記号を用いる．$t_1 \leq \cdots \leq t_{n+1} \leq t$ として，以下，

$$\mathcal{C}_n := \mathcal{C}_{t_1,\ldots,t_n}(B_1,\ldots,B_n), \quad \widetilde{\mathcal{C}}_{n+1} := \mathcal{C}_{t_1,\ldots,t_{n+1}}(B_1,\ldots,B_n,\mathbb{R})$$

と置く．このとき，$\mathcal{C}_n \in \mathcal{F}_t$ となることに注意して，確率測度 $P_{t_1,\ldots,t_n}$ を

$$P_{t_1,\ldots,t_n}(B_1 \times \cdots \times B_n) := \mathbb{P}_t^*(\mathcal{C}_n)$$

で定めておき，これが整合性条件を満たすことを確認すればよい．

ここで，$\widetilde{\mathcal{C}}_{n+1} \in \mathcal{F}_{t_n}$ に注意して，条件付き期待値の定義を使うと

---

[1]　一意性の意味は，別の確率 $\mathbb{Q}$ が存在したとき $\mathbb{Q} \sim \mathbb{P}^*$ となることである．

$$P_{t_1,\ldots,t_{n+1}}(B_1 \times \cdots \times B_n \times \mathbb{R}) = \mathbb{E}\left[M_t \mathbf{1}_{\tilde{\mathcal{C}}_{n+1}}\right]$$

$$= \mathbb{E}\left[\mathbb{E}[M_t \mid \mathcal{F}_{t_n}] \mathbf{1}_{\tilde{\mathcal{C}}_{n+1}}\right]$$

$$= \mathbb{E}\left[M_{t_n} \mathbf{1}_{\tilde{\mathcal{C}}_{n+1}}\right]$$

$$= P_{t_1,\ldots,t_n}(B_1 \times \cdots \times B_n).$$

したがって，定理 A.18 が使えて，ある $\mathbb{P}^*$ が一意に存在し，$\mathbb{P}^*(\mathcal{C}_n) = \mathbb{P}_t^*(\mathcal{C}_n)$. $\mathcal{F}_t$ は $\mathcal{C}_n$ の筒集合を全て含む σ-加法族であるから，確率測度の完全加法性によって任意の $A \in \mathcal{F}_t$ に対しても $\mathbb{P}^*(A) = \mathbb{P}_t^*(A)$ が成り立つ. ∎

次の結果は破産理論で有用である.

[**定理 A.20**] 定理 A.19 と同じ条件を仮定する．また，τ は $\mathcal{F}$-停止時刻とする．このとき，以下が成り立つ.

(1) 任意の $t < T$, $A \in \mathcal{F}_t$ に対して，

$$\mathbb{P}_t^*(A) = \mathbb{E}[M_T \mathbf{1}_A].$$

(2) $A \subset \{\tau < \infty\} \in \mathcal{F}$ が $A \in \mathcal{F}_\tau$ を満たすとき，

$$\mathbb{P}^*(A) = \mathbb{E}\left[M_\tau \mathbf{1}_A\right].$$

証明 (1) は M のマルチンゲール性から容易にわかる．すなわち，

$$\mathbb{P}_t(A) = \mathbb{E}\left[\mathbb{E}[M_T \mid \mathcal{F}_t] \mathbf{1}_A\right] = \mathbb{E}\left[\mathbb{E}[M_T \mathbf{1}_A \mid \mathcal{F}_t]\right] = \mathbb{E}[M_T \mathbf{1}_A]$$

である.

(2) の証明：$\mathcal{F}_\tau$ の定義より，$A \cap \{\tau \le t\} \in \mathcal{F}_t$ であることに注意すると，

$$\mathbb{P}^*(A \cap \{\tau \le t\}) = \mathbb{E}\left[\mathbb{E}[M_t \mathbf{1}_{A \cap \{\tau \le t\}} \mid \mathcal{F}_{\tau \wedge t}]\right]$$

$$= \mathbb{E}\left[\mathbb{E}[M_t \mid \mathcal{F}_{\tau \wedge t}]\, \mathbf{1}_{A \cap \{\tau \le t\}}\right]$$

$$= \mathbb{E}\left[M_{\tau \wedge t} \mathbf{1}_{A \cap \{\tau \le t\}}\right]$$

$$= \mathbb{E}\left[M_\tau \mathbf{1}_{A \cap \{\tau \le t\}}\right].$$

上記 3 番目の等号に任意抽出定理 (定理 5.12) を使った. あとは両辺で $t \to \infty$ とすれば, 単調収束定理によって結論を得る. ∎

A.2 再生理論 (Renewal Theory)

A.2.1 再生型方程式

[**定義 A.21**] $(W_i)_{i \in \mathbb{N}}$ を IID な正値確率変数列とするとき,

$$N_t = \sum_{n=1}^{\infty} \mathbf{1}_{\{W_1 + \cdots + W_n \le t\}} \tag{A.9}$$

で定まる確率過程 $N = (N_t)_{t \ge 0}$ を**再生過程 (renewal process)** という.

ある期間において, $i-1$ 番目のクレームと i 番目のクレームの発生時間間隔 (inter-arrival time) を W_i とすると, N_t は時刻 t までに起こったクレームの回数を表すと見なすことができる. 特に, W_i が分布 F に従うとすると,

$$\mathbb{E}[N_t] = \sum_{n=0}^{\infty} F^{*n}(t) = F_0(t) \tag{A.10}$$

と書ける. この F_0 を (分布 F に対する) **再生関数 (renewal function)** という.

再生理論におけるもっとも基本的な定理が次の **Blackwell の定理**である. ここでは後の証明に使うだけなので, 補題の形で結果のみ紹介しておく.

A.2 再生理論 (Renewal Theory)　337

[補題 A.22（Blackwell）]　再生関数 (A.10) において，分布 F は連続型[2]であり，その平均 $\mu := \int_0^\infty x\, F(\mathrm{d}x)$ が存在するとき，任意の $s > 0$ に対して，

$$\lim_{t \to \infty} \frac{F_0(t) - F_0(t - s)}{s} = \frac{1}{\mu}. \tag{A.11}$$

[例 A.23（Poisson 過程）]　式 (A.9) において，W_i が平均 μ の指数分布に従うとき，N は $N_t \sim Po(t/\mu)$ なる Poisson 過程である．このとき $F_0(t) = t/\mu$ であるから，明らかに (A.11) が成り立っている．

[定義 A.24]　関数 $H : \mathbb{R}_+ \to \mathbb{R}$ は局所有界[3]とし，関数 $G : \mathbb{R}_+ \to \mathbb{R}$ は単調増加，右連続で $G(\infty) \leq 1$ とする．このとき，$Z : \mathbb{R}_+ \to \mathbb{R}$ に対する以下の積分方程式

$$Z(x) = H(x) + G * Z(x) \tag{A.12}$$

を Z に関する**再生（型）方程式** (renewal type equation) という．ただし，$x < 0$ に対しては $Z(x) \equiv 0$ とする．

　単に**再生方程式** (renewal equation) というときは，$G(\infty) = 1$ を指す場合が多い．$G(\infty) < 1$ のとき，関数 G で定まる有限測度（定理 1.15 参照）を**不完全分布** (defective distribution)[4]というが，$G(x)$ はその不完全分布の分布関数と見ることができて，このときの (A.12) を指して，特に**不完全再生方程式** (defective renewal equation) ともいう．

　2.4.3 項でも述べたとおり，

$$Z(x) = \sum_{k=0}^\infty H * G^{*k}(x)$$

が (A.12) の解になることは容易にわかるが，実はこれが一意解である．実際，

---

[2]　分布関数に少なくとも連続的に増加する部分がある (nonlattice) だけでも十分である．

[3]　任意の有界閉区間に $I \subset \mathbb{R}_+$ において $\sup_{x \in I} |H(x)| < \infty$ となること．

[4]　これに対して $G(\infty) = 1$ なる普通の分布関数は *"proper distribution"* といわれることもある．

別の解 $Z'(x)$ があったと仮定すると，Z, Z' が共に (A.12) を満たすので，

$$Z(x) - Z'(x) = G * (Z - Z').$$

これより，任意の n に対して，

$$Z(x) - Z'(x) = G^{*n} * (Z - Z')$$

となることは帰納法により明らかである．したがって，

$$
\begin{aligned}
|Z(x) - Z'(x)| &= |G^{*n}(Z - Z')(x)| \\
&\leq \int_0^x |Z(x - y) - Z'(x - y)| \, \mathrm{d}G^{*n}(\mathrm{d}y) \\
&\leq \sup_{y \in [0, x]} |Z(y) - Z'(y)| \, |G(x)|^n \to 0, \quad n \to \infty
\end{aligned}
$$

となって，$Z = Z'$ がわかる．

［注意 A.25］ 再生方程式 (A.12) において，$H(x) = \mathbf{1}_{[0, \infty)}(x)$ としたときの解を $Z = Z_0$ と書くと，

$$Z_0(x) = \sum_{n=1}^{\infty} G^{*n}(x).$$

は分布 G に対する再生関数である．したがって，Blackwell の定理により

$$Z_0(t) - Z_0(t - s) \sim \frac{s}{\mu_G}, \quad t \to \infty.$$

ただし，$\mu_G = \int_0^{\infty} x \, G(\mathrm{d}x) < \infty$.

A.2.2　直接 Riemann 可積分性

再生方程式の解の評価のために本書で用いるのは **Key renewal theorem** と呼ばれる極限定理である．これを述べるために，**直接 Riemann 可積分 (directly Riemann integrable)** という概念を紹介する．

［定義 A.26］ 関数 $f : \mathbb{R}_+ \to \mathbb{R}$ が "直接 Riemann 可積分" であるとは，$\Delta > 0$

に対して

(上 Riemann 和) $\quad \overline{f}_{\Delta} := \sum_{n=1}^{\infty} M_{n,\Delta}(f) \cdot \Delta; \quad M_{n,\Delta}(f) := \sup_{(n-1)\Delta \leq x \leq n\Delta} f(x).$

(下 Riemann 和) $\quad \underline{f}_{\Delta} := \sum_{n=1}^{\infty} m_{n,\Delta}(f) \cdot \Delta; \quad m_{n,\Delta}(f) := \inf_{(n-1)\Delta \leq x \leq n\Delta} f(x).$

と定めるとき, $-\infty < \sup_{\Delta>0} \underline{f}_{\Delta} \leq \inf_{\Delta>0} \overline{f}_{\Delta} < \infty$ であって,

$$\lim_{\Delta \to 0} \left(\overline{f}_{\Delta} - \underline{f}_{\Delta} \right) = 0$$

が成り立つことである.

通常の Riemann 積分では, 無限区間 $\mathbb{R}$ での積分を定義する際, 有限区間 $[a,b]$ での積分を定義したのち, 広義積分として $a \to -\infty$, $b \to \infty$ とする. ところが, 上記の定義では無限区間において直接 f を上下から押さえる $\overline{f}_{\Delta}, \underline{f}_{\Delta}$ によって広義積分することなく積分を定義しようとするものである. したがって, 直接 Riemann 可積分ならば通常の意味で Riemann 可積分であるが, 次の例のように逆は成立しない.

[**例 A.27**] 以下の図 A.1 のような関数列 $f_n(x)$ を考えて, $f(x) = \sum_{k=1}^{\infty} f_k(x)$ とする. このとき, 任意の n に対して

$$\int_0^{n+1/n} f(x) \, \mathrm{d}x = \sum_{k=1}^{n} \frac{1}{k^2}$$

となるから $\int_0^{\infty} f(x) \, \mathrm{d}x = \sum_{k=1}^{\infty} \frac{1}{k^2} < \infty$ となって広義 Riemann 積分可能だが, どんな $\Delta > 0$ に対してでも $\overline{f}_{\Delta} \geq \sum_{n=1}^{\infty} n^{-1}\Delta = \infty$ となって直接 Riemann 可積分ではない.

直接 Riemann 可積分性の十分条件として以下が知られている.

[**補題 A.28**] $z_1 : \mathbb{R}_+ \to (0, \infty)$ は単調増加で, $z_2 : \mathbb{R}_+ \to \mathbb{R}_+$ は単調減少な関数とし, 以下の2条件を満たせば, $Z(x) = z_1(x)z_2(x)$ は直接 Riemann 可積分である:

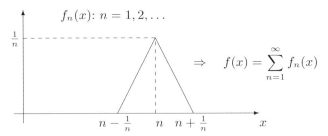

図 A.1 f は通常の意味で（広義）Riemann 可積分であるが直接 Riemann 可積分でない.

$$\int_0^\infty z_1(x)z_2(x)\,\mathrm{d}x < \infty \quad (\text{広義 Riemann 積分可能}). \tag{A.13}$$

$$\sup_{x\geq 0, 0\leq y\leq \Delta} \frac{z_1(x+y)}{z_1(x)} \to 1, \quad \Delta \to 0. \tag{A.14}$$

証明 $r(\Delta) := \sup_{x\geq 0, 0\leq y\leq \Delta} \frac{z_1(x+y)}{z_1(x)}$ と置くと，条件より，$\Delta > 0$ と $n = 2, 3, \ldots$ に対して，

$$M_{n,\Delta}(Z) = z_1(n\Delta)z_2((n-1)\Delta) = r(2\Delta)z_1((n-2)\Delta)z_2((n-1)\Delta)$$

と書けることに注意する．ここで，$x \in [(n-2)\Delta, (n-1)\Delta]$ に対して

$$r(2\Delta)z_1((n-2)\Delta)z_2((n-1)\Delta) \leq r(2\Delta)z_1(x)z_2(x)$$

であるから，

$$\overline{Z}_\Delta \leq M_{1,\Delta}(Z) \cdot \Delta + r(2\Delta) + \int_0^\infty z_1(x)z_2(x)\,\mathrm{d}x$$
$$\to \int_0^\infty z_1(x)z_2(x)\,\mathrm{d}x < \infty, \quad \Delta \to 0.$$

同様の議論で

$$\underline{Z}_\Delta \geq \frac{1}{r(2\Delta)} \int_\Delta^\infty z_1(x)z_2(x)\,\mathrm{d}x$$
$$\to \int_0^\infty z_1(x)z_2(x)\,\mathrm{d}x < \infty, \quad \Delta \to 0.$$

以上より，$\lim_{\Delta \to 0}(\overline{Z}_\Delta - \underline{Z}_\Delta) = 0$ となって Z は直接 Riemann 可積分である． ∎

A.2.3 Key Renewal Theorem

以下の定理は再生理論で最も重要結果の一つとしてよく知られており，Smith[5]の **Key Renewal Theorem** といわれる．

[**定理 A.29**] 再生方程式(A.12)（すなわち，$G(\infty) = 1$）において，H が直接 Riemann 可積分で，

$$0 < \mu_G := \int_0^\infty x\,G(\mathrm{d}x) < \infty$$

とする．このとき，

$$\lim_{x \to \infty} Z(x) = \frac{1}{\mu_G} \int_0^\infty H(x)\,\mathrm{d}x.$$

証明 注意 A.25 と同じ記号を用いて，$Z_0 = \sum_{n=1}^\infty G^{*n}$（$G$ に対する再生関数）とすると，(A.12)の解は $Z = H * Z_0$ であることに注意する．ここで，

$$\overline{H}(x) = \sum_{n=1}^\infty M_{n,\Delta}(H)\mathbf{1}_{[(n-1)\Delta,n\Delta]}(x),$$

$$\underline{H}(x) = \sum_{n=1}^\infty m_{n,\Delta}(H)\mathbf{1}_{[(n-1)\Delta,n\Delta]}(x)$$

と置くと，$\underline{H} \leq H \leq \overline{H}$ であるから，

$$\underline{H} * Z_0(x) \leq Z(x) \leq \overline{H} * Z_0(x), \quad x \geq 0.$$

この右辺について

$$\overline{H} * Z_0(x) = \sum_{n=1}^\infty M_{n,\Delta}(H)\left[Z_0(x-(n-1)\Delta) - Z_0(x-n\Delta)\right]$$

であるが，補題 A.22（注意 A.25）によって $Z_0(x-(n-1)\Delta) - Z_0(x-n\Delta)$

---

[5] [56] を参照．

342 付録 補足事項

は一様有界，すなわち，ある定数 $C > 0$ が存在して

$$\sup_{n \in \mathbb{N}} |Z_0(x - (n-1)\Delta) - Z_0(x - n\Delta)| < C.$$

また H の直接 Riemann 可積分性により $\sum_{n=1}^{\infty} M_{n,\Delta}(H) < \infty$ であるから，有界収束定理によって

$$\limsup_{x \to \infty} Z(x) \leq \sum_{n=1}^{\infty} M_{n,\Delta}(H) \limsup_{x \to \infty} \left[Z_0(x - (n-1)\Delta) - Z_0(x - n\Delta) \right]$$

$$= \frac{1}{\mu_G} \sum_{n=1}^{\infty} M_{n,\Delta}(H) \cdot \Delta \to \frac{1}{\mu_G} \int_0^{\infty} H(x)\,\mathrm{d}x, \quad \Delta \to 0.$$

まったく同様にして，

$$\liminf_{x \to \infty} Z(x) \geq \frac{1}{\mu_G} \sum_{n=1}^{\infty} m_{n,\Delta}(H) \cdot \Delta \to \frac{1}{\mu_G} \int_0^{\infty} H(x)\,\mathrm{d}x, \quad \Delta \to 0.$$

これで証明が終わった. ∎

A.3 確率過程の分布収束

本節では確率過程の関数空間上での分布収束に関する重要事項を説明する．ただし，初学者にとっては難解な個所と思われるので，これらを最短で理解するために必要と思われる最低限の事項を概説するにとどめ，むしろこの節をきっかけとしてより詳細を学んでいただきたい．その際の参考書として，Billingsley [6]，Kallenberg [30]，Pollard [44] などを挙げておく．

以下，確率空間 $(\Omega, \mathcal{F}, \mathbb{P})$ を所与とする．

A.3.1 確率変数としての確率過程

確率変数 $X : \Omega \to \mathbb{R}$ は，一つの根源事象 $\omega \in \Omega$ が選ばれたとき，一つの実数 $X(\omega) \in \mathbb{R}$ を返す Ω 上の関数であり，この値を X の**実現値** (realization) という．定義 5.1 では $t \in \mathcal{T}$ で添字付けられた確率変数 X_t の族として確率過程を定義し，各 X_t の実現値によって描ける t の関数を $X = (X_t)_{t \geq 0}$

のサンプルパスと呼んだが，この見方を少し変えて，サンプルパスを関数値としての実現値と見なすことで，確率過程を通常の確率変数と同様に定義することもできる．

例えば，各 $t > 0$ に対して $[0, t]$ 上の連続関数全体の集合 $C_t := C([0, t])$ を考え，ここに**一様収束距離 (uniform metric)** として

$$\rho_t(x, y) = \sup_{u \in [0, t]} |x(u) - y(u)|, \quad x, y \in C_t \tag{A.15}$$

を入れる．この距離を使って作られる C_t の開集合全体から生成される σ-加法族（位相的 Borel 集合族）を $\mathcal{C}_t$ と書くと，

$$(C_t, \mathcal{C}_t)$$

は可測空間となり，この上に可測写像

$$X : (\Omega, \mathcal{F}) \to (C_t, \mathcal{C}_t)$$

を考えることができる．すなわち，X は

$$X^{-1}(A) \in \mathcal{F}, \quad \forall A \in \mathcal{C}_t$$

を満たす．これは $\omega \in \Omega$ が決まると連続関数 $X(\omega) \in C_t$ を実現値として持つような確率変数：

$$X(\omega) = x, \quad x \in C_t$$

であり，C_t-値確率変数などといわれる．こうすれば X の実現値 x は $[0, t]$ 上の連続関数であり，X はサンプルパス $x = (x(u))_{u \in [0, t]}$ を持つような確率過程ということになる．また，このときの ω は $[0, t]$ までの現象を決める事象と解釈される．

さらに，$(\Omega, \mathcal{F})$ 上の確率 $\mathbb{P}$ に対して

$$P^X(A) := \mathbb{P}(X^{-1}(A)) = \mathbb{P} \circ X^{-1}(A), \quad A \in \mathcal{C}_t$$

によって P^X を定めれば，これは $(C_t, \mathcal{C}_t)$ 上の確率測度になり，ここに新たな確率空間 $(C_t, \mathcal{C}_t, P^X)$ ができる．この P^X が確率過程 X の分布（確率法則）

344 付録 補足事項

である.

さて，上記のような"関数値"確率変数やその分布の定義は，通常の実数値確率変数の場合と記号的には何も変わっておらず，この議論は X のとる値の空間が C_t に限らず，適当な距離空間 S に対しても同様である．すなわち，S の距離による位相的 Borel 集合族 $\mathcal{S}$ によってできる可測空間 $(S, \mathcal{S})$ に対して，確率変数は以下のように一般化される．

[定義 A.30] $(\Omega, \mathcal{F}, \mathbb{P})$ を確率空間とし，$(S, \mathcal{S})$ を可測空間とするとき，

$$X : (\Omega, \mathcal{F}) \to (S, \mathcal{S})$$

なる可測写像を **S-値確率変数 (S-valued random element)** といい，

$$P^X = \mathbb{P} \circ X^{-1}$$

で定まる $\mathcal{S}$ 上の確率測度 P^X を X の**分布（確率法則）**という．

以下，T を集合とし，U を写像 $T \to \mathbb{R}$ 全体の集合とする．$S \subset U$ とすると，このとき，S-値確率変数 X は T を添字集合とする確率過程 $X = (X_t)_{t \in T}$ を定める．すなわち，固定された $\omega \in \Omega$ に対して，

$$X(\omega) = (X_t(\omega))_{t \in T} \in S$$

となる（上記の例では $S = C_t$，$T = [0, t]$ である）．このような S-値確率変数 X を便宜上，特に **S-確率過程**と呼ぶことにしよう．

[定義 A.31] $S \subset U$ とする．S-確率過程 X に対して，

$$(X_{t_1}, \ldots, X_{t_d}), \quad t_1, t_2, \ldots, t_d \in T$$

の分布を，**X の $\{t_1, t_2, \ldots, t_d\} \subset T$ に関する有限次元分布**という．また，各 $\{t_1, \ldots, t_d\} \subset T$ に対して定まるそれぞれの有限次元分布を総称して，単に **X の有限次元分布 (finite-dimensional distribution)** という．

有限次元分布は適当な時点 $t_1, \ldots, t_d \in T$ に対し，$\mathcal{B}(R^d)$ 上の確率測度（つまり確率ベクトル $(X_{t_1}, \ldots, X_{t_d})$）の分布である．これに対し，$P^X$ は $\mathcal{S}$ 上の

確率測度であって，関数の集合を測る測度である．例えば $T = [0,1]$ のとき，サンプルパスが非可算個の T の点での値で決まるような確率変数の分布 P^X と，有限個の時点で決まる有限次元分布の間には大きなギャップがあるように思われるかもしれないが，実は，次の定理が示すように有限次元分布が決まれば確率過程の分布も一意に決まる．

以下，S-値確率変数 X, Y の分布 P^X, P^Y に対して，この二つの分布が等しいことを $X \overset{d}{=} Y$ と書く．すなわち，

$$X \overset{d}{=} Y \quad \Leftrightarrow \quad P^X(A) = P^Y(A), \quad \forall A \in \mathcal{S}.$$

[**定理 A.32**]　X, Y を S-確率過程 $X = (X_t)_{t \in T}$, $Y = (Y_t)_{t \in T}$ とすると，$X \overset{d}{=} Y$ であるための必要十分条件は，任意の $\{t_1, t_2, \ldots, t_d\} \subset T$ に対して，

$$(X_{t_1}, \ldots, X_{t_d}) \overset{d}{=} (Y_{t_1}, \ldots, Y_{t_d})$$

となることである．

証明　例えば Kallenberg [30, Proposition 3.2] など．　∎

A.3.2　C 空間と D 空間

C 空間

前項の S として，$[0, t]$ 上の連続関数全体 $C_t := C([0, t])$ をとる．この元は $[0, t]$ 上有界であるから(A.15)は C_t 上の距離を定める．$C_\infty := C([0, \infty))$ のときは(A.15)は使えないが，以下の**広義一様収束距離 (local uniform metric)**

$$\rho_\infty(x, y) = \sum_{n=1}^{\infty} \frac{1}{2^n} \left(\max_{u \in [0,n]} |x(u) - y(u)| \wedge 1 \right), \quad x, y \in C_\infty$$

を入れることで，これらはいずれも完備可分な距離空間となることが知られ

ている[6]. このような距離空間 (C_t, ρ_t) $(t \in [0, \infty])$ をまとめて **C 空間** (**C-space**) と呼ぶ.

先述のように, ρ_t による開集合から生成される位相的 Borel 集合族 $\mathcal{C}_t$ を考えれば $(C_t, \mathcal{C}_t)$ は可測空間となり, C_t-値確率変数 (C_t-確率過程) が定義され, その分布 P^X によって確率空間

$$(C_t, \mathcal{C}_t, P^X) \tag{A.16}$$

ができる.

[注意 A.33] $\Omega, \mathcal{F}$ のとり方を最初から $\Omega = C_t$, $\mathcal{F} = \mathcal{C}_t$ とし,

$$X(\omega) = \omega \in C_t \tag{A.17}$$

のような恒等写像として X を定めるのが最も単純な C_t-確率過程の定め方であろう. つまり, ω という関数を選ぶことを $\omega = (\omega(u))_{u \in [0,t]}$ というパスが発生する事象に対応付けるのである. このように定義される確率過程 X は**自然な確率過程** (**canonical process**) といわれる.

$(C_t, \mathcal{C}_t)$ 上に特定の分布 P^* が与えられたとき, その上の自然な確率過程の分布は, 分布の定義から P^* そのものである. したがって, 特定の分布的性質を持つ確率過程が存在するか否かは,

「$\mathcal{C}_t$ 上の確率測度 P^* で与えられた分布的性質を満たすものがあるか?」

$$\tag{A.18}$$

という問題に帰着される.

Brown 運動の C 空間上での実現

[例 A.34] Brown 運動の構成はまさに(A.18)の代表的な問題であり, Wiener [63] による次の定理が本質的である.

[定理 A.35] μ を $(\mathbb{R}, \mathcal{B}(\mathbb{R}))$ 上の確率測度とし, $t > 0, x, y \in \mathbb{R}$ に対して

---

[6] この完備可分性が後に分布収束を論ずる際に有用となる (定理 A.44).

$$p(t, x, y) = \frac{1}{\sqrt{2\pi t}} e^{-\frac{(y-x)^2}{2t}} \tag{A.19}$$

と置く. 任意の $n \in \mathbb{N}$ と $0 = t_0 < t_1 < \cdots < t_n,\ x_0, x_1, \ldots, x_n \in \mathbb{R}$ に対して, 以下を満たす $(C_\infty, \mathcal{C}_\infty)$ 上の確率測度 P_μ がただ一つ存在する:

$$P_\mu(\{\omega \in C_\infty : \omega(0) \le x_0, \omega(t_1) \le x_1, \ldots, \omega(t_n) \le x_n\}) \tag{A.20}$$

$$= \int_{-\infty}^{x_0} \mu(\mathrm{d}y_0) \int_{-\infty}^{x_1} p(t_1 - t_0, y_0, y_1)\, \mathrm{d}y_1 \cdots \int_{-\infty}^{x_n} p(t_n - t_{n-1}, y_{n-1}, y_n)\, \mathrm{d}y_n.$$

この P_μ を **Wiener 測度 (Wiener measure)** という.

Wiener 測度を用いて作られる確率空間

$$(C_\infty, \mathcal{C}_\infty, P_\mu) \tag{A.21}$$

の上に自然な確率過程 $W = (W_t)_{t \ge 0}$ を

$$W_t(\omega) = \omega(t) \in C_\infty \tag{A.22}$$

と定めれば, パスは連続で, W は Brown 運動の定義 5.26, (2), (3) を満たすことが (A.20) を用いて容易に確かめられる (問 A.36). また, 式 (A.20) で $x_1 = \cdots = x_n = \infty$ とすることで, μ が W_0 の分布を表すことは明らかであろう. したがって, (A.22) で定義される W は**初期分布 μ を持つ Brown 運動**といわれる. 特に, $\mu = \Delta_x$ (x に集中する Dirac 測度) の場合 $P_\mu(W(0) = x) = 1$ であり, これを **x から出発する Brown 運動**という. $x = 0$ のときが標準 Brown 運動である.

[問 A.36] (A.22) で定めた確率過程 W について, 増分 $\{W_{t_j} - W_{t_{j-1}}\}_{j=1,\ldots,n}$ は独立に正規分布 $N(0, t_j - t_{j-1})$ に従うことを示せ.

式 (A.20) は Brown 運動 W の有限次元分布の分布関数を示していることがわかるが, このような有限次元分布による $\mathcal{C}_\infty$ 上の確率測度 $\mathbb{P}_\mu$ は, 定理 A.32 により一意である.

D 空間

Brown 運動は連続なパスを持っていたので C 空間で議論ができたが，例えば Poisson 過程や複合 Poisson 過程を同様に関数空間上に値をとる確率変数として実現させるには C 空間は不十分である．そこで，定義 A.30 における S として càdlàg 関数全体 $D_t := D([0, t])$，または $D_\infty := D([0, \infty))$ を考える．

$$C_t \subset D_t$$

であるから，Brown 運動も D_t-確率過程として扱うことができる．ここに適当な距離を入れた距離空間を **D 空間 (*D*-space)** という．

C 空間のときのように，D 空間に適当な距離を入れて完備可分距離空間にしたいが，例えば C 空間と同様に（広義）一様収束距離を入れると，完備だが可分にならないことが知られている．そこで新しい距離を考える必要がある．

以下のような記号を用いる．

・$x \in D_t$ に対して，

$$\|x\|_t := \sup_{u \in [0, t]} |x(u)|.$$

・Λ_t で，$[0, t]$ の "上への関数（全射）" で単調増加なもの全体を表す．ただし，Λ_∞ については $[0, t]$ を $[0, \infty)$ と読み替える．

・$x \circ \lambda(s) = x(\lambda(s));\ I(s) = s$（恒等関数）．

D_t における距離としてよく用いられるのは **Skorokhod の距離 (Skorokhod metric)** と呼ばれる以下のような ϱ_t である：$t \in (0, \infty]$ に対して，

$$\varrho_t(x, y) = \inf_{\lambda \in \Lambda_t} \left(\max\{\|x \circ \lambda - y\|_t,\ \|\lambda - I\|_t\} \right). \tag{A.23}$$

この距離の意味は，D_t 内の関数列 $\{x_n\}$ の収束 "$x_n \to x$ in D_t" を，ある $\{\lambda_n\} \subset \Lambda_t$ に対して

$$\|x_n \circ \lambda_n - x\|_t + \|\lambda_n - I\|_t \to 0 \tag{A.24}$$

となることで定義しようというものである．つまり，"わずかな" 時間変更 $\{\lambda_n\} \subset \Lambda_t$ を x_n に施してもかまわずに x に収束する，ということである．こ

のような距離（収束）によって定まる位相は **Skorokhod 位相 (Skorokhod topology)** といわれている[7].

こうすると実は D_t は可分距離空間となるのだが，今度は完備にならないことが知られている（例えば，Billingsley [6, Example 12.2] に反例がある）．そこで，ϱ_t の中の $\|\lambda - I\|_t$ の部分を

$$\|\lambda\|_t^\circ := \sup_{0 \le u < v \le t} \left| \log \frac{\lambda(u) - \lambda(v)}{u - v} \right|$$

で置き換えた **Billingsley の距離 (Billingsley metric)** を考える：

$$\varrho_t^\circ(x, y) = \inf_{\lambda \in \Lambda_t} \left(\max\{\|x \circ \lambda - y\|_t, \ \|\lambda\|_t^\circ\} \right). \tag{A.25}$$

これが以下のように都合がよい．

[定理 A.37] 距離 ϱ_t と ϱ_t° は同等である．すなわち，$x_n, x \in D_t$ に対して，

$$\lim_{n \to \infty} \varrho_t(x_n, x) = 0 \quad \Leftrightarrow \quad \lim_{n \to \infty} \varrho_t^\circ(x_n, x) = 0$$

という意味で同じ位相を定める．また，(D_t, ϱ_t°) は完備可分距離空間になる．

証明 Billingsley [6, Theorem 12.1, 12.2] を見よ． ∎

さらに D_∞ では，（A.24）を拡張させて，次のような収束に基づく位相を考えればよい．

[定理 A.38] D_∞ における収束 "$x_n \to x$" を以下で定める：ある $\{\lambda_n\} \subset \Lambda_\infty$ が存在して

$$\lim_{n \to \infty} \|\lambda_n - I\|_\infty = 0,$$

かつ，任意の $t > 0$ に対して，

$$\lim_{n \to \infty} \|x_n \circ \lambda_n - x\|_t = 0.$$

---

[7] J_1-位相ともいう．Skorokhod は D 空間に入れる複数の位相を提案したが，そのうちの一つを J_1 と呼んでいる．

350　付録　補足事項

この位相に関して, D_∞ は完備可分である.

証明　Billingsley [6, Theorem 16.1, 16.3] を見よ.　　　　　　　　■

　この位相の定義と (A.24) より, D_∞ における収束列は D_t でも収束すること
がわかる.

A.3.3　距離空間における分布収束

　距離空間 (S, ρ) に対して, ρ による開集合全体から生成される σ-加法族 $\mathcal{S}$
により可測空間 $(S, \mathcal{S})$ を作る. X^n, X を S-値確率変数の列とし, 分布収束
$X^n \to^d X$ について考えよう.

　定義は確率変数列の分布収束（定義 1.93）と同様である.

[定義 A.39]　S-値確率変数の列 $\{X^n\}_{n \in \mathbb{N}}$ がある S'-値確率変数 X へ**分布収
束**するとは, S 上の任意の有界連続関数 f に対して,

$$\lim_{n \to \infty} \mathbb{E}[f(X^n)] = \mathbb{E}[f(X)]$$

となることであり, これを以下のように表す:

$$X^n \to^d X \quad \text{in } S. \tag{A.26}$$

特に, S に入る距離を明示するときには以下のようにも書く:

$$X^n \to^d X \quad \text{in } (S, \rho). \tag{A.27}$$

　収束 (A.26) を注意 1.95 にならって書けばそれぞれの分布 $P_n := P^{X^n}$ と
$P := P^X$ に対して,

$$P_n \Rightarrow P$$

であり, 上の定義に新しいことは何もない. $S = \mathbb{R}^d$ であれば, 通常の確率
ベクトルの分布収束の定義であり, "in $\mathbb{R}^d$" は通常省略される. ただし, S
が C_t, D_t のような関数空間になっているときには, 定義中の f は関数の関数

（汎関数）になっているということに注意しておこう．このように S が関数空間の場合，X^n が S-値のプロセスとして収束していることを明示するためにわざわざ "in S" のように表記することが多い．

[注意 A.40] 収束 (A.27) において，f は S 上の "連続" 関数であるが，"連続" の意味は距離 ρ に依存するので，距離 ρ が変われば分布収束の定義 A.39 における f のクラスが異なってくることに注意されたい．したがって，距離を変えても分布収束が維持されるかどうかは自明でない．特に，後述する D 空間では複数の距離を考えることがあるので注意がいる（定理 A.52 を見よ）．

確率過程の分布収束について述べるために，以下の概念を導入する．

[定義 A.41] S-値確率変数の列 $\{X^n\}_{n\in\mathbb{N}}$ が **相対コンパクト** (relatively compact) であるとは，弱収束する部分列 $\{P_{n'}\} \subset \{P_n\}$ が存在することである．

確率過程の分布収束について，以下の定理が本質的である．

[定理 A.42] S-確率過程の列 $\{X^n\}_{n\in\mathbb{N}}, X$ に対して，以下の (1), (2) を仮定する．

(1) X^n の有限次元分布は X の有限次元分布に分布収束する：任意の t_1, $\ldots, t_d \in H$ に対して，

$$(X^n_{t_1}, \ldots, X^n_{t_d}) \to^d (X_{t_1}, \ldots, X_{t_d}). \tag{A.28}$$

(2) $\{X^n\}_{n\in\mathbb{N}}$ は相対コンパクトである．

このとき，

$$X^n \to^d X \quad \text{in } S.$$

証明 Billingsley [6, Example 5.1] を見よ． ∎

定理 A.32 によれば，確率過程の分布はその有限次元分布によって決まるの

で，一見，分布収束も「有限次元分布の収束」(A.28)で十分であろうと錯覚してしまいがちであるが，実はそうではない[8]．上記定理はそのことを示唆しており，実際，S が C 空間のような空間の場合，(1), (2) は分布収束のための同値条件になっている．

しかし，相対コンパクト性は確認しづらい定義になっているので，もう少し見やすい条件に変更したい．そこで，次の概念を導入する．

[定義 A.43] S-値確率変数の列 $\{X^n\}_{n\in\mathbb{N}}$ が**緊密 (tight)** であるとは，任意の $\epsilon > 0$ に対して，あるコンパクト集合 $K \subset S$ が存在して，

$$\sup_n P_n(K) \geq 1 - \epsilon.$$

緊密性は，大雑把にいうと，確率変数の列 X^n が本質的に一つのコンパクト集合 K の中に閉じ込められているため "発散しない" というイメージである．次の定理は相対コンパクト性と緊密性の関連を示す強力な定理である．

[定理 A.44（Prohorov の定理）] S-値確率変数の列 $\{X^n\}_{n\in\mathbb{N}}$ が緊密ならば相対コンパクトである．また，距離空間 (S, ρ) が完備可分ならば，緊密性と相対コンパクト性は同値である．

したがって，完備可分距離空間 (S, ρ) に値をとる S-確率過程の分布収束のための条件は

「有限次元分布の収束」＋「緊密性」

と覚えておくとよい．

C 空間における分布収束

$t > 0$ に対して，$S = C_t$ の場合を考えよう[9]．以下の定理が知られている．

[定理 A.45] X^n, X を C_t-確率過程に対して

---

[8]   Billingsley [6, Section 2, Example 2.5] に反例がある．

[9] C_t のところは，コンパクト集合 $H \subset \mathbb{R}_+$ に対して $C(H)$ としてもよい．

$$X^n \to^d X \quad \text{in } C_t$$

であることは，次の (1), (2) が同時に成り立つことと同値である．

(1) 任意の $t_1, \ldots, t_d \in [0, t]$ に対して，

$$(X^n_{t_1}, \ldots, X^n_{t_d}) \to^d (X_{t_1}, \ldots, X_{t_d}).$$

(2) $x, y \in C_t$ に対して $w(x, h) := \sup_{|s-u| \le h} |x(s) - x(u)|$ と置くと

$$\lim_{h \to 0} \limsup_{n \to \infty} \mathbb{E}[w(X^n, h) \wedge 1] = 0.$$

証明 Kallenberg [30, Theorem 16.5] を参照． ∎

(2) の条件が緊密性の条件に相当していることに注意せよ．特に確率過程 $X^n(u)$ が $u \in [0, t]$ において微分可能なら，次の条件が (2) の確認にとって実用的である．

[補題 A.46] X^n を C_t-確率過程の列とし，各 X^n はほとんど確実に $[0, t]$ 上微分可能とする．このとき，

$$\sup_{n \in \mathbb{N}} \mathbb{E}\left[\sup_{u \in [0,t]} \left| \frac{\mathrm{d}}{\mathrm{d}u} X^n(u) \right| \right] < \infty$$

であれば，定理 A.45 の (2) が成り立つ．

証明

$$
\begin{aligned}
\limsup_{n \to \infty} \mathbb{E}[w(X^n, h) \wedge 1] &= \limsup_{n \to \infty} \mathbb{E}\left[\sup_{|u-u'| \le h} |X^n(u) - X^n(u')| \wedge 1 \right] \\
&= \limsup_{n \to \infty} \mathbb{E}\left[\sup_{|u-u'| \le h} \left| \frac{\mathrm{d}}{\mathrm{d}u} X^n(u^*) \right| |u - u'| \wedge 1 \right] \\
&\le h \sup_{n \in \mathbb{N}} \mathbb{E}\left[\sup_{u \in [0,t]} \left| \frac{\mathrm{d}}{\mathrm{d}u} X^n(u) \right| \right].
\end{aligned}
$$

したがって，条件より最後の項は $h \to 0$ のとき 0 に収束する． ∎

[注意 A.47]　C_∞ の場合については本書で用いないので省略するが，「有限次元分布の収束」＋「緊密性」＝「分布収束」の構図は同じである．緊密性の十分条件については，例えば，Ibragimov and Has'minskii [26, Appendix I, Theorem 20] などに使いやすい条件があるので興味のある方は参照されたい．

$X^n \to^d X$ in C_t の副産物として，以下の定理は統計学でもしばしば有用である．

[定理 A.48]　C_t-確率過程 X^n, X に対して $X^n \to^d X$ in C_t とする．このとき，極限 $X = (X_u)_{u \in [0,t]}$ が非確率的な u の関数であれば，

$$\sup_{u \in [0,t]} |X_u^n - X_u| \to^p 0.$$

証明　極限 X が非確率的なとき，$X^n \to^d X$ は $X \to^p X$ と同値である．このとき，C_t には一様収束距離 $\| \cdot \|_t = \sup_{u \in [0,t]} |\cdot|$ が入っていることに注意すると，確率収束の定義から，任意の $\epsilon > 0$ に対して

$$\mathbb{P}\left(\|X^n - X\| > \epsilon\right) \to 0, \quad n \to \infty.$$

すなわち，$\sup_{u \in [0,t]} |X_u^n - X_u| \to^p 0$ である． ∎

D 空間における分布収束

C 空間では一様収束距離を基本にして距離を入れることで「有限次元分布の収束」＋「緊密性」が分布収束と同値になるのであった．ところが，D_t における分布収束は必ずしも有限次元分布の収束を意味しない．

[例 A.49]　距離空間 (D_1, ϱ_1) を考える．$x_n, x \in D_1$ に対して，x は点 t_0 で不連続，それ以外で連続であるとし，$\varrho_1(x_n, x) \to 0$ となっていると仮定する．このとき，$\lambda_n(s)$ を次のような連続関数にとる：点 t_0 では $\lambda_n(t_0) = t_0 - 1/n$ で，あとは $(0,0), (t_0, t_0 - 1/n), (1,1)$ を直線で結ぶ．このとき，点 $s = t_0$

での収束に注目すると，$x \in D_1$ の不連続性より

$$|x_n(t_0) - x(t_0)| = |x(t_0 - 1/n) - x(t_0)| \not\to 0 \qquad (\text{A.29})$$

となって，D_1 における収束 $x_n \to x$ in D_1 が，点での収束 $x_n(t_0) \to x(t_0)$ を意味しない．

　上の例では，もし x が連続：$x \in C_1(\subset D_1)$ であるなら(A.29)の極限は 0 となり $x_n(t_0) \to x(t_0)$ が成り立つ．つまり，上記現象は D_t の元の不連続性によっており，したがって，「有限次元分布の収束」を定理 A.42，(A.28)の意味でそのまま使うのは少し強すぎる．原因が不連続点なので，そこを取り除いた条件を考えるのがよい．

　D_t-確率過程 X が与えられており，その分布を $P := P^X$ として確率空間

$$(D_t, \mathcal{D}_t, P)$$

を作る．ただし，$\mathcal{D}_t$ は D_t が Bellingsley の距離 ϱ_t° による位相的 Borel 集合族である（つまり D_t は完備可分）．

$$J_s := \{x \in D_t : x(s) \neq x(s-)\}.$$

すなわち，J_s は固定された点 s においてジャンプするような元 $x \in D_t$ を集めたものとし，

$$T_P := \{s \in [0, t] : P(J_s) = 0\}$$

とする．つまり，D_t-確率過程のパスは，T_P 内の点でほとんど確実に（確率 1 で）連続である．このとき，次の定理が成り立つ．

[**定理 A.50**]　$t < \infty$ に対し，D_t-確率過程の列 $\{X^n\}_{n \in \mathbb{N}}, X$ が以下を満たすとする．

(1)　任意の $t_1, \ldots, t_d \in T_P$ に対して，

$$(X_{t_1}^n, \ldots, X_{t_d}^n) \to^d (X_{t_1}, \ldots, X_{t_d}).$$

(2)　$\{X^n\}_{n \in \mathbb{N}}$ は緊密である．

このとき，次の分布収束が成り立つ．

$$X^n \to^d X \quad \text{in } (D_t, \varrho_t^\circ).$$

証明　定理の証明，および (2) の緊密性のための十分条件などについては，Billingsley [6, Section 13] を参照せよ．∎

［注意 A.51］　上記定理では

$$X^n \to^d X \quad \text{in } (D_t, \varrho_t^\circ)$$

と距離関数を明記しているが，ϱ_t° と ϱ_t は同じ位相を定める（定理 A.37）のであったから，

$$X^n \to^d X \quad \text{in } (D_t, \varrho_t^\circ) \quad \Leftrightarrow \quad X^n \to^d X \quad \text{in } (D_t, \varrho_t)$$

となるので，結局，分布収束に関しては単に

$$X^n \to^d X \quad \text{in } D_t$$

と書いてしまってもよい．

　この定理で極限 X が $C([0,t])$ の場合には $T_p = [0,t]$ となるが，D-確率過程の極限が Brown 運動のような C-確率過程の場合には，実は D_t に一様収束距離を入れても分布収束が成り立つことが知られている（例えば Pollard [44, Chapter V] など）．この結果を以下にまとめておく．

［定理 A.52］　$t < \infty$ とする．D_t-確率過程の列 $\{X^n\}_{n\in\mathbb{N}}$ に対して，ある C_t-確率過程 X が存在して

$$X^n \to^d X \quad \text{in } (D_t, \varrho_t^\circ)$$

が成り立つとき，以下の分布収束も成り立つ：

$$X^n \to^d X \quad \text{in } (D_t, \rho_t).$$

ただし，ρ_t は $[0, t]$ 上の一様収束距離(A.15)である.

　本書で重要なのは独立定常増分過程に対する分布収束であるが，これについては以下の特殊な結果が知られており，実用的である.

[定理 A.53]　各 $n \in \mathbb{N}$ に対して D_∞-確率過程 $X^n = (X_t^n)_{t \geq 0}$ は独立定常増分過程とする. また，$Y^n(t) := X_{nt}^n$ で定義される確率過程 Y^n に対して，ある D_∞-確率過程 Y が存在して，任意の $t \in [0, \infty)$ で

$$Y_t^n \to^d Y_t$$

が成り立つとする. このとき，以下の分布収束が成り立つ:

$$Y^n \to^d Y \quad \text{in } D_\infty.$$

証明　Skorokhod [55, Theorem 2.7] を見よ. ∎

[定理 A.54]　X^n, X はそれぞれ，特性量 $(\alpha_n, \sigma_n^2, \nu_n)$，　(α, σ^2, ν) を持つ Lévy 過程とする. このとき，以下の (1)–(3) は同値である：$n \to \infty$ のとき，

(1)　$X_1^n \to^d X_1$.

(2)　$X^n \to^d X$ in D_∞.

(3)　$\alpha_n \to \alpha$, $\sigma_n^2 \to \sigma^2$, かつ，$f(z) = o(z^2)$ $(z \to 0)$ なる任意の有界連続関数 f に対して，

$$\int_\mathbb{R} f(z) \, \nu_n(\mathrm{d}z) \to \int_\mathbb{R} f(z) \, \nu(\mathrm{d}z).$$

証明　Jacod and Shiryayev [29, Corollary VII.3.6] を見よ. ∎

A.3.4　連続写像定理

[定理 A.55]　$(S, \rho), (S', \rho')$ を距離空間とし，$f : S \to S'$ は連続写像であるとする. このとき，S-値確率変数列 X^n, X に対して以下が成り立つ.

358 付録 補足事項

(1) $X^n \to X$ $a.s.$ $\Rightarrow$ $f(X^n) \to f(X)$ $a.s.$

(2) $X^n \to^p X$ $\Rightarrow$ $f(X^n) \to^p f(X)$.

(3) $X^n \to^d X$ $\Rightarrow$ $f(X^n) \to^d f(X)$.

したがって，概収束，確率収束，分布収束する確率変数列は，連続写像により変換を行ってもその収束性を維持する．破産理論で特に重要となるのは，関数空間における sup や inf などの汎関数である．

$\alpha \in D_\infty$ と $t \in (0, \infty)$ に対して，

$$m_t(\alpha) := \inf_{u \in [0,t]} \alpha_u, \quad m_\infty(\alpha) = \inf_{u \in [0,\infty)} \alpha_u$$

と置く．また，$\overline{\mathbb{R}} := [-\infty, \infty]$ とする．以下が成り立つ．

[定理 A.56]　ρ_t, ϱ_t をそれぞれ(A.15), (A.23)で与えた距離とする．このとき以下が成り立つ．

(1) $m_t : (C_t, \rho_t) \to (\overline{\mathbb{R}}, |\cdot|)$ は連続である．

(2) $m_t : (D_t, \varrho_t) \to (\mathbb{R}, |\cdot|)$ は連続である．

(3) $m_\infty : (D_t, \rho_t) \to (\overline{\mathbb{R}}, |\cdot|)$ は連続でない．

証明　(1)：$x_n, x \in C_t$ に対して $r_n := \rho_t(x_n, x) \to 0$ と仮定する．このとき，任意の $u \in [0, t]$ に対して，$x_n(u) \geq x(u) - r_n$ であるので，両辺で $\inf_{u \in [0,t]}$ をとって $m_t(x_n) \geq m_t(x) - r_n$，すなわち，$m_t(x) - m_t(x_n) \leq r_n$ を得る．この議論は x_n と x を入れ替えても同様だから $m_t(x_n) - m_t(x) \leq r_n$ も成り立つ．結局

$$|m_t(x_n) - m_t(x)| \leq r_n \to 0$$

となって m_t は C_t 上で連続である．(2) は Skorokhod の距離 ϱ_t を用いるが，基本的に同様にできるので演習とする（問 A.58）．

(3)：$x_n(u) = -\mathbf{1}_{\{u \geq n\}} \in D_t$, $x \equiv 0$ と置けば，$\rho_t(x_n, x) \to 0$ だが，明らかに

$$m_\infty(x_n) \equiv -1, \quad m_\infty(x) = 0$$

であって $m_\infty(x_n) \not\to m_\infty(x)$. ∎

[**注意 A.57**]　定理 A.38 により，$m_t : (D_t, \varrho_t^\circ) \to (\overline{\mathbb{R}}, |\cdot|)$ も連続である.

[**問 A.58**]　定理 A.56 の (2) を証明せよ.

参 考 文 献

[1] Applebaum, D. (2009). *Lévy processes and stochastic calculus*. 2nd ed., Cambridge University Press, Cambridge.

[2] Artzner, P., Delbaen, F., Eber, J. M. and Heath, D. (1999). Coherent measures of risk. *Math. Finance*, **9**, (3), 203–228.

[3] Asmussen, S. (2003). *Applied probability and queues*. 2nd ed., Springer-Verlag, New York.

[4] Asmussen, S and Albrecher, H. (2010). *Ruin probabilities*. 2nd ed., World Scientific Publishing Co. Pte. Ltd., Hackensack, NJ.

[5] Bertoin, J. (1996). *Léy processes*. Cambridge University Press, Cambridge.

[6] Billingsley, P. (1999). *Convergence of probability measures*. 2nd ed., John Wiley & Sons, New York.

[7] Biffis, E. and Morales, M. (2010). On a generalization of the Gerber-Shiu function to path dependent penalties. *Insurance: Mathematics and Economics*, **46**, 92–97.

[8] Bühlmann, H. (1970). *Mathematical Methods in Risk Theory*. Springer-Vealag, Berlin.

[9] Carr, P., Geman, H., Madan, D. B. and Yor M. (2002). The fine structure of asset returns: an empirical investigation. *Journal of Business*, **75**, (2), 305–332.

[10] Cont, R. and Tankov, P. (2004). *Financial modelling with jump processes*. Chapman & Hall/CRC, Boca Raton, FL.

[11] Cooley, J. W. and Tukey, J. W. (1965). An algorithm for the machine calculation of complex Fourier series. *Math. Comput.*, **19**, 297–301.

[12] Croux, K. and Veraverbeke, N. (1990). Nonparametric estimators for the probability of ruin. *Insurance: Mathematics and Economics*, **9**, (2–3), 127–130.

[13] Deniut, M., Dhaene, J., Goovaerts, M. and Kaas, R. (2005). *Actuarial theory for dependent risks: Measures, Orders and Models.* John Wiley & Sons, Ltd., Chichester.

[14] Delbaen, F. (2002). Coherent risk measures on general probability spaces. *Advances in finance and stochastics*, 1–37, Springer, Berlin.

[15] Dickson, D. C. and Hipp, C. (2001). On the time to ruin for Erlang(2) risk processes. *Insurance: Mathematics and Economics*, **29**, (3), 333–344.

[16] Dufresne, F. and Gerber, H. U. (1991). Risk theory for the compound Poisson process that is perturbed by diffusion. *Insurance: Mathematics and Economics*, **10**, (1), 51–59.

[17] Eisenberg, J. and Schmidli, H. (2011). Minimising expected discounted capital injections by reinsurance in a classical risk model. *Scand. Actuarial J.*, 155–176.

[18] Embrechts, P., Goldie, C. M. and Veraverbeke, N. (1979). Subexponential and infinite divisibility. *Z. Wahrscheinlichkeitsth*, **49**, 335–347.

[19] Embrechts, P., Klüppelberg, C. and Mikosch, T. (2003). *Modelling Extremal Events for Insurance and Finance.* Springer-Verlag, Berlin.

[20] Feller, W. (1971). *An introduction to probability theory and its applications. Vol. II.* Second edition, John Wiley & Sons, New York-London-Sydney.

[21] Feng, R. (2011). An operator-based approach to the analysis of ruin-related quantities in jump diffusion risk models. *Insurance: Mathematics and Economics*, **48** (2), 304–313.

[22] Feng, R. and Shimizu, Y. (2013). On a generalization from ruin to default in a Lévy insurance risk model. *Methodol. Comput. Appl. Probab.*, **15**, (4), 773–802.

[23] 舟木直久 (2004). 『確率論』, 朝倉書店.

[24] Gerber, H. U. and Shiu, E. S. W. (1998). On the time value of ruin; with discussion and a reply by the authors. *N. Am. Actuar. J.*, **2**, (1), 48–78.

[25] Huzak, M., Perman, M., Šikić, H. and Vondraček, Z. (2004). Ruin probabilities and decompositions for general perturbed risk processes. *Ann. Appl. Probab.*, **14**, no. 3, 1378–1397.

[26] Ibragimov, I. A. and Has'minskii, R. Z. (1981). *Statistical Estimation.* Springer-Verlag, Berlin.

[27] 稲垣宣生 (2008). 『数理統計学』, 改訂版, 裳華房.

[28] 伊藤清三 (1963). 『ルベーグ積分入門』, 裳華房.

[29] Jacod, J. and Shiryayev, A. N. (2003). *Limit Theorems for Stochastic Processes.* 2nd ed., Springer-Verlag, Berlin.

362   参考文献

[30] Kallenberg, O. (1997). *Foundations of modern probability.* Springer-Verlag, New York.

[31] Karatzas, I. and Shreve, S. E. (1991). *Brownian motion and stochastic calculus.* 2nd ed., Springer-Verlag, New York.

[32] Klüppelberg, C. (1989). Estimation of ruin probabilities by means of hazard rates. *Insurance: Mathematics and Economics*, **8**, 279–285.

[33] 小西貞則，北川源四郎 (2004). 『情報量規準』，朝倉書店.

[34] Kusuoka, S. (2001). On law invariant coherent risk measures. 『数理解析研究所講究録』1215 巻，158–168；*Advances in mathematical economics*, **3**, 83–95, Springer, Tokyo.

[35] Kuznetsov, A. and Morales, M. (2011). Computing the finite-time expected discounted penalty function for a family of Lévy risk processes. *Scand. Actuar. J.*, (1), 1–31.

[36] Kyprianou, A. E. (2006). *Introductory lectures on fluctuations of Lévy processes with applications.* Springer-Verlag, Berlin.

[37] Kyprianou, A. E. (2013). *Gerber-Shiu risk theory.* European Actuarial Academy (EAA) Series. Springer, Cham.

[38] Kyprianou, A. E. (2014). *Fluctuations of Lévy processes with applications. Introductory lectures.* 2nd ed., Springer, Heidelberg.

[39] Lundberg, F. (1903). *Approximerad Framställning av Sannolikehetsfunktionen, Återförsäkering av Kollektivrisker.* Almqvist & Wiksell, Uppsala.

[40] Mikosch, T. (2009). *Non-life insurance mathematics.* 2nd ed., Springer-Verlag, Berlin.

[41] T. ミコシュ（山岸義和 訳）(2012). 『損害保険数理』，丸善出版.

[42] 西山陽一 (2011). 『マルチンゲール理論による統計解析』，近代科学社.

[43] 日本アクチュアリー会 (2011). 『損保数理』，公益社団法人 日本アクチュアリー会.

[44] Pollard, D. (1984). *Convergence of stochastic processes.* Springer-Verlag, New York.

[45] Protter, P. E. (2004). *Stochastic Integration and Differential Equations.* 2nd ed., Springer-Verlag, Berlin.

[46] Resnick, S. I. (2008). *Extreme values, regular variation and point processes.* Springer, New York.

[47] Rolski, T., Schmidli, H., Schmidt, V. and Teugels, J. (1999). *Stochastic processes for insurance and finance.* John Wiley & Sons, Ltd., Chichester.

[48] Sato, Ken-iti (1999). *Lévy processes and infinitely divisible distributions.* Cambridge University Press, Cambridge.

[49] Schmidli, H. (2014). A note on Gerber-Shiu functions with an application.

Modern problems in insurance mathematics, 21–36, EAA Ser., Springer, Cham.

[50] 清水泰隆 (2011). 危険理論における Gerber-Shiu 関数と統計的推測. 『統計数理』, **59**, (1), 105–124.

[51] Shimizu, Y. (2009). A new aspect of a risk process and its statistical inference. *Insurance: Mathematics and Economics*, **44**, (1), 70–77.

[52] Shimizu, Y. (2011). Estimation of the expected discounted penalty function for Lévy insurance risks. *Math. Method of Statist.*, **20**, (2), 125–149.

[53] Shimizu, Y. (2012). Nonparametric estimation of the Gerber-Shiu function for the Winer-Poisson risk model. *Scandinavian Actuarial Journal*, (1), 56–69.

[54] Schoutens, W. and Cariboni, J. (2009). *Lévy processes in credit risks*. Wiely.

[55] Skorokhod, A. V. (1957). Limit theorems for stochastic processes with independent increments. *Theory Prob. Applications*, **11**, (2), 138–171

[56] Smith, R. L. (1987). Estimating tails of probability distributions. *Ann. Statist.*, **15**, 1174–1207.

[57] Shimizu, Y. and Tanaka, S. (2016). Dynamic risk measures for stochastic asset processes from ruin theory. preprint: "Gerber-Shiu dynamic risk measures for solvency evaluation" presented at *The 19th International congress on Insurance: Mathematics and Economics*, Liverpool, UK.

[58] Teugels, J. L. (1975). The class of subexponential distributions. *Ann. Probability*, **3**, (6), 1000–1011.

[59] Teugels, J. (1987). Approximation and estimation of some compound distributions. *Insurance: Mathematics and Economics*, **4**, 143–153.

[60] van der Vaart, A. W. (1998). *Asymptotic statistics*. Cambridge University Press, Cambridge.

[61] Wang, G. (2001). A decomposition of the ruin probability for the risk process perturbed by diffusion. *Insurance: Mathematics and Economics*, **28**, (1), 49–59.

[62] Wang, S. and Dhaene, J. (1998). Comonotonicity, correlation order and premium principles. *Insurance: Mathematics and Economics*, **22**, (3), 235–242.

[63] Wiener, N. (1923). Differential space. *J. Math. Phys.*, **2**, 131–174.

[64] 吉田朋広 (2004). 『数理統計学』, 朝倉書店.

索　　引

【欧字】

a.s., 48
Blackwell の定理, 336
Borel 集合, 4
Brown 運動, 193, 204, 208, 347
càdlàg, 189
càdlàg 関数, 189
Cauchy-Schwarz の不等式, 331
CDS, 325
CL モデル, 229
CTE, 84
C-確率過程, 189
C 空間, 346
Dickson-Hipp 作用素, 314, 317
Dirac 関数, 15
Dirac 測度, 14
Dynkin 族, 329
D-確率過程, 189
D 空間, 348
d-族, 329
E. Hopf の拡張定理, 9
Erlang 分布, 14
ES, 84
Esscher 原理, 65
Esscher 変換, 65, 302
Fatou 性, 139
Fatou の補題, 49
FFT, 280
Fisher-Tippett の定理, 103

Fisher 情報量, 152
Fubini の定理, 22
Gerber-Shiu 関数, 283
Hill 推定量, 186
Hölder の不等式, 331
IID, 53
Jensen の不等式, 331
Karamata の表現定理, 100
Key Renewal Theorem, 341
Kolomogorov の拡張定理, 333
Lévy-Ito 分解, 213
Lévy-Khinchine 公式, 211, 298
λ-族, 329
Laplace 変換, 30
Lebesgue-Stieltjes 測度, 11
Lebesgue 収束定理, 48
Lebesgue 積分, 19
Lebesgue 測度, 11
Lévy 過程, 206, 234, 296, 299, 302,
　　307, 311, 312
L^p-収束, 51
Lundberg 近似, 114
Lundberg 不等式, 305
Lundberg 方程式, 232, 241, 268, 286,
　　300, 312
Lyapnov の不等式, 332
Makov の不等式, 330
Minkovski の不等式, 332
$\mathbb{P}$-零集合, 223

索　引　365

Pareto 型, 98
Pareto 分布, 92
π-族, 329
Poisson 過程, 195
Poisson 分布, 13, 36
Poisson ランダム測度, 209
Pollaczek-Khinchin-Beekman 公式,
　　238, 256, 294, 318
POT 法, 181
Prohorov の定理, 352
Radon-Nikodym 微分, 328
Seal の公式, 259
σ-加法族, 1, 37
Skorokhod 位相, 349
Slutsky の定理, 52
Stieltjes 積分, 18
TVaR, 83
VaR, 81
Wang 原理, 66
Weibull 分布, 92
Wiener 過程, 204
Wiener 測度, 347
Z-推定量, 168

【ア行】
安全付加率, 61, 261
閾値戦略, 322
一様分布, 14
一致推定量, 153
一般化 Gerber-Shiu 関数, 317
一般化 Pareto 分布, 103
凹関数, 148

【カ行】
概収束, 48
確率関数, 11
確率空間, 6
確率収束, 51
確率測度, 5
確率ベクトル, 4

確率変数, 4
確率母関数, 28
確率連続, 206
可積分, 17
可測空間, 4
可測集合, 2
緩変動関数, 95
ガンマ分布, 14
幾何 Lévy 過程, 324
幾何分布, 13
期待値原理, 64
期待割引罰則関数, 283
逆 Gauss 過程, 219, 311
逆 Gauss 分布, 100, 219, 258
共単調加法性, 130
共単調性, 129
緊密性, 165, 174, 352
楠岡表現, 141
クレーム, 57, 228
クレジット・デフォルト・スワップ,
　　325
経験推定量, 177
経験分布関数, 107
計数過程, 195
構造モデル, 324
高速 Fourier 変換, 280
古典的リスクモデル, 229
個別的リスクモデル, 58
混合分布, 13
コンペンセイター, 210

【サ行】
サープラス過程, 59
再生関数, 336, 341
再生性, 35
再生方程式, 79, 234, 237, 253, 285,
　　312, 337
再保険, 263
最尤推定量, 158
サンプルパス, 188

366 索　引

時系列, 188
事象, 2
指数原理, 65
指数分布, 14
シナリオ集合, 136
シナリオに基づくリスク尺度, 137
資本注入, 323
弱収束, 52
ジャンプ, 189
ジャンプ拡散過程, 216
ジャンプ測度, 208
集合的リスクモデル, 58
集合的リスク理論, 59
収支相等の原則, 60
従属過程, 217, 324
重点サンプリング, 307
純益条件, 62, 232, 233, 301
順序統計量, 106
純保険料, 61
小規模災害の条件, 91, 274, 290
条件付き確率, 42, 44
条件付き期待値, 42, 44
条件付き分布, 41, 45
条件付き密度関数, 45
乗法族, 329
裾関数, 25
裾の重い分布, 88, 89
裾の軽い分布, 89
裾の長い分布, 93
(リスク尺度の) 正規性, 126
正規分布, 14, 36
(保険料計算原理の) 整合性, 63
整合的リスク尺度, 133
正則変動関数, 95
(保険料計算原理の) 正同次性, 63
(リスク尺度の) 正同次性, 128
積率母関数, 29
絶対連続, 12, 327
漸近正規推定量, 154
漸近不偏推定量, 150

漸近分散, 154
漸近有効, 154
相対コンパクト, 351
ソルベンシー, 80
ソルベンシー・リスク, 80

【タ行】

大規模災害の条件, 91, 241, 262, 273,
　　292, 294
対数正規分布, 91
大数の法則, 53
畳み込み, 33
単調収束定理, 49, 234
(保険料計算原理の) 単調性, 62
(リスク尺度の) 単調性, 126
単調族, 329
中心極限定理, 54
中程度の裾, 99
調整係数, 115, 173, 232, 240, 253,
　　266, 269, 274, 291
直積測度, 22
直接 Riemann 可積分, 338
定義関数, 11
停止時刻, 191
適合, 190
デフォルト確率, 325
デルタ法, 155
同時分布, 12
同値マルチンゲール測度, 302
特性関数, 29
特性指数, 212
特性量, 212
独立, 39, 40
独立定常増分過程, 194
(リスク尺度の) 凸性, 129
凸リスク尺度, 135

【ナ行】

2 項分布, 13, 36
任意抽出定理, 233

【ハ行】

配当金, 322
ハザード関数, 97
破産確率, 229
破産時刻, 229
標準偏差原理, 65
フィルター付き確率空間, 190
フィルトレーション, 190
付加保険料, 61
不完全再生方程式, 79
複合 Poisson 過程, 193, 202
複合 Poisson 分布, 74
複合幾何分布, 74
複合分布, 70, 88
複合リスク, 88
不偏推定量, 150
プレミアム, 57
分位点, 106
分位点原理, 67
分位点-プロット (QQ-plot), 106
分散原理, 64
分布関数, 7
分布収束, 51, 350
平均収束, 51
平均超過関数, 105
平均超過プロット, 182
(リスク尺度の) 並進性, 126
法則, 7
法則収束, 51
法則不変性, 130
法則連続性, 130
保険料計算原理, 62
母数空間, 158

ほとんど確実, 20
本質的に有界, 332

【マ行】

マルチンゲール, 191, 233
無限活動型, 209
無限分解可能分布, 211
無限変動型, 216
モーメント推定量, 168

【ヤ行】

有界収束定理, 48, 234
有界変動型, 215, 298
有限活動型, 209
有限時間 Gerber-Shiu 関数, 318, 326
有限時間破産確率, 229, 257, 284
有限次元分布, 165, 344
有効推定量, 152
優収束定理, 48
歪み関数, 144
歪みリスク尺度, 144

【ラ行】

リスク, 56
リスク過程, 59, 229
リスク尺度, 81
リスク調整済み確率, 66, 301
(保険料計算原理の) 劣加法性, 64
(リスク尺度の) 劣加法性, 129
劣指数分布, 93
連続型確率変数, 11
連続写像定理, 357
連続集合, 51

〈著者紹介〉

清水泰隆（しみず やすたか）
2005 年 東京大学大学院数理科学研究科博士課程 退学
同　　年 大阪大学大学院基礎工学研究科 助手
2011 年 同研究科 准教授
現　　在 早稲田大学理工学術院応用数理学科 教授
　　　　 博士（数理科学）
専　　攻 統計的漸近理論，保険数理統計

理論統計学教程：従属性の統計理論
保険数理と統計的方法
Insurance Mathematics
with Statistical Methodologies

2018 年 10 月 31 日　初版 1 刷発行

著　者　清水泰隆 ⓒ 2018
発行者　南條光章
発行所　共立出版株式会社
　　　　〒112-0006
　　　　東京都文京区小日向 4-6-19
　　　　電話番号　03-3947-2511 （代表）
　　　　振替口座　00110-2-57035
　　　　www.kyoritsu-pub.co.jp

印　刷　大日本法令印刷
製　本　加藤製本

検印廃止
NDC 417, 350.1, 339.1
ISBN 978-4-320-11351-0

一般社団法人
自然科学書協会
会員

Printed in Japan

[JCOPY] <出版者著作権管理機構委託出版物>
本書の無断複製は著作権法上での例外を除き禁じられています．複製される場合は，そのつど事前に，出版者著作権管理機構（TEL：03-3513-6969，FAX：03-3513-6979，e-mail：info@jcopy.or.jp）の許諾を得てください．

理論統計学教程　吉田朋広・栗木 哲[編]

★統計理論を深く学ぶ際に必携の新シリーズ！

理論統計学は，統計推測の方法の根源にある原理を体系化するものである。論理は普遍的でありながら，近年統計学の領域の飛躍的な拡大とともに変貌しつつある。本教程はその基礎を明瞭な言語で正確に提示し，最前線に至る道筋を明らかにしていく。数学的な記述は厳密かつ最短を心がけ，統計科学の研究や応用を試みている方への教科書ならびに独習書として役立つよう編集する。各トピックの位置づけを常に意識し統計学に携わる方のハンドブックとしても利用しやすいものを目指す。　【各巻】A5判・上製本・税別本体価格

保険数理と統計的方法
[従属性の統計理論]

清水泰隆著

保険数理の理論を古典論から現代的リスク理論までの学術的な変遷と共に概観する。実学の面もおろそかにせず，それらの統計的問題と対処法に対しても保険数理という文脈で一定の方法論を与えることにより，より実践に近いところまで到達できるように解説する。

目次：確率論の基本事項／リスクモデルと保険料／ソルベンシー・リスク評価／保険リスクの統計的推測／確率過程／他

384頁・定価(本体4,600円＋税)・ISBN978-4-320-11351-0

●数理統計学を俯瞰

数理統計の枠組み

- 確率分布
- 統計的多変量解析
- 代数的統計モデル
- 多変量解析における漸近的方法
- 統計的機械学習の数理
- 統計的学習理論
- 統計的決定理論
- ノン・セミパラメトリック統計
- ベイズ統計学
- 情報幾何，量子推定
- 極値統計学

●確率過程にまつわる統計学の系統的な教程を提示

従属性の統計理論

- 時系列解析
- 時空間統計解析
- 確率過程論と極限定理
- 確率過程の統計推測
- レビ過程と統計推測
- ファイナンス統計学
- マルコフチェイン・モンテカルロ法，統計計算
- 保険数理と統計的方法
- 経験分布関数・生存解析

※続刊のテーマ，価格は予告なく変更される場合がございます

共立出版

www.kyoritsu-pub.co.jp
https://www.facebook.com/kyoritsu.pub